元華文創
頂尖文庫 EA010

戰爭中的軍事委員會

蔣中正的參謀組織與中日徐州會戰

蘇聖雄　著

本書經學術審查通過出版

序言

2002 至 2006 年，聖雄在國立臺灣大學歷史學系大學部就讀時，即對蔣中正其人其事有著濃厚的興趣。嘗問他何以故？他答云蔣曾經是中華民國軍政元首，世界風雲人物，其一舉一動關繫著現代中國的走向，研究歷史自宜從世界級大人物著手。2006 年夏，聖雄大學畢業，考入同校歷史研究所碩士班就讀，三年於茲，以中華民國國史館珍藏的《蔣中正總統檔案》（今名《蔣中正總統文物》）為主要依據，完成了碩士論文〈奸黨煽惑——蔣中正對二二八事件的態度及處置〉，並於 2013 年正式出版。

聖雄酷愛研究歷史，且有強烈的發表慾。他在碩士班就讀期間即發表有〈試論北京政府對五四運動的態度及舉措〉、〈論蔣中正在二二八事件中的派兵決策〉兩篇論文。及至他 2010 年夏考入同校歷史研究所博士班就讀及 2012 年考進國史館全職工作之後，此一特質更是逐一顯現出來。2011 年至 2015 年，他先後發表有〈論蔣中正對膠東之戰的處置（1932）〉、〈論蔣委員長於武漢會戰之決策〉、〈轉危為安：武漢會戰期間蔣中正心態之考察〉、〈國史館數位檔案檢索系統之運用——以「行營」研究為例〉、〈蔣中正與臺灣土地改革初探（1949-1956）〉、〈蔣中正建立「現代國家」之思想及實踐初探〉、〈1939 年的軍統局與抗日戰爭〉、〈蔣中正與遷臺初期之立法院——以電力加價案為核心的討論〉、〈從「五大疑案」看嚴家淦的答詢風格〉、〈陳誠離任遠征軍司令長官之謎——以《陳誠先生日記》為中心的探究〉、〈國軍的組成及其戰役檢討——以徐州會戰為例〉、〈國軍於徐州會戰撤退過程再探〉、〈蔣中正對淞滬會戰之戰略再探〉等論文，產量著實驚人。

2016 年 1 月，聖雄的博士論文〈國軍統帥部與抗日作戰——以徐州會戰為中心〉通過口試，各口試委員提供了不少寶貴的意見。聖雄乃據此一一加以訂正，並將論文題目易為〈蔣中正與統帥部的組建及運作——以徐州會戰為中心〉，以凸顯蔣居間領導統御的重要性。本書《戰爭中的軍事委員會：蔣中正的參謀組織與中日徐州會戰》，即係此博士論文再加以增刪修訂易名而成，其最大的更動乃係將通稱的統帥部正名為軍事委員會，其他如章節的標題和安排亦因而變易。綜觀本書，其最大的特色如下：

第一、徵引的資料極其豐富：聖雄因在國史館專職工作，可謂得天獨厚。舉凡該館珍藏的相關史料文件，如《蔣中正總統文物》、《陳誠副總統文物》、《國民政府》、《行政院》、《軍事委員會委員長侍從室》、《戴笠史料》、《個人史料》等檔案及《陳誠副總統日記》，其中不乏尚未對外公開者，均經參閱引用。並參閱了國家發展委員會檔案管理局珍藏的《國防部史政編譯局》檔案及黃杰的《淞滬及豫東作戰日記》。此外，聖雄尚赴大陸、美國，蒐閱了南京中國第二歷史檔案館珍藏的《國防部史政局及戰史編纂委員會》檔案，以及史丹福大學胡佛研究所圖書檔案館珍藏的《蔣介石日記》、《張公權日記》、《嚴立三日記》等。除了檔案、日記，本書並引用了中、日、英文的專書、論文共 400 餘種，堪稱蒐羅完備，鉅細靡遺。

第二、附列的表、圖甚多，可以補文字敘述的不足。其中附表 22 幅，係聖雄「改繪」、「參閱」、「參考」、「整理」或「出」自相關的中、日文書籍、論文及各檔案文件中所載，改繪者約占半數。重要的附表，有「軍委會核心成員組成表」、「軍委會軍事指揮運作表」、「軍令部處長以上軍官簡歷表」、「徐州會戰前後日本陸軍首長及核心參謀」、「國軍徐州會戰指揮系統表」、「日軍徐州會戰指揮系統表」等。其中附圖 31 幅，以各相關人物的照片居多，主要是翻攝自國史館的《軍事委員會委員長侍從室》檔案中所珍藏者。每幅附圖的人物照片，少者 1 張，多者 7 張。人物照片之外，各附圖尚有電稿原件、作戰計畫、戰役經過圖、會議紀錄等。重要的有「官邸會報紀錄」、「侍從室上呈之情報報表」、「台兒莊之役經過概要圖」、「徐州會戰經過概要圖」、「國軍徐州突圍主要路線」、「蔣中正親擬之作戰計畫」

等。

第三、內容詳備充實：本書以戰爭中的軍事委員會為主題，以蔣中正的參謀組織與徐州會戰為副題。前言、結論之外，計分七章，合逾 20 餘萬字。自抗戰前軍事委員會的成立及發展演變的過程述起，至抗戰初期軍委會迭經改組後成為中國最高統帥部，蔣中正因係該委員會委員長，而成為戰時最高統帥。軍委會不僅是戰時中國的軍事領導中樞，亦係蔣個人的總參謀部。其組織甚為龐大，故本書繼而論述軍委會的核心成員的組成及所屬之各部、會、室、廳、處等組織系統的概況。益以情報雖屬無形力量，然在戰爭中實扮演關鍵角色，因統帥自計畫至指揮，無不以情報為基礎，情報的詳實與否，適足以主導戰局的勝負。故本書以兩章的篇幅詳為論述軍委會的情報體系，包括辦公廳機要室體系及侍從室體系。至於軍委會在戰爭中實際的動態運作情形，因八年對日抗戰中，國軍與役的重大會戰即有 22 次，本書限於篇幅，自不可能一一加以論述，何況歷次會戰發生的背景、戰地、戰鬥序列、過程等皆有所不同。故本書選擇 1938 年 1 月軍委會改組穩定後所面對的首場大規模的會戰——徐州會戰為例，具體而微地呈現軍委會的運行情形。最後則論述軍委會的戰爭動員，以及其後勤機關，並分析徐州會戰中的後勤及其限制。全書的論述脈絡，係參考現今軍事機關參謀業務之區分——人事、情報、作戰、後勤，依序論述軍委會的組織人事、情報、作戰、後勤及動員。

第四、對相關研究成果和史料的介述甚為詳盡：本書為聖雄的博士論文加以增刪修改而成，臺灣各大學歷史研究所的學位論文，似已約定成俗，其第一章各節，幾必為研究動機、文獻回顧、史料介紹、章節架構等。今聖雄的博士論文已以專書的形式出版，乃將原論文第一章緒論的第二節文獻回顧、第三節史料概述，去其節名，納之為本書的前言第二、四部分。舉凡中、日、英文與軍委會或中日戰爭軍事制度史相關的重要研究成果，均一一舉述，並予以簡評。對臺灣、大陸、日本，乃至美、英等國所收藏的相關史料，亦無不加以介述。均可見聖雄蒐羅之勤與用功之深。以致本書的前言多達 2 萬字，篇幅比第三章還長，並且是結論的 2 倍。雖稍嫌冗繁，有違專書的體例結構，但仍難掩其介述詳盡所衍生的功效作用。

第五、論析不無見地，喜用比較說明：本書旁徵博引，注釋共逾千個。書中大部分的觀點，固係參考並引自各相關的論著資料，然亦不乏出於聖雄自己的論析，有的頗有見地。如在第二章第一節中，論析軍委員參謀總長兼軍政部長何應欽，雖係蔣中正的左右手，「不過就各作戰的指揮而言，何參而少謀，多是跟從蔣中正的意志，傳達蔣的命令，與普魯士制的參謀總長很不相同」。第二章第三節中，論析日本天皇「體制上，天皇是最高統帥，但他含蓄委婉的領導，鮮少主動作出指示，與第二次世界大戰列國領導人扮演的作用，有很大的不同」。第四章第三節中，論析云：「國軍情報工作雖非乏善可陳，但量多質平，偶獲有價值的情報，常淹沒於無價值資訊之中」。第五章第一節中，論析云：「作為最高統帥的蔣中正，擁有最後決定權，面對核心成員的各種建議，他時而接受他們的意見，時而依自己的看法，整體來看，有十分主見」。第七章第四節中，論析云：「作為最高軍事機關，軍委會將其觸角廣泛延伸至軍事各個層面，予以或強或弱的控制。其軍事動員或後勤工作問題百出，作戰屢戰屢敗，卻仍能維持全軍一定戰力而不分崩離析或全面崩潰；軍委會在戰爭中的發揮的價值，即在於此」。諸如此類，不一而足。

至於喜用比較說明，如在第二章第三節之第三小節中，就組織歷史、最高統帥、戰略政略的統合、各軍種發揮的戰力、核心成員素質、指揮系統六方面來比較中、日兩國最高參謀組織（即國府軍委會、日本大本營／參謀本部），「以補相關討論的不足，並藉以凸顯軍委會的部分特質」。第六章第一節中，比較徐州會戰國軍得以突圍撤退，而淞滬會戰國軍卻遭致潰敗的主因。並比較納粹德國閃擊戰得以成功，而日軍在徐州會戰中無法獲致同樣戰績的原因。此外，以 1948 年底至 1949 年初的國共徐蚌會戰（淮海戰役）戰地與中日徐州會戰相近，而兩相比較其為何呈現不同結局的原因。第六章第三節中，比較國軍、日軍使用地圖的不同，進而論析其影響。

近十餘年來，蔣中正研究正炙熱進行，「蔣學」之名，不逕而走；抗日戰爭史的研究，亦方興未艾，日趨於盛。本書則係兼跨此二領域研究的力作，尤其是與本書題旨相同、篇幅相當的研究成果，尚付諸闕如，益顯其價值所在。身為聖雄碩士及博士論文的指導教授，對於本書的出版，深感欣慰，特為之撰序，以為嘉勉，並鄭重向各界推薦本書。

國立臺灣大學歷史學系名譽教授

胡平生

2017年12月

目次

表次

圖次

前言

一

近代以來，西歐列強軍事武力突飛猛進，相對而言，中國益顯落後。清廷自鴉片戰爭以還，於歷次對外戰爭失敗，割地賠款。遭此困挫，力求振奮，有洋務運動等改革，軍事現代化亦為其中一環。同時，日本亦受西力入侵，而有明治維新，於此過程建立現代化新軍。

中、日兩國富國強兵目標相近，結果卻南轅北轍，中國於甲午戰爭敗於日本，顯示其改革之失敗；日本戰勝中國，爾後復於日俄戰爭逼和強權俄國，顯示其維新之成功。在軍事現代化路途上，中、日兩國似漸行漸遠。

經過 1894-95 年甲午戰爭中、日兩國的交鋒，40 餘年後，雙方以 1937 年盧溝橋事變為序幕，展開對決。此次戰爭規模之大，遠甚於前，據統計，其間會戰 22 次，重要戰鬥 1,117 次，小戰鬥 38,931 次。國軍傷亡逾 321 萬人，全國直接間接死傷者，逾 2 千萬人，流離失所者達 1 億人以上。[1]日軍也有相當損失，陸海軍單計死亡人數，便超過 45 萬人。[2]

中國傷亡如此慘重，最後卻能贏得這場戰爭，逆轉數十年來兩軍現代化的巨

[1] 何應欽，《日軍侵華八年抗戰史》（臺北：國防部史政編譯局，1985 年第 4 版），頁 455。

[2] 原剛、安岡昭男編，《日本陸海軍事典》，下冊（東京：新人物往来社，2003 年），附表 8 大東亜戦争における地域別兵員および死没者数，頁 250-251。

大差距，其原因為何？針對此一重要課題，諸多學者專家投入研究。亦有認為日本是被美國（或加上蘇聯）打敗，中國始終沒有獲得勝利，此說在某種角度上來說，言之成理，不過國民政府並未在日軍強盛的軍事壓力下屈服，其緣故仍值得探討。

中國所以可以持久抗戰下去，從不同角度切入，可獲得不同結論。由外交角度來看，中國最高統帥、軍事委員會委員長蔣中正政略運用得宜，在戰前即不斷運作列強約束日本，及至珍珠港事變爆發，終與盟國站在同一陣線，其間雖困挫不斷，總是立於不敗之地。[3]

從軍事方面切入，最具代表性者為蔣緯國的論點。其於 1977 年出版《蔣委員長如何戰勝日本》一書，解釋戰爭勝利的原因，認為蔣中正戰略正確，於戰爭初期在上海主動挑起會戰，使日軍「由北而南」有利之作戰軸線，改變為「由東向西」的不利仰攻態勢，中國遂獲廣大戰略縱深，得以與日軍持久相持下去。[4]此一「軸線移轉說」，蔣緯國復於 1978 年總編之《國民革命戰史第三部：抗日禦侮》10 卷，[5]以戰略的角度充分闡釋。他尚在其他著作，宣揚此一戰略對中日戰爭的重要性。[6]至今，關於軸線移轉說的討論，仍為學界熱點。[7]

---

[3] 相關論述，舉要如黃自進，《蔣介石與日本：一部近代中日關係史的縮影》（臺北：中央研究院近代史研究所，2012 年）。齊錫生，《劍拔弩張的盟友：太平洋戰爭期間的中美軍事合作關係（1941-1945）》（臺北：聯經出版公司，2012 年修訂版）。齊錫生，《從舞臺邊緣走向中央：美國在中國抗戰初期外交視野中的轉變 1937-1941》（臺北：聯經出版公司，2017 年）。李君山，《蔣中正與中日開戰（1935-1938）：國民政府之外交準備與策略運用》（臺北：政大出版社，2017 年）。

[4] 蔣緯國，《蔣委員長如何戰勝日本》（臺北：黎明文化事業公司，1977 年）。本書係匯集其多篇論文：蔣緯國，〈八年抗戰是怎樣打勝的〉，《中央月刊》，第 7 卷第 9 期（1975 年 7 月），頁 119-133；蔣緯國，〈抗戰史話：八年抗戰是怎樣打勝的〉，《中央月刊》，第 8 卷第 6 期（1976 年 4 月），頁 124-133；蔣緯國，〈抗戰史話：八年抗戰是怎樣打勝的〉，《中央月刊》，第 8 卷第 11 期（1976 年 9 月），頁 92-102。另有英、日文版：蔣緯國著，藤井彰治訳，《抗日戦争八年：われわれは如何にして日本に勝つたか》（東京：早稲田，1988 年）。Wego Chiang, *How Generalissimo Chiang Kai-shek Won the Eight-year Sino-Japanese War- 1937-1945* (Taipei: Li Ming Culture, 1979).

[5] 蔣緯國總編著，《國民革命戰史第三部：抗日禦侮》，10 卷（臺北：黎明文化事業公司，1978 年）。

[6] 蔣緯國，〈中日戰爭之戰略評析〉，收入中華民國建國史討論集編輯委員會編輯，《中華民國建國史討論集》，第 4 冊（臺北：編者自刊，1981 年），頁 1-29。蔣緯國，《蔣委員長中正先生抗日全程戰爭指導》（臺北：中華戰略學會，1995 年）。

軸線移轉說強調蔣中正戰略的重要性，姑且不論該說之內涵為何，或是否真有此一戰略，執行戰略尚需一軍事組織方能成事。蔣中正身為軍事領袖，非一人便能調動、指揮全國百萬大軍。可以想見，必定有一軍事參謀組織，供蔣中正指揮前線，調動資源，掌控全局。其實，不只中國，日本甚至西方列強，都有這樣的組織，中國其實是向他們學習的。此一組織，即總參謀部。

西方總參謀部，奠基於普魯士，可追溯至 18 世紀末的法國大革命。時法國始行全民皆兵，戰爭規模擴大，軍事業務繁重，法國軍事領袖拿破崙（Napoleon Bonaparte）創設參謀制度，以為臂助。[8]普魯士敗於法國之後，因應時勢，仿效法制，厲行軍制改革，建立總參謀部，用以輔佐指揮官之統御。在總參謀長毛奇（Helmuth Karl Bernhard Graf von Moltke）的領導之下，普魯士總參謀部提高位階和效率，為該國於 19 世紀歷次戰爭獲得勝利的主要因素，此制度也成為歐洲各國仿效對象，中國亦然。[9]

其實，中國自古以來已有軍事參謀機關，惟未成系統，工作範圍多限於後勤保障和一般技術與行政管理，參謀功能還不健全，作用也相當有限。[10]清末軍事參謀機關受到西方影響，開始走向新的階段。1903 年，清廷於兵部外特設練兵處，以練兵大臣總理訓練陸軍事務，其下設協理等官及軍政、軍令、軍學三司，各司

---

7 較近的研究，如望月敏弘，〈第二次上海事変をめぐる研究動向──過去二十年来の日本・台湾・中国の成果を中心に〉，《現代史研究》，第 6 号（2010 年 3 月），頁 1-20。余子道，〈蔣介石與淞滬會戰〉，《軍事歷史研究》，2014 年第 3 期，頁 52-61。蘇聖雄，〈蔣中正對淞滬會戰之戰略再探〉，《國史館館刊》，第 46 期（2015 年 12 月），頁 61-101。張鑄勳，〈析論蔣中正在中國抗日戰爭初期的戰略指導〉，《國史館館刊》，第 50 期（2016 年 12 月），頁 97-146。

8 軍事委員會軍令部第一廳第四處編，《高等司令部之參謀業務：總顧問法肯豪森將軍講演錄》（出版地不詳：編者自刊，1938 年），頁 1-2。

9 "general staff," in *The Oxford Companion to Military History*, edited by Richard Holmes (Oxford; New York: Oxford University Press, 2001), pp. 349-352. 周林根編著，《國防與參謀本部》（臺北：正中書局，1967 年），頁 62-93。Waltschen Gorlitz 著，張鍾秀譯，《德國參謀本部》（臺北：黎明文化事業公司，1980 年），頁 1-49。本書將西方最高參謀機關譯作「總參謀部」（general staff or Generalstab），以與中國的「參謀本部」做區隔。

10 祁長松、吳一非主編，《軍事參謀學》（太原：山西人民出版社，1993 年），頁 33-37。

分科治事。自軍令司成立，是為中央參謀機關之基礎。1906 年，改兵部為陸軍部，將練兵處等併入之，並附設軍諮處及海軍部，前者分設五司，規模漸進擴張。1909 年，仿德、日制度，原屬陸軍部的軍諮處獨立，專掌軍令事宜，次年改稱軍諮府，設大臣二員總理事務，下設總務廳及第一至第五各廳，分擔戰務。民國建立不久，1912 年 5 月，南京政府之參謀部與前清之軍諮府合併，改為北京政府的參謀本部。至是以形式觀之，參謀本部可謂完全成立。惟就實際言之，各項業務尚未發達，不能與列強之總參謀部比擬。加之以政治長期不安定、軍隊組織龐大，參謀制度始終無法建立。[11]

國民政府（以下或簡稱國府）建立以來，賡續推動參謀制度，至中日戰爭爆發後，相關制度逐漸確立。[12]戰時國軍的總參謀機關，是為**軍事委員會**（以下或簡稱軍委會），該會包羅參謀本部、軍政部等重要軍事機關，係戰時軍事中樞。蔣中正以委員長身分，通過該會的運作，掌控全國軍事。在戰爭條件不足之下，國府能與日軍撐持甚久，調動全國資源，應付各大會戰，實有賴此一龐大參謀組織，供最高統帥運用，重要性不言可喻。惟過去探討中日戰爭軍事史，常聚焦於蔣中正或前線指揮官個人的意志，或戰事發生的過程，至於軍事委員會或高層參謀人員的角色，尚未能深入了解。究竟在戰爭期間，該會組織結構為何？如何運作？影響為何？其間高層參謀有誰？他們是以甚麼身分作為蔣的諮詢對象？如何與蔣互動？此係本書探討之核心課題。

談到軍事委員會，不能不談委員長蔣中正。其自 1932 年出任軍事委員會委員長，長期擔任斯職至 1946 年該會取消。蔣於民國史上之地位，不僅在軍事，以其長期擔任國家實質領導人，所為泛及政治、經濟、外交諸方面，為歷史研究難以迴避的人物，相關研究數量因此十分可觀。近年來，蔣的相關史料大量刊布，如 1998 年國史館開放《蔣中正總統文物》、2006 年起史丹佛大學胡佛研究所檔案館

[11] 陸軍部編，《陸軍行政紀要（民國 5 年 6 月）》（臺北：文海出版社，1971 年），頁 83。袁績熙編譯，《參謀業務》（南京：軍用圖書社，1933 年），頁 4-5。

[12] 張瑞德，〈抗戰時期國軍的參謀人員〉，《中央研究院近代史研究所集刊》，第 24 期下冊（1995 年 6 月），頁 741-745。

公開《蔣中正日記》。這些史料，激起研究熱潮，蔣中正研究進而成為民國史研究顯學，有「蔣學」之稱。惟相關研究，多集中於政治、外交等方面，純粹以軍事為主題者，相對缺乏。[13]因此，從蔣中正本人切入探討中日戰爭軍事史，或可開拓展布，尤其他身為委員長，如何領導組建軍事委員會面對戰爭？與高層參謀如何互動？如何藉軍事委員會統領全軍？凡此課題，皆有待探討。

職是之故，本書以「戰爭中的軍事委員會」為題，探索相關課題。由於中日戰爭時間甚長，而軍事委員會的組織屢經變更，長時間看組織的變遷為一研究取向，本書則側重以重要會戰為中心，短時間來看軍事委員會的動態運作。戰爭 8 年期間，重要會戰為數不少，歷次會戰發生背景、戰地、戰鬥序列、過程等皆有所不同，全數探討遠非本書篇幅所能處理，故本書限縮範圍，以**徐州會戰**為中心，作深入探討，期藉單一會戰之例，具體而微地呈現軍事委員會的運行情形。

本書所以選擇徐州會戰為例，乃因此係軍事委員會改組穩定之後，所面對的首場大規模會戰。先是，1937 年戰爭爆發之初，軍事委員會一度擴張成立大本營，將黨、政、軍一併納入，後因種種考量，復設軍事委員會，惟運作效果不如預期，經組織不斷調整，於 1938 年初再度改組，自是組織結構穩定下來，奠定戰時軍事委員會的組織基礎。此外，徐州會戰本身具有代表性。徐州有「五省通衢」之稱，是戰略地理要衝，亦為津浦路、隴海路、大運河交點之重要交通樞紐，中、日兩軍於此對壘，總兵力不下 60 萬人，就兵要及規模而論，是役皆甚具代表性。再者，參與會戰者，除國軍中央軍，並有大量地方部隊，得藉以考察軍事委員會如何指揮各軍系；會戰前的台兒莊之役，為國軍首場「大捷」，軍事委員會於是役之作用，亦有探討價值。因此，本書以徐州會戰為中心展開論述，惟述作之中，並不侷限於此一會戰，論旨於限縮之中，亦嘗試擴大。

---

[13] 劉維開，〈《蔣中正與民國軍事》導讀〉，收入劉維開主編，《蔣中正與民國軍事》（臺北：國立中正紀念堂管理處，2013 年），頁 IV-IX。

二

關於本書主題的軍事委員會或中日戰爭軍事制度史的直接研究，學界目前尚少，不過若擴大以民國軍事制度史而論，則有較長遠的研究傳統。

民國軍事制度史的研究，最早由陳之邁、錢端升等人所進行。他們的研究，也不是專注在軍事制度而已，而是擴及整個民國制度史。

1939 年，錢端升、薩師炯等人合著之《民國政制史》出版，1944 年復增訂出版。該書偏重於各級政府機關之法定組織及其法定權力，其實際情形或其他專門問題，則幾無論及。另有沈乘龍於 1944 年出版《中國現行政治制度》，書分 10 章，其第 8 章述軍事機構，對於國府奠都南京以來之軍事組織及變遷，有簡明扼要的描述。

陳之邁係學者出身，戰時任職於行政院及中央政治委員會（國防最高委員會）法制專門委員會，得參與政府組織各種典章制度的擬訂及執行，遂能結合理論與實際，出版《中國政府》3 冊 5 編（1946-1947 年出版），其第 4 編敘述治權的組織及運用，為該書重點所在，篇幅占全書之半，內述有軍事機構的演變，論述精闢，惟篇幅不多。

陳之邁等人以後，中日戰爭軍事制度研究，發展有限。國軍曾編纂諸多抗日戰史套書，各部之首，往往述有軍事委員會的組織，如《抗日戰史》101 冊（1966 年，1981 年再版）之中的《全戰爭經過概要（一）》，或蔣緯國總編著的戰略著作《國民革命戰史第三部：抗日禦侮》第 2、3 卷（1978 年）。[14]這些大部頭著作，對作戰過程敘述甚詳，惟關於軍事委員會的組織與運作，敘述簡要而未深入。

1980 年代以後，中日戰爭軍事制度的研究有所進展。在臺灣，軍事史研究較

[14] 國軍相關書籍之出版，可參閱陳清鎮、曾曉雯、邱惟芬編輯，《國防部史政編譯室出版叢書目錄》（臺北：國防部史政編譯室，2004 年），頁 19-25。曾曉雯主編，《軍事史籍出版品簡介》（臺北：國防部史政編譯室，2005 年），頁 23-25。

有成就者為劉鳳翰。[15]他早年投身軍旅，後習歷史，其研究方法，著重在整理豐富史料進行論述，撰有《抗日戰史論集——紀念抗戰五十周年》（1987 年）、《抗戰期間國軍擴展與作戰》（1994 年）等書。[16]對軍事機關的建制及國軍編組，有紮實的羅列。此外，李雲漢著有《盧溝橋事變》（1987 年）、《中國國民黨史述》（5 冊，1994 年），述及戰時體制的建立、最高決策機關、軍事委員會，並探討黨政關係等課題。

中國大陸方面，此時也有進展。姜克夫編著《民國軍事史略稿》（4 卷 6 冊，1987-1995 年。2009 年再版，易名為《民國軍事史》），其第 3 卷「日軍侵華和全民抗戰」，記述戰時的編制、沿革及歷次重要作戰之過程。戚厚杰、劉順發、王楠利用中國第二歷史檔案館的檔案，編著《國民革命軍沿革實錄》（2001 年），全面呈現 1925 年至 1949 年國軍發展沿革實況，內以相當篇幅敘述中日戰爭時期的國軍，並述及軍事委員會的建立及發展。曹劍浪著《國民黨軍簡史》（2 冊，2004 年），亦詳細介紹國軍編制、沿革、作戰等基本歷史情況，復及於軍事委員會的編成情形。大陸另有數篇專文簡述軍事委員會，如張建基〈國民政府軍事委員會演變述略〉（1988 年）、[17]戚厚杰〈國民黨政府時期的軍事委員會〉（1989 年）、[18]王建強〈南京國民政府軍事委員會始末〉（1999 年）。[19]其他諸多中日戰爭史專著，亦多少提及國軍軍事制度，能勾勒軍事委員會的組織與變遷，惟多偏重法定組織架構，缺乏實際運行狀況。尤其戰時的中國法治精神尚未發達，法令與事實往往並不相符，如此的軍事制度研究，仍有很大的開展空間。

能將軍事制度研究與實際相結合，並探討其間諸多問題的學者，其代表為劉

---

[15] 呂芳上，〈近代中國軍事歷史研究的回顧與思考〉，收入呂芳上主編，《國軍與現代中國》（臺北：國立中正紀念堂管理處，2015 年），頁 398-403。

[16] 劉維開，〈劉鳳翰——中國近代軍事史拓荒者〉，收入劉鳳翰，《中國近代軍事史叢書》，第 5 輯：抗戰（下）（臺北：黃慶中，2008 年），頁 557-566。

[17] 張建基，〈國民政府軍事委員會演變述略〉，《軍事歷史研究》，1988 年第 1 期，頁 51-61、78。

[18] 戚厚杰，〈國民黨政府時期的軍事委員會〉，《民國檔案》，1989 年第 2 期，頁 134-136。

[19] 王建強，〈南京國民政府軍事委員會始末〉，《民國春秋》，1999 年第 5 期，頁 3-7。

維開及張瑞德。劉利用中國國民黨中央黨史委員會的豐富館藏，著有〈戰時黨政軍統一指揮機構的設置與發展〉、[20]〈國防最高委員會的組織與運作〉、[21]〈國防會議與國防聯席會議之召開與影響〉[22]等文，全面探討戰時黨政軍統一指揮機構的設置及運作實況。

張瑞德長期致力中日戰爭軍事制度研究，為該領域代表性學者，所著《抗戰時期的國軍人事》（1993 年），[23]對國軍整體人事制度作了完整分析，可說為作戰以外的軍事史研究，立下重要典範。其另著有數篇重要專論，如〈抗戰時期國軍的參謀人員〉、〈無聲的要角——侍從室的幕僚人員（1936-1945）〉、〈軍事體制〉、〈國軍成員素質與戰力分析〉等文，[24]這些成果，部分集結成《山河動：抗戰時期國民政府的軍隊戰力》一書，[25]學術價值甚高，尤其〈遙制——蔣介石的手令研究〉一文，[26]對於蔣中正的手令制度，有極深刻的分析。[27]

[20] 劉維開，〈戰時黨政軍統一指揮機構的設置與發展〉，收入中華民國史專題第三屆討論會秘書處編，《中華民國史專題論文集：第三屆討論會》（臺北：國史館，1996 年），頁 339-362。

[21] 劉維開，〈國防最高委員會的組織與運作〉，《國立政治大學歷史學系學報》，第 21 期（2004 年 5 月），頁 135-164。

[22] 劉維開，〈國防會議與國防聯席會議之召開與影響〉，《近代中國》，第 163 期（2005 年 12 月），頁 32-52。

[23] 張瑞德，《抗戰時期的國軍人事》（臺北：中央研究院近代史研究所，1993 年）。

[24] 張瑞德，〈抗戰時期國軍的參謀人員〉，《中央研究院近代史研究所集刊》，第 24 期下冊，頁 741-772。張瑞德，〈無聲的要角——侍從室的幕僚人員（1936-1945）〉，《近代中國》，第 156 期（2004 年 3 月），頁 141-166。張瑞德，〈軍事體制〉，收入張瑞德、齊春風、劉維開、楊維真，《抗日戰爭與戰時體制》（南京：南京大學出版社，2015 年），頁 190-206。張瑞德，〈國軍成員素質與戰力分析〉，收入呂芳上主編，《中國抗日戰爭史新編》，第 2 編：軍事作戰（臺北：國史館，2015 年），頁 51-95。

[25] 張瑞德，《山河動：抗戰時期國民政府的軍隊戰力》（北京：社會科學文獻出版社，2015 年）。

[26] 張瑞德，〈遙制——蔣介石的手令研究〉，《近代史研究》，2005 年第 5 期，頁 27-49。該文另有日文版及英文版。日文版收於姫田光義編，《日中戦争史研究・第一巻：中国の地域政権と日本統治》（東京：慶応大学出版部，2006 年），頁 49-69。英文版收入"Chiang Kai-shek's Coordination by Personal Directives," in *China at War: Regions of China, 1937-1945*, edited by Stephen R. Mackinnon, Diana Lary, and Ezra Vogel (Stanford: Stanford University Press, 2007), pp. 65-90.

[27] 在張瑞德〈遙制——蔣介石的手令研究〉一文出版後，秋浦撰〈抗戰時期蔣介石手令制度評析〉一文（《南京大學學報（哲學・人文科學・社會科學）》，2010 年第 3 期，頁 55-67），補充張文未涉及或未開展之處。

其他學者，於中日戰史相關論著，多少提到軍事制度課題，舉要如陳永發、張力、林桶法、王正華、楊維真、李君山等。其中，陳永發的〈關鍵的一年——蔣中正與豫湘桂大潰敗〉一文，篇幅達 80 餘頁，對於蔣中正在豫湘桂之役的軍事作為，有全面檢討，嚴厲地批評蔣的判斷、戰略、指揮、用人等方面，論析深刻，是中日戰爭軍事史較新力作。[28]

藉由上述學術成果，研究者已能整體掌握國軍軍事制度的歷史。本書所著重的軍事委員會，下轄機關眾多，若欲個別來看，學界也有專論，如軍令部、軍政部、調查統計局、兵役署等，只是相關研究多係論述機關作為，而非機關本身。研究機關本身者，以與軍事作戰最有關係的軍令部來說，臺灣方面賴煒曾以〈從地方到中央：論徐永昌與民國（1927-1949）〉為題，對徐永昌在大陸的軍、政經歷作梳理。由於徐永昌長期擔任軍令部部長，該文對軍令部及徐的作用有所研究，[29]惟所著重者，係徐永昌在大陸 20 多年的經歷，中日戰爭時期之研究，仍可深化。另有古順銘以〈國民政府軍事委員會的研究（1917-1928）〉為題，敘述軍委會成立之初的演變過程。[30]大陸方面，葉銘撰有〈抗戰時期國民政府軍令部研究（1938-1945）〉等文，由中國近現代參謀機構的建立與發展、戰時指揮系統、機構設置及運作、人事管理、作戰指導等層面，探討軍令部的歷史，史料運用相當紮實。[31]

日本方面展開日中戰爭史研究，自 1950 年代始，其中關於中國方面的軍事制度研究不多。1953 至 1956 年，服部卓四郎著《大東亜戦争全史》（4 冊），

[28] 陳永發，〈關鍵的一年——蔣中正與豫湘桂大潰敗〉，收入劉翠溶主編，《中國歷史的再思考》（臺北：聯經出版事業公司，2015 年），頁 347-431。

[29] 賴煒曾，〈從地方到中央：論徐永昌與民國〉（嘉義：國立中正大學歷史學系碩士論文，2012 年 6 月）。

[30] 古順銘，〈國民政府軍事委員會的研究（1917-1928）〉（桃園：國立中央大學歷史研究所碩士論文，2010 年 1 月）。

[31] 葉銘，〈抗戰時期國民政府軍令部研究（1938-1945）〉（南京：南京大學中國近現代史專業博士論文，2013 年 9 月）。葉銘，〈軍令部與戰時參謀人事〉，《抗日戰爭研究》，2015 年第 4 期，頁 20-34。葉銘，〈抗戰時期國民黨軍參謀教育體系初探〉，《抗日戰爭研究》，2016 年第 2 期，頁 107-120。葉銘，〈抗戰時期軍令部作戰指導業務初探〉，《抗日戰爭研究》，2017 年第 2 期，頁 28-46。

[32]由於服部曾任職參謀本部，且戰後參與戰史編纂工作，此書很受重視，被視為當時日本半官方戰史，遂譯為多種語言。秦郁彥《日中戰争史》，最早出版於 1961 年，[33] 1972 年增訂出版，2011 年再次重印，被譽為「日中戰爭研究之古典名著」。[34]另有一些戰時參謀人員，戰後撰寫日中戰史，舉要如井本熊男的《作戦日誌で綴る支那事変》（1978 年）、[35]堀場一雄的《支那事変戦争指導史》（1981 年）。[36]這些戰史同日本軍方出版的戰史叢書（詳後），皆從日本角度論述戰爭，對於國軍軍事制度著墨很少。[37]總體來說，日本對日中戰爭、太平洋戰爭甚為重視，研究成果亦多，研究方法不侷限於軍事，而重視從總體、相互關係看待戰爭，各種面向均有涉獵，[38]但對於中國軍事制度之研究頗為缺乏。

1980 年代以後日本的研究，已較能著重中國的情形：1984 年，石島紀之著《中国抗日戦争史》，從中國方面來看這場戰爭，側重角度已有不同。[39] 1993 年，安井三吉著《盧溝橋事件》，對於中方於盧溝橋事件的動態，有深入論析。[40] 2005 年，笠原十九司著〈国民政府軍の構造と作戦——上海・南京戦を中心に〉，討論國民政府對日戰爭構想和軍備，以及上海、南京作戰國軍的組織、指揮與動員。[41]

---

[32] 服部卓四郎，《大東亜戦争全史》，4 冊（東京：鱒書房，1953 年）。

[33] 秦郁彥，《日中戰爭史》（東京：河出書房新社，1961 年）。

[34] 段瑞聰，〈日本有關中日戰爭研究之主要動向及其成果（2007-2012 年）〉，《國史研究通訊》，第 5 期（2013 年 12 月），頁 90。

[35] 井本熊男，《作戦日誌で綴る支那事変》（東京：芙蓉書房，1978 年）。

[36] 堀場一雄，《支那事変戦争指導史》（東京：原書房，1981 年）。

[37] 姫田光義，〈中華民国軍事史研究序説〉，收入中央大学人文科学研究所編，《民国前期中国と東アジアの変動》（東京：中央大学出版部，1999 年），頁 405-424。

[38] 張注洪，〈國外中國抗日戰爭史研究述評〉，收入楊青、王暘編，《近十年來抗日戰爭史研究述評選編》（1995-2004）（北京：中共黨史出版社，2005 年），頁 47-51。齊福林，〈日本學者對中國抗日戰爭史研究述評〉，《中共黨史研究》，1989 年第 2 期，頁 94-96。

[39] 石島紀之，《中国抗日戰爭史》（東京：青木書店，1985 年）。

[40] 安井三吉，《盧溝橋事件》（東京：研文，1993 年）。

[41] 笠原十九司，〈国民政府軍の構造と作戦——上海・南京戦を中心に〉，收入中央大学人文科学研究所編，《民国後期中国国民党政権の研究》（東京：中央大学出版部，2005 年），頁 229-296。

2009年，菊池一隆著《中国抗日軍事史 1937-1945》，分析國民政府的軍事概況，探究強國日本為何敗於弱國中國。[42]

整體來說，日本於日中戰爭軍事方面的研究停滯不前，仍停留在戰史叢書及秦郁彥先驅性研究之後，直接涉及戰略、戰術、軍事技術及兵站等的研究，沒有新的進展，儘管有關太平洋戰爭的戰史研究有所積累，但對中戰史卻極為貧乏。[43]此外，近年雖對國軍有所研究，但數量仍少，尤其針對中國軍事制度者，鮮見突出的研究。

英語學界關於中日戰爭軍事制度史的著作不多，早期以劉馥的著作最具代表性。劉馥（F. F. Liu）戰時曾任職參謀本部，也擔任過實地作戰職務，戰後赴美入普林斯頓大學深造，獲博士學位。其軍事經歷及所受學術訓練，使其有足夠背景撰成 *Military History of Modern China, 1924-1949*（1956年）一書。[44]該書博採中、英、日、法、德、俄6種語言的資料，綜述自黃埔建軍，迄至國軍失守大陸期間之軍史，在軍事制度方面尤其深入，至今仍為民國軍事制度史的典範著作。

美國軍方曾出版關於中日戰史的官方著作。此一戰史叢書名為 *United States Army in World War II*，有數個系列，其 China-Burma-India Theater 系列與中國戰場有關，由 Charles F. Romanus 和 Riley Sunderland 撰寫，計3本：*Stilwell's Mission to China* (1953)、*Stilwell's Command Problems* (1956)以及 *Time Runs Out in CBI* (1959)。[45] 3書大量運用美國軍方檔案，細緻呈現美軍在華狀況，並述及美方帶給中國的新軍制，至於中國軍事制度本身的發展脈絡，並非本叢書著重者。

---

[42] 菊池一隆，《中国抗日軍事史：1937-1945》（東京：有志舎，2009年）。

[43] 戸部良一，〈日中戦争をめぐる研究動向〉，《軍事史学》，第46巻第1号（2010年6月），頁14。

[44] F. F. Liu, *A Military History of Modern China 1924-1949* (Princeton, New Jersey: Princeton University Press, 1956). 中譯見劉馥著，梅寅生譯，《中國現代軍事史》（臺北：東大圖書公司，1986年）。

[45] Charles F. Romanus and Riley Sunderland, *Stilwell's Mission to China* (Washington: Office of the Chief of Military History, Dept. of the Army, 1953). Charles F. Romanus and Riley Sunderland, *Stilwell's Command Problems* (Washington: Office of the Chief of Military History, Dept. of the Army, 1956). Charles F. Romanus and Riley Sunderland, *Time Runs Out in CBI* (Washington: Office of the Chief of Military History, Dept. of the Army, 1959).

英文其他中日戰史著作，多少提及國軍軍制，惟亦非所重。舉要如 Frank Dorn 的 *The History of the Sino-Japanese War, 1937-1941: From Marco Polo Bridge to Pearl Harbor* (1974)；[46]齊錫生的 *Nationalist China at War: Military Defeats and Political Collapse, 1937-45* (1982)；[47]易勞逸（Lloyd E. Eastman）的 *Seeds of Destruction: Nationalist China in War and Revolution, 1937-1949* (1984)；[48] MacKinnon 的 *Wuhan, 1938: War, Refugees, and the Making of Modern China* (2008)；[49] Rana Mitter 的 *Forgotten Ally: China's World War II, 1937-1945* (2013)等。[50]

近年英語學界對中日戰爭軍事史研究最為深入者，為方德萬（Hans J. Van de Ven）的研究。其於 2003 年出版的 *War and Nationalism in China, 1925-1945*，以相當篇幅敘述中日戰爭，糾正過去貶抑國軍抗戰的史迪威——白修德典範（Stilwell-White paradigm），較能回到中國當時的實際狀況，來看國軍的表現。[51]之後，其與 Mark Peattie、Edward Drea 主編的 *The Battle for China: Essays on Military History of Sino-Japanese War of 1937-1945*（2011）一書，[52]係美、日、中、臺共同研究成果，為英文較新且具代表性的中日戰史著作，其中中國軍事制度的章節，為張瑞德所撰。[53]

---

[46] Frank Dorn, *The Sino-Japanese War, 1937-41: from Marco Polo Bridge to Pearl Harbor* (New York: Macmillan, 1974).

[47] Hsi-sheng Ch'i, *Nationalist China at War: Military Defeats and Political Collapse, 1937-45* (Ann Arbor: University of Michigan Press, 1982).

[48] Lloyd E. Eastman, *Seeds of Destruction: Nationalist China in War and Revolution, 1937-1949* (Stanford, Calif.: Stanford University Press, 1984).

[49] Stephen R. MacKinnon, *Wuhan, 1938: War, Refugees, and the Making of Modern China* (Berkeley: University of California Press, c2008).

[50] Rana Mitter, *Forgotten Ally: China's World War II, 1937-1945* (Boston: Houghton Mifflin Harcourt, 2013).

[51] Hans van de Ven, *War and Nationalism in China, 1925-1945* (London; New York, N.Y.: RoutledgeCurzon, 2003).

[52] Mark Peattie, Edward Drea, and Hans van de Ven, eds., *The Battle for China: Essays on the Military History of the Sino-Japanese War of 1937-1945* (Stanford, Calif.: Stanford University Press, 2011).

[53] 本書獲 The Society for Military History 2012 Book Prize for non-US work。

要之，學界對於中日戰爭軍事制度的研究，以劉維開、張瑞德為代表，前者對於黨、政、軍關係及制度本身，有深入的探討；後者對於軍事人事制度，有精湛的分析。至於聚焦軍事委員會本身，其實際運作過程如何？命令是如何製成、傳遞？高層參謀在其間，扮演甚麼角色？這些軍事委員會的動態研究，仍有開展空間。

三

本書立於上述研究之肩，做進一步探究，論述脈絡概參考現今軍事機關參謀業務之區分——人事（G-1）、情報（G-2）、作戰（G-3）、後勤（G-4），依序敘述軍事委員會的組織人事、情報、作戰、後勤及動員。[54]

(一) 組織人事

本書第一、二章，論述軍事委員會的組織歷史和人事，其相關研究，即如上述的民國軍事制度史研究。

第一章「軍事委員會的建立」，敘述國民政府建立以來軍事委員會的演變，復探究全面戰爭爆發之後，軍事委員會改組為大本營的過程。1938 年初軍事委員會重新改組，奠定組織基礎，本書特予評析。

第二章「軍事委員會的運作」，探討軍委會核心成員有哪些，並分析其運行模式，呈現戰時指揮中樞——委員長官邸會報的運作情態。交戰國日本的軍事部門，較早實現現代化，藉由中日對比，當可突顯國軍特質，故此章之末，分析日本大本營的人事、運作，以為比較。

---

[54] James D. Hittle, *The Military Staff: Its History & Development* (Pennsylvania: The Stackpole Company, 1961), pp. 9-10. 兵役動員本應置於人事部分討論，本書考慮論述動員的完整性，將之與其他方面的動員及後勤置於同一章。

(二) 情報

情報是軍委會核心成員判斷戰局的基礎。戰時軍事情報機關及其組織運作，相關著作甚夥，惟因情報機關的機密性，許多檔案接觸不易，故相關論著多基於情報人員事後的回憶，如沈醉《軍統內幕》、[55]徐恩曾等著《細說中統軍統》，[56]以及文史資料刊登的數篇回憶文章等。

回憶資料，或因記憶，或因刻意，錯漏難免，建基於此的著作，乃易受歪曲，若能搭配檔案做研究，或較適宜。張霈芝為國防部情報局高級幹部，受地利之便，得以接觸外人難獲一見的機密檔案，其以此為基礎，參照回憶資料，撰成《戴笠與抗戰》一書，[57]首開情報研究運用大量檔案之先河。2010 年起，國防部軍事情報局將一批情報檔案移轉至國史館複製，國史館建立《戴笠史料》、《國防部軍事情報局檔案》兩大全宗，並出版《戴笠先生與抗戰史料彙編》；[58]同時，該館召集學者進行研究，將成果整理出版《不可忽視的戰場——抗戰時期的軍統局》一冊，[59]充分運用情報檔案進行研究。於此學術潮流之下，相關著作漸夥，較新且具代表性的研究，如岩谷將〈蔣介石、共產黨、日本軍——二十世紀前半葉中國國民黨情報組織的成立與發展〉(2013)，[60]或張瑞德〈侍從室與國民政府的情報工作〉(2015)。[61]前者綜論中國國民黨情報機關的發展，並強調中國共產黨及日軍的影

---

[55] 沈醉，《軍統內幕》（北京：中國文史出版社，1985 年）。

[56] 傳記文學雜誌社編，《細說中統軍統》（臺北：傳記文學出版社，1992 年）。

[57] 張霈芝，《戴笠與抗戰》（臺北：國史館，1999 年）。該書修改自作者在香港珠海書院文史研究所之博士論文，原名〈戴笠對抗戰之貢獻〉（1983 年）。

[58] 《戴笠先生與抗戰史料彙編》於 2011 年至 2012 年間由國史館出版，區分軍統局隸屬機構、中美合作所的成立、中美合作所的業務、忠義救國軍、軍情戰報、經濟作戰等主題，計 6 冊。

[59] 吳淑鳳、張世瑛、蕭李居編，《不可忽視的戰場——抗戰時期的軍統局》（臺北：國史館，2012 年）。

[60] 岩谷將，〈蔣介石、共產黨、日本軍——二十世紀前半葉中國國民黨情報組織的成立與發展〉，收入黃自進、潘光哲編，《蔣介石與現代中國的形塑》，第 2 冊：變局與肆應（臺北：中央研究院近代史研究所，2013 年），頁 3-30。

[61] 張瑞德，〈侍從室與國民政府的情報工作〉，《民國研究》，2015 年春季號（總第 27 輯），頁 1-53。

響；後者利用豐富檔案，全面梳理侍從室的情報工作，並述及各情報機關的情報整合。[62]

至於戰時軍事委員會面對單一會戰的情報，相關研究甚少。較重要者，如劉熙明〈國民政府軍在豫中會戰前期的情報判斷〉一文，大量運用中國第二歷史檔案館館藏檔案，分析豫中會戰前期軍事委員會所獲情報。該文論證紮實，惟所著重者，主要為軍令部的情報，對於調查統計局等其他情報機關提供之訊息，所述較少。[63]

戰時各軍事情報機關相當分散，惟多統合於軍事委員會之下。軍委會的情報機關，依照上呈系統的不同，可區分為辦公廳機要室體系，以及侍從室體系，前者包括電務組、密電檢譯所和中統局的密探情報，後者包括軍統局、國研所、軍令部等的情報。本書第三、四章依序以「情報：辦公廳機要室體系」、「情報：侍從室體系」為題，整理軍委會在徐州會戰（及台兒莊之役）中的情報，分析各機關提供情資內容為何？正確性為何？對於軍委會核心成員的指揮判斷，又有甚麼影響？

(三) 作戰

在明晰軍委會的組織人事和情報之後，本書以兩章探討軍委會於台兒莊之役和徐州會戰的作為。亦即從具體作戰之中，探究軍委會的實際運作。

學界關於台兒莊之役與徐州會戰的研究，十分豐碩。論者大多對台兒莊之役的評價甚高，認為此役是國軍的一次重大勝利，打破日本皇軍不可戰勝的神話，大幅提振了中國民心士氣。至今，該役仍為人傳頌。[64]

---

[62] 筆者也曾利用軍事委員會調查統計局的年度報告，撰成〈1939 年的軍統局與抗日戰爭〉一文（《抗戰史料研究》，2014 年第 1 期，頁 101-119。本文另收入《日本侵華史研究》，2014 年第 3 卷，頁 80-98；又選入中國人民大學複印報刊資料《中國現代史》，2015 年第 3 期）。

[63] 劉熙明，〈國民政府軍在豫中會戰前期的情報判斷〉，《近代史研究》，2010 年第 3 期，頁 108-127。

[64] 吳相湘，《第二次中日戰爭史》，上冊（臺北：綜合月刊社，1973 年），頁 440-444。呂偉俊，〈台兒莊大戰 55 周年國際學術研討會綜述〉，《山東社會科學》，1993 年第 3 期，頁 75-77。張玉法，〈兩岸學者關於台兒莊戰役的研究〉，《文史哲》，1994 年第 1 期，頁 81-85。韓信夫，〈台兒莊戰役及其在

近年來，旅日中國籍學者姜克實利用日文史料細緻研究，對台兒莊之役提出不同以往的看法。他指出，台兒莊之役日軍死傷未若過去所說的多，同為台兒莊之役一環的「滕縣保衛戰」等作戰，也未若過去英雄史詩般的給予日軍大量殺傷或給予台兒莊屏障。因此，誇大「台兒莊大捷」的種種說法，可說是一種傳說或神話。[65]姜的研究，以紮實史料做支撐，有效充實學界對該役日本史料及細節的不足。

對於徐州會戰，論者亦有不同的評價。臺灣官方戰史認為此役是國軍持久消耗戰略的一環，為了爭取武漢備戰時間，國軍於徐州投入大量軍力與日軍相持；戰爭過程，廣泛消耗日軍戰力，並爭取保衛武漢數個月的時間。[66]大陸學者則看法各有不同，有支持上述看法者，亦有不少認為國軍於台兒莊勝利之後，應適可而止，不宜投入大規模軍力與日軍對壘，造成嚴重損失與險遭日軍合圍殲滅。西方學者，或認為此役使國軍重拾信心，日軍雖於物質上打敗國軍，卻無法在士氣上擊潰之。[67]至於會戰末期國軍最終能突破日軍包圍圈，保全有生戰力，學者多持肯定態度。[68]

抗戰中的歷史地位〉，《近代史研究》，1994 年第 2 期，頁 67-80。馬振犢，《慘勝：抗戰正面戰場大寫意》（北京：九州出版社，2012 年），頁 151-165。

[65] 姜克實，〈台兒莊戰役日軍死傷者數考〉，《歷史學家茶座》，2014 年第 3 輯（總第 34 輯，2014 年 12 月），頁 58-74。姜克實相關研究甚多，散見本書註釋。

[66] 蔣緯國總編著，《國民革命戰史第三部：抗日禦侮》，第 5 卷（臺北：黎明文化事業公司，1978 年），頁 171。張國奎、雷聲宏主編，《國民革命軍戰役史第四部——抗日》，第 2 冊初期戰役下（臺北：國防部史政編譯局，1995 年），頁 94。

[67] Diana Lary, “Defending China: the Battles of the Xuzhou Campaign,” in *Warfare in Chinese History*, edited by Hans van de Ven (Leiden; Boston: Brill, 2000), pp. 398-426.

[68] 何應欽，《八年抗戰》（臺北：國防部史政編譯局，1982 年第 3 版），頁 78。國防部史政編譯局編，《抗日戰史》，第 4 冊：華東地區作戰（臺北：國防部史政編譯局，1987 年），頁 362-363、415-416。馬仲廉，〈評馬振犢《慘勝——抗戰正面戰場大寫意》〉，《抗日戰爭研究》，1994 年第 4 期，頁 189。郭汝瑰、黃玉章主編，《中國抗日戰爭正面戰場作戰記》，上冊（南京：江蘇人民出版社，2002 年），頁 749-750。步平、榮維木主編，《中華民族抗日戰爭全史》（北京：中國青年出版社，2010 年），頁 168。Hans J. van de Ven, *War and Nationalism in China, 1925-1945*, p. 225. 其他較新論著，又見鄭鐘明，〈徐州會戰中國軍隊失利的原因〉（北京：首都師範大學中國近現代史碩士論文，2009 年 5 月）。鄭鐘

上述研究成果十分豐碩，惟尚未以軍委會為主體進行討論，本書因此開展探究之。第五章「作戰：從台兒莊之役到徐州開戰」和第六章「作戰：從徐州撤退到隴海線的戰守」，依時序探討蔣中正如何指揮作戰？軍委會核心成員如何與蔣互動？有何影響？第六章末節並綜合分析軍委會在台兒莊之役和徐州會戰的作用、作戰部署及軍委會命令落實情形。

(四) 後勤及動員

法國軍事領袖拿破崙（Napoleon Bonaparte）據稱曾言，戰爭的三要素，第一是錢，第二是錢，第三還是錢。這呈現軍事機關攫取戰爭資源及後勤的重要性。前線士卒之溫飽、作戰器械、彈藥等，皆需充分張羅，方能維持部隊戰力。尤其中日戰爭是屬持久戰，獲取及分配戰爭資源，更顯重要。

學界關於中日戰爭國軍後勤的研究尚少，最重要的是國防部史政編譯局編著之《國軍後勤史》6 冊 7 本（第 4 冊分上、下），以軍方後勤理論為架構，述國軍自建軍至遷臺初期的後勤歷史，其第 4 冊（2 本）即是以中日戰爭為主，將相關史料整理排比，清楚呈現戰時後勤相關設施及運作，取材主要來自國防部史政編譯局編的《抗日戰史》101 冊。其次，中國第二歷史檔案館研究員陳長河，利用該館豐富館藏，撰寫後勤制度相關專文，如〈抗戰時期的後方勤務部〉、[69]〈1926-1945 年國民政府的兵站組織〉、[70]〈抗戰期間國民黨政府的兵站組織〉、[71]〈抗戰時期的第二戰區兵站總監部〉[72]，這些文章篇幅不長，提綱挈領，呈現相關組織的結構及運作概況。

後勤體系提供第一線部隊所需資源，這些資源是透過動員所獲取。關於動員

明，〈徐州會戰中中國軍隊自身存在的缺陷〉，《首都師範大學學報（社會科學版）》，2009 年增刊，頁 80-84。楊晨光，〈徐州會戰之研究〉，《軍事史評論》，第 20 期（2013 年 6 月），頁 181-217。

[69] 陳長河，〈抗戰時期的後方勤務部〉，《軍事歷史研究》，1991 年第 4 期，頁 77-82。

[70] 陳長河，〈1926-1945 年國民政府的兵站組織〉，《軍事歷史研究》，1993 年第 2 期，頁 64-69。

[71] 陳長河，〈抗戰期間國民黨政府的兵站組織〉，《歷史檔案》，1993 年第 3 期，頁 123-125、104。

[72] 陳長河，〈抗戰時期的第二戰區兵站總監部〉，《軍事歷史研究》，1994 年第 3 期，頁 61-68。

的研究，近年來逐漸增多。方德萬於相關論著中，突破過去西方批評國府軍事腐敗的研究取向，較能突顯國府遭遇的困難，及其於困難中，所做的理性選擇與作為。[73]張力將視野置於基層，探討陝西省的軍事動員。[74]笹川裕史、奧村哲，亦著重基層社會，探討戰時四川的農村動員。[75]姬田光義、久保亨及段瑞聰等學者，注意總動員的制度層面，探討重慶市動員委員會、國家總動員設計委員會、國家總動員會議，及國民精神總動員或國家總動員法的實施情況。[76]陳紅民注意到戰時「經濟復古」現象，以國府的驛運和中共陝甘寧邊區的大生產運動，比較研究國共兩黨動員能力。[77]張燕萍探討戰時國民政府如何通過國民經濟動員，將中國經濟力量與潛在的國防經濟力量組織動員起來，書中大幅擴充經濟動員的範疇，將兵員、兵器工業、武器裝備補充、軍需物資供應、交通運輸等皆納入討論。[78]

現今中日戰爭動員的相關研究，數量已然不少，惟尚未強調軍事委員會扮演的角色。本書第七章因以軍委會為主體，以「後勤及戰爭動員」為題，敘述軍委

[73] Hans van de Ven, *War and Nationalism in China, 1925-1945*, pp. 252-293. Hans van de Ven, "The Sino-Japanese War in History," in *The Battle for China: Essays on the Military History of the Sino-Japanese War of 1937-1945*, edited by Mark Peattie, Edward Drea, and Hans van de Ven, pp. 452-459.

[74] 張力，〈足食與足兵：戰時陝西省的軍事動員〉，收入慶祝抗戰勝利五十週年兩岸學術研討會籌備委員編，《慶祝抗戰勝利五十週年兩岸學術研討會論文集》，上冊（臺北：中國近代史學會、聯合報系文化基金會，1996 年），頁 497-518。

[75] 笹川裕史、奧村哲，《銃後の中國社會：日中戰爭下の總動員と農村》（東京：岩波書店，2007 年）。笹川裕史，〈中國的總力戰與基層社會——以中日戰爭．國共內戰．朝鮮戰爭為中心〉，《抗日戰爭研究》，2014 年第 1 期，頁 54-62。

[76] 姬田光義，〈「国民精神総動員体制下における国民月会〉，收入石島紀之、久保亨編，《重慶国民政府史の研究》（東京：東京大学出版会，2004 年），頁 341-358；姬田光義，〈「抗日戦争における中国の国家総動員体制——『国家総動員法』と国家総動員会議をめぐって〉，收入中央大学人文科学研究所編，《民国後期中国国民党政権の研究》（東京：中央大学出版部，2005 年），頁 297-313。久保亨，〈東アジアの総動員体制〉，收入和田春樹ほか編，《岩波講座 東アジア近現代通史》，第 6 卷（東京：岩波書店，2011 年），頁 47-72。段瑞聰，〈抗戰、建國與動員——以重慶市動員委員會為例〉，收入陳紅民主編，《中外學者論蔣介石》（杭州：浙江大學出版社，2013 年），頁 138-160。段瑞聰，〈蔣介石與抗戰時期總動員體制之構建〉，《抗日戰爭研究》，2014 年第 1 期，頁 34-53。

[77] 陳紅民，〈抗戰時期國共兩黨動員能力之比較〉，《二十一世紀雙月刊》，1996 年 2 月號，頁 47-58。

[78] 張燕萍，《抗戰時期國民政府經濟動員研究》（福州：福建人民出版社，2008 年）。

會與動員的關係。究竟軍事動員如何實施？軍委會的後勤機關有哪些？在徐州會戰之中，後勤實況為何？

各章的論述，是以徐州會戰為中心，探討以蔣中正為核心的參謀組織，即軍事委員會的作用。中國自清末以來，仿西方置高層參謀組織，如軍諮府、參謀本部，惟作用有限。國府建立之初，即以軍事委員會為最高參謀組織，歷經草創，不斷擴展，最終以此比擬西方的總參謀部，與日本全面對決。本書嘗試釐清軍事委員會在戰爭中的作用，並探究其於中國軍事史上的意義。

四

史料為史學研究基礎，做為本書研究基礎的史料，其狀況為何？

戰爭進行時，中國軍事機關或部隊司令部，便已展開史料的保存與編刊，如軍事委員會軍令部編印《徐州會戰間國軍作戰經驗》（1939 年）、《武漢會戰期間國軍作戰之經驗教訓》（1940 年）等。戰後，國防部史政局亦編印若干戰史，和高級將領的作戰紀要。[79]自 1949 年兩岸分治，中日戰爭軍事史料之典藏與整理公布各有發展脈絡。後文將以軍事制度乃至軍事作戰史料為中心，區分臺灣、大陸概述，日本做為交戰對手，其史料對研究中國方面，亦甚重要，本書接續概述。

(一) 臺灣的史料

臺灣方面，就已出版史料言之，上文提到的 1966 年國防部史政編譯局出版之《抗日戰史》101 冊，大量運用電報、戰報及相關原始資料，其性質雖為專著，由於寫作方法係直接摘抄史料，因此亦有相當高的史料價值，可視為臺灣最重要

[79] 李雲漢，〈對日抗戰的史料和論著〉，收入中央研究院近代史研究所、六十年來的中國近代史研究編輯委員會合編，《六十年來的中國近代史研究》，上冊（臺北：中央研究院近代史研究所，1996 年），頁 406-408。

的中日戰史史料。該套書於戰時便已進行編纂，稱「柏溪稿」，當時所利用之原始資料，現分藏臺灣和中國大陸。前者即檔案管理局的《國防部史政編譯局》全宗，後者即中國第二歷史檔案館的《國防部史政局及戰史編纂委員會》全宗。

1981 年，中國國民黨中央黨史委員會將「大溪檔案」（詳後）有關中日戰爭之史料，以及中國國民黨中央黨史委員會、國防部史政編譯局、法務部調查局等機關庋藏之史料，彙集出版《中華民國重要史料初編——對日抗戰時期》7 編（各編依序為緒編、作戰經過、戰時外交、戰時建設、抗戰期間中共活動真相、傀儡組織、戰後中國）共 26 冊，內容涵蓋範圍廣泛，其中第 2 編作戰經過，即為軍事史料。

1996-1999 年，國史館整理挑選館藏《國民政府檔案》，並蒐集相關專題史料，出版《國民政府軍政組織史料》4 冊，前兩冊為軍事委員會史料，包括軍事委員會及其所屬機關組織法令、人事任免；後兩冊為軍政部史料，含軍政部及其所屬機關組織法案和人事任免案。4 冊史料蒐羅十分完整，是極重要的軍事制度史料。

其他已出版史料，如國史館於 1984 年出版《第二次中日戰爭各重要戰役史料彙編：台兒莊會戰》，收錄有關之文獻史料及口述紀錄；1985 年出版《日本在華暴行錄：民國十七年至三十四年（1928-1945）》，廣蒐日本自甲午以來之中日關係史料和圖像，收錄約百餘萬字。1992 年，中國國民黨中央黨史委員會出版《蔣委員長中正抗戰方策手稿彙輯》（2 冊），該書彙集《近代中國》雙月刊連續發表 30 餘次、近 400 件手稿。

將領及機要人員之日記、年譜、自傳與訪談錄，與中日戰爭軍事有關者不少。日記方面，舉要如湖北文獻社編有《萬耀煌將軍日記》（1978 年）；國防部史政編譯局印有黃杰的《淞滬及豫東作戰日記》（1984 年）；沈雲龍校註《何成濬將軍戰時日記》（上下冊，1986 年）；孫元良自印其日記《地球人孫元良日常事流水記》（1991 年）。中央研究院近代史研究所出版《王世杰日記》（10 冊，1990 年）、《徐永昌日記》（12 冊，1990 年）、《丁治磐日記》（8 冊，1995 年）。國史館出版《陳誠先生日記》（3 冊，2015 年）、《胡宗南先生日記》（2 冊，2015 年）等。

年譜舉要如《胡宗南上將年譜》（1972 年，2014 年出版增修版）、《總統蔣公大事長編初稿》(1978 年)、《何應欽將軍九五紀事長編》(2 冊,1984 年)、《蔣中正先生年譜長編》(12 冊,2015 年)等。

自傳或訪談錄,出版品較多,涵蓋範圍亦廣。舉要如《孫連仲回憶錄》(1962 年)、《劉汝明回憶錄》(1966 年)、劉峙的《我的回憶》(1966 年)、《億萬光年中之一瞬——孫元良回憶錄》(1972 年)、《李品仙回憶錄》(1975 年)、王仲廉《征塵回憶》(1978 年)、顧祝同《墨三九十自述》(1981 年)、黃杰《老兵憶往》(1986 年)、《劉茂恩回憶錄》(1996 年)、《葛先才將軍戰時回憶錄》(2005 年)等。中央研究院近代史研究所投入資源進行訪談工作,頗有成績,成果舉要如《白崇禧先生訪問紀錄》(1984 年)、《石覺先生訪問紀錄》(1986 年)、《丁治磐先生訪問紀錄》(1991 年)、《萬耀煌先生訪問紀錄》(1993 年)等。中國國民黨中央黨史委員會也曾投入口述歷史工作,不定期舉辦以某一主題為中心的口述歷史座談會,會議紀錄並於《近代中國》雙月刊發表,如 1977 年 4 月間舉行「七七抗戰四十週年紀念座談會」,戰時黨政要員多人與會,發表其回憶與感想。[80]

就庋藏於檔案館的史料言之,中日戰爭軍事史料,主要保存於國史館及檔案管理局。國史館於 1995 年入庫《蔣中正總統文物》(原稱《蔣中正總統檔案》,俗稱「大溪檔案」),該檔案集結蔣中正處理軍政時留下的函稿、電文、信件、書籍、輿圖、影像資料及器物等史料,數量龐大,內容珍貴。與中日戰爭有關的部分內容,已整理出版,如《中華民國重要史料初編——對日抗戰時期》、《事略稿本》、《蔣中正總統五記》、《中國遠征軍》等,但仍有大量史料,尚未刊布,仍待發掘。[81]同樣藏於國史館的《陳誠副總統文物》,保存大量陳誠相關檔案,由於陳誠參與中日戰爭歷次作戰,這批檔案因此收入大量相關軍事史料。

原藏於國防部史政編譯局的 1949 年以前《國軍檔案》,有不少與中日戰爭相關,這批檔案,現已移轉至檔案管理局,屬於《國防部史政編譯局》全宗,內容

[80] 李雲漢,〈對日抗戰的史料和論著〉,頁 416。黃肇珩、胡有瑞,〈七七抗戰四十週年紀念座談會紀實〉,《近代中國》,第 2 期(1977 年 6 月),頁 69-112。

[81] 蘇聖雄,〈國史館藏《蔣中正總統文物》之其他系列介紹〉,《檔案季刊》,第 14 卷第 1 期(2015 年 3 月),頁 83-92。

舉要如〈徐州抗日會戰史稿（五戰區編）〉、〈軍令部工作報告〉、〈軍事委員會最高幕僚會議案〉、〈軍事委員會會報紀錄〉、〈軍事委員會及所屬單位編制案〉、〈特字情報彙編〉等。

(二) 中國大陸的史料

中國第二歷史檔案館（二檔館）收藏國民政府中央層級的檔案。1987 年，該館出版《抗日戰爭正面戰場》檔案史料專輯，收錄所藏中日戰爭正面戰場之檔案史料，該書其後經增補校對，於 2005 年重新出版 3 冊。同為二檔館編的《中華民國史檔案資料匯編》第 5 輯第 2 編軍事（1998 年出版），大量收入館藏中日戰爭軍事檔案，內容且不侷限於正面戰場，另及於軍事制度、作戰計畫與部署、敵後作戰概況、日軍暴行等。該館主辦的《民國檔案》，亦陸續刊載重要檔案史料。

二檔館所藏多數軍事史料尚未出版，該館藏有大量軍事委員會及其下轄機關的檔案，如《軍事委員會》、《軍事委員會侍從室》、《參謀本部》、《軍事委員會軍令部》、《軍事委員會政治部》、《軍政部》、《後方勤務總司令部》等，內含大量組織職掌、人事、經費等相關史料。此外，該館典藏中日戰爭軍事史最重要的全宗：《國防部史政局及戰史編纂委員會》，包含國防部史政局（1946-1949）及戰史編纂委員會（1934-1949）的檔案，[82]共 16,645 個案卷，[83]內含國民政府為編纂戰史而從各軍事機關、部隊蒐集而來的戰史資料，可藉以觀察中日戰爭軍事制度的運作。[84]

---

[82] 戰史編纂委員會前身為南昌行營第一廳剿匪戰史編纂處，於 1934 年秋成立，南昌行營結束後，1935 年 2 月，該處改隸參謀本部第二廳，是為國府編纂戰史機構之發軔。1938 年初，參謀本部改組為軍令部，該處改為軍令部戰史編纂處，其工作偏重編譯國外戰史。1939 年初，為編纂戰史及研究與改良戰略、戰術，戰史編纂處擴大成立戰史編纂委員會，駐地貴州柏溪附近。1946 年中，隨中央軍事機構改組，該會併入國防部史料局。〈國防部戰史編纂委員會沿革史〉，《國防部史政局及戰史編纂委員會》，中國第二歷史檔案館藏，檔號：七八七-337。〈軍令部戰史編纂委員會沿革規範要錄〉，《國防部史政局及戰史編纂委員會》，檔號：七八七-340。

[83] 其案卷號編至 17,347 號，可供查閱者計 16,645 個案卷。

[84] 施宣岑、趙銘忠主編，《中國第二歷史檔案館簡明指南》（北京：檔案出版社，1987 年），頁 94-95。

大陸的回憶史料，數量龐大。中國人民政治協商會議（政協）從地方到中央，編纂大量回憶材料，稱作《文史資料》，當中有不少中日戰爭軍事回憶，如《原國民黨將領抗日戰爭親歷記》（包括《八一三淞滬抗戰》、《南京保衛戰》、《徐州會戰》、《武漢會戰》等）。除政協出版之回憶錄，1980 年唐德剛執筆的英文本《李宗仁回憶錄》被迻譯為中文，由廣西人民出版社出版，惟該書英文版原就不夠忠實、充分，中譯時又有所改動。[85] 2013 年，中國文史出版社將全國政協和各地政協徵集的原國民黨將領對日作戰之回憶文章，經過挑選與核實，匯編成《正面戰場·原國民黨將領抗日戰爭親歷記》叢書 12 冊，內有《淞滬會戰》、《徐州會戰》、《武漢會戰》等冊。[86]

(三) 日本的史料

日本方面，自昭和天皇宣布終戰後，陸軍中央下令燒毀所有機密文件；因此，日本的戰爭史料，必須重新調查徵集。

1955 年，為調查研究之需，日本防衛廳創設戰史室，廣收第二次世界大戰與日本有關的史料，並集眾人之力編纂戰史。1966 年至 1980 年出版《大東亜（太平洋）戦争戦史叢書》，含陸軍 69 卷、海軍 32 卷、共通年表 1 卷，共 102 卷。參與編纂者多為經歷大戰的軍人，各書雖為專著，由於編纂時大量摘錄相關史料及口述訪談，因此深具史料價值。[87]與國軍編印的《抗日戰史》101 冊，一中一日，皆屬官方戰史代表著作。國防部史政編譯局奉時任參謀總長的郝柏村「編纂抗戰戰史應參考日方資料」之指示，選錄叢書中有關中日戰爭的 43 卷，編譯出版《日軍對華作戰紀要叢書》，於 1988 年至 1992 年分 5 年譯印，共約 2,100 萬言。1997

---

[85] 李雲漢，〈對日抗戰的史料和論著〉，頁 415-416。本書引用該回憶錄，採用李敖出版社 1988 年的版本：李宗仁口述，唐德剛撰寫，《李宗仁回憶錄》，上、下冊（臺北：李敖出版社，1988 年）。

[86] 《文史資料》雖具有回憶史料的性質，但它的編寫其實是一項統戰作為，研究利用時應特別小心。參閱林美莉，〈中共政協「文史資料」工作的推展，1959－1966——以上海經驗為中心〉，《新史學》，第 26 卷第 3 期（2015 年 9 月），頁 145-203。

[87] 2010 年適逢戰史叢書出版 30 年，日本防衛省防衛研究所戰史部於其主辦刊物《戰史研究年報》第 13 號（東京：防衛省防衛研究所，2010 年），集結相關紀念文章，得藉以瞭解該叢書的編纂過程。

年，國防部史政編譯局為紀念「七七抗戰六十週年」及充實國軍滇緬地區作戰之史料，又另外譯印戰史叢書相關的 3 卷。而今，日本的戰史史料，收藏於日本防衛省防衛研究所，其多數官方史料電子影像，可於日本公文書館亞洲歷史資料中心（アジア歴史資料センター）的網站直接檢索閱覽。

日本參戰人員的日記、回憶及戰爭日誌，舉要如《岡村寧次大将資料上（戦場回想篇）》（1970 年）、《軍務局長 武藤章回想録》（1981 年）、《岡部直三郎大將の日記》（1982 年）、《陸軍：畑俊六日誌》（1983 年）、《松井石根大将の陣中日誌》（1985 年）、《元帥畑俊六回顧録》（2009 年）等。

本書主要採擇前述史料進行研究。美國、英國等國家的學術機關或檔案典藏機關，亦庋藏不少中日戰史相關檔案、日記或書籍。如美國史丹佛大學胡佛研究所檔案館典藏的《蔣中正日記》、《嚴立三日記》、《魏德邁史料》，哥倫比亞大學珍本與手稿圖書館典藏的《張發奎日記》、《熊式輝日記》等。總體來說，牽涉中國軍事制度者，相對較少，本書對此之介述從略。

五

相關專有名詞因牽涉各國、不同黨派或學術發展脈絡，習慣各異而有所不同，有必要予以界定。

中國近現代史上，中、日兩國爆發過兩次戰爭，一為清末甲午戰爭，一為民國時期的戰爭，後者或稱「第二次中日戰爭」。第二次中日戰爭另有廣、狹兩義，廣義自 1931 年之九一八事變，迄於 1945 年 8 月 14 日日本宣布投降；狹義自 1937 年 7 月 7 日的盧溝橋事變，止於 1945 年日本投降。1949 年以後的中國大陸史家，將第二次中日戰爭稱作「抗日戰爭」，大半係廣義。1949 年以前中華民國治下的中國大陸及其後統治範圍的臺灣官方和學界，多使用「抗戰」、「八年抗戰」之詞目，多為狹義。[88]

日本官方及學界，則以「日中戰爭」、「日中十五年戰爭」稱之；當中，亦有逕依戰時稱呼，謂此戰事為「支那事變」者，意多廣義。西方則多將此一戰事，稱作 Sino-Japanese War，意多狹義。[89]

本書主要稱這場戰爭為中日戰爭，意係狹義，間或以抗戰、抗日戰爭、日中戰爭等用語稱之。不同用語之採擇，係依行文脈絡、主體而定，為約定俗成的用法，並無特定價值判斷。

軍事用語方面，戰時國軍戰史書寫中「會戰」、「戰鬥」之區別，為會戰係某一交通樞紐，或某一中心城市，在戰略上關係重要、敵我所在必爭，因而各集全力所發生之大規模戰鬥，如淞滬會戰、武漢會戰等謂之，[90]各會戰名稱次數，均先後呈准蔣中正核定。[91]此一用法，與西方一般軍事術語不盡相同。西方軍事學術，一般將軍事行動區分不同層次，其最高層次為戰爭（War），其次為戰役（Campaign），再下是會戰（Battle）、作戰（Engagement）、戰鬥（Action）、短兵交鋒（Duel），而 6 個術語常被籠統使用。[92]

隨著國軍軍事學術的發展，現今已參考西方用法，將相關術語予以定義，頒布《國軍軍語辭典》，藉以統一概念，使軍人看到相關術語，即可意會其背後完整的軍事思維、理念與做法，俾充分溝通思想，促成整體合作，達成使命。依照《國軍軍語辭典》的定義，戰役是武力戰全程中某一時期之野戰行動，通常包括一至數期或數方面之會戰，而會戰則是戰役進程中，某一期程或方面之大軍野戰行動。[93]如

---

[88] 胡平生編著，《中國現代史書籍論文資料舉要》，第 4 冊（臺北：臺灣學生書局，2005 年），頁 2139。

[89] 戸部良一，〈日中戦争をめぐる研究動向〉，《軍事史学》，第 46 巻第 1 号，頁 6-7。胡平生編著，《中國現代史書籍論文資料舉要》，第 4 冊，頁 2139。

[90] 〈軍令部戰史編纂委員會沿革規範要錄〉，《國防部史政局及戰史編纂委員會》，檔號：七八七-340。

[91] 「抗戰以來國軍作戰各階段會戰及重要戰鬥概見表」，〈戰史會編寫「中日戰史」編制的各次會戰一覽表、統計表、資料表等〉，《國防部史政局及戰史編纂委員會》，檔號：七八七-521。

[92] 杜派（T. N. Dupuy）著，國防部史政編譯局譯，《認識戰爭：戰鬥的歷史與理論》（臺北：國防部史政編譯局，1993 年），頁 76-78。

[93] 國防大學軍事學院編修，《國軍軍語辭典（九十二年修訂本）》（臺北：國防部，2004 年），頁 2-10。

是則中日戰爭國軍第一期抗戰（1937年7月七七事變至1938年10月底武漢會戰結束），算是1次戰役，包括淞滬、太原、徐州、武漢4次會戰，及南京、忻口、台兒莊等作戰。[94]本書相關軍語之使用，其意涵大抵依循國軍現今用法。

一般常將台兒莊之役視為徐州會戰的一部分，如國軍官方戰史將徐州會戰區分為4個時期。第一時期為1938年2月3日至3月初，津浦南北兩段之守勢與攻勢；第二時期為3月初至4月7日，臨沂及台兒莊之役；第三時期4月8日至5月2日，國軍反攻嶧縣東南地區之戰鬥；第四時期5月3日至28日，為戰地之轉移。[95]本書將台兒莊之役與徐州會戰分開，視前者為後者的前哨戰，台兒莊之役為單獨作戰。所以如此，因會戰／作戰開始時間，應以中、日兩軍何時決定於台兒莊／徐州地區作戰，和何時開始行動為準，並首先考慮主動方的動向。而會戰／作戰結束時間，應以按照作戰計畫（或補充作戰計畫）達到作戰目的，並實際停止作戰行動為準。準此，台兒莊之役，可說始於3月14日日軍向運河／台兒莊一線發動攻勢，迄於4月15日國軍第五戰區改變作戰方案，不再向撤退日軍強攻。徐州會戰，始於1938年4月16日日軍第五師團開始攻擊臨沂，迄於6月6日北支那方面軍下令部隊集結，準備次期作戰。[96]由是則本書所謂徐州會戰，係單指4-6月的會戰。而由於台兒莊之役為徐州會戰之前哨戰，是役亦引發日軍發動徐州會戰，為求論述完整，本書也將台兒莊之役納入探討。

---

[94] 中國人民解放軍對於「戰役」的定義，與國軍不同，係指「軍團為達成戰爭的局部目的或全局性目的，在統一指揮下進行的由一系列戰鬥組成的作戰行動。」如是則台兒莊之役可視為一場「戰役」。當時日軍大抵將國軍所謂「會戰」皆稱為「作戰」，如將武漢會戰（1938年）稱作漢口攻略作戰；棗宜會戰（1940年）稱作宜昌作戰；豫中會戰（1944年）稱作京漢作戰。參見馬仲廉，〈台兒莊戰役的幾個問題〉，《抗日戰爭研究》，1998年第4期，頁128-131。何世同，〈國軍「平型關之戰」與共軍「平型關大捷」〉，收入張鑄勳主編，《抗日戰爭是怎麼打贏的：紀念黃埔建校建軍90週年論文集》（桃園：國防大學，2015年），頁434、467-468。何智霖、蘇聖雄，〈初期重要戰役〉、〈中期重要戰役〉、〈後期重要戰役〉，收入呂芳上主編，《中國抗日戰爭史新編》，第2編：軍事作戰，頁201、235、270。

[95] 國防部史政編譯局編，《抗日戰史——徐州會戰（一）》（臺北：國防部史政編譯局，1981年再版），頁19。

[96] 馬仲廉，〈台兒莊戰役的幾個問題〉，《抗日戰爭研究》，1998年第4期，頁128-131。馬仲廉，〈關於徐州會戰時間之我見〉，《抗日戰爭研究》，1998年第1期，頁170-180。

第一章　軍事委員會的建立

一、戰前的歷程

(一) 從護法運動到北伐底定（1917-1928）

在民國史上赫赫有名的軍事委員會，經歷各階段的發展。最早是軍事委員先出現，爾後才有軍事委員會。1917 年中，孫文發起護法運動，9 月在廣州出任中華民國軍政府大元帥，[1]陸續任命 64 人為軍事委員。該職沒有明確規定，因此未見其作用，軍事實權由大元帥主持的特別軍事會議決定。次年，孫文遭滇、桂等地方軍事集團排擠離粵赴滬，軍政府改組，始明確設立軍事委員會，「由各省軍長官所派之軍事代表各一人，及經軍政府任命之軍事委員」組成，其職權為「建議軍事上之計畫及備政府之諮詢，但關於各軍之特別事宜，得由該軍單獨建議」。[2]人選包括委員長李烈鈞等 26 人，涵蓋江西、福建、廣東、湖南、江蘇、湖北、浙江、廣西、雲南、直隸、貴州、四川等 12 省。[3]這樣的委員會，實質軍事作用不大，為聯絡各省軍之用，並藉以顯示軍政府在全國的代表性。如此「統合」的性質，

---

[1] 李雲漢，《中國國民黨史述》，第 2 編：民國初年的奮鬥（臺北：中國國民黨中央委員會黨史委員會，1994 年），頁 269-271。

[2] 徐有禮，〈廣州國民政府軍事委員會溯源〉，《近代史研究》，1989 年第 1 期，頁 315。

[3] 中國國民黨中央委員會黨史史料編纂委員會編，《革命文獻》，第 49 輯（臺北：編者自刊，1969 年），頁 292-294。

為「軍閥政治」下的產物，此一特性之後延續下來。

1920 年底，孫文發起第二次護法運動，由滬赴粵。1921 年 5 月，任中華民國非常大總統。年底，組織陸海軍大本營準備北伐，孫以總統兼陸海軍大元帥，而以陸軍部長、海軍部長、參謀部長及大本營文官長為大本營主要決策成員。大本營下設建設、參軍、度支、宣傳、政務、軍法、軍務、兵站、幕僚 9 處，以及軍事委員會。[4]其中幕僚處參贊作戰軍令事宜，軍事委員會則職掌「贊襄聯合作戰，並任大本營與各省各軍之聯結」。[5]可見是時軍事委員會仍以「統合」各軍的性質為主，軍事作戰等參謀業務，另有其他機關負責。

第二次護法運動失敗後，孫文再度避居上海，決心檢討得失，重訂黨章。在新的黨章之中，於中央本部設置軍事委員會，其職權為「調查國內外之軍制，並研究國內軍制改革計畫」。[6]他任命柏文蔚、呂超、黃大偉、蔣作賓、蔣中正、顧忠琛、朱霽青、路孝忱、葉荃、朱介璋、朱一鳴、吳忠信、熊秉坤等 13 人為軍事委員。[7]這樣的軍事委員會，與先前性質不同，軍委會成為一功能有限的幕僚機構。

以聯俄政策為契機，軍事委員會大幅發展，性質也開始轉變。1923 年 1 月，孫文策動的滇、桂軍占領廣州。孫在與蘇聯代表越飛（Adolph Joffe）於上海發出共同公報後，即赴廣州設立大元帥府。[8] 1924 年 5 月，蘇聯軍事總顧問巴甫洛夫（P. A. Pavlov）抵達廣州，在詳細了解當地情況後，建議孫文成立以孫為首的軍事委員會，整頓形式上的「聯軍」，將完全散漫的軍閥部隊，聯合起來成為統一的

[4] 李雲漢，《中國國民黨史述》，第 2 編：民國初年的奮鬥，頁 320-331。

[5] 「公布大本營條例令」（1922 年 1 月 16 日），廣東省社會科學院歷史研究所、中國社會科學院近代史研究所中華民國史研究室、中山大學歷史系孫中山研究室合編，《孫中山全集》，第 6 卷（北京：中華書局，1981 年），頁 62-63。

[6] 中國國民黨中央委員會黨史史料編纂委員會編，《革命文獻》，第 70 輯（臺北：編者自刊，1969 年），頁 35-36。

[7] 李雲漢，《中國國民黨史述》，第 2 編：民國初年的奮鬥，頁 356。

[8] 郭廷以，《近代中國史綱》，下冊（臺北：曉園出版社，1994 年），頁 607-608。

部隊；軍委會執掌，先是研究改組軍隊和準備國防問題，一俟此任務完成之後，該會將成為統一的最高戰略機關。在蘇聯顧問建議之下，孫文於 7 月 11 日主持的中國國民黨中央政治委員會會議上，決議成立軍事委員會，任命巴甫洛夫為顧問，胡漢民、廖仲愷、譚延闓、許崇智、楊希閔、劉震寰、樊鍾秀、伍朝樞、蔣中正等 9 人為委員。[9]

7 月 15 日，軍事委員會召開會議，巴甫洛夫建議：在聯軍部隊中成立政治機構，各軍各師派負責的黨代表，委託一位兼任軍委會委員的中國國民黨中央委員擔任各部隊政工領導；統一軍事訓練、統一戰術；建立軍事檢察機關；在廣州周圍構築防禦線等。[10]會後，伍朝樞將會議決議通告各軍，即將建立各軍軍事籌備委員會、政治訓練籌備委員會、籌劃廣州防衛委員會。8 月 13 日，孫文命令組織直屬軍事委員會的中央督察軍，負責監督各級長官絕對服從軍事委員會的節制與調遣。[11]於此過程，可見蘇聯的黨軍制度移植中國，軍事委員會開始具有法定上的軍事最高地位。

受制民初以來的「軍閥政治」，軍事委員會難以推行其法定上的職權以集中軍事權力，各部隊仍各自為政。不過，隨著黃埔陸軍軍官學校的建立，編成校軍，後改編為黨軍，發動東征並擊潰廣州附近的滇、桂軍，廣東政府軍事集權成為可能。[12] 1925 年 6 月 24 日，代行大元帥職權的胡漢民（孫文已於該年 3 月逝世），通電接受並施行中國國民黨中央執行委員會關於政府改組之決議案。該議案提及，將設置軍事委員會「掌理全國軍務」，以委員若干人組織會議，並於委員中推定一人為主席，凡關於軍事之命令，由軍事委員會主席及軍事部長署名；在軍事

---

[9] 李玉貞，《孫中山與共產國際》（臺北：中央研究院近代史研究所，1996 年），頁 399。

[10] 亞・伊・趙列潘諾夫著，王啟中譯，《蘇俄在華軍事顧問回憶錄——第一部：中國國民革命初期戰史回憶（1924-1927）》（臺北：國防部情報局，1975 年），頁 99-101。李玉貞，〈共產國際、蘇聯與黃埔軍校關係的幾個問題〉，收入呂芳上主編，《國軍與現代中國》（臺北：國立中正紀念堂管理處，2015 年），頁 63-64。

[11] 徐有禮，〈廣州國民政府軍事委員會溯源〉，《近代史研究》，1989 年第 1 期，頁 317。

[12] 孫建中，《國民革命軍陸軍第一軍軍史》，上冊（臺北：國防部政務辦公室，2016 年），頁 9-19。

委員會內，設軍需等處，分掌職務。[13] 1925 年 7 月，國民政府成立，隨即頒布「國民政府軍事委員會組織法」，此一組織法為國府軍委會第一部組織法，深刻影響日後軍事委員會的組織架構。

據組織法規定，「軍事委員會受中國國民黨之指導及監督管理，統率國民政府所轄境內海陸軍、航空隊及一切軍事各機關」，委員會以委員若干人組織之，委員中推舉一人為主席。其下設有政治訓練部、參謀團、海軍局、航空局、軍需局、秘書廳、兵工廠等機關，分掌事務。[14]如此規定，則軍事委員會具最高軍事機關的地位。首屆軍事委員會委員，有汪兆銘、胡漢民、伍朝樞、廖仲愷、朱培德、譚延闓、許崇智、蔣中正等 8 人，汪兆銘被推選為主席，並以蘇聯的加倫將軍（Vasily Blyukher）為軍委會高等顧問。[15]

軍事委員會雖成立，但軍令、軍政等事宜並未全部統歸該會辦理。國民政府另設有軍事部，置部長 1 人，於軍事委員會委員中推定，由國民政府特任。軍委會與軍事部兩機關合署辦公。[16]軍事部長職責為在國民政府對外軍事關係中代表國民政府，並為國民政府各軍事問題決議案的說明人，國民政府各種軍事有關文件，須由國民政府主席和軍事部長共同署名方生效力，軍事部長並負責指揮省政府之軍事廳及民間普及軍事教育等業務。軍事部與軍事委員會之關係，除軍事部長以軍事委員會委員的資格服務外，軍事委員會關於國防計畫實施、軍事動員、軍制改革、高級軍官及同級官佐任免、陸海軍移防、預算決算及高等軍事裁判等，和其他與國民政府之政策有關之事項，其文告及命令，應由軍事委員會主席與軍事部長之署名行之。此外，軍事部長在軍事委員會中有監督參謀團之責，對於各

13 「政府接受中國國民黨中央執行委員會關於政府改組決議案併宣佈施行之通電」（1925 年 6 月 24 日），《陸海軍大元帥大本營公報》，第 14 號（1925），頁 179-181。

14 「中華民國國民政府軍事委員會組織法」（1925 年 7 月 5 日），收入周美華編，《國民政府軍政組織史料—第一冊，軍事委員會（一）》（臺北：國史館，1996 年），頁 7-9。

15 李雲漢，《中國國民黨史述》，第 2 編：民國初年的奮鬥，頁 636-637。

16 「國民政府軍事委員會第一次會議紀錄」（1925 年 7 月 6 日），〈國民政府軍事委員會議決案〉，《個人史料》，國史館藏，入藏登錄號：1280000990003A。

種作戰計畫應按時督促起草並指授機宜。[17]由此可見，軍事部類似於軍事委員會的執行機關。[18]

所以會以軍事委員會及軍事部併行中央軍事職權，或因當時的制度設計，有意防止握有軍權的軍人獲得過大權力，因此讓軍事部的軍事權力分散於軍委會，同時設計軍隊受文官約束的政治機關，以保證軍隊受黨的指導與監督。[19]可以看到，軍事委員會委員 8 人中，一半為文人（汪兆銘、胡漢民、伍朝樞、廖仲愷。譚延闓文人出身，以身為湘軍總司令，也可視為軍人），似即此制度設計之一環。也因為這樣的規劃，軍事決策實際上也不在軍委會，而是在由黨政軍首腦及蘇聯顧問組成的中國國民黨中央執行委員會政治委員會（中政會）。[20]軍事委員會（或軍事部）將中政會決議付諸實施，並仿照蘇聯的革命軍事委員會，專門負責例行和純技術性的軍事大計之執行，同時綜理軍政及後勤業務。軍事委員會也可就軍事方面的決策向中政會建言，但在政策制定上作用很小。[21]

軍事委員會建立初期，內部不甚穩定。1925 年 8 月 20 日，軍委會委員廖仲愷被刺身亡，另一委員胡漢民因受牽連而出走。9 月 20 日，軍委會委員兼軍事部部長許崇智辭職赴滬，部長職由譚延闓署理。年底，軍事部取消，由軍事委員會代行其職權。1926 年 1 月上旬，成立軍委會常務委員會，以汪兆銘、譚延闓、蔣中正為常務委員。3 月 1 日，軍委會所轄參謀團改組為參謀部，以李濟深任部長以替換蘇聯顧問。3 月 20 日中山艦事件之後，軍委會各機構之蘇聯顧問均被解職，

[17] 戚厚杰、劉順發、王楠編著，《國民革命軍沿革實錄》（石家莊：河北人民出版社，2001 年），頁 14-15。

[18] 王正華，《國民政府之建立與初期成就》（臺北：臺灣商務印書館，1986 年），頁 96-99。軍委會下設有參謀團，以蘇聯顧問羅加覺夫（V. P. Rogachev）為主任，提供軍委會各項問題之處理資料，並奉行軍委會之決議，亦可視為軍委會的執行機構。「國民政府軍事委員會第一次會議紀錄」（1925 年 7 月 6 日）、「國民政府軍事委員會第七次會議紀錄」（1925 年 7 月 16 日），〈國民政府軍事委員會議決案〉，《個人史料》，國史館藏，入藏登錄號：1280000990003A。

[19] F. F. Liu, *A Military History of Modern China 1924-1949*, p. 17.

[20] 1926 年政治委員會改稱政治會議，1935 年又改稱為政治委員會，皆簡稱中政會。陳之邁，《中國政府》，第 1 冊（上海：商務印書館，1946 年），頁 94-110。

[21] F. F. Liu, *A Military History of Modern China 1924-1949*, p. 17.

主席汪兆銘辭職，改由蔣中正出任。[22]

隨著北伐軍事的需要，國民革命軍總司令部成立，軍事委員會的多數職權改屬總司令部。1926 年 7 月 1 日，蔣中正以軍事委員會主席身分發布北伐部隊動員令。7 月 7 日，國民政府公布「國民革命軍總司令部組織大綱」，置國民革命軍總司令，國民政府轄下之陸、海、航空各軍均歸其統轄；國民革命軍總司令對於國民政府與中國國民黨，在軍事上須完全負責。國民革命軍總司令兼軍事委員會主席，總司令部設於軍委會內，依作戰之進展，隨時進出前方。總司令之下，設總參謀長、總參議、參謀、副官、秘書、軍務、訓練、軍需、審計、交通、軍械、軍醫、軍法、海軍、航空、徵募等處，以及總政治部、兵站總監部。[23]軍事委員會所屬政治訓練部、參謀部、軍需部、海軍局、航空局、兵工廠等，現均屬總司令部。[24]為了戰爭需要，蔣中正主張一個委員會不能發動戰爭，所以需要一個總司令部，讓軍委會職權限制在軍政方面。又為求軍令、政令之統一，出征動員令下達後，凡國民政府所關軍民財政各部機關，均須受總司令之指揮，秉承其意旨辦理各事，於是政府各機關無不受其管轄，[25]總司令權力大增，超越軍委會主席，擁有整個北伐最高指揮權。[26]

軍事委員會由蔣中正掌控之後，已偏離國民政府防止軍人獲取過大權力之設計。隨著國民革命軍總司令部的建立及北伐軍事的進展，蔣的權力益加擴張，其敵對派系亟思反擊。1927 年 3 月 10 日，在武漢的中國國民黨第二屆中央執行委員會第三次全體會議（二屆三中全會），通過「中央執行委員會軍事委員會組織大綱案」，廢除「國民革命軍總司令部組織條例」，將軍事委員會從政府轉移到黨之

[22] 戚厚杰、劉順發、王楠編著，《國民革命軍沿革實錄》，頁 13-15。

[23] 「國民革命軍總司令部組織大綱」（1926 年 7 月 7 日），收入中國國民黨中央委員會黨史史料編纂委員會編，《革命文獻》，第 20 輯（臺北：編者自刊，1959 年），頁 1643-1644。李雲漢，《中國國民黨史述》，第 2 編：民國初年的奮鬥，頁 750-753。

[24] 戚厚杰，〈國民黨政府時期的軍事委員會〉，《民國檔案》，1989 年第 2 期，頁 134。

[25] 錢端升等著，《民國政制史》，第 1 編（上海：上海書店，1989 年），頁 176。

[26] F. F. Liu, *A Military History of Modern China 1924-1949*, p. 32.

下，伸張黨的權威。同時，新的軍事委員會採集體領導制度，不設主席，由主席團執行決議，並處理日常事務。國民革命軍總司令僅為軍事委員會委員之一。如是則蔣中正的軍事權力遭大部剝奪，總司令職務的權力也遭到削弱和限制。[27]

4月18日，南京另立國民政府，寧漢分裂。4月21日，蔣中正以國民革命軍總司令名義宣布軍事委員會由廣州移駐南京。26日又通電漢口聯席會議及二屆三中全會決議產生之機關、所發之命令一律否議。同時，蔣提議將軍令、軍政分開，參照舊制度設立軍事委員會，重新擬定條例。當經決議組織起草委員會，修訂軍事委員會條例，並予公布。據此成立的軍事委員會，恢復主席的設置，職權與在廣州者相似，為國民政府軍事最高機關。[28]新任軍事委員會委員除黨政軍要員胡漢民、蔣中正、李濟琛、何應欽等，並包羅大量地方軍系要人，如馮玉祥、閻錫山、李宗仁、白崇禧、劉湘、劉文輝等。[29]這樣的設計，係為現實需要。時北伐正在進行，將地方軍系要人納入軍委會，可示尊崇，並象徵各方承認南京中央，俾與武漢中央鬥爭；於是，軍委會重拾往昔的「統合」作用。

軍事失利並受到各方壓力，蔣中正於8月12日宣布下野。分裂的中國國民黨合流，於9月16日組織中央特別委員會（特委會）為最高黨部，以統一黨務。軍事委員會隨之改組，任命新的軍事委員會委員于右任等66人。設置主席團，以白崇禧、何應欽等14人擔任。[30]

蔣中正、汪兆銘等中國國民黨之實力派並未參加特委會，這使該會難以維續長久。1928年初蔣、汪合作，蔣復任國民革命軍總司令。2月，中國國民黨於南京召開第二屆中央執行委員會第四次全體會議，重建中央黨部與國民政府，通過

[27] 戚厚杰，〈國民黨政府時期的軍事委員會〉，《民國檔案》，1989年第2期，頁134。

[28] 周美華編，《國民政府軍政組織史料—第一冊，軍事委員會（一）》，頁23-25、30-31。戚厚杰、劉順發、王楠編著，《國民革命軍沿革實錄》，頁33-34。

[29] 周美華編，《國民政府軍政組織史料—第二冊，軍事委員會（二）》（臺北：國史館，1996年），頁1-3。

[30] 中國國民黨中央委員會黨史史料編纂委員會編，《革命文獻》，第17輯（臺北：編者自刊，1957年），頁149-150。李雲漢，《中國國民黨史述》，第2編：民國初年的奮鬥，頁840-844。

「軍事委員會組織大綱案」、「國民革命軍總司令部組織大綱案」及「改定軍事系統案」等案。[31]

1928 年 2 月 6 日通過的「軍事委員會組織大綱」，與廣州——南京的一脈相承，此次改訂，確立軍令、軍政分離，第一條明定軍事委員會為國民政府「軍政」最高機關，掌管全國海、陸、空軍，負編制、教育、經理、衛生及充實國防之責。軍事委員會仍設主席，置常務委員 11-15 人。軍委會下設常務委員會辦公廳、參謀廳、軍政廳、總務廳、經理廳、審計處、軍事教育處、政治訓練部等單位。[32]

至於軍令最高機關，則為國民革命軍總司令部。依據同時公布的「國民革命軍總司令部組織大綱」，第一條明定國民政府為圖戰事「軍令」之統一，特任國民革命軍總司令一人，凡屬於國民革命軍之陸海空各軍，均歸其節制指揮。[33]

新的軍事委員會，委員達 73 人，包括中央文武要員，文者如于右任、汪兆銘、胡漢民、孫科等，武者如朱培德、朱紹良、何應欽、蔣中正等。名單亦包羅大量地方軍系要人，如白崇禧（桂軍）、李宗仁（桂軍）、徐永昌（晉綏軍）、馮玉祥（西北軍）、龍雲（滇軍）、閻錫山（晉綏軍）等。[34]如此則軍事委員會除軍政之作用，亦如半年前的改組，重拾「統合」各軍系之象徵意義。蔣中正以軍事委員會主席及國民革命軍總司令身分，綰攝全國軍政、軍令，並且統合全國各軍系。

1928 年底，國民革命軍北伐完成，為適應平時狀態，軍事委員會階段性任務於焉結束，國民革命軍總司令部不久亦予撤銷。[35]

軍事委員會於護法運動期間開始設置，至國民革命軍北伐完成而撤銷，針對該機關，或可有下列認識：

---

[31] 李雲漢，《中國國民黨史述》，第 2 編：民國初年的奮鬥，頁 847-849、853-865。

[32] 中國國民黨中央委員會黨史史料編纂委員會編，《革命文獻》，第 79 輯（臺北：編者自刊，1979 年），頁 83-84。

[33] 中國國民黨中央委員會黨史史料編纂委員會編，《革命文獻》，第 79 輯，頁 84-85。

[34] 「中國國民黨中央執行委員會函國民政府議決推選于右任等為軍事委員會委員希查照」（1928 年 2 月 9 日），收入周美華編，《國民政府軍政組織史料—第二冊，軍事委員會（二）》，頁 9。

[35] 戚厚杰、劉順發、王楠編著，《國民革命軍沿革實錄》，頁 38、89。

1、該會名義上為國家最高軍事機關，不過由於當時中央難以有效節制各地軍系，因此從「軍閥政治」的時代脈絡來看，該會實具有「統合」各軍系的象徵性意義。

2、國民政府成立之初，該會的組成，受蘇聯軍制影響很大。初欲以文制武，以黨領軍，惟在動亂之中，蔣中正以軍事強人之姿，任該會主席，該會以文制武之性質衰弱，軍權高漲。

3、最高軍事機關，其職權理應及於軍政、軍令，惟北伐過程，另設有國民革命軍總司令部，二者職權有重疊之處。其後雖欲區分，以軍事委員會掌軍政，國民革命軍總司令部掌軍令，但仍難以判然劃分，多數職權由總司令部掌控。

(二)軍事委員會重設至戰爭爆發（1928-1937）

軍事委員會的設置，一來源於中國現實經驗，一來源自蘇聯軍制。國共分裂之後，蘇聯顧問退出，取而代之者為德國顧問。經德國顧問建議及當局種種考慮，政府軍制有大幅的調整，德國普魯士制和日本制的原則取代蘇聯制度。[36]

軍事委員會與國民革命軍總司令部，原各掌握軍政、軍令。1928 年底北伐完成以後，其業務分拆，各項業務移交軍政部、參謀部（後改參謀本部）、軍事參議院和訓練總監部，分掌軍政、軍令、軍事諮詢和軍事教育等事宜。[37]上述機關，除軍政部隸屬行政院外，其他均不受五院制政府支配，而直接對國民政府、特別是國民政府主席蔣中正負責。[38]

新制所以被認為與普魯士制（或說第一次世界大戰前的德國軍制）相近，因為 1870-1883 年間建立的德意志帝國軍制，主要由三個機關組成，一為負責作戰計畫並於戰時指揮野戰部隊的總參謀部，一為負責所有軍官團事務由德皇領導的

---

[36] F. F. Liu, *A Military History of Modern China 1924-1949*, p. 63.

[37] 「國民政府裁撤軍事委員會令」（1928 年 11 月 7 日），收入周美華編，《國民政府軍政組織史料—第二冊，軍事委員會（二）》，頁 9。戚厚杰、劉順發、王楠編著，《國民革命軍沿革實錄》，頁 89、124、129-131。

[38] F. F. Liu, *A Military History of Modern China 1924-1949*, p. 64.

軍事內閣，一為負責編制、補給和其他行政事務的軍政部。三個機關均對德皇負責，而軍政部部長亦對首相負責，理論上也對德國國會負責。德國軍制使德皇能夠控制軍官團及整個軍隊，使其不受國會的干預。其基本觀念一為軍令與軍政分離，軍令交總參謀部，軍政交軍政部；一為軍令獨立，不受立法機關的干預。[39]

日本的軍制，大抵模仿普魯士制。[40]所以國民政府仿效的對象，德國而外，尚有日本。國府採擇此制的理由，可能有數因：1、方便蔣中正以國民政府主席身分掌握全國軍隊，就如同德皇一般，不受國會限制。2、德國為傳統陸軍強國，德國顧問在國府漸漸發揮影響力。[41] 3、清末以來，日本軍制、軍事術語等，一直是中國學習的重要對象。4、設立數個地位平等的機關，可適當分配北伐後剛投入中央的幾個重要軍事領袖，如以西北軍領袖馮玉祥任軍政部部長、粵軍要人李濟深任參謀總長、桂系首要李宗仁任軍事參議院院長、中央軍僅次於蔣的何應欽任訓練總監。[42]

上述軍事結構維持未久，戰端又起。1929 年 4 月，由於桂系反蔣，身為國民政府主席的蔣中正根據「中華民國國民政府組織法」第一章第三條規定「國民政府統率海陸空軍」，組織陸海空軍總司令部並自兼總司令。該總司令部為全國陸海空軍最高統御機關，除設總司令、副總司令外，以參謀本部總長為總司令部參謀總長。總司令部內有參謀總長室、機要室，及參謀處、副官處、經理處、交通處等 4 個處。[43]這樣的組織，等於將參謀本部的軍令權轉移至總司令部，參謀本部職權限縮，成為主要負責國防計畫的機關。[44]

蔣中正以陸海空軍總司令名義指揮全軍，歷經慘烈內戰。1931 年九一八事變爆發後，12 月 15 日，蔣辭去國民政府主席職務，年底，「中華民國國民政府組織

---

[39] F. F. Liu, *A Military History of Modern China 1924-1949*, pp. 64-66.

[40] F. F. Liu, *A Military History of Modern China 1924-1949*, pp. 66-67.

[41] F. F. Liu, *A Military History of Modern China 1924-1949*, pp. 61-63.

[42] F. F. Liu, *A Military History of Modern China 1924-1949*, p. 68.

[43] 戚厚杰、劉順發、王楠編著，《國民革命軍沿革實錄》，頁 123-124。

[44] F. F. Liu, *A Military History of Modern China 1924-1949*, pp. 63-64.

法」修正，刪去「國民政府統率海陸空軍」一節，陸海空軍總司令部失去法源依據，隨之結束。同時，組織法規定國民政府主席為中華民國元首，對內對外代表國民政府，但「不負實際政治責任」。[45]如是則軍事制度中如同德皇般的國民政府主席不復存在，組織制度勢必大幅調整。

1932 年 1 月 28 日，一二八事變爆發，國民政府震動。29 日，中央政治會議決議成立軍事委員會，推蔣中正等人為委員，抵抗日本侵略，同時決議國民政府遷洛陽辦公，軍政部部長及有關軍事將領則留南京，調度軍事。軍事委員會雖決議成立，組織尚未建立，蔣中正復出後，以軍事委員會委員身分調度軍隊，未盡相宜。上海方面亦以當前軍事緊急，竟無負責統率全國軍隊之統帥，譏評政府無抵抗計畫。中國國民黨乃在洛陽召開的第四屆中央執行委員會第二次全體會議討論，於 3 月 5 日通過「關於軍事委員會案」，決議「軍事委員會之設立，其目的在捍禦外侮，整理軍事，俟抗日軍事終了，即撤銷之」；「軍事委員會暫行組織大綱修正案通過」。[46]

復設之軍事委員會「直隸國民政府，為全國軍事最高機關」，職掌有「關於國防綏靖之統率事宜」；「關於軍事章制軍事教育方針之最高決定」；「關於軍費支配軍實重要補充之最高審核」；「關於軍事建設軍隊編遣之最高決定」；「中將及獨立任務少將以上之任免之審核」。委員會設委員長 1 人，委員 7-9 人，由中央政治會議選定，由國民政府特任之。此外，行政院院長、參謀總長、軍政部部長、訓練總監、海軍部部長、軍事參議院院長為當然委員。各委員中互推 3-5 人為常務委員，輔助委員長籌畫一切事宜。關於軍令事項，由委員長負責執行。[47]

3 月 6 日，中政會選定蔣中正為軍事委員會委員長，馮玉祥、閻錫山、張學

---

[45] 中國民黨中央委員會黨史史料編纂委員會編，《革命文獻》，第 79 輯，頁 262-263。李雲漢，《中國國民黨史述》，第 3 編：訓政建設與安內攘外（臺北：中國國民黨中央委員會黨史委員會，1994 年），頁 176-178。

[46] 李雲漢，《中國國民黨史述》，第 3 編：訓政建設與安內攘外，頁 186-187、194-195。

[47] 「國民政府軍事委員會暫行組織大綱」（1932 年 3 月 5 日），中國國民黨中央委員會黨史史料編纂委員會編，《革命文獻》，第 79 輯，頁 283-284。

良、李宗仁、陳銘樞、李烈鈞、陳濟棠為軍事委員會委員。18 日，蔣通電就職，同時兼任參謀總長。[48]

與 1928 年底的政府改組相較，就政、軍關係來說，原先軍事權力掌握在政府最高領導人國民政府主席手上，現掌握在軍事委員會委員長手上。原先軍政部（以及後來的海軍部）專屬行政院管轄，現改由行政院與軍事委員會共同管轄，行政權喪失完整性。[49]軍委會復設不久，組織大綱修訂，行政院院長得出席軍事委員會，但不必為當然委員，[50]如此更顯示行政權難以干涉軍事權。國民政府現在看起來像是由一個軍事政府和一個文治政府組成，由軍政部居間將這兩個政府連接起來。[51]

與 1925 年國府初設之軍事委員會相較，1925 年的軍委會係參照蘇聯制度設計，1932 年復設的軍委會雖仍掌握所有軍事事務，但文官參與軍事決策、以黨制軍的設計已經消失，其制度與北伐後軍事改組的普魯士制相近，重要軍事職務獨立於政府之外運作。參謀本部、軍政部、訓練總監部、海軍部、航空委員會等組織歸軍委會管轄，參謀本部為陸海空軍之軍令機關，軍政部與訓練總監部為陸軍之軍政與教育機關，海軍的軍政及教育由海軍部任之，空軍則由航空委員會負責；軍令、軍政、教育雖然分立，卻皆統屬於軍事委員會之下，由軍人而非文官管理，最高軍事首長獲授權絕對控制、協調各中央軍事機關。[52]

蔣中正擔任軍委會委員長，從 1932 年起至 1947 年軍委會改組為國防部，達 15 年之久，以此職掌控中央軍事權力，委員長也成為他給人印象最深的職稱之

[48] 中國國民黨中央委員會黨史史料編纂委員會編，《革命文獻》，第 36 輯（臺北：編者自刊，1965 年），頁 1590、1599。

[49] F. F. Liu, *A Military History of Modern China 1924-1949*, p. 78. 陳之邁，《中國政府》，第 2 冊（上海：商務印書館，1945 年），頁 23。

[50] 「中國國民黨中央執行委員會政治會議函國民政府決議行政院長不必為軍事委員會之當然主席」（1932 年 6 月 27 日），收入周美華編，《國民政府軍政組織史料—第一冊，軍事委員會（一）》，頁 55-56。

[51] F. F. Liu, *A Military History of Modern China 1924-1949*, p. 78.

[52] 國防部史政編譯局編，《抗日戰史——全戰爭經過概要（一）》（臺北：國防部史政編譯局，1982 年再版），頁 57。F. F. Liu, *A Military History of Modern China 1924-1949*, p. 77.

一。1935 年 3 月，國民政府通過「特級上將授任條例」，其第一條「中華民國陸海空軍最高軍事長官任為特級上將」，[53] 4 月 1 日，任命軍事委員會委員長蔣中正為特級上將。[54]由是，蔣中正在軍委會委員長的職務外，復以特級上將之職，再次確立其法定軍事最高權力。

1932 年成立的軍事委員會，其組織歷經不斷調整。先是規定設置 1 個辦公廳，後因業務需要，調整組織法，設立辦公廳、第一廳、第二廳、第三廳分別辦公，各廳設主任 1 人，副主任 1 人，各廳主任為該會當然委員。辦公廳職掌印信典守、機要文電等事項；第一廳職掌軍令事項；第二廳職掌陸、海、空軍事務之決定、審核及聯絡等事項；第三廳職掌人事、文件收發、文告函電等庶務事項。[55]

軍事委員會運作三載，發現有業務重複、組織缺陷之處，如第一廳與參謀本部重複，第二廳與軍政部、訓練總監部、海軍部、航空委員會等重複。[56]乃將與軍事各部性質相同之廳處一律裁併，而業務上必須之設置，適當增置，1935 年 2 月修正軍事委員會組織大綱。[57] 4 月，設軍醫署隸屬該會。12 月，增設兩位副委員長，以閻錫山、馮玉祥任之。1936 年 12 月，軍委會常務委員由 3-5 人增至 5-7 人。1937 年 5 月，常務委員再增設至 7-9 人。[58]至全面戰爭爆發之初，軍委會組織如表 1-1。

---

53 「特級上將授任條例」，〈陸海空軍官佐任官法令案（三）〉，《國民政府》，國史館藏，典藏號：001-012040-0019。

54 「蔣中正任為特級上將任官狀」，〈蔣中正聘任狀及賀函〉，《國民政府》，典藏號：001-016142-0027。

55 周美華編，《國民政府軍政組織史料—第一冊，軍事委員會（一）》，頁 48-50、54-55、57-58。

56 「軍制大綱草案」（1935 年 1 月 21 日），〈軍制（一）〉，《國民政府》，典藏號：001-070001-0003。

57 「修正國民政府軍事委員會組織大綱」（1935 年 2 月 25 日），〈軍事委員會組織法令案（二）〉，《國民政府》，典藏號：001-012071-0191。

58 周美華編，《國民政府軍政組織史料—第一冊，軍事委員會（一）》，頁 59-62、65-67、72-74。

表 1-1：修正軍事委員會系統表

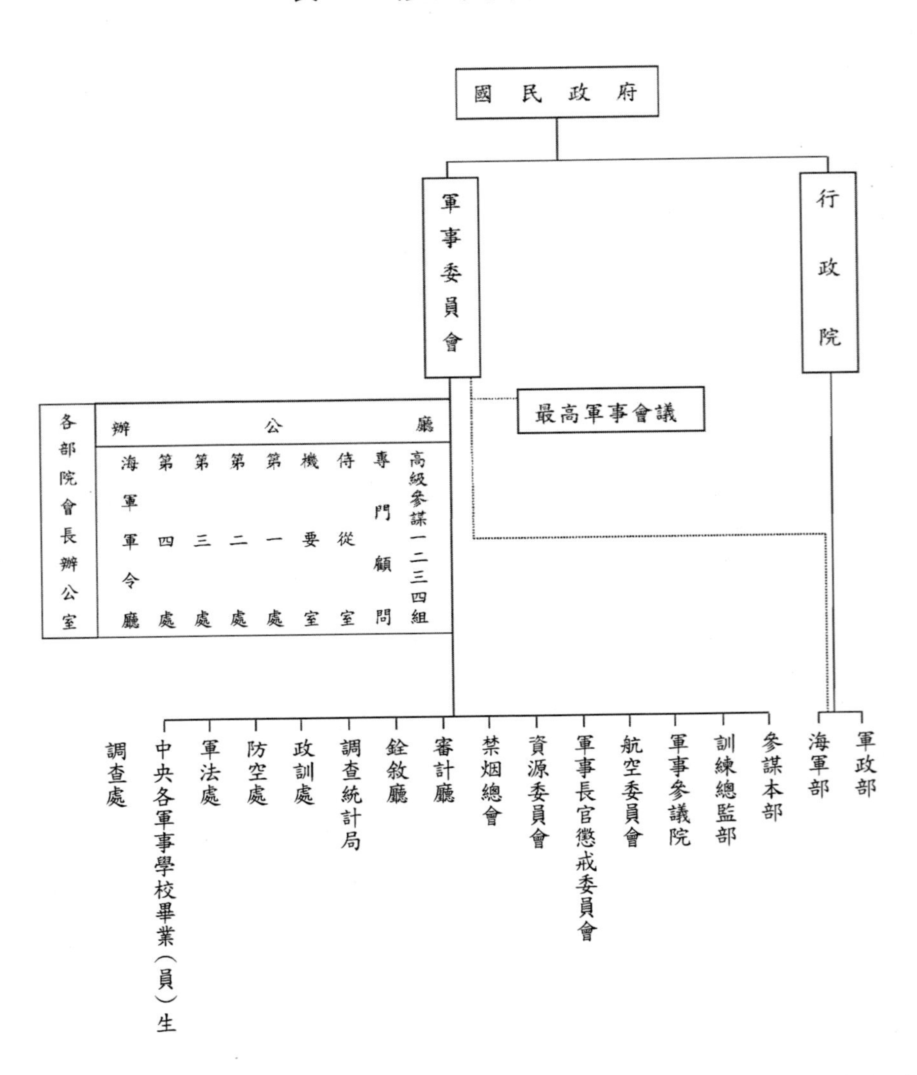

改繪自：「修正軍事委員會系統表」（1937 年 7 月 10 日），〈軍事委員會組織法令案（二）〉，《國民政府》，國史館藏，典藏號：001-012071-0191。

中日全面戰爭爆發前的軍事委員會委員包羅國內各重要軍系領袖，如 1932

年初設時的 7 位委員，馮玉祥為西北軍領袖，閻錫山為晉綏軍領袖，張學良為東北軍領袖，李宗仁為桂軍領袖，陳銘樞為京滬衛戍司令、所部正與日軍在上海交戰，李烈鈞為黨國資深將領，陳濟棠為廣東軍事領袖。[59]因此，如過去的軍委會，該會仍有連結各軍系的「統合」意義。

中央號令難及地方，各地軍系對地方握有強大影響力，這是民國初年甚至清末以來便有的現象。在此時代脈絡之中，軍委會除了象徵性地成為一統合機關，它也向地方擴張，發揮實質影響力，分會及行營的設置，便是此情態的呈現。

軍事委員會北平分會（軍分會）設置於 1932 年中，1935 年底結束，是為處理日本問題而設。時河北地方軍系號令不一，乃以軍分會統合之，任委員長一人，統轄所管區域內之各省軍政、軍令、國防、綏靖等事宜。蔣中正兼該分會委員長，並先後由張學良、何應欽代理。[60]

軍事委員會委員長行營最早於 1933 年 2 月在南昌設置，統一指揮對中共的軍事行動，及為日後與日本全面戰爭做準備。南昌行營責任區域廣大，法定處理贛、粵、閩、湘、鄂 5 省剿共軍事及監督轄區內各省黨政事務，蔣中正且常駐指揮。隨著剿共軍事的推展，行營陸續於各地組建，計有南昌、武昌、重慶、石家莊（保定）、西安、天水、桂林、昆明、成都、漢中、北平、東北、西北等行營。[61]

分會或各行營，對地方的掌控深淺不一，如軍分會實力薄弱，所恃僅中央軍留駐北平與保定的 2 個師；[62]南昌行營掌控廣闊的剿匪區，指揮龐大部隊對中共

---

[59] 名單參見劉壽林、萬仁元、王玉文、孔慶泰編，《民國職官年表》（北京：中華書局，1995 年），頁 438-440。

[60] 何應欽上將九五壽誕叢書編輯委員會編，《北平軍分會三年》（臺北：編者自刊，1984 年），頁 11、65。

[61] 蘇聖雄，〈國史館數位檔案檢索系統之運用——以「行營」研究為例〉，《國史研究通訊》，第 2 期（2012 年 6 月），頁 199。

[62] 李君山，《全面抗戰前的中日關係（1931~1936）》（臺北：文津出版社，2010 年），頁 282-283。

進行圍剿；[63]漢中行營與北平行營，反倒成為行營主任李宗仁發展桂系勢力的根據地。[64]不過不論如何，軍委會這些機關的本來目的，確為擴張中央軍事權力至地方，只是後來因應現實，性質漸有轉變。

二、大本營的設置和取消

軍事委員會是在一二八事變中的砲火中建立起來，其目的就是為抗日禦侮，集中權力，面對強鄰。軍事委員會由軍方人士組成，惟對外戰守，尚須納入黨、政人士共同討論，國民政府因此有國防最高決策機關的設置。

較早的國防最高決策機關為秘密成立於 1933 年 2 月的**國防委員會**，該會不對外公開，僅對中國國民黨中央執行委員會政治會議負責，「統籌防衛之長策，決定戰守之大計」。[65] 1935 年 12 月，中央政治會議改組為中央政治委員會，國防委員會撤銷，成立國防專門委員會，為設計及審議機構，不具決策權力。西安事變之後，1937 年 2 月，中國國民黨第五屆中央執行委員會第三次全體會議，決議復設國防委員會。[66]

1936 年 7 月，為因應兩廣事變的異動，中國國民黨第五屆中央執行委員會第二次全體會議通過組織**國防會議**，藉以「討論國防方針，及關於國防各重要問題」，成員由軍、政兩方面組成，有中央軍事機關長官、行政院各關係部部長和中央特別指定之軍政長官。依照規定，國防會議每年開大會一次，遇必要時得召集臨時會議。戰爭爆發前，曾準備召開會議兩次，但未見諸實行。

---

[63] 萬建強，〈國民黨南昌行營秘錄〉，《黨史文苑》，2004 年第 3 期，頁 14-17。

[64] 張皓，〈從漢中行營到北平行營：蔣介石、李宗仁對戰後全局的角逐〉，《歷史教學問題》，2011 年第 1 期，頁 73-81。

[65] 李雲漢，《抗戰前華北政局史料》（臺北：正中書局，1982 年），頁 230-231。

[66] 王正華，〈國防委員會的成立與運作（1933-1937）〉，《國史館學術集刊》，第 8 期（2006 年 6 月），頁 73-114。

盧溝橋事變後，國防會議始於 1937 年 8 月 7 日在南京召開半天會議，中央大員及地方軍系領袖出席參與，聽取國防相關單位的報告。當晚，召開國防會議及國防委員會的聯席會議。兩會成員大致相同，後者增加了黨務系統的人員。職權方面，國防委員會主要是「決定」相關事項，國防會議則是「審議」相關事項。聯席會議討論戰守大計，主席蔣中正依照與會者發言，結論未正式宣戰前，仍與日本交涉，不輕易放棄和平。[67]

國防聯席會議除確立戰爭大政方針，對於戰時體制的建立也達成共識，決議戰時黨政軍一切事項，應統一指揮。8 月 10 日，曾列席國防聯席會議的何應欽、程潛等向中央政治委員會提議合併國防委員會及國防會議為**國防最高會議**。次日，中央政治委員會通過是項提案。8 月 14 日，國防最高會議正式成立，為全國國防最高決定機關，黨、政、軍各方面負責人，於此融為一體；政治、外交的決策，得與軍事合一。軍事委員會委員長蔣中正出任主席，中央政治委員會主席汪兆銘為副主席，其他成員包括黨、政、軍各部門主管，及主席指定之常務委員 9 名，該會並賦予主席應付危機得便宜行事之緊急命令權。另外，設置國防參議會，邀請各黨派領袖及社會賢達參加。[68]

國防決策機關國防最高會議成立之際，戰時最高統帥部的設置，亦在討論之中。戰爭爆發後，雖已有軍事委員會委員長，軍界人士還是認為需要大元帥或總司令之類的名義來指揮作戰，有必要組織大本營或總司令部作為戰時政府。[69] 1937 年 7 月 14 日，軍政部部長何應欽官邸召開軍事會議，討論戰鬥序列等問題，

[67] 戚厚杰，〈抗戰爆發後南京國民政府國防聯席會議記錄〉，《民國檔案》，1996 年第 1 期，頁 32-33。劉維開，〈國防會議與國防聯席會議之召開與影響〉，《近代中國》，第 163 期，頁 47，

[68] 劉維開，〈國防會議與國防聯席會議之召開與影響〉，《近代中國》，第 163 期，頁 47-48。李雲漢，《盧溝橋事變》（臺北：東大圖書公司，1987 年），頁 448。1939 年 2 月 7 日，國防最高委員會成立，國防最高會議隨之結束，該委員會係統一黨政軍的機關，並代行中央政治委員會之職權。劉維開，〈國防最高委員會的組織與運作〉，《國立政治大學歷史學系學報》，第 21 期，頁 135-164。戰時決策機關的演變，另可參閱張瑞德，〈軍事體制〉，最高決策機構節，收入張瑞德、齊春風、劉維開、楊維真，《抗日戰爭與戰時體制》，頁 190-196。

[69] 何廉著，朱佑慈、楊大寧、胡隆昶、王文鈞、俞振基譯，《何廉回憶錄》（北京：中國文史出版社，1988 年），頁 129。

會中提出兩案，一案設陸海空軍大元帥，一案設陸海空軍總司令，並決定擬定大本營編制。[70] 24 日的會議，何應欽結論大本營及各級司令部編制應迅速擬定，本月底秘密成立。[71]不過，7 月底過後，大本營仍未成立，江西省政府主席熊式輝因此於 8 月 8 日的軍事會議上提到：「大本營宜從速成立，方可各負責任。惟目前未正式宣戰，日方現仍以關東軍及駐屯軍名義指揮，並無作戰軍司令部之新組織。我大本營似亦不宜公開，惟大本營所屬各部宜速秘密成立。」駐甘綏靖主任朱紹良則謂：「大本營所在地，第一步在南京，則大本營雖至開炮及敵機轟炸時，亦不許離京。」[72]

蔣中正初亦認為大本營有設置必要，於日記中的 8 月大事預定表記：「決定大本營組織與人選」，並擬將大本營設於洛陽、西安或彰德；8 月 5 日，蔣考慮「大本營與大元帥之職權」；7 日，預定處理大本營之組織。[73]

大本營的人事及組織安排，基本上由蔣決定。11 日，他手令軍委會、空軍相關人員從速規定將來與大本營通電之設置。[74] 16 日，決定以劉健群為第六部次長。[75]其後，復決定大本營組織應加上國民經濟部與國民指導部，兩部由第三、第四部劃出，以吳鼎昌任國民經濟部部長、陳立夫任指導部部長；[76]各部首長以

70 「蘆溝橋事件第四次會報」（1937 年 7 月 14 日），收入中國第二歷史檔案館編，《中華民國史檔案資料匯編》，第 5 輯第 2 編，軍事二（南京：鳳凰出版社，1998 年），頁 13-14。

71 「蘆溝橋事件第十四次會報」（1937 年 7 月 24 日），收入中國第二歷史檔案館編，《中華民國史檔案資料匯編》，第 5 輯第 2 編，軍事二，頁 32。

72 「蘆溝橋事件第二十九次會報」（1937 年 8 月 8 日），收入中國第二歷史檔案館編，《中華民國史檔案資料匯編》，第 5 輯第 2 編，軍事二，頁 54。

73 《蔣中正日記》，史丹佛大學胡佛研究所檔案館藏，1937 年 8 月大事預定表；8 月 5、7 日。

74 「蔣中正致毛慶祥等手令」（1937 年 8 月 11 日），〈籌筆—抗戰時期（二）〉，《蔣中正總統文物》，國史館藏，典藏號：002-010300-00002-087。

75 「蔣中正致程潛手令」（1937 年 8 月 15 日），〈籌筆—抗戰時期（三）〉，《蔣中正總統文物》，典藏號：002-010300-00003-013。

76 「蔣中正致何應欽手令」（1937 年 8 月 19 日），〈籌筆—抗戰時期（三）〉，《蔣中正總統文物》，典藏號：002-010300-00003-041。

下人員，不得逾 30 人，由有關機關中調用。[77]

8 月 11 日，中央政治委員會第五十一次會議，通過國民政府主席林森以中央監察委員會常務委員身分提出的「陸海空軍大本營組織法」。次日，林森於中國國民黨中央常務委員會（中常會）第五十次會議臨時提議推定蔣中正為陸海空軍大元帥，當經決議通過。16 日，國防最高會議常務委員會第一次會議復通過司法院院長居正之提議，由國民政府明令發布蔣中正為陸海空軍大元帥，統率全國陸海空軍；其後，林森提案修正〈陸海空軍大本營組織法〉，配合國防會議決議對日但言自衛不採宣戰絕交等方式，將條文中第一條「戰時」修正為「需要自衛權之行使時」，第二條「作戰」則改作「自衛」，該案並先送國民政府執行。27 日，國民黨中常會決議：「公布大本營組織條例，由軍事委員會委員長行使陸海空軍最高統帥權，並授權委員長**對黨政統一指揮**。」[78]〈陸海空軍大本營組織法〉計 4 條：

第一條　國民政府於需要自衛權之行使時，特設陸海空軍大元帥，組織陸海空軍大本營，直隸國民政府，執行國民政府組織法第三條所規定之職權。

第二條　大本營設參謀總長，輔助大元帥處理及指導自衛一切事宜。

第三條　大本營之系統及編制如附表規定。

第四條　本法自公布之日施行。[79]

蔣中正於 8 月 20 日，已先以大元帥身分發布大本營訓令第一號，頒發國軍戰爭指導方案，公布大本營的組織（表 1-2）。

---

[77] 「蔣中正致鄒琳徐堪手令」（1937 年 8 月 18 日），〈籌筆—抗戰時期（三）〉，《蔣中正總統文物》，典藏號：002-010300-00003-029。

[78] 劉維開，〈國防會議與國防聯席會議之召開與影響〉，《近代中國》，第 163 期，頁 49。李雲漢，《中國國民黨史述》，第 3 編：訓政建設與安內攘外，頁 379-380。中國國民黨中央委員會秘書處編，《中國國民黨第五屆中央執行委員會常務委員會會議紀錄彙編》，上冊（臺北：中國國民黨中央委員會秘書處，出版時間不詳），頁 167、169。引文粗體為筆者所加，下同。

[79] 「陸海空軍大本營組織法」，〈陸海空軍軍事單位組織法令案（四）〉，《國民政府》，典藏號：001-012071-0384。

表 1-2：大本營組織系統表

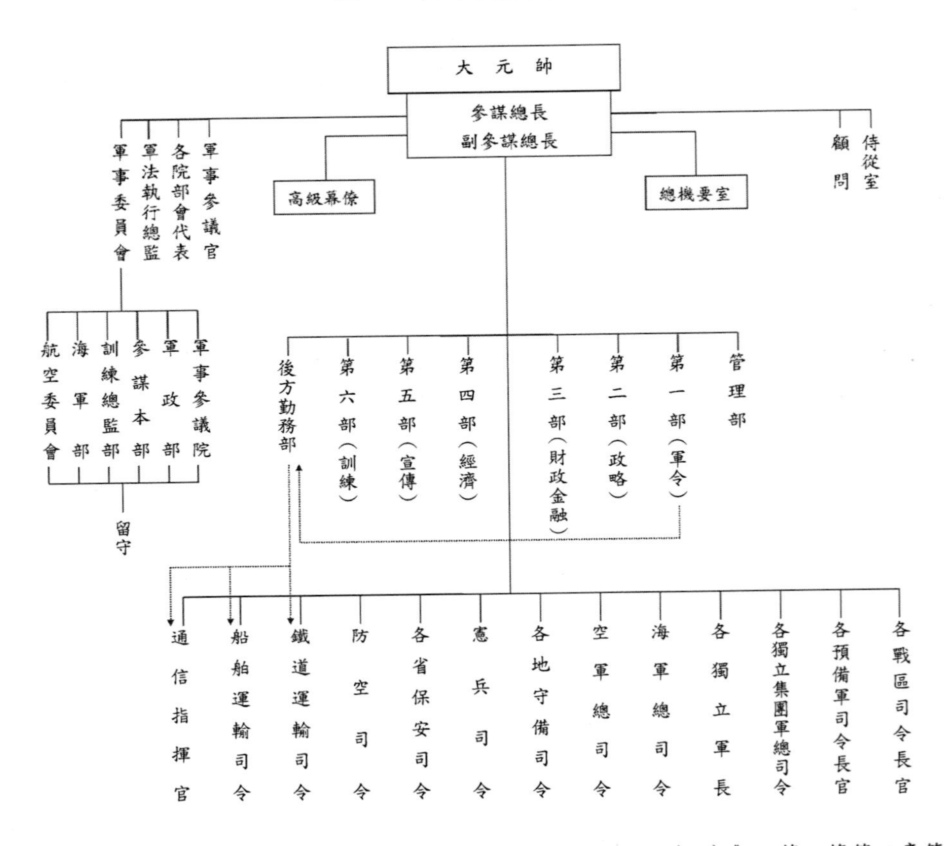

改繪自：國防部史政編譯局編，《抗日戰史——全戰爭經過概要（一）》，第三篇第三章第一節插表第三。）

前述即大本營組織經過，黨、政、軍皆納入管轄，為戰爭初期的最高統帥部，軍事委員會和政府機關仍然存在，只是人員縮減至最低限度。大本營係根據「國民政府組織法」第三條而設，該條規定「國民政府統率海陸空軍」，[80]係指軍事方面，此時可視為黨、政併入軍事管轄；為適應戰時狀態，軍事權力大幅提升。

---

[80] 徐百齊編，《中華民國法規大全》，第 1 冊（上海：商務印書館，1937 年），頁 279。

大本營對於作戰指導，以達成持久戰為基本主旨，設參謀總長、副參謀總長各一員。參謀總長指揮大本營各部，輔助大元帥策劃全局，由程潛出任；副參謀總長襄助參謀總長指揮幕僚，達成任務，由白崇禧出任。大本營之下，設有總機要室及六部，第一部掌軍令，部長黃紹竑；第二部掌政略，部長張羣；第三部掌財政，部長孔祥熙；第四部掌經濟，部長吳鼎昌；第五部掌宣傳，部長陳公博；第六部掌訓練，部長陳立夫。[81]其組織係納入原先黨、政、軍重要人士，如程潛原即任參謀本部參謀總長；孔祥熙為前行政院院長、現任財政部部長；陳立夫為中國國民黨中央組織部部長。這些人選也各屬不同派系，如政治上張羣屬政學系，陳立夫屬 CC 系，陳公博為汪派；軍事上程潛為軍界資深人士，白崇禧為桂系要人。這樣的組成，顯示蔣中正欲納入各派進入大本營，集中力量，共赴國難。

蔣中正雖以大元帥名義發布命令，國民政府亦備妥特授蔣中正為大元帥的證書，[82]但蔣對於是否就任大元帥，仍考慮再三。經過仔細研究，其認為中日尚未宣戰，不必另立名目，以軍事委員會主持戰事即可，擬僅就軍委會酌量改組，並將原擬設置各部納入該會。[83] 8 月 27 日，國民黨中常會第五十一次會議，在公布大本營組織條例之時，遂同時決議由軍委會委員長行使陸海空軍最高統帥權。[84] 9 月 1 日，蔣中正在國防最高會議上說：

> 現在統籌戰時一切事務的大本營各部已經開始辦公，大家應以前方將士抵死拼戰的精神來辦理後方的一切事情……關於大元帥的名義和大本營的組織，經中正再三考慮，在日本未正式宣戰以前，不必發表。仍以軍

---

[81] 「大本營頒國軍戰爭指導方案訓令」，收入中國第二歷史檔案館編，《抗日戰爭正面戰場》，上卷（南京：鳳凰出版社，2005 年），頁 34-39。國防部史政編譯局編，《抗日戰史—全戰爭經過概要（一）》，頁 58。

[82] 李雲漢，《中國國民黨史述》，第 3 編：訓政建設與安內攘外，頁 380。

[83] 中央研究院近代史研究所編，《王世杰日記（手稿本）》，第 1 冊（臺北：中央研究院近代史研究所，1990 年），1937 年 9 月 1 日，頁 97。陳布雷，《陳布雷回憶錄》（北京：東方出版社，2009 年），頁 179。

[84] 中國國民黨中央委員會秘書處編，《中國國民黨第五屆中央執行委員會常務委員會會議紀錄彙編》，上冊，頁 169。

事委員會委員長的名義和已成立各部的組織，執行一切職權。我們是弱國，是被侵略國，此次抗戰是敵人迫我到了最後關頭，不得已而戰爭。故我們作事，一切寧願有實無名，不願有名無實，或名不副實。[85]

由是，已設立的大本營諸單位，併入軍事委員會之中，惟軍政要員私下仍不時使用大本營的稱呼，文職如何廉，[86]武職如黃紹竑，[87]於回憶錄皆沿用大本營的說法，而即便蔣中正本人有時亦然，其於 1937 年 12 月 29 日在日記云：「決定行政院與大本營各部長人選。」[88]

確立以軍委會代大本營為最高統帥部後，該會為同時指揮黨、政事務，組織不斷擴大。8 月間，修正原組織大綱，增設秘書長、副秘書長各一人，由張羣、陳布雷分別出任。至 9 月，軍委會設第一至第六部，分掌軍令、軍政、經濟、政略、宣傳、組訓事宜，首長分由黃紹竑、熊式輝、翁文灝、吳鼎昌、陳公博、陳立夫出任。尚有後方勤務部、管理部、衛生部，由俞飛鵬、朱紹良、劉瑞恆分掌，主管軍事支援業務。另有農礦調整委員會、工礦調整委員會、貿易調整委員會，自財政部改隸軍事委員會，主任委員分別為周作民、翁文灝、陳德徵。軍法執行總監部亦於此時成立，以嚴格戰時軍律，總監由訓練總監唐生智兼任（表 1-3）。[89]新的軍事委員會，比原擬設置的大本營更為擴大。

---

[85] 蔣中正，〈最近軍事與外交〉（1938 年 9 月 1 日），收入秦孝儀主編，《先總統蔣公思想言論總集》，卷 14，演講（臺北：中國國民黨中央委員會黨史委員會，1984 年），頁 626。

[86] 何廉著，朱佑慈、楊大寧、胡隆昶、王文鈞、俞振基譯，《何廉回憶錄》，頁 129-133。

[87] 廣西文史研究館編，《黃紹竑回憶錄》（南寧：廣西人民出版社，1991 年），頁 337-356。

[88] 《蔣中正日記》，1937 年 12 月 29 日。

[89] 各單位及首長隨戰時變化而有所調整。李雲漢，《中國國民黨史述》，第 3 編：訓政建設與安內攘外，頁 381-383。「軍事委員會呈國民政府該會重加改組情形祈鑒核備案」（1937 年 10 月 8 日），收入周美華編，《國民政府軍政組織史料—第一冊，軍事委員會（一）》，頁 77。

表 1-3：軍事委員會組織系統表（1937 年 10 月 31 日修正）

- 委員長
  - 參謀總長
  - 副參謀總長
  - 秘書長
    - 軍法執行總監
    - 軍事參議官
    - 各院部會代表
    - 秘書廳
    - 總辦公廳
    - 侍從武官長
    - 侍從室
    - 警衛執行部
    - 參謀本部
    - 軍政部
    - 訓練總監部
    - 海軍部
    - 軍事參議院
    - 管理部
    - 第一部（軍令）
    - 第二部（政略）
    - 第三部（國際工業）
      - 資源委員會
      - 工礦調整委員會（虛線）
    - 第四部（國際經濟）
      - 農產調整委員會（虛線）
      - 貿易調整委員會（虛線）
    - 第五部（國際宣傳）
    - 第六部（訓練組織）
      - 調查統計局
    - 後方勤務部
      - 高級通信指揮官（虛線）
      - 鐵道運輸司令（虛線）
      - 船舶運輸司令（虛線）
    - 衛生勤務部
    - 航空委員會
      - 防空處
    - 禁煙總會
    - 各戰區司令長官
    - 各預備軍司令官
    - 獨立集團軍司令官
    - 獨立軍軍長
    - 空軍總司令
    - 海軍總司令
    - 各地警備司令
    - 憲兵司令
    - 海防司令
    - 江防司令
    - 防空司令
    - 船舶運輸司令
    - 鐵道運輸司令
    - 高級通信指揮官

改繪自：國防部史政編譯局編，《抗日戰史——全戰爭經過概要（一）》，第三篇第三章第一節插表第六。

軍事委員會各部已經組成，行政院所屬各部會卻未取消，一些軍委會的部長與行政院的部長且為同一人；即內部職員，亦多借調。[90]於是，仍然存在的平時政府成為空殼，最精幹的人員皆已轉至軍委會。軍委會改組之初，顯得鬆散雜亂、無所不包、權力不明，委員長蔣中正又忙於指揮戰局，無法充分考慮此一機關的瑣碎事務，只能交由秘書長張羣及其下屬軍官統籌辦理。由於受到日機轟炸，軍委會開會十分困難，轄下所有新建立的部會雖已開始辦公，卻無事可做。重要人員只能在南京富貴山的防空壕辦公，此處每個部只能占兩個房間，一張辦公桌往往數人合用，空氣令人窒息，重要人員東奔西跑，難以有效工作。由於張羣自宅附設防空洞，會議便常於其住宅的辦公室舉行。[91]

軍委會 6 個部組織成立未久，國民黨中常會第五十九次會議決議「非常時期黨政軍機構調整及人員疏散辦法」，再次調整中央機關。國民黨中央黨部的組織、宣傳及訓練三部暫歸軍委會指揮；第二部撤銷，以其職掌有關總動員者劃歸國家總動員設計委員會；第五部撤銷，其職掌劃歸中央宣傳部；第六部以中央黨部組織及訓練兩部併入之。[92]

隨著疏散工作的進行，軍委會人員和辦事機構開始分散，有些撤向漢口，有些撤向湖南和廣西，由於運輸路線遭到切斷，直遷重慶十分困難。混亂有增無已，被遣散的人員，因為失業而十分不滿。[93]至 1938 年初，軍委會組織復大幅調整，黨、政、軍自成系統，恢復原來狀態。蔣中正仍以軍委會委員長指揮軍事，黨、政、軍之統一指揮，則由國防最高會議負責，由於蔣亦身兼該會主席，黨、政、軍決策，仍能合而為一。[94]

---

[90] 陳之邁，《中國政府》，第 2 冊，頁 24。

[91] 何廉著，朱佑慈、楊大寧、胡隆昶、王文鈞、俞振基譯，《何廉回憶錄》，頁 130。

[92] 錢端升等著，《民國政制史》，第 1 編，頁 191。

[93] 何廉著，朱佑慈、楊大寧、胡隆昶、王文鈞、俞振基譯，《何廉回憶錄》，頁 130。

[94] 劉維開，〈戰時黨政軍統一指揮機構的設置與發展〉，收入中華民國史專題第三屆討論會秘書處編，《中華民國史專題論文集：第三屆討論會》，頁 347-349、357。

三、改組奠基

淞滬會戰後，國民政府由南京西遷重慶，軍事中樞則遷武漢，整體形勢發生重大變化，為適應新的局面，軍事委員會再度改組。1938 年 1 月 10 日，國防最高會議通過「修正軍事委員會組織大綱」，其第一條明示：「國民政府為戰時統轄全國軍民作戰便利起見，特設軍事委員會直隸國民政府，並授權委員長執行國民政府組織法第三條所規定之職權」。委員會置委員長 1 人，統率全國陸海空軍，並指揮全民，負國防之全責；委員 7-9 人，襄贊委員長籌劃國防用兵大計。委員長及委員，由中央政治委員會選定，由國民政府特任之。此外，參謀總長、副參謀總長，軍令、軍政、軍訓、政治 4 部部長及軍事參議院院長，為當然委員。[95]

軍委會設正副參謀總長、軍事參議官，及軍事參議院、辦公廳、軍令部、軍政部、軍訓部、政治部、軍法執行總監部、航空委員會、銓敘廳等機關。[96]（表 1-4）除蔣中正仍為軍事委員會委員長，軍委會委員有閻錫山、馮玉祥、李宗仁、程潛、陳紹寬、李濟深（以上 1938 年 1 月 19 日任命）、唐生智（6 月 17 日）、宋哲元（12 月 8 日）。何應欽出任參謀總長，白崇禧任副參謀總長，陳調元任軍事參議院院長，唐生智為軍法執行總監（後依序改鹿鍾麟、何成濬），並由徐永昌、何應欽、白崇禧、陳誠分任軍令、軍政、軍訓、政治部部長，辦公廳主任為賀耀組。[97]軍委會委員及相關首長包羅各軍系，可說如戰前的軍委會，象徵統合全國之軍事力量。

[95] 「修正軍事委員會組織大綱」（1938 年 1 月 10 日），收入周美華編，《國民政府軍政組織史料—第一冊，軍事委員會（一）》，頁 78-79。

[96] 「修正軍事委員會組織大綱」（1938 年 1 月 10 日），收入周美華編，《國民政府軍政組織史料—第一冊，軍事委員會（一）》，頁 78-82。

[97] 「國防最高會議電國民政府文官處軍事委員會組織大綱及系統修正案並人事案請查照電復」（1938 年 1 月 10 日），收入周美華編，《國民政府軍政組織史料—第二冊，軍事委員會（二）》，頁 166-175、191、193-194。

表 1-4：軍事委員會組織系統表（1938 年 1 月修正）

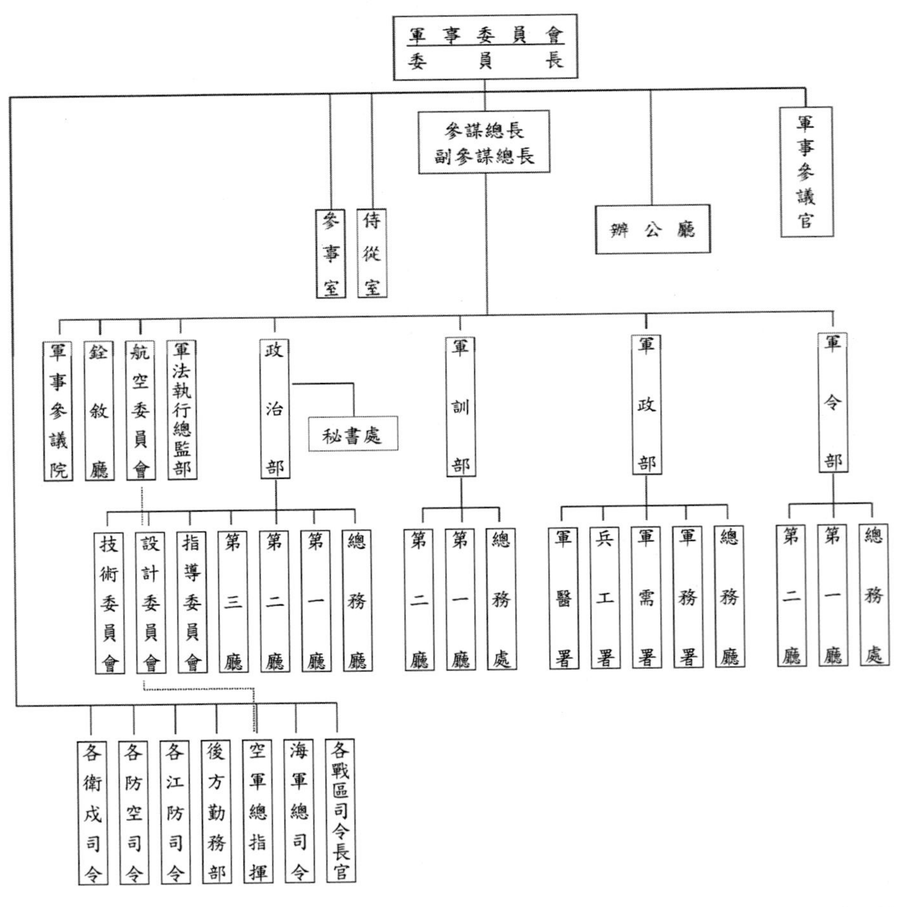

改繪自：「軍事委員會組織系統表」（1938 年 1 月 10 日），〈軍事委員會組織法令案（三）〉，《國民政府》，典藏號：001-012071-0192。[98]

[98] 組織系統表內的軍政部，雖有軍務署之組織，但該署並未建立。「軍政部之組織沿革」，〈軍政部長任內軍政部組織〉，《陳誠副總統文物》，國史館藏，典藏號：008-010705-00007-001。

改組後的軍事委員會，軍事、政治、黨務各歸復原來系統。[99]像是中國國民黨中央黨部脫離軍委會而重歸黨的系統；第三、四兩部合併於經濟部及其他相關各部；參謀本部及第一部併為軍令部；第六部及政訓部併為政治部；訓練總監部改為軍訓部。行政院其後又與軍委會商訂調整軍委會與行政相關之各附屬機構，如農產、工礦兩調整委員會與資源委員會一律改隸經濟部等是。經此調整，軍委會之職務始逐漸偏於軍事方面；[100]此次大幅改組，也奠定戰時軍委會的組織基礎。

軍事委員會與作戰最為相關的首長，為參謀總長、副參謀總長、軍令部部長和軍政部部長。參謀總長為軍事委員會委員長的幕僚長，指導軍委會各部、會、廳，襄助委員長處理一切業務，副參謀總長則職司輔助參謀總長。參謀總長辦公室在軍事委員會內，有 2 個參謀和 2 個秘書，皆為上校軍銜，由於何應欽身兼軍政部部長，參謀總長辦公室人員與軍政部部長辦公室的參謀、秘書合併辦公，統稱為總長辦公室，由軍政部部長辦公室中將主任秘書謝鐘元負總責，人員總數不多，僅 20 餘。參謀總長辦公室的職能，主要是綜合和協調各部會的工作，具體工作則仰賴各部會。[101]

何應欽長期兼任部長的軍政部，是軍委會所轄最大的機關。該部最早於 1928 年 10 月成立，為行政院 10 個部之一，掌管全國陸海空軍行政事宜。置部長 1 人，次長 2 人，下設總務廳、陸軍署、海軍署、航空署、軍需署、兵工署、審查處，編制員額官佐計 946 人。[102]

---

[99] 陳之邁，《中國政府》，第 2 冊，頁 24。

[100] 錢端升等著，《民國政制史》，第 1 編，頁 191。

[101] 陳廷績，〈在何應欽的參謀總長辦公室三年〉，《貴陽文史資料》，第 3 輯（1982 年 4 月），頁 153-154。「國防最高會議函國民政府決議通過修正軍事委員會組織大綱及系統表請查照密令飭遵」（1938 年 1 月 10 日），收入周美華編，《國民政府軍政組織史料—第一冊，軍事委員會（一）》，頁 79。「國民政府關於軍事委員會組織人事令」（1938 年 1 月 12 日），收入周美華編，《國民政府軍政組織史料—第一冊，軍事委員會（二）》，頁 167。

[102] 「行政院組織法」（1928 年 10 月 11 日）、「國民政府行政院軍政部條例草案」（1928 年 11 月 7 日），收入周美華編，《國民政府軍政組織史料—第三冊，軍政部（一）》（臺北：國史館，1998 年），頁 1-2、11-12。

1928 年軍政部成立之後，組織編制遞嬗沿革歷有更張，1932 年軍事委員會復設，納歸管轄。海軍署、航空署陸續劃出獨立。1935 年，陸軍署裁撤，組織變更，將原組織條例改為本部組織法草案，所轄改為總務廳、軍務司、交通司、軍法司、軍需署、兵工署及會計長辦公室，編制員額 865 人，並獲得監督各地方最高級行政長官執行本部主管事務之權力，若地方之命令或處分有違背法令或逾越權限者，軍政部得請由行政院院長提經國務會議後停止或撤銷之。戰爭爆發之初、1937 年 9 月，本部組織法又經修正，計轄總務廳、軍務司、兵政司、馬政司、交通司、軍法司、軍需署、兵工署、軍醫署及會計處，編制員額 1,223 人。[103]正如其所轄司署之名稱，軍政部管轄範圍相當廣泛，軍事作戰所需的兵員、軍械、糧秣等動員、後勤事宜，皆由其統籌。至 1938 年初軍委會改組之際，除部長為何應欽，軍政部內各首長為：政務次長曹浩森，常務次長張定璠，總務廳廳長項雄霄，軍務司司長王文宣，軍法司司長王震南，馬政司司長余玉瓊，交通司司長王景錄，兵役司司長朱為鈴，兵工署署長俞大維，軍需署署長周駿彥，軍醫署署長胡蘭生。[104]

軍事作戰的具體業務，由軍令部負責。該部由軍委會第一部與參謀本部合併組成，以原參謀本部為主體，[105]由於軍令部前身為此二機關構成，以下簡要介紹兩機關之歷史。

參謀本部建立於 1928 年 11 月，為全國陸海空軍參謀人員的最高機關，掌理

---

103 「軍政部組織法草案」、「軍政部編制表草案」（1935 年 4 月），「修正軍政部組織法草案」、「修正軍政部編制表草案」（1937 年 7 月），收入周美華編，《國民政府軍政組織史料—第三冊，軍政部（一）》，頁 75-76、86-87、129-130、147-159。「軍政部之組織沿革」，〈軍政部長任內軍政部組織〉，《陳誠副總統文物》，典藏號：008-010705-00007-001。「軍政部組織系統」（1937 年 9 月 6 日），〈軍政部組織法〉，《行政院》，國史館藏，典藏號：014-000101-0070。

104 劉壽林、萬仁元、王玉文、孔慶泰編，《民國職官年表》，頁 463。

105 陳長河，〈抗戰時期的國民黨政府軍令部〉，《民國檔案》，1987 年第 3 期，頁 134。〈參謀本部經費移交結餘各項表冊〉，《國防部史政局及戰史編纂委員會》，檔號：七八七-2551。1938 年 1 月 13 日，參謀次長熊斌擬定的軍令部編制草案，職員有 200 人，而原參謀本部有 290 餘人。中央研究院近代史研究所編，《徐永昌日記》，第 4 冊（臺北：中央研究院近代史研究所，1991 年），1938 年 1 月 13 日，頁 215。

國防及用兵事宜，統轄全國參謀人員、陸海空軍大學校、測量總局及駐外武官。1931 年九一八事變之後，為謀事權統一，於 1932 年 5 月實施首次改組，隸屬於軍事委員會之下。1936 年春，為改進業務、提高工作效率，實施二次改組，分設總務及第一、二、三廳、城塞組和直屬各級參謀、副官、秘書、顧問等。[106]參謀本部首任總長為李濟深，次長為劉汝賢、葛敬恩。1929 年 3 月底，何應欽短暫接任參謀總長職務，5 月改由朱培德代理，至 9 月中實任。1932 年 3 月中旬，改任蔣中正為參謀總長。1935 年底，程潛出任總長。次長人選，隨時間有所變動，除劉汝賢、葛敬恩，擔任過該職的有李樹椿、鮑文樾、黃慕松、賀耀組、楊杰、熊斌。[107]

軍委會第一部原為 1937 年 8 月設置的大本營第一部，後來大本營各部併入軍委會，遂改為軍委會第一部。首任部長黃紹竑，為桂系領袖，在屢次反蔣戰爭失利後，離開桂系任職中央，出任國民政府委員、內政部部長、浙江省政府主席、湖北省政府主席等職。大本營成立後，擔任主管作戰計畫的第一部部長。黃紹竑在回憶錄中，對其獲任大本營第一部部長，感到十分惶恐，因其任職中央十多年來，皆負責行政工作，僅接任幾次臨時軍事職務。他推想蔣中正所以令其擔負斯職，或許是因 1933 年黃曾擔任軍事委員會北平分會參謀長，參與長城戰役。不過黃以為是役屬於局部，且自身離開軍界較久，許多情形並不熟悉，幹部亦成問題。最後在國家民族的號召下，黃勉力肩負斯職，於短時間內組織第一部，並擬具初期作戰計畫。黃擔負中央作戰樞紐職位未久，即被蔣中正外派至山西視察，並出任第二戰區副司令長官，直接負責山西方面之指揮工作；[108]其部長職位，改由徐永昌接任。

合併參謀本部與軍委會第一部新成立的軍令部，設總務廳及第一（作戰）、第二（情報）兩廳，掌理：1、國防建設、地方綏靖及陸海空軍之動員作戰。2、後

---

[106] 陳長河，〈國民黨政府參謀本部組織沿革概述〉，《歷史檔案》，1988 年第 1 期，頁 110-111。〈參謀本部業務大綱〉，《國防部史政局及戰史編纂委員會》，檔號：七八七-2556。

[107] 劉壽林、萬仁元、王玉文、孔慶泰編，《民國職官年表》，頁 474-476。

[108] 廣西文史研究館編，《黃紹竑回憶錄》，頁 337-358。

方勤務之籌劃運用。3、情報及國際政情之蒐集整理。4、参謀人員、陸軍大學、測量總局及駐外武官之統轄與運用。[109]

軍委會改組後的軍令部首長為徐永昌，他也是軍令部存在期間（1938-1946年）唯一的部長。楊杰、熊斌為軍令部次長。第一廳廳長為劉斐，副廳長何成璞，該廳第一處處長張秉均，第二處處長毛靜如，第三處處長尹呈輔，第四處處長羅澤闓。第二廳廳長徐培根，副廳長吳石，該廳第二處處長郗恩綏，第三處處長鄭介民，第四處處長魏大銘。總務廳廳長陳焯，副廳長袁績熙，該廳第一處處長陸權，第二處處長彭贊湯，第三處處長李健侯。[110]軍令部內部每星期一、三、五舉行會報，以連繫各廳業務，[111]該會報正式名稱為軍令部部務會議，處理部內長官交議事項及各廳提案。[112]各廳另有廳務會議，由廳內長官出席，處理廳內事務。[113]

負責指揮作戰的第一廳，在戰時扮演相當重要的角色。該廳職掌國防作戰計畫之策定、命令之起草及兵棋布置事項；編制裝備調遣事項；城塞之設計審核及海空軍有關作戰事項；後方勤務之指導計畫事項；兵要地誌之調查編纂測量計畫之審核及地圖保管事項；戰史資料之蒐集編纂及戰術戰略之研究事項等。[114]

軍令部参謀之任用，有條件限制。除了要有軍事學校的學歷，還需要寫自傳

109 「國防最高會議函國民政府決議通過修正軍事委員會組織大綱及系統表請查照密令飭遵」（1938年1月10日），收入周美華編，《國民政府軍政組織史料—第一冊，軍事委員會（一）》，頁79。「國民政府關於軍事委員會組織人事令」（1938年1月12日），收入周美華編，《國民政府軍政組織史料—第一冊，軍事委員會（二）》，頁167。

110 「行政院函國民政府文官處轉陳賀耀組等員分別任命由」（1938年2月25日）、「國民政府明令賀耀組等員任命案」（1938年2月26日）、「行政院電國民政府文官處轉陳軍事委員會三月儉銓二漢代電任免案請密不公布」（1938年4月15日）、「國民政府任免殷組繩等五十六員密令」（1938年4月25日），收入周美華編，《國民政府軍政組織史料—第一冊，軍事委員會（二）》，頁173-175、182-188。

111 中央研究院近代史研究所編，《徐永昌日記》，第4冊，1938年2月5日，頁225。

112 軍令部部務會議紀錄，現部分存於中國第二歷史檔案館，如〈軍令部第一至五十次部務會議紀錄（油印件）〉（1939年），《國防部史政局及戰史編纂委員會》，檔號：七八七-233。

113 軍令部各廳務會議紀錄，現部分存於中國第二歷史檔案館，如〈軍令部第一廳廳務會議紀錄〉（1940年），《國防部史政局及戰史編纂委員會》，檔號：七八七-253。

114 「軍事委員會軍令部服務規程」，〈軍事委員會所屬機構組織職掌編制表〉，《國防部史政編譯局》，檔案管理局藏，檔號：B5018230601/0023/1930.1/3750.3。

及軍事論文，先試用 3 個月，才能轉正為參謀職。部內科長、處長以上的任用，除了有正式軍事學校學歷外，還要有陸軍大學的學歷。[115]因此，軍令部可說是陸大畢業生的天下。[116]其廳處首長，皆具有國內外陸大學歷（表 1-5）。

表 1-5：軍令部處長以上軍官簡歷表（1938 年 4 月）

單位	職務	姓名	軍事最高學歷	期別	軍官養成教育	籍貫
本部	部長	徐永昌	陸軍大學	第四期	武衛左軍隨軍學堂	山西崞縣
	次長	楊　杰	日本陸軍大學		日本陸軍士官學校	雲南大理
	次長	熊　斌	陸軍大學	第四期	奉天東三省講武堂	湖北禮山
	主任高參	張華輔	日本陸軍大學	第一期	日本陸軍士官學校	湖北應城
第一廳	廳長	劉　斐	日本陸軍大學		廣西南寧講武堂	湖南醴陵
	副廳長	何成璞	日本陸軍大學			黑龍江雙城
	副廳長	方　昉	陸軍大學	特二期	保定軍校	湖北黃岡
	第一處處長	張秉均	陸軍大學（繼入陸大兵學研究院深造）	特一期	保定軍校	河北高陽
	第二處處長	毛靜如	陸軍大學	特二期	保定軍校	浙江黃岩
	第三處處長	尹呈輔	陸軍大學	第八期	保定軍校	湖北武昌
	第四處處長	羅澤闓	陸軍大學	十一期	黃埔軍校	湖南常德

[115] 張國寬，〈我所知道的軍令部〉，《鍾山風雨》，2001 年第 3 期，頁 33-35。

[116] 朱浤源、張瑞德訪問，蔡說麗、潘光哲紀錄，《羅友倫先生訪問紀錄》（臺北：中央研究院近代史研究所，1994 年），頁 28。

第二廳	廳長	徐培根	陸軍大學（繼入德國陸軍參謀大學深造）	第六期	保定軍校	浙江象山
	副廳長	吳　石	日本陸軍大學	第六期	保定軍校	福建閩侯
	第一處處長	（懸缺）				
	第二處處長	郗恩綏	陸軍大學（繼入美國參謀大學深造）	第八期	保定軍校	河北宛平
	第三處處長	鄭介民	陸軍大學將官乙級班	第一期	黃埔軍校	廣東文昌
	第四處處長	魏大銘	陸軍大學將官甲級班	第二期		江蘇金山
總務廳	廳長	陳　焯	陸軍大學將官甲級班	第一期	保定軍校	浙江奉化
	副廳長	袁績熙	陸軍大學	第三期	北洋陸軍速成武備學堂	雲南鳳儀
	第一處處長	陸　權	陸軍大學	第六期		江蘇崑山
	第二處處長	彭贊湯	陸軍大學	十一期		湖南湘陰
	第三處處長	李健侯	陸軍大學	第六期	保定軍校	湖北黃安

改繪自：賴煒曾，〈從地方到中央：論徐永昌與民國（1927-1949）〉，頁 80-81。

第二章　軍事委員會的運作

一、核心成員

軍事委員會內各機關人員之中，有部分成員參與作戰指揮，對軍事行動影響很大，本書稱這群人為軍委會核心成員。核心成員在 8 年戰爭期間有所變動，惟大抵與 1938 年軍委會改組之初相差不遠。他們是軍事委員會委員長、參謀總長、副參謀總長、軍令部部長、軍政部部長、軍訓部部長、政治部部長、侍從室第一處主任，及軍令部主管作戰的人員。

蔣中正身為軍委會委員長，是軍委會內最重要的核心成員。其為浙江奉化人，畢業於日本振武學校，接受日語、一般課程及軍事基礎教育。[1]學歷雖不出色，但積極自學。[2]自創建黃埔軍校以來，歷經東征、北伐、剿共諸役，成為中央軍事強人，擁有軍委會最後決定權；軍委會對外命令，多以其名義發出。

參謀總長兼軍政部部長何應欽，字敬之，貴州興義人，畢業於日本陸軍士官學校，協助蔣中正籌備黃埔軍校，任總教官，長期追隨蔣氏，外界視其為黃埔系僅次於蔣的第二號人物，[3]是蔣中正在國軍中的左右手，長期主掌軍政部，在軍事

[1] 劉鳳翰，〈蔣中正學習陸軍的經過〉，收入氏著，《中國近代軍事史叢書》，第 2 輯：民國初年（臺北：黃慶中，2008 年），頁 23-86。黃自進，《蔣介石與日本：一部近代中日關係史的縮影》，頁 14-21。

[2] 黃道炫，〈蔣介石與中國傳統兵書〉，收入呂芳上主編，《蔣介石的日常生活》（臺北：政大出版社，2012 年），頁 335-345。

[3] 劉維開，〈蔣中正在軍事方面的人際關係網絡〉，收入汪朝光主編，《蔣介石的人際網絡》（北京：社會科學文獻出版社，2011 年），頁 69-70。

組織、人事、兵役、交通、軍需、兵工等方面，作用很大。不過就各作戰的指揮而言，何參而少謀，多是跟從蔣中正的意志，傳達蔣的命令，[4]與普魯士制的參謀總長很不相同。

圖 2-1：參謀總長何應欽（中），副參謀總長白崇禧（右）、程潛（左），攝於 1945 年元旦。1940 年以後，副參謀總長置二員（國史館藏）

副參謀總長兼軍訓部部長白崇禧，補足了參謀總長何應欽在出謀畫策方面的不足，戰時深為蔣中正所倚重。白字健生，廣西桂林人，為新桂系要角，保定陸軍軍官學校畢業（第三期），素有「小諸葛」之稱，與李宗仁、黃紹竑（或黃旭初）並稱「廣西三傑」，致力於統一廣西。1926 年參與國民革命軍北伐，其後與蔣中正分裂，展開兩廣聯盟，與中央對峙。七七事變之後，赴京參加國防會議，[5]蔣認

[4] 李仲明，《何應欽大傳》（北京：團結出版社，2008 年），頁 238。

[5] 程思遠，《白崇禧傳》（臺北：曉園出版社，1989 年），頁 i、7-8、199。白先勇編著，《白崇禧將軍身影集》，上卷：父親與民國 1983-1949（桂林：廣西師範大學出版社，2012 年），頁 2-6。

為「團結可喜，其（白）形態皆已改正矣」，又謂：「健生心神皆能開誠相應，殊堪嘉慰，於此憂患之中得內部團結，為最可慰之事。」[6]蔣十分仰賴其才，多次與談軍事，並派其赴前線視察。[7]

軍令部部長徐永昌，字次宸，山西崞縣人，晉綏軍出身，陸軍大學畢業（第四期），曾任綏遠省政府主席、河北省政府主席。中原大戰後，出任山西省政府主席，接替閻錫山主持山西軍政。1937 年 3 月，調軍委會辦公廳主任。七七事變起，調軍委會石家莊行營主任（旋改保定行營主任），督劃第一戰區軍事。[8]以華北戰事不利，返回南京中央，改任軍委會第一部（作戰）部長。[9]蔣中正所以由非中央軍出身的徐任軍令部部長，原因或為：1、軍令部改組自軍委會第一部，以原部長徐永昌出任，較無銜接問題。2、徐為陸軍二級上將，在軍界輩分甚高，資歷足以勝任，又因無親信隊伍，不適合派至前線帶兵。[10] 3、徐在中央的工作，時間雖不甚長，但成果已獲蔣的肯定，且其個性穩重，事多先請示而後行，素不妄作主張。[11] 4、蔣刻意納入各地方軍事派系進入軍委會，以營造團結抗日氛圍，像是桂系要人白崇禧出掌軍訓部，晉綏系要人、與華北素有淵源的徐永昌，則出掌軍令部。[12]

---

[6] 《蔣中正日記》，1937 年 8 月 4 日、10 月 9 日。

[7] 《蔣中正日記》，1937 年 8 月 29 日、10 月 13 日、12 月 3 日。

[8] 張之淦，〈徐永昌傳〉，收入國史館編，《國史擬傳》，第 4 輯（臺北：國史館，1993 年），頁 112-118。「蔣中正致徐永昌手令」（1937 年 7 月 28 日），〈革命文獻—華北戰役〉，《蔣中正總統文物》，典藏號：002-020300-00008-002。

[9] 〈徐永昌〉，《軍事委員會委員長侍從室》，國史館藏，入藏登錄號：129000097978A。中央研究院近代史研究所編，《徐永昌日記》，第 4 冊，1937 年 10 月 10 日，頁 145。

[10] 郭廷以校閱，李毓澍訪問，陳存恭紀錄，〈晉閻的司庫：李鴻文先生訪問紀錄〉，《口述歷史》，第 2 期（1991 年 2 月），頁 182-183。

[11] 〈徐永昌〉，《軍事委員會委員長侍從室》，國史館藏，入藏登錄號：129000097978A。

[12] 徐永昌先生治喪委員會編，〈徐永昌先生事略〉，《徐永昌先生紀念集》（臺北：徐永昌先生治喪委員會，1962 年），頁 1-14。1959 年 7 月 12 日，徐永昌病逝，15 日，蔣中正往祭，於是日日記曰：「正午往祭徐次辰〔宸〕之靈，并見其遺容平安如常為慰，惜其臨終前未能一晤為憾。」《蔣中正日記》，1959 年 7 月 15 日。

政治部部長陳誠，字辭修，浙江人，保定軍校畢業（第八期），分發浙軍見習，後赴廣東任職建國粵軍。黃埔軍校建立，任軍校教育副官、砲兵連連長，追隨蔣中正東征、北伐、剿共，協助辦理廬山軍官訓練團。外界以陳曾任第十一師師長及第十八軍軍長，稱其系統為「土木系」。他不但是中央軍三大軍系領袖之一（另二者為湯恩伯、胡宗南），在中央軍事機關亦出任高位。1936 年 12 月，任軍政部常務次長；1938 年 1 月，任政治部部長；1944 年 11 月，任軍政部部長。[13]陳頗具軍事才華，蔣中正曾謂「軍事能代研究者，辭修也」。[14]其亦獲德、蘇、美等外籍軍事顧問的讚譽，德國軍事顧問以為在淞滬戰場，只有陳是一位苦幹實幹的領袖人物；[15]蘇聯軍事顧問評其「精明」；[16]美軍魏德邁（Albert C. Wedemeyer）則譽陳為中國之拿破崙（Napoleon Bonaparte）。[17]

圖 2-2：陳誠（1937 年攝，國史館藏）

[13] 郭驥，〈陳誠〉，收入秦孝儀主編，《中華民國名人傳》，第 1 冊（臺北：近代中國出版社，1984 年），頁 431-454。〈陳誠詳歷影本〉，《陳誠副總統文物》，典藏號：008-010401-00004-001。

[14] 《蔣中正日記》，1937 年 8 月 4 日。

[15] 傅寶真譯，〈德國赴華軍事顧問關於「八・一三」戰役呈德國陸軍總司令部報告（續完）〉，《民國檔案》，1999 年第 3 期，頁 65。

[16] 亞・伊・趙列潘諾夫等著，王啟中譯，《蘇俄在華軍事顧問回憶錄——第七部：蘇俄來華自願軍的回憶（1925-1945）》（臺北：國防部情報局，1978 年），第 8 篇，武漢戰役總結，頁 179。

[17] 林秋敏、葉惠芬、蘇聖雄編輯校訂，《陳誠先生日記》，第 1 冊（臺北：國史館，2015 年），1944 年 11 月 14 日，頁 660。

軍令部次長熊斌，字哲明，湖北禮山人，西北軍出身，陸軍大學（第四期）肄業，曾服務於北洋政府參謀本部，壯歲主持馮玉祥所部軍官之訓練，因而西北軍將領，泰半出其門下。他為馮玉祥策劃諸次戰役，深得馮氏知遇。之後任職於國民政府參謀本部，參與塘沽協定談判，全面戰爭爆發前，任參謀次長。由於參謀總長程潛甚為倚賴其經驗，又另一參謀次長楊杰不常到部辦公，熊斌因此負責參謀本部實際工作。抗戰軍興，熊任大本營總辦公廳主任。1938 年初軍事委員會改組後，出任軍令部次長。[18]

圖 2-3：軍令部徐永昌、熊斌、劉斐（左至右。〈徐永昌〉、〈熊斌〉、〈劉斐〉，《軍事委員會委員長侍從室》，國史館藏，入藏登錄號：129000097978A、129000097870A、129000097872A）

軍令部第一廳掌管作戰，廳長劉斐，字為章，湖南醴陵人。曾就於讀南寧廣西陸軍講武堂、肇慶西江講武堂，跟從白崇禧任職桂軍，屬新桂系一分子。在隨白崇禧參與北伐途中，自認學識不足，卸下戰袍，往渡日本深造，先後畢業於日本陸軍步兵專門學校、日本陸軍大學。返國後，仍任職桂軍。兩廣事變時，奔走中央、廣西兩地，調解衝突。七七事變後，經桂系白崇禧、黃紹竑力保，任大本

[18] 〈熊斌〉，《軍事委員會委員長侍從室》，國史館藏，入藏登錄號：129000097870A。沈雲龍、謝文孫訪問，謝文孫紀錄，〈征戰西北：陝西省主席熊斌將軍訪問紀錄〉，《口述歷史》，第 2 期（1991 年 2 月），頁 98-100。

營第一部第一組（作戰組）組長。1938 年初軍事委員會改組，出任軍令部第一廳廳長。[19]

劉斐富才氣，有戰略家之稱，生活豪放，不修邊幅，對日本軍情極為熟習。[20]熊斌日後評劉「極聰明」、「頗具心機」。[21]蔣中正對其頗為信任。[22]蘇聯軍事顧問亦對其評價甚高，認為他「自負」、「年輕」，「在中國範圍內，對作戰問題仍不失為很有研究的軍事人才」。[23]中國戰區參謀長史迪威（Joseph W. Stilwell）對劉的印象則有褒有貶，評其為邋遢鬼、美少年，是中國軍事智囊中的絕頂人物、傑出的分析家；但劉熱衷花時間投入提供點、線、面、項目等教條給軍委會，唬住了軍委會缺乏時間深入研究的長官。[24]由於劉日後投共，論者對其是否為中共早已潛伏於國府的高級間諜，頗多揣測。[25]

軍委會侍從室第一處主任，為蔣中正貼身軍事幕僚，亦屬軍委會核心成員。1938 年軍委會改組不久，侍從室第一處主任由林蔚出任。林字蔚文，是蔣的浙江同鄉，畢業於陸軍大學（第四期），早年任職浙軍，北伐時投入國民革命軍，任參謀本部第二廳廳長、軍事委員會銓敘廳廳長。其個性謹慎穩重，做事虛心縝密，參謀業務嫻熟，被視為軍界的標準幕僚人物。[26]七七事變後，徐永昌出任石家莊

---

[19] 劉沈剛、王序平，《劉斐將軍傳略》（北京：團結出版社，1998 年），頁 1-20。

[20] 〈劉斐〉，《軍事委員會委員長侍從室》，國史館藏，入藏登錄號：129000097872A。

[21] 沈雲龍、謝文孫訪問，謝文孫紀錄，〈征戰西北：陝西省主席熊斌將軍訪問紀錄〉，《口述歷史》，第 2 期（1991 年 2 月），頁 45-100。

[22] 張朋園、林泉、張俊宏訪問，張俊宏紀錄，《盛文先生訪問紀錄》（臺北：中央研究院近代史研究所，1989 年），頁 125、133。

[23] 亞・伊・趙列潘諾夫等著，王啟中譯，《蘇俄在華軍事顧問回憶錄——第七部：蘇俄來華自願軍的回憶（1925-1945）》，第 8 篇，武漢戰役總結，頁 143。此係蘇聯顧問切列潘諾夫的回憶，其又云劉斐受過德國軍事教育，應為受日本軍事教育之誤。

[24] Joseph W. Stilwell, *The Stilwell Papers*, arranged and edited by Theodore H. White (New York: W. Sloane Associates, 1948), p. 151.

[25] 據曾任軍令部第一廳第三處處長、與劉斐共事的尹呈輔回憶：曾任軍令部第二廳廳長的楊宣誠向其透漏，劉斐在日本陸軍大學求學時，因加入共產黨將被開除學籍，由於楊宣誠出面擔保劉已脫離組織，此事方可得免，但實際上，劉始終未脫離共產黨。李雲漢校閱，胡春惠、林泉訪問，林泉紀錄，《尹呈輔先生訪問紀錄》（臺北：近代中國出版社，1992 年），頁 43-46。

[26] 〈林蔚〉，《軍事委員會委員長侍從室》，國史館藏，入藏登錄號：129000098222A。

行營主任，林蔚任參謀長。1938 年 1 月軍委會改組成立軍令部，次長楊杰赴蘇聯洽商軍援未能到職，[27]該職乃由林蔚代理。4 月，林又兼軍委會委員長侍從室第一處主任，主管戰區的作戰規劃，而一般文書和一般參謀業務，則交侍從室第二組（主管軍事參謀業務）組長於達處理。[28]由於林蔚長期直接跟隨蔣中正，而軍委會其他核心成員或屬不同軍系，因此可視林為軍委會或軍令部內的實權人物。[29]

圖 2-4：蔣中正與林蔚（1946 年攝，國史館藏）

[27] 符昭騫，〈我所知道的楊杰〉，收入中國人民政治協商會議全國委員會文史資料委員會編，《文史資料存稿選編—軍政人物（上）》（北京：中國文史出版社，2002 年），頁 580。李君山，〈抗戰前期國民政府軍火採購之研究（1937-1939）：以楊杰在俄法之工作為主線〉，《國立政治大學歷史學報》，第 42 期（2014 年 11 月），頁 79-136。

[28] 秋宗鼎，〈蔣介石的侍從室紀實〉，《文史資料選輯》，第 81 輯（1982 年 7 月），頁 109-111、114-115、118-122。張朋園、林泉、張俊宏訪問，張俊宏紀錄，《於達先生訪問紀錄》（臺北：中央研究院近代史研究所，1989 年），頁 114-116。戚厚杰，〈林蔚（1889-1955）〉，收入《民國高級將領列傳》，第 5 集（北京：解放軍出版社，1999 年第 2 版），頁 413-425。張瑞德，〈無聲的要角——侍從室的幕僚人員（1936-1945）〉，《近代中國》，第 156 期，頁 156-157。

[29] 沈定，〈軍委會參謀團與滇緬抗戰〉，收入中國人民政治協商會議全國委員會文史資料研究委員會《遠征印緬抗戰》編審組編，《遠征印緬抗戰》（北京：中國文史出版社，1990 年），頁 155。

圖 2-5：左，塞克特（1930 年）；右，法肯豪森（1940 年）（Wikipedia / Hans von Seeckt, Alexander von Falkenhausen）

德國軍事顧問在軍委會雖無特定名義，卻對戰爭組織及指導，有相當作用。他們在戰前曾協助國府建立軍事工業，並提供國防戰略建議，又曾擬訂參謀本部編制及綱要、細則等，在軍令部組成時，為政府高層所參酌。[30]七七事變爆發時的德國軍事總顧問為法肯豪森（Alexander von Falkenhausen），其在華又名鷹屋。出身貴族，自幼投考軍官學校。1900 至 1901 年，曾隨瓦德西（Alfred von Waldersee）元帥至中國鎮壓義和團，自此對東方文化漸感興趣。1907 年畢業於德國參謀大學，即進入柏林大學東方學院研究。1909 至 1912 年任職德國參謀本部，以通曉東方語文，派至日本擔任德國駐日本大使館武官，於此期間，對日本陸軍特性、作戰潛能等進行研究。1935 年，塞克特（Hans von Seeckt）推薦已退役的法肯豪森接替其擔任德國駐華軍事總顧問。戰爭爆發後，其直接擔任作戰參謀並負起指

[30] 劉馥著，梅寅生譯，《中國現代軍事史》，頁 66-74。中央研究院近代史研究所編，《徐永昌日記》，第 4 冊，1938 年 1 月 10 日，頁 214。

揮工作。[31]

軍委會核心成員兼顧國內各地區重要軍系，蔣中正、何應欽是中央軍出身，白崇禧、劉斐是桂軍出身，徐永昌係晉綏軍出身，而熊斌屬西北軍，林蔚早年屬浙軍。就軍事教育派系來說，核心成員含括當時最重要的保定系、士官系、黃埔系，如白崇禧畢業於保定軍校；何應欽畢業於日本陸軍士官學校，並可視為黃埔系第二號人物；蔣中正為黃埔軍校創辦人，並可視為廣義的保定系、士官系。[32]核心成員涵蓋各方，有助於調動各系統的部隊，淞滬會戰後徐永昌有云：「粵桂川冀魯五軍比較，以粵桂軍最勇敢，以桂軍較易使用，亦以健生任副參謀總長故也。」[33]就歲數（至 1938 年）而言，軍委會核心成員大多步入中年，且歷經內戰、剿共諸戰役，軍事經驗豐富。（表 2-1）

表 2-1：軍委會核心成員組成表（1938 年 4 月）

姓名	職稱	階級	出生年	歲數	系統	教育程度
蔣中正	軍事委員會委員長	特級上將	1887	51	中央軍	日本振武學校
法肯豪森	德國軍事總顧問	（上將）	1878	60	外籍顧問	德國參謀大學
何應欽	參謀總長兼軍政部部長	一級上將	1890	48	中央軍	日本陸軍士官學校
白崇禧	副參謀總長兼軍訓部部長	二級上將	1893	45	桂　軍	保定陸軍軍官學校
徐永昌	軍令部部長	二級上將	1887	51	晉綏軍	陸軍大學

[31] 辛達謨，〈法爾根豪森將軍回憶中的蔣委員長與中國（1934-1938）〉，《傳記文學》，第 19 卷第 5 期（1971 年 11 月），頁 46。傅寶真，〈抗戰前及初期之德國駐華軍事顧問（十一）〉，《近代中國》，第 78 期（1990 年 8 月），頁 130-133。馬振犢，〈德國軍事總顧問與中國抗日戰爭〉，《檔案與史學》，1995 年第 3 期，頁 43-54。

[32] 劉維開，〈蔣中正在軍事方面的人際關係網絡〉，收入汪朝光主編，《蔣介石的人際網絡》，頁 60-71。

[33] 中央研究院近代史研究所編，《徐永昌日記》，第 4 冊，1937 年 11 月 16 日，頁 179。

陳　誠	政治部部長	中將加上將銜	1898	40	中央軍	保定陸軍軍官學校
林　蔚	軍令部次長兼侍從室第一處主任*	中　將	1890	48	浙　軍	陸軍大學
熊　斌	軍令部次長	中　將	1894	44	西北軍	陸軍大學肄
劉　斐	軍令部第一廳廳長	中　將	1898	40	桂　軍	日本陸軍大學

*1938 年 4 月，林蔚代錢大鈞任侍從室第一處主任。

二、運行模式

在戰事進行之時，隨著戰況需要，軍委會委員長蔣中正不定時召集**官邸會報**，於會議中決定軍事部署，或相關軍政事宜，該會報可說是實際上的軍事決策中樞。

官邸會報在戰前便曾舉行，如 1934 年 1 月 9 日，蔣召集參謀總長程潛、軍政部部長何應欽、軍委會辦公廳主任朱培德、軍委會銓敘廳廳長林蔚等討論軍隊駐地、改編、工事構築、參謀旅行等事宜。[34]戰爭初期，會報時間不定，1938 年 9 月 10 日之後，會報定期於每週一、三、五舉行；[35]不過重要作戰進行時，會報每日召開。[36]

戰時參與會報的人員，並不固定，大抵為軍委會核心成員，及軍委會各部會首長，如正副參謀總長、軍事參議院院長、軍令部部長、軍委會辦公廳主任、自外地向蔣覆命之戰區司令長官或總司令、蔣官邸所在部隊之首長或總司令。外籍

34 「委座官邸會報議程」（1934 年 1 月 9 日），〈軍事會議〉，《國民政府》，典藏號：001-070005-0001。

35 中央研究院近代史研究所編，《徐永昌日記》，第 4 冊，1938 年 9 月 10 日，頁 376。

36 許承璽，《幃幄長才許朗軒》（臺北：黎明文化事業公司，2007 年），頁 47-48。許朗軒當時係軍令部第一廳參謀。

軍事總顧問，亦在出席名單之列。會議通常由軍令部第一廳（作戰廳）成員擔任紀錄。自 1938 年 9 月 28 日以後，官邸會報設秘書處，由軍令部次長負責主持。[37]

蔣中正的官邸設有地圖室，牆壁上掛滿各比例尺的軍事地圖。侍從室第一處主任接到軍情電報，由侍從參謀按照軍事電訊或作戰計畫，在地圖上移動不同顏色的三角小旗。蔣中正一面批閱電文，一面觀看地圖，掌握軍事形勢。會報時，幕僚在官邸地圖室商訂軍事策略。此時地圖上的標記，都是出於作戰廳廳長劉斐之手。[38]於此會報，主管全國陸海空軍作戰業務的軍令部第一廳參謀群，向蔣簡報當前各戰區戰況，同時提出敵情判斷，以及國軍行動方案之建議。經過討論、質問與詰難的過程，供其下定決心，然後軍令部據以擬發作戰命令，貫徹執行。[39]

由於尚未蒐得徐州會戰時的官邸會報紀錄，暫以 1938 年 9 月 28 日下午 6 時至 8 時舉行的官邸會報為例。時武漢會戰正在進行，會報主席為軍委會委員長蔣中正，出席者有參謀總長何應欽、蘇聯軍事總顧問切列潘諾夫（Alexander Ivanovich Cherepanov）、軍令部部長徐永昌、政治部部長兼第九戰區司令長官陳誠、軍委會

---

[37] 「委座官邸會報紀錄」（1938 年 9 月 28 日），〈全面抗戰（二十）〉，特交檔案，《蔣中正總統文物》，典藏號：002-080103-00053-001。1940 年，另設有甲、乙兩種情報會報，由於也在蔣的住處舉行，故也稱「官邸會報」。甲種會報由蔣親自主持，主席者為蔣的重要幕僚與參謀，如張羣、王世杰、吳鐵城、何應欽、陳果夫等，此外還有中統局徐恩曾、軍統局戴笠、憲兵張鎮等。會無定期，每年約開 2-3 次，會報內容主要為中國共產黨活動情況和反共活動情況，一般先由徐恩曾、戴笠做全面地工作彙報，然後出席人員表示意見，最後由蔣裁示如何進行。乙種會報由侍從室第六組（主管情報）組長唐縱主持，軍統局第一處處長鮑志鴻、國際問題研究所人員、外交部秘書顧毓章、軍令部第二廳第一處處長李立柏、中統局人員等出席，開會亦無定期，次數甚少，平均約每年一次，主要內容為研究日軍動態、汪兆銘政權的軍事活動，以及商議對八路軍、新四軍在前線及敵後建立根據地的對策。張國棟，〈中統局始末記〉，收入傳記文學雜誌社編，《細說中統軍統》，頁 67-68。

[38] 陳三井訪問，李郁青紀錄，《熊丸先生訪問紀錄》（臺北：中央研究院近代史研究所，1998 年），頁 75。居亦橋口述，江元舟整理，〈跟隨蔣介石十二年〉，收入汪日章等著，《在蔣介石宋美齡身邊的日子：侍衛官回憶錄》（北京：團結出版社，2005 年），頁 79、81。軍令部第一廳即作戰廳。隨著戰局變化，蔣的官邸不斷遷移，辦公室陳設仍大抵相同，只是比在南京略為簡單一點。

[39] 許承璽，《幃幄長才許朗軒》，頁 47。

辦公廳主任賀耀組、軍法執行總監何成濬、後方勤務部部長俞飛鵬、航空委員會主任錢大鈞、軍令部次長兼侍從室第一處主任林蔚、軍令部次長熊斌、海軍總司令陳紹寬、武漢衛戍總司令羅卓英、軍令部第一廳廳長劉斐、軍委會侍從室第二組組長於達，而紀錄則是軍令部第一廳第四處處長羅澤闓。[40]

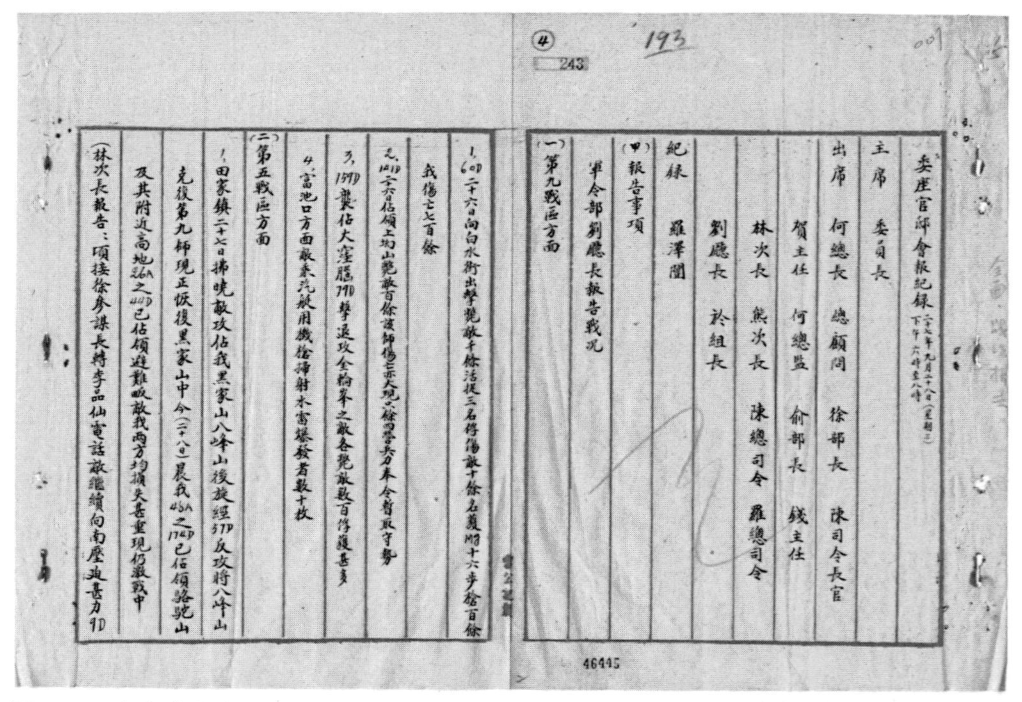
委座官邸會報紀錄 二十七年九月二十八日（星期三）下午六時至八時
主席 委員長
出席 何總長 總顧問 徐部長 陳司令長官
賀主任 何總監 俞部長 錢主任
林次長 熊次長 陳總司令 羅總司令
劉廳長 於組長
紀錄 羅澤闓
（甲）報告事項
軍令部劉廳長報告戰況
（一）第九戰區方面
1. 60D二十六日向白水街出擊斃敵千餘活捉三名俘傷敵十餘名奪獲十六步槍百餘
我傷亡七百餘
2. 141D二十六日佔領上均山斃敵百餘該師傷亡亦大現只餘四營兵力本令暫取守勢
3. 159D襲佔大塞腦77D擊退攻全楠峯之敵各斃敵數百傷亡甚多
4. 富池口方面敵乘汽艇用機槍掃射木雷爆發者數十枚
（二）第五戰區方面
1. 田家鎮二十七日拂曉敵攻佔我黑家山八峰山後旋經57D反攻將八峰山
克復第九師現正恢復黑家山中今（二十八日）晨我48A之174D已佔領駱駝山
及其附近高地26A之44D已佔領避難畈敵我兩方均損失甚重現仍激戰中
（林次長報告：頃接徐參謀長轉李品仙電話敵繼續向南壓迫甚力91D

圖 2-6：官邸會報紀錄（〈全面抗戰（二十）〉，特交檔案，《蔣中正總統文物》，國史館藏，典藏號：002-080103-00053-001）

一般會議議程，先是報告事項，再是討論事項。若有戰事發生，軍令部於報告事項先報告戰況，蔣中正同時指示部署，做出裁決。接著討論事項，內容包括軍令、軍政諸事宜。以上述 1938 年 9 月 28 日官邸會報為例，此時正逢武漢會戰，

[40] 「委座官邸會報紀錄」（1938 年 9 月 28 日），〈全面抗戰（二十）〉，特交檔案，《蔣中正總統文物》，典藏號：002-080103-00053-001。

軍令部第一廳廳長劉斐報告當前戰況，在提到光山方面張自忠部狀況後，蔣即諭「令張自忠部出擊策應羅山之攻擊」。戰況報告完畢之後，討論各案，此次會報提出「第五、九兩戰區協同保衛武漢案」、「抽調半壁山以西沿江砲兵俾能集結使用於野戰案」、「改良兵員補充辦法案」、「官邸會報照總顧問意見設秘書處案」。蔣中正在討論中或即行裁決，或指示某單位繼續研議某案。[41]

再以 1938 年 9 月 30 日的官邸會報為例，仍由劉斐首先報告戰況，他提到第五戰區商城方面，孫連仲建議趁日軍未大舉增援前，先殲滅該方面敵軍，並請胡宗南抽一部參加該方面之攻擊。軍令部對此，建議胡宗南部掩護信陽、宣化店諸要點，不宜抽調，已電復抽于學忠部一師參加孫連仲部之攻擊。蔣同意此一部署。劉斐又提到第三戰區方面，宣城日軍全部撤退，恐係調至沿江增援。蔣諭令「速派隊前往占領宣城」。在討論事項，除軍令部次長熊斌提出討論第十三師的部署，餘 4 項為何應欽報告補充兵案、點驗第五戰區游擊部隊案、構築工事英國總領事提出異議案、第二十三師師長等人事案。其中，補充兵案為蘇聯總顧問提議，經何於會上提案討論，其提案情形為何報告第五、第九戰區補充情形，計補充 13 萬餘人，之後預定於 12 月 10 日前補充 63 團 13 萬餘人；前次會報陳誠曾提議取消訓練處，另由各省保安團訓練，何提請蔣中正於此次會報核定。蔣指示訓練處毛病甚大，可以取消，即由各軍自行訓練，或即由各軍長兼任補充兵訓練處長，仍由軍政部管理監督。何以為各軍師每將補充團視作自己掌握之戰鬥單位，自行加入作戰後，仍向軍政部要補充兵，且經費亦成問題，擬請交軍政部詳加研究後再行決定。蔣同意如此作法。[42]

會報過程，蔣中正對軍事行動的裁決，即交軍令部處理。軍令部是當時最高軍事指揮執行機關，[43]蔣中正的裁決交軍令部之後，由軍令部參謀擬訂命令，以

---

41 「委座官邸會報紀錄」（1938 年 9 月 28 日），〈全面抗戰（二十）〉，特交檔案，《蔣中正總統文物》，典藏號：002-080103-00053-001。

42 「委座官邸會報紀錄」（1938 年 9 月 30 日），〈全面抗戰（二十）〉，特交檔案，《蔣中正總統文物》，典藏號：002-080103-00053-001。

43 軍事委員會軍令部第一廳第四處編，《高等司令部之參謀業務：總顧問法肯豪森將軍講演錄》，頁 57。

軍委會委員長蔣中正的名義發電至前線，[44]如此下的命令，係依常規軍事系統。[45]以 1938 年 10 月 10 日的官邸會報為例，劉斐在會上提出，軍令部擬令第九戰區司令長官陳誠一部向日軍山下兵團後方突擊，以截斷瑞武公路之隘路，遮斷其後方聯絡線。蔣中正裁決「對敵山下兵團反攻計劃可實行」。[46]次日，軍令部即以蔣中正名義電令陳誠：

> 為使湯集團之攻擊奏功容易，應飭薛兵團以有力部隊由山下兵團後路夾擊而殲滅之，並須迅速掃蕩萬家嶺、張姑山一帶殘敵，免致死灰復燃。若能集中該兵團一部迫擊炮及手榴彈班與敢死隊等解決該敵，當能迅速為要。[47]

軍令部對蔣中正較為簡短的裁示，作了詳細計畫，敷陳出較為詳細的電令。

又如，同日會報，蔣裁示「沿江應特別注意道士袱、石灰窑」。同日，軍令部以蔣中正名義，急電令第五戰區司令長官李宗仁、副司令長官李品仙：

> 鄂東沿江要塞炮兵，應迅即部署，由炮兵第十六、第十八兩團中抽派，推進至茅山鋪、蘭溪間沿江各要點，接近江岸配置，與南岸九戰區道士袱、石灰窑間江岸炮兵協力掩護封鎖線，妨礙敵之掃雷，並須酌派步兵部隊掩護此種炮兵。應不避犧牲，遂行任務，希速實施，並將部署情形及爾後射擊成果逐日具報為要。[48]

---

[44] 秋宗鼎，〈蔣介石的侍從室紀實〉，收入全國政協文史資料委員會編，《中華文史資料文庫》，第 8 卷（北京：中國文史出版社，1996 年），頁 955。

[45] Hsi-sheng Ch'i, "The Military Dimension, 1942-1945," *China's Bitter Victory: the War with Japan, 1937-1945*, edited by James C. Hsiung & Steven I. Levine (Armonk, N.Y.: M.E. Sharpe, 1992), p. 168.

[46] 「委座官邸會報紀錄」（1938 年 10 月 10 日），〈全面抗戰（二十）〉，特交檔案，《蔣中正總統文物》，典藏號：002-080103-00053-001。

[47] 「蔣介石致陳誠密電稿」（1938 年 10 月 11 日），收入中國第二歷史檔案館編，《抗日戰爭正面戰場》，上卷，頁 821。

[48] 「蔣介石致李宗仁等密電稿」（1938 年 10 月 10 日），收入中國第二歷史檔案館編，《抗日戰爭正面戰場》，上卷，頁 821。

蔣的裁示精要，軍令部所擬的電令則相當詳盡，對於抽調兵力番號、大小、部署位置等，皆有所規定。

再如，1940 年 5 月 10 日的官邸會報，適值棗宜會戰，蔣中正裁決授與第五戰區命令要旨：

1、命李及蘭軍已渡河之兩師，全力進襲花園、孝感。

2、命張自忠集團以主力先向唐縣鎮、棗陽間進襲，遮斷公路，再轉向敵背後攻擊。

3、命王纘緒集團全力轉向隨縣、唐縣鎮間進襲，遮斷公路。

4、命孫連仲、湯恩伯兩集團南向隨、棗方面追擊敵人。

5、命劉汝明、王贊斌兩軍攻略信陽，准懸賞五十萬元。

6、空軍應轟炸隨棗間敵車輛部隊。

7、命第五戰區乘敵態勢不利，退卻困難，應捕捉殲滅之於戰場附近，如不能達成任務，自總司令以下應受處罰。[49]

蔣的裁決，除去第六項與空軍有關部署，軍令部於同日以蔣名義，作成訓令，電第五戰區司令長官李宗仁、副司令長官孫連仲、江防軍司令郭懺曰：

（一）鄂北之敵經我多日圍攻，糧彈殆盡，必將向原陣地退卻。

（二）第五戰區應乘敵態勢不利，退卻困難之好機，以全力圍攻捕捉殲滅之於戰場附近，爾後即向應城、花園之線追擊。

（三）李及蘭軍應全力進襲花園、孝感，遮斷平漢路。

（四）王纘緒集團應全力轉向隨縣、唐縣鎮間進襲，遮斷公路。

（五）張自忠集團應以主力先向唐縣鎮、棗陽間進攻，遮斷公路，再轉攻敵背後。

（六）周喦軍速東向棗陽方面進攻。

---

[49] 「委座官邸會報紀錄」（1940 年 5 月 10 日），〈全面抗戰（二十）〉，特交檔案，《蔣中正總統文物》，典藏號：002-080103-00053-001。

（七）孫連仲、湯恩伯兩集團，速南向隨、棗，截擊敵人。

（八）劉汝明、王贊斌兩部，應襲擊信陽，如奏功，准懸賞五十萬元。

（九）張、周、孫、湯各部，應確取聯絡，協同動作。

（十）敵主要退路只有唯一的襄花路，而該路雨後車輛不能運動，希嚴督各部，努力進擊，必能收獲空前戰機。以往湘北、粵北諸役，缺乏有計畫的追擊，致成果不良。此次我各部戰力健在，應乘勝窮追，擴果〔張〕戰果。其作戰不力，不能達成任務者，自總司令以下，應予處罰。[50]

令文第一、第二項，為軍令部對當前日軍態勢及國軍戰略之描述，其第二項為官邸會報第七項部分內容。第三項對應官邸會報的第一項裁示，第四項對應官邸會報第三項，第五項對應官邸會報第二項，第七項對應官邸會報第四項，第八項對應官邸會報第五項。而第六、九項並非蔣中正官邸會報裁示，當為軍令部的補充。第十項則為總結，並及官邸會報第七項部分內容。

由以上三例，可見蔣中正的裁示成為實際命令之過程，也可見軍令部對於蔣的指示作了相當衍繹，電往前線的命令乃更為詳細。

若有戰事發生，官邸會報主要處理軍事部署，否則主要討論軍政事宜。由於軍事作戰主要為正副參謀總長、軍令部部長、次長及第一廳廳長的職掌，故主導戰事進行者，委員長蔣中正不論，主要便是這些軍委會核心成員。像是會報一開始，多為軍令部第一廳廳長劉斐報告戰情及軍令部擬判，此即展現核心成員在會報中的影響力。

參與會報的其他成員，亦能發言，故也可能影響戰事。比較明顯的例子，如淞滬會戰後日軍向南京急進，蔣中正於 1937 年 11 月中旬接連在其陵園官邸召開數次會報，討論南京戰守。13 日晚間召開的會報，何應欽、白崇禧、徐永昌、劉斐等軍委會核心成員及後方勤務部部長俞飛鵬出席，決定南京象徵性防守後主動

50 「蔣介石致李宗仁孫連仲郭懺密電稿」（1940 年 5 月 10 日），收入中國第二歷史檔案館編，《抗日戰爭正面戰場》，中卷，頁 998-999。

撤退。[51] 14 日晚間的會報，出席者有何應欽、白崇禧、徐永昌、劉斐、軍法執行總監唐生智、軍法執行副監谷正倫、後方勤務部部長俞飛鵬及第一部副部長王俊等人，唐生智雖非主管軍事作戰者，卻強力主張南京非固守不可，因南京為首都，為國際觀瞻所繫，又是孫總理陵墓所在，唐並自請誓死守城。其他核心成員皆不以為然，蔣亦未做明白表示。[52] 15 日早的會報，決議努力抵抗掩護遷都辦法，未及固守南京。[53] 16 日晚的會報，唐生智仍主張固守南京，蔣明確表示同意他的意見，並令其負責。白崇禧見蔣意已決，為恐擾亂最高統帥之決心，未予勸阻，此事遂成定案。終遭致南京軍民的慘重傷亡。[54]

除了透過會報，蔣對前線若隨時有指示，會透過侍從室轉告軍令部，軍令部再分令前線。如 1938 年 5 月 9 日，蔣手令侍從室第一處主任林蔚，請前線注意對日戰術。林蔚接到手令後，便交軍令部分令。[55]此亦常規系統下的軍事命令。

[51] 中央研究院近代史研究所編，《徐永昌日記》，第 4 冊，1937 年 11 月 13 日，頁 175。劉斐，〈抗戰初期的南京保衛戰〉，收入中國人民政治協商會議全國委員會文史資料研究委員會《南京保衛戰》編審組編，《南京保衛戰》（北京：中國文史出版社，1987 年），頁 8-9。以下引用本文，不註編者。

[52] 中央研究院近代史研究所編，《徐永昌日記》，第 4 冊，1937 年 11 月 14 日，頁 176-177。劉斐，〈抗戰初期的南京保衛戰〉，收入《南京保衛戰》，頁 9。

[53] 中央研究院近代史研究所編，《徐永昌日記》，第 4 冊，1937 年 11 月 15 日，頁 177。

[54] 郭廷以校閱，賈廷詩、馬天綱、陳三井、陳存恭訪問紀錄，《白崇禧先生訪問紀錄》，上冊（臺北：中央研究院近代史研究所，1989 年第 3 版），頁 149-150、153。中央研究院近代史研究所編，《徐永昌日記》，第 4 冊，1937 年 11 月 16 日，頁 178。劉斐，〈抗戰初期的南京保衛戰〉，收入《南京保衛戰》，頁 9-10。目前史料雖看似大多將領反對固守南京，其實，淞滬會戰之初主持戰事的張治中，也贊成固守，他並有意自告奮勇負責守城。錢大鈞在日記中提及：「張文白（治中）見守城事已決定，唐孟瀟（生智）負責，忽亦同念，欲自告奮勇，然時機已晚。此公官運極大，名利心重，既有主席之癮（按：張時已內定為湖南省政府主席），復不肯放棄帶兵之念，真所謂犧牲精神者，不過表面吹吹而已。主席將到手，而又欲守城，不亦奇哉？」而錢大鈞本人，也贊成固守南京，其自記：「守京問題，有熊天翼（式輝）及德顧問等竭力主張不守，而何敬之（應欽）、白健生（崇禧）附之，故有動搖之樣。然余以為南京非固守不可，任何犧牲不應顧惜，蓋首都一失，則國際觀感、國民心理均受極大之應嚮〔影響〕也。」錢世澤編，《千鈞重負——錢大鈞將軍民國日記摘要》，第 1 冊（美國：中華出版公司，2015 年），頁 562-563。

[55] 「蔣中正致林蔚條諭」（1938 年 5 月 9 日），〈革命文獻—徐州會戰〉，《蔣中正總統文物》，典藏號：002-020300-00010-033。

軍令部部長徐永昌或次長簽字後以蔣中正名義發出的電文，署名「中正」，若是電稿，則署「中〇」，後面再加上代號「令一元」或「令一亨」，前者指軍令部第一廳第一處，後者指軍令部第一廳第二處。[56] 如 1938 年 5 月 12 日軍令部以蔣名義電程潛、李宗仁的情報，電令稿署「中〇文未令一元亨」，也就是署名：蔣中正；韻目代日文未時：12 日 13-15 時；辦理單位：軍令部第一廳第一、二處。此件依據所蓋印章可知，擬稿者是軍令部第一廳第二處處長毛靜如、第一廳第一處處長張秉均、第一廳副廳長何成璞、廳長劉斐等，並經次長熊斌、部長徐永昌的核閱（圖 2-7）。[57]

有時，參謀總長何應欽電往前線的命令，也由軍令部代擬簽發。如 1938 年 5 月 17 日何應欽、徐永昌致廖磊等的電文，擬稿者為第一廳第一處處長張秉均，及第一廳副廳長何成璞，並經次長熊斌、部長徐永昌的核閱（圖 2-8）。[58]

[56] 沈定，〈軍委會參謀團與滇緬抗戰〉，收入中國人民政治協商會議全國委員會文史資料研究委員會《遠征印緬抗戰》編審組編，《遠征印緬抗戰》，頁 154。

[57] 「蔣中正致程潛等電」（1938 年 5 月 12 日），〈關於徐州會戰的文電〉，《國防部史政局及戰史編纂委員會》，檔號：七八七-7597。

[58] 「何應欽徐永昌致廖磊等電」（1938 年 5 月 17 日），〈關於徐州會戰的文電〉，《國防部史政局及戰史編纂委員會》，檔號：七八七-7597。

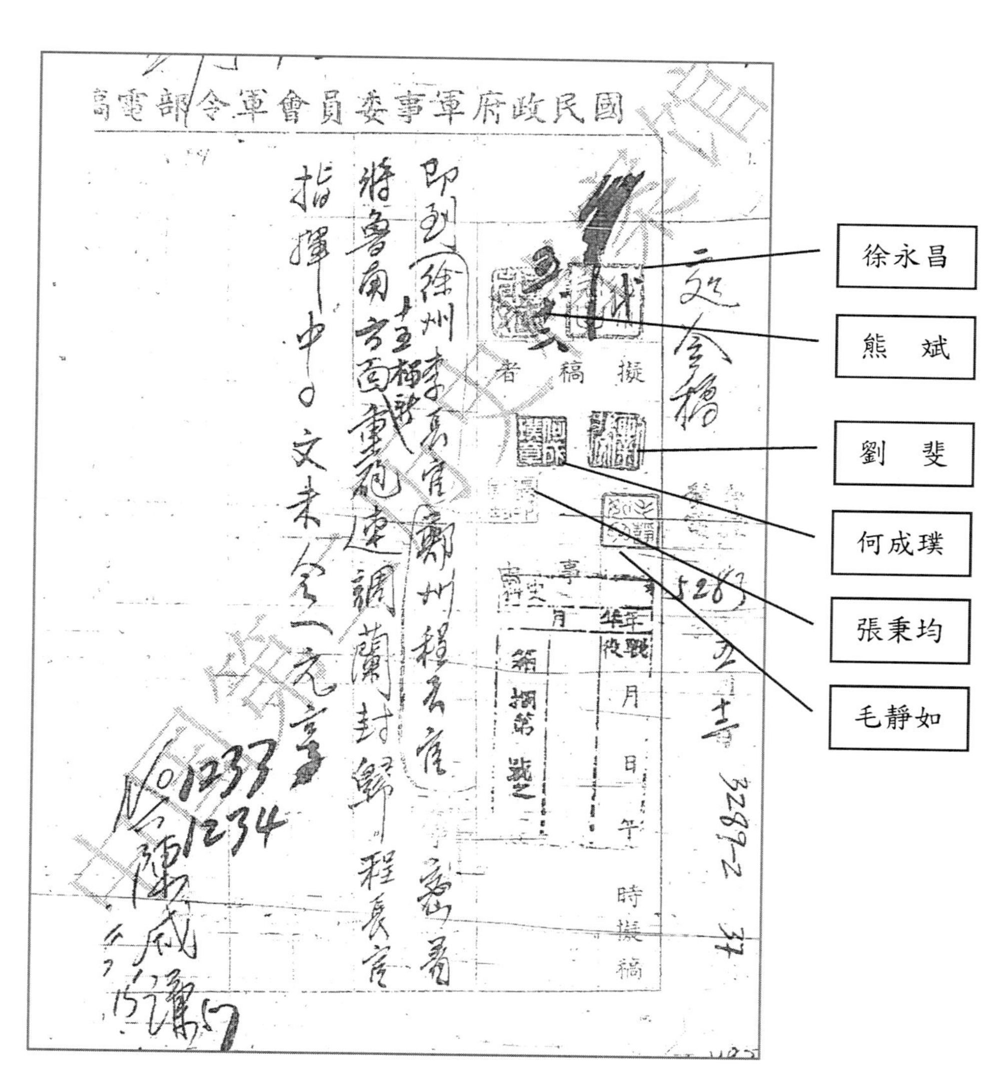

圖 2-7：軍令部擬蔣中正致程潛李宗仁電稿（「蔣中正致程潛等電」（1938 年 5 月 12 日），〈關於徐州會戰的文電〉，《國防部史政局及戰史編纂委員會》，檔號：七八七-7597）

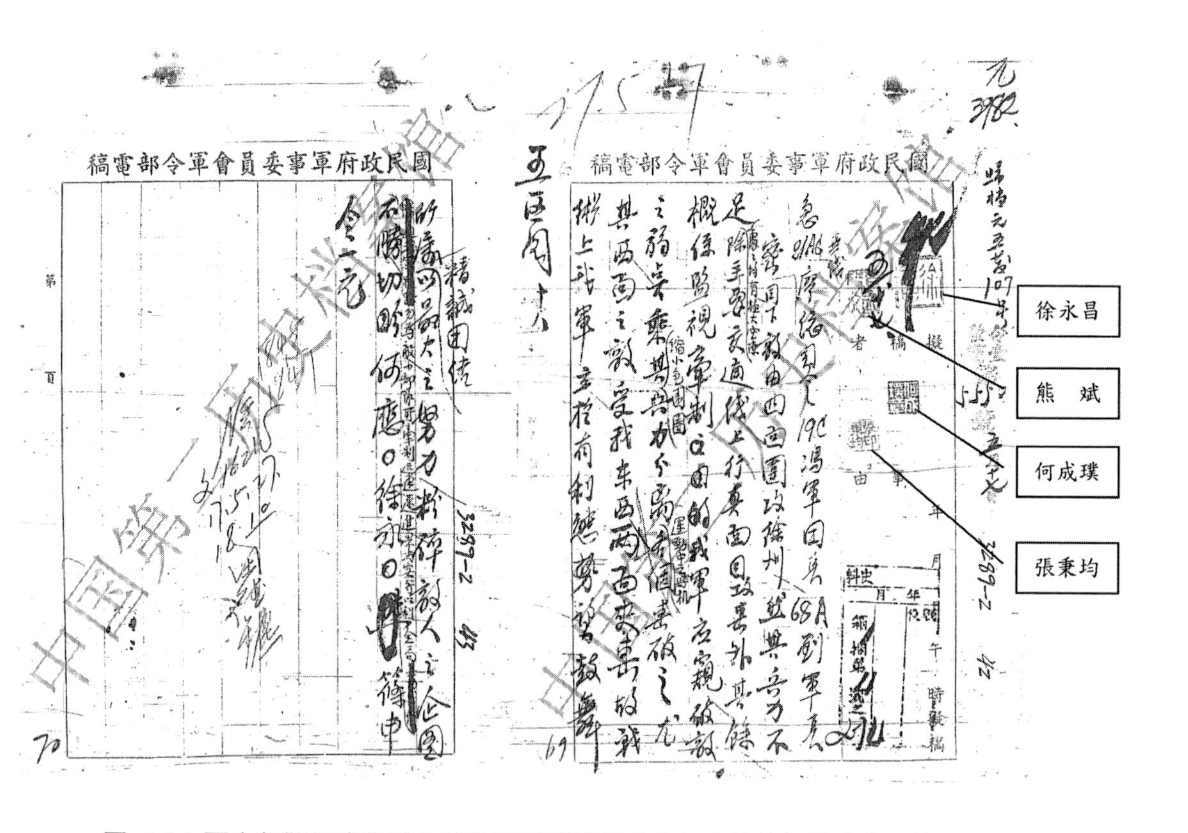

圖 2-8：軍令部擬何應欽徐永昌致廖磊等電稿（「何應欽徐永昌致廖磊等電」（1938 年 5 月 17 日），〈關於徐州會戰的文電〉，《國防部史政局及戰史編纂委員會》，檔號：七八七-7597）

蔣中正需要發揮個人影響力或戰況危急時，不透過軍令部，逕自打電話或電令前線。此一非常規方式，需透過侍從室的協助。若為打電話，可能由蔣親電，也可能請侍從室第一處主任電話轉述蔣意。[59]戰況緊急時，蔣曾朝夕給前方電話指示，自感「實等於前線之指揮」。[60]若為拍電報，有兩種狀況，一為蔣親擬或口述手令，再由侍從室電至前線。這樣的電報，與軍令部發出者（署「中正」）不同，其下署有「中正手啟」或「中正手令」字樣。[61]另一種狀況是侍從室主辦，再經蔣批閱發出者，其下署名「中正侍參」。由於各部隊重視蔣的權威，愈接近蔣的命令乃愈受重視，故蔣親自發出者較能獲得遵行，侍從室所發者次之，軍令部等部會發出者則不見得遵行，因此軍令部等機關為求命令有效，有時也用「中正手啟」名義發電。[62]

前線軍事將領對於戰況的意見或情報，有時逕行電告最高統帥蔣中正，有時則電致軍令部。呈送給蔣中正的軍事電文，先由辦公廳或侍從室整理、過濾，再摘述呈交蔣中正，此種戰情電文，辦公廳或侍從室同時抄交軍令部判斷、參考，[63]

[59] 張治中，《張治中回憶錄》（北京：華文出版社，2014 年第 2 版），頁 215。

[60] 《蔣中正日記》，1941 年 9 月 25 日。豫中會戰時，蔣「自午後至深夜三峙，不斷與蔣（鼎文）、湯（恩伯）等通電話，尚不覺疲乏也。」《蔣中正日記》，1944 年 5 月 4 日。

[61] 例見「蔣介石致李宗仁等密電」（1938 年 4 月 12 日）、「蔣介石致孫連仲等密電稿」（1938 年 4 月 13 日），收入中國第二歷史檔案館編，《抗日戰爭正面戰場》，上卷，頁 684-685。「蔣中正致湯恩伯電」（1938 年 5 月 12 日），〈革命文獻—徐州會戰〉，《蔣中正總統文物》，典藏號：002-020300-00010-035。由於《抗日戰爭正面戰場》、《中華民國史檔案資料匯編》或所收蔣中正（或軍令部以蔣名義）發出的電文為電「稿」，故其下署名以「中○」、「中○手啟」、「中○手令」呈現。

[62] 張治中，《張治中回憶錄》，頁 216。各機關以「中正手啟」下令，日久發生流弊。戰爭末期，陳誠記云：「一向各級對委座手令無不遵行，對侍從室所發次之，對各部命令確有不能遵行，亦不能實行者。現各部對各級均用委座手啟，因之即對此亦發生問題，此不能不加以注意，不然，因中央小數不良之徒，影響中央及委座之威信實在太大。」林秋敏、葉惠芬、蘇聖雄編輯校訂，《陳誠先生日記》，第 1 冊，1944 年 11 月 25 日「上星期反省錄」，頁 160。熊式輝亦指出其弊：「主席（蔣中正）電令，時有於尾端加以『中正手啟』字樣者，以為此則必行，但沒有一種賞罰觀念在後面，依然不足以推動疲玩。」熊式輝著，洪朝輝編校，《海桑集——熊式輝回憶錄（1907-1949）》（香港：明鏡出版社，2008 年），頁 667。

[63] 「李宗仁呈蔣中正電」（1938 年 2 月 15 日），〈革命文獻—徐州會戰〉，《蔣中正總統文物》，002-020300-00010-012。此則戰情電文之下，侍從室第一處主任錢大鈞批示：「以後應移此項電報分發軍令部。」

軍令部再代為回復。[64]軍令部所獲情報，亦會轉送侍從室，侍從室摘述後，呈蔣中正參閱。如1938年2月10日，軍令部便將其派駐北平之特派員所獲訊息，呈送蔣中正知悉。[65]

侍從室是蔣中正近身的重要機構，其第一處第二組（侍二組）主管軍事參謀業務，與第二處第四組（侍四組）一同承蔣意志，綜綰軍政機要。侍二組主管的業務，幾乎包括軍委會所屬各重要部門和其他行政部門，從作戰指揮、部隊訓練、國防裝備到交通運輸、後勤補給以及人事經理等，無所不包。參謀總長不能決定或不敢決定的一些報告或請示文件，都經過侍二組，由該組參謀人員研究審核，簽注意見，送蔣做最後裁奪，因此該組業務繁重，工作日以繼夜，惟當中的參謀人員人數甚少，最多僅3至4人，侍四組也僅有2至3位幕僚人員。[66]

蔣中正身為最高統帥，掌管的軍事事務極其廣泛，又需負責黨政、經濟、外交等事務，時間、精力有限，且戰場廣大，同時可能發生數起作戰；因此，他不可能掌握每場作戰的所有往來函電。這些指名呈蔣的軍事函電，軍委會辦公廳多逕分軍令部辦理，[67]軍令部先行處理，再透過會報、轉呈、週報表等方式，[68]讓蔣知曉整體戰況。如1938年5月2日，李宗仁呈蔣一電，告以日軍7百人陷巢縣，截至1日晨，已增至2千餘人，對於道路甚為熟悉。李對該方面的處置為：1、確保合肥；2、在合肥附近地區集結兵力集破該敵。此一電文，辦公廳摘要後逕分軍

64 「李宗仁呈蔣中正電摘要」（1938年2月23日），〈蔣介石與五戰區司令長官李宗仁等來往軍事文電（附圖）〉，《國防部史政局及戰史編纂委員會》，檔號：七八七-4366。此為軍事委員會機要室摘由李宗仁呈蔣中正的電報給軍令部，軍令部第一廳第一處處長張秉均於擬辦欄批示「復悉」。

65 「軍令部呈蔣中正報告」（1938年2月10日），〈革命文獻—徐州會戰〉，《蔣中正總統文物》，002-020300-00010-010。

66 秋宗鼎，〈蔣介石的侍從室紀實〉，收入全國政協文史資料委員會編，《中華文史資料文庫》，第8卷，頁933、938-939。

67 如「李宗仁呈蔣中正電」（1938年5月31日），〈第五戰區司令長官李宗仁在六安等地發出關於徐州會戰的文電〉，《國防部史政局及戰史編纂委員會》，檔號：七八七-7623。此為李宗仁呈蔣中正的電文，軍委會辦公廳將此文分交軍令部，軍令部再行辦理。

68 如〈軍令部向蔣介石報告各戰區敵情與戰況的週報表〉，《國防部史政局及戰史編纂委員會》，檔號：七八七-6442。

令部，軍令部第一廳副廳長何成璞擬辦意見為：「擬復處置甚妥，俟徐部集中完了，實行統一攻擊。」第一廳廳長劉斐擬辦意見為：「擬提出會（報）。」該電批示欄，蓋有軍令部次長林蔚及熊斌之章，即由二者核閱（圖 2-9）。[69]再如，5 月 14 日，第二十軍團軍團長湯恩伯電蔣中正，其下轄之關麟徵軍將通過徐州開洛陽整訓，已飭該軍改開歸德整訓並守備歸德城防。此電辦公廳亦摘送軍令部辦理，何成璞擬辦意見為：「擬復處置適當，並可否轉電？」熊斌批示：「委座逕復。轉呈委座。」[70]（圖 2-10）

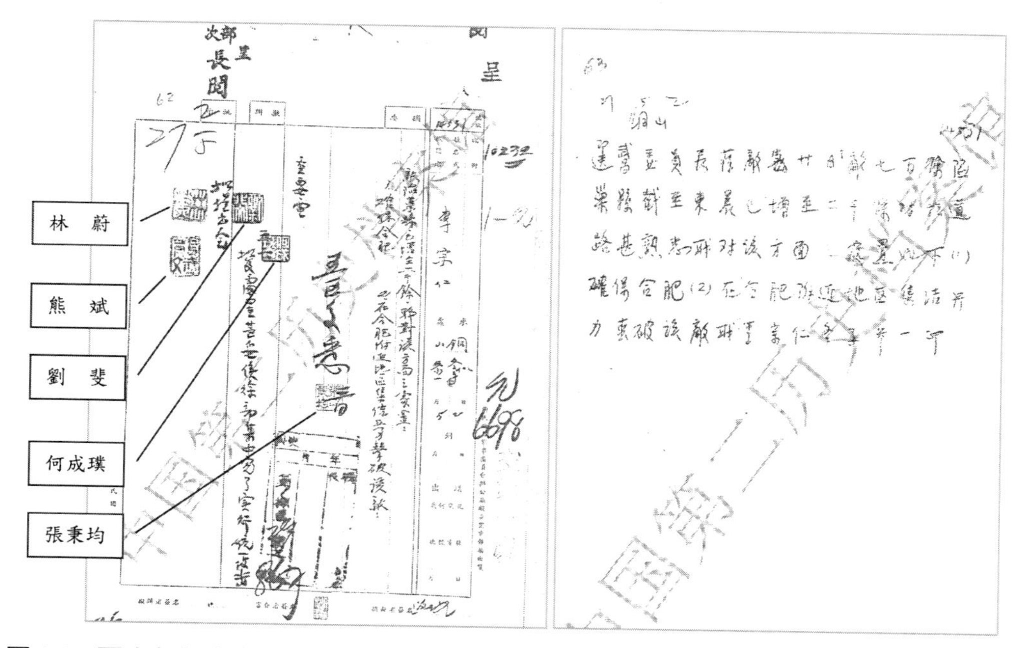

圖 2-9：軍令部擬復李宗仁電稿（「李宗仁呈蔣中正電報摘由」（1938 年 5 月 2 日），〈第五戰區司令長官李宗仁等在銅山等地發出關於徐州會戰的文電〉，《國防部史政局及戰史編纂委員會》，檔號：七八七-7620）

[69] 「李宗仁呈蔣中正電報摘由」（1938 年 5 月 2 日），〈第五戰區司令長官李宗仁等在銅山等地發出關於徐州會戰的文電〉，《國防部史政局及戰史編纂委員會》，檔號：七八七-7620。

[70] 「湯恩伯呈蔣中正電報摘由」（1938 年 5 月 14 日），〈第三十一集團軍湯恩伯在運河等地關於徐州會戰的文電〉，《國防部史政局及戰史編纂委員會》，檔號：七八七-7664。

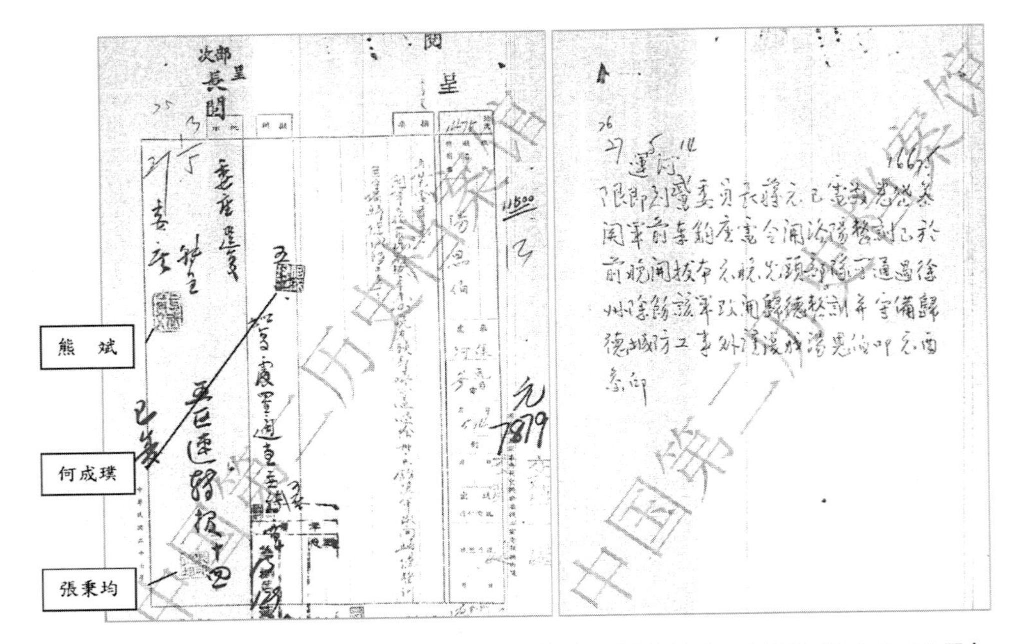

圖 2-10：軍令部擬復湯恩伯電稿（「湯恩伯呈蔣中正電報摘由」（1938 年 5 月 14 日），〈第三十一集團軍湯恩伯在運河等地關於徐州會戰的文電〉，《國防部史政局及戰史編纂委員會》，檔號：七八七-7664）

經由上述之例，可清楚大多戰情文電，原先雖是呈送給蔣，實際上卻是軍令部在處理；軍令部若認為有需要，再於官邸會報上提出，或以其他方式上報。在軍令部的運作之下，蔣不會被大量的戰況文電所淹沒；軍令部將許多前線戰報或戰爭部署細節的文電，予以整理、分析，先行判斷，做出處置，以蔣的名義發至前線。重要的部署與戰報，再於會報上向蔣報告，由蔣裁示。

表 2-2：軍委會軍事指揮運作表

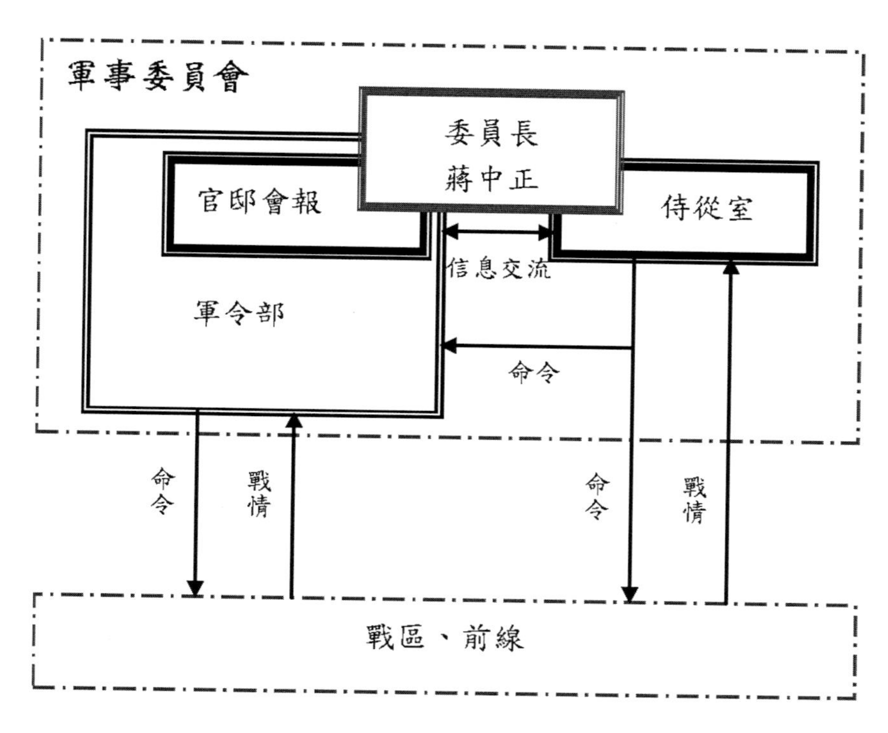

委員長蔣中正憑藉著官邸會報、軍令部與侍從室指揮作戰（表 2-2）。尤其官邸會報，其重要性尚未為學界關注。事實上，會報制度在當時普及於國軍各組織，是國軍運行的重要制度。如 1939 年 2 月 7 日，為連繫軍事各部業務及檢討各部工作進度，以求推進全國軍事，創設「最高幕僚會議」，由參謀總長何應欽主持，臨時決定召開時間，而最少應於每月首星期二開會一次，會中報告國防及作戰等事宜，並提議作戰及整軍等計畫。出席人員有參謀總長、副參謀總長、軍令部部長、軍政部部長、軍訓部部長、軍事參議院院長、政治部部長、軍法執行總監、後方勤務部部長、海軍總司令、辦公廳主任、航空委員會主任、撫卹委員會主任委員、戰地黨政委員會副主任委員、軍事運輸總監、侍從室第一處主任、銓敘廳廳長。必要時，得由參謀總長指定主管廳、司、處長及其他有關人員列席。會中所得結

論，再呈送蔣中正批核、參考。[71]為加強該會重要性，正式會議前二日召開預備會，[72]又為供最高幕僚會議採擇及明悉各部重要業務與議決事項之推行狀況，參與最高幕僚會議各部會院廳次級長官，每週舉行會報一次，以軍委會辦公廳主任為主席。[73]

蔣中正除了透過官邸會報等軍委會運作機制指揮戰局，其於各作戰期間，有時會親臨前線召集指揮官開會，直接指示機宜。如徐州會戰戰事吃緊時，1938 年 5 月 12 日，蔣獲永城、鄲城失守之報，決定親赴前方。當日下午，飛鄭州部署。[74]在飛機上，蔣與同行者林蔚、劉斐等討論戰局。蔣認為徐州正處危機關頭，研究先前發出的命令可否貫徹。抵鄭州之後，蔣派林蔚、劉斐組織參謀團赴徐州轉令第五戰區司令長官李宗仁解決日軍的大包圍，並要林、劉向各級將領要求貫徹軍委會的命令。[75]

三、日本大本營的比較

以上敘述國民政府軍事委員會面對中日全面戰爭的組織、人事與運行模式。日本作為交戰對手，為應付戰爭，也建立了大本營。大本營以陸軍的參謀本部及

[71] 「最高幕僚會議議事紀錄・第一次會議紀錄」（1939 年 2 月 7 日）、「國民政府軍事委員會最高幕僚會議規則」（1939 年 6 月 9 日修正公布），〈軍事委員會最高幕僚會議案〉，《國防部史政編譯局》，檔號：B5018230601/0028/003.1/3750.5B。「國民政府軍事委員會最高幕僚會議規則」，收入中國第二歷史檔案館編，《中華民國史檔案資料匯編》，第 5 輯第 2 編，軍事一（南京：鳳凰出版社，1998 年），頁 12-14。

[72] 「軍事委員會最高幕僚會議預備會施行辦法」（1939 年 5 月 14 日奉准），〈軍事委員會最高幕僚會議案〉，《國防部史政編譯局》，檔號：B5018230601/0028/003.1/3750.5B。

[73] 「國民政府軍事委員會各部院會廳會報規則」（1939 年 6 月 9 日修正公佈），〈軍事委員會最高幕僚會議案〉，《國防部史政編譯局》，檔號：B5018230601/0028/003.1/3750.5B。

[74] 《蔣中正日記》，1938 年 5 月 12 日。

[75] 劉斐，〈徐州會戰概述〉，收入《正面戰場：徐州會戰—原國民黨將領抗日戰爭親歷記》（北京：中國文史出版社，2013 年），頁 31-32。

海軍的軍令部為主體。接下來，本書將探究日本大本營的建立過程、組織、核心參謀人員及運作狀況，藉以與國府軍委會比較。

(一) 大本營的建立

受到西方的衝擊，日本於明治天皇在位期間推動改革，1869 年修改太政官制，實行二官六省制，設兵部省等六省。1870 年，兵部省內設置海軍局、陸軍局，海、陸軍自此各成系統。1872 年，撤銷兵部省，設置陸軍省和海軍省。此前，日本軍制係仿法國，當 1871 年普魯士於普法戰爭打敗法國後，出現了效仿德國軍制的呼聲，即要求軍政、軍令各成體系，天皇直轄軍令機關，以求軍隊的獨立性。1874 年，陸軍省設立具一定獨立性的參謀局，職掌軍令，軍令、軍政二元化組織體制開始發展。1878 年，參謀局擴充、新成立天皇直轄的參謀本部，脫離陸軍省，同時脫離政府方面的控制。海軍方面，由於國家軍隊初時以陸軍為主，海軍軍令機關發展較晚，一度統合於參謀本部。1884 年始設置軍事部，作為海軍省下的專門軍令機關，其後完全獨立，置海軍軍令部。[76]

1890 年，日本頒布憲法，依據該憲法第十一條規定，天皇是陸海軍統帥，此一權力，不受議會的約束，也不由內閣輔佐。天皇對陸軍的統率，由參謀總長（參謀本部首長）輔佐；海軍方面，則由軍令部總長（軍令部首長）輔佐。參謀總長及軍令部總長，皆直屬天皇，不經內閣即可直接上奏，是為「帷幄上奏」。此一「統帥權獨立」制度，襲自普魯士，重視統帥的果斷性、一貫性、機密性。[77]

軍事行政，由陸軍大臣（陸軍省首長）及海軍大臣（海軍省首長）負責，輔佐天皇關於軍隊編制、常備兵、徵兵、軍人教育、服制等「混成事項」。二者亦得帷幄上奏，惟應將上奏事項，報告內閣總理大臣。[78]如此天皇親率軍隊的制度，在明治天皇時期有元老重臣輔佐下，政治和統帥一體，運作無礙，惟大正末期以

[76] 森松俊夫，《大本営》（東京：教育社，1980 年），頁 23-33、36-37、63-64。防衛庁防衛研修所戦史室，《大本營陸軍部〈1〉：昭和十五年五月まで》（東京：朝雲新聞社，1967 年），頁 19-25。

[77] 服部卓四郎，《大東亜戦争全史》（東京：原書房，1981 年），頁 138-139。

[78] 服部卓四郎，《大東亜戦争全史》，頁 138-139。

後元老相繼凋零，天皇親率軍隊便形同形式。[79]

日中全面戰爭爆發後，日本於 1937 年 11 月設立大本營。大本營最早在 1894 年甲午戰爭時就曾創設，作為戰時最高統帥機關。1904 年日俄戰爭爆發，再次設立大本營。[80]日中戰爭時創設的大本營，一如往例，將陸、海軍皆納入之，分設陸軍部及海軍部。陸軍部以參謀總長為首，海軍部以軍令部總長為首，二者為天皇的幕僚首長，籌劃作戰事宜。參謀本部仍然存在，與大本營陸軍部成「二位一體」關係。大本營陸軍部以參謀本部為主體，加入陸軍省、航空本部等一部組織，成為戰時陸軍最高統帥（軍令）機關。[81]至於軍令部與大本營海軍部的關係，亦是如此。統合陸軍、海軍的大本營，形同天皇的總參謀組織。[82]

按理來說，大本營統合陸、海兩軍；實際上，陸軍部與海軍部分立，大本營內並無統一指揮兩者的上級機構。[83]「大本營會議」便是希望協調陸、海軍而設，出席者主要為參謀總長、次長，軍令部總長、次長，陸軍大臣、海軍大臣，以及大本營陸軍部、海軍部的第一部部長（掌管作戰）。[84]

由於大本營純為軍事性質，除陸軍大臣及海軍大臣，內閣總理大臣等其他內閣成員並未加入，因此戰略與政略，難以統合調節。為此，大本營建立之後，即設置「大本營政府連絡會議」。該會議之成員，政府方面為內閣總理大臣、外務大臣、陸軍大臣、海軍大臣；大本營方面，成員為參謀總長、軍令部總長。此外，根據不同需要，其他閣僚也可能出席會議。大本營和內閣，皆重視會議的決議；[85]然而，由於該會議並無內閣會議的法律效力，且陸軍、海軍、政府各持立場，統

---

[79] 沢田茂著，森松俊夫編，《参謀次長 沢田茂回想録》（東京：芙蓉書房，1982 年），頁 307-309。

[80] 森松俊夫，《大本営》，頁 15-17。

[81] 田中新一著，松下芳男編，《田中作戦部長の証言：大戦突入の真相》（東京：芙蓉書房，1978 年），頁 291-292。

[82] 服部卓四郎，《大東亜戦争全史》，頁 139。

[83] 服部卓四郎，《大東亜戦争全史》，頁 139。

[84] 森松俊夫，《大本営》，頁 198-199。

[85] 稲葉正夫解說，《大本営》（東京：みすず書房，1967 年），頁 xxii。

一意見遂十分困難。參謀本部有時尚以軍事機密等理由，使開會決議喪失效果。是以，日本的戰爭領導，實際上受陸軍、海軍和政府三足鼎立的制約，戰略、政略時常缺乏統一思想，執行時則往往缺乏果斷性和一貫性。[86]

政府方面，另設有四相會議或五相會議，以少數閣僚討論重要國策並積極推動之。四相或五相包含陸軍大臣與海軍大臣，為求調整政府與大本營之間的關係，二者的活動更顯重要，因為他們既為該會議的成員，又有出席大本營會議的資格。[87]

大本營政府連絡會議決議的重要事項，內閣總理大臣與參謀總長、軍令部總長一起上奏天皇請求批准，特別重要的國策，尚需經過「御前會議」討論。御前會議是在天皇面前召開的會議，而非天皇主持的會議。該會議有兩種，一種是天皇親臨大本營政府連絡會議的御前會議，另一種是天皇親臨大本營會議的大本營御前會議。前者參加者大抵同連絡會議成員，並加入樞密院議長、參謀次長、軍令部次長，由內閣總理大臣主持。此種會議的議案，在先前的連絡會議皆已確定，御前會議上沒有變更餘地。提案理由和說明，事先也經有關當局討論同意。會上除了樞密院議長的提問質詢，相關程序十分形式化。[88]

中日戰爭的日本國家元首為裕仁天皇，他在御前會議一般不作任何發言，因而或謂其僅為「橡皮圖章」。其實，天皇對大本營或政府仍有其影響力或感化力，他可以說是採取一種消極或婉轉的領導。在決策過程，他靠質疑細節問題來顯示自己的意圖，並透露自己的傾向，惟其若反對某一提案，一般也不會直接否決。[89]

---

[86] 波多野澄雄，〈日本陸軍における戰略決定、1937-1945〉，收入波多野澄雄、戶部良一編，《日中戰爭の軍事的展開》（東京：慶應義塾大学出版会，2006年），頁128。服部卓四郎，《大東亜戦争全史》，頁139-140。

[87] 服部卓四郎，《大東亜戦争全史》，頁140-141。

[88] 大江志乃夫，《御前会議：昭和天皇十五回の聖断》（東京：中央公論社，1991年），頁194-195。秦郁彥編，《日本陸海軍総合事典》（東京：東京大学出版会，2005年第2版），頁734-735。服部卓四郎，《大東亜戦争全史》，頁141-143。

[89] 裕仁天皇只有於九一八事變、二二六事件及結束第二次世界大戰時，積極表達自己的想法，大多情形，必待輔佐者的進言，而不作違反其進言之決定。對於御前會議，裕仁自己評論：「所謂御前會議，是很

上奏者極為重視天皇的態度，苦思焦慮如何符合天皇的意圖。然而，訊息的缺乏，限制了天皇的作為。陸海軍或政府為了獲天皇支持，提供天皇的訊息，都是經過篩選，有時甚至相互矛盾。因此，天皇的決策，經常是以片面或帶偏見的訊息為基礎，並且是在近乎與世隔絕的狀況下，處理軍國大事。[90]

表 2-3：日本大本營之組織（1937 年 11 月）

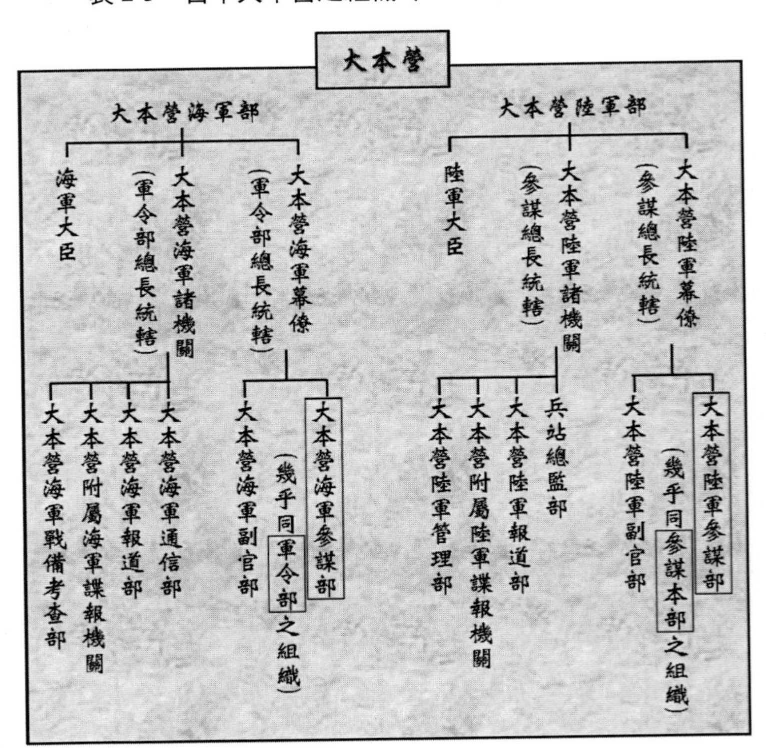

奇怪的東西。除樞密院議長外，其出席者全部在內閣會議或者連絡會議等求得意見之一致之後才出席，因此對議案表示反對意見的只有樞密院議長一個人，寡不敵眾，實無用武之地。」「這個會議完全是形式上的，天皇沒有決定支配會議之氣氛的權限。」陳鵬仁譯，《昭和天皇回憶錄》（臺北：臺灣新生報出版部，1991 年），頁 25-28、33、44。裕仁的說法，有擺脫戰爭責任之嫌，亦惟可見御前會議之氛圍。

[90] 德瑞著，顧全譯，《日本陸軍興亡史：1853~1945》（北京：新華出版社，2015 年），頁 282-284。服部卓四郎，《大東亜戦争全史》，頁 143。

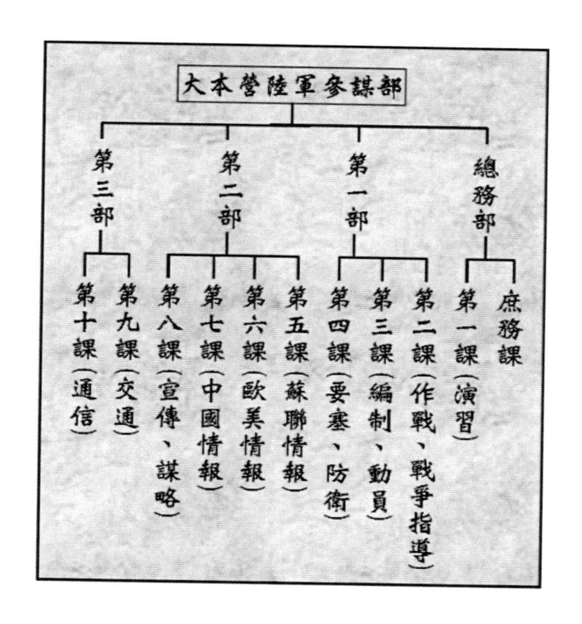

說明：

1、改繪自山田朗，《昭和天皇の軍事思想と戦略》（東京：校倉書房，2002 年），頁 89。

2、大本營陸軍參謀部第一部即作戰部，其第二課即作戰課，整個組織類同陸軍參謀本部。

(二) 核心參謀人員的角色

體制上，天皇是最高統帥，但他含蓄委婉的領導，鮮少主動作出指示，與第二次世界大戰列國領導人扮演的作用，有很大的不同。於此情態，中日戰爭初期承擔重要工作的陸軍，其領導人參謀總長，是否代天皇進行軍事規劃與部署，扮演統帥的角色？

全面戰爭爆發時的日軍參謀總長，係閑院宮載仁親王。他是皇族、元帥陸軍大將，地位崇高，自 1931 年底出任參謀總長，已在職 6 年，惟年齡較長，1937 年時已 72 歲，[91]每日工作僅約 1 個小時，業務多交次長辦理。[92]因此，他無法勝

[91] 秦郁彥編，《日本陸海軍総合事典》，頁 52。

任統帥工作（其擔任參謀總長至 1940 年）。由於陸軍首腦領導力低下，極少拒絕或變更核心參謀人員（中堅スタッフ、中枢幕僚群）提出的國策或作戰計畫；因此，為國家軍事做出決定者，除了參謀總長、次長等高層官長，尚有一群核心參謀人員。[93]

核心參謀人員的興起，有其時代背景，可說是昭和時期日本陸軍的一大特色。參謀人員本應奉官長的意旨，擬定計畫付諸實施，但此一時期，越軌行動時起，藉臨機處置自行其是，如 1931 年的九一八事變，便是此一「下剋上」情態的展現。[94]

表 2-4：日本陸軍核心參謀人員所屬[95]

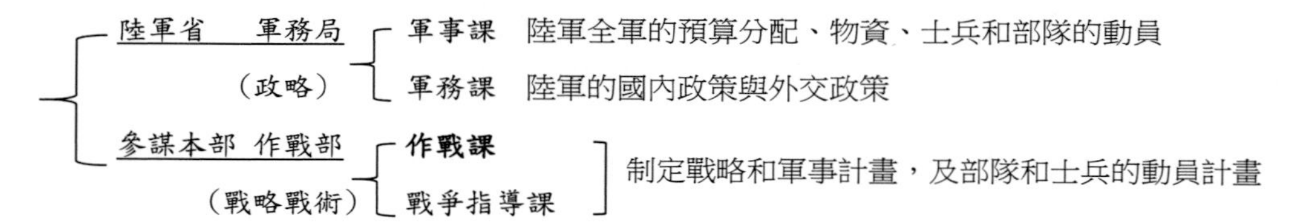

陸軍中的核心參謀人員，是承擔政略的陸軍省軍務局軍事課、軍務課，以及承擔戰場戰略與戰術的參謀本部作戰部作戰課、戰爭指導課參謀人員。陸軍省軍務局軍事課掌握陸軍全軍的預算分配、物資、士兵和部隊的動員；軍務課承擔陸軍的國內政策與外交政策。參謀本部作戰部承擔制定戰略和軍事計畫，及部隊和

[92] 沢田茂著，森松俊夫編，《参謀次長 沢田茂回想録》，頁 146。

[93] 波多野澄雄，〈日本陸軍における戰略決定、1937-1945〉，收入波多野澄雄、戶部良一編，《日中戰争の軍事的展開》，頁 127、150。

[94] 井本熊男，《作戦日誌で綴る支那事变》，頁 40-43。徐勇，《征服之夢——日本侵華戰略》（桂林：廣西師範大學出版社，1993 年），頁 18。

[95] 戰爭指導課係於 1936 年 6 月從作戰課獨立出來，1937 年 11 月 1 日廢止，縮小為作戰課的作戰指導班。作戰部正式名稱為參謀本部第一部（同大本營第一部），作戰課正式名稱為第一部第二課。黑野耐，《参謀本部と陸軍大学校》（東京：講談社，2004 年），頁 200-201、210。秦郁彥編，《日本陸海軍総合事典》，頁 323、329、510。

士兵的動員計畫。由於軍事作戰計畫和實施是日本憲法保障的「統帥權」，作戰部因此有很大的發言權。尤其戰時，重要政略、戰略之原案，大多由作戰部作戰課制定，該部也經常干預外務省或陸軍省軍務局所制定之外交政策。[96]參謀本部各課通常有部員 4-5 名，作戰課有超過 20 名，可見其重要性。[97]

作戰命令的制訂過程，可分三個階段。第一階段：軍事計畫中的重要事項，天皇裁決之後，以命令或指示的形式，傳到前線部隊（現地軍），其中最有權威的是「大本營陸軍部命令」（簡稱「大陸命」），從大本營設立至 1941 年 12 月日美開戰期間，共有 554 條。其次是參謀總長根據敕命而發的「大本營陸軍部指示」（「大陸指」），在上述同一時間內共計 840 條。這些共約 1,400 條的主要命令或指示，皆由作戰部作戰課起草。作戰部起草命令時，會與陸軍省和參謀本部有關部門進行磋商，審查文件，進行圖上演習。第二階段：參謀本部作戰課長與陸軍省軍務局長進行磋商。第三階段：作戰課長向參謀次長說明，再向參謀總長說明，由總長作出裁決。上述過程，可見作戰部作戰課的重要，及陸軍省軍事課的影響——軍事課可以與參謀本部討論預算分配、資材籌措、士兵動員和運輸等廣泛事項。[98]

核心參謀人員，對大陸命或大陸指的起草，扮演關鍵角色。因此，核心參謀人員若有所變動，整個戰爭走向，便有可能隨之轉變。如徐州會戰前，作戰課長河邊虎四郎大佐抱持不擴大主義，欲保全陸軍戰力以備對蘇作戰。他親自起草新的作戰計畫，經過御前會議通過，確立戰面不擴大方針。不久，作戰課長易為稻田正純中佐，他逐漸變更戰面不擴大方針，積極出兵解決支那事變，乃有徐州會戰的發生，日軍也進一步深陷於中國戰場。[99]

---

[96] 波多野澄雄，〈日本陸軍における戦略決定、1937-1945〉，收入波多野澄雄、戶部良一編，《日中戦争の軍事的展開》，頁 127-128。

[97] 武藤章著，上法快男編，《軍務局長 武藤章回想録》（東京：芙蓉書房，1981 年），頁 104。

[98] 波多野澄雄，〈日本陸軍における戦略決定、1937-1945〉，收入波多野澄雄、戶部良一編，《日中戦争の軍事的展開》，頁 128-129。

[99] 井本熊男，《作戦日誌で綴る支那事変》，頁 199-203。

表 2-5：徐州會戰前後日本陸軍首長及核心參謀

姓名	職稱	階級	歲數(出生年)	教育程度	經歷
參謀本部					
載仁親王	參謀總長	元帥	73(1865)	法國陸軍大學	教官、聯隊長、旅團長、師團長、軍事參議官，出差歐洲、俄羅斯等國，參與甲午戰爭、日俄戰爭
多田駿	參謀次長	中將	56(1882)	陸軍大學	教官、聯隊長、旅團長、支那駐屯軍司令官、師團長、陸軍大學校長，出差歐洲、美國，參與日俄戰爭
橋本群	作戰部長	少將	52(1886)	陸軍大學	教官、中隊長、聯隊長、軍事課長、鎮海要塞司令官、支那駐屯軍參謀長，派駐法國
稻田正純	作戰課長	中佐	42(1896)	陸軍大學	教官、參謀本部戰爭指導課高級課員、軍事課高級課員，派駐法國
陸軍省					
杉山元	陸軍大臣	大將	58(1880)	陸軍大學	航空課長、軍事課長、軍務局長、陸軍次官、師團長、航空本部長、參謀次長、陸軍大學校長、教育總監、軍事參議官、陸軍大臣，出差菲律賓，派駐新加坡、印度，參與日俄戰爭
梅津美治郎	陸軍次官	中將	56(1882)	陸軍大學	聯隊長、軍事課長、旅團長、參謀本部總務部長、支那駐屯軍司令官、師團長、陸軍次官，出差歐洲，派駐德國、丹麥、瑞士，

					參與日俄戰爭
町尻量基	軍務局長	少將	50(1888)	陸軍大學	侍從武官、聯隊長、軍事課長，派駐法國
中村明人	軍務局長	少將	49(1889)	陸軍大學	教官、人事局恩賞課長、聯隊長、關東軍兵事部長、軍參謀長，派駐德國
田中新一	軍事課長	大佐	45(1893)	陸軍大學	關東軍參謀、兵務課長，派駐蘇聯、波蘭
柴山兼四郎	軍務課長	大佐	49(1889)	陸軍大學	參謀本部員、聯隊長，派駐中國，出差歐美

說明：

1、中村明人於1938年4月14日接替町尻量基任軍務局長。

2、教育程度未註明學校所屬國家者，皆為日本。

3、參考自秦郁彥編，《日本陸海軍総合事典》，頁21、28、52、86、92、94、124、146。外山操編，《陸海軍将官人事総覧 陸軍篇》(東京：芙蓉書房，1981年)，頁260-261、273、312、406。福川秀樹，《日本陸軍将官辞典》(東京：芙蓉書房，2001年)，頁91、371、527、669。

核心參謀人員並不負責指揮前線部隊，指揮是現地軍指揮官的任務。現地軍與大本營密切協調，確認戰略、兵力、部署、後勤等事宜，再制定作戰計畫。[100]現地軍各軍之間，並沒有統一運用的高等司令部。大本營可能調派派遣班至前線，與各現地軍聯繫，惟該班並不直接指揮各部。

徐州會戰時，大本營曾調派作戰部長橋本群少將以下幕僚組成大本營派遣班，以橋本為班長，西村敏雄中佐為主任班員，另有2-3名參謀為班員，至前線從事聯絡工作或會戰指導。[101]當時日軍出動北支那方面軍的第一軍、第二軍，以及中支那派遣軍，由於沒有統合的高等司令部，方面軍和派遣軍必須協議作戰目

[100] 如武漢會戰的戰爭計畫，參謀本部便與第一線密切聯絡研究、調整意見。參見井本熊男，《作戦日誌で綴る支那事変》，頁224-225、237。防衛庁防衛研修所戦史室，《支那事変陸軍作戦〈2〉昭和十四年九月まで》（東京：朝雲新聞社，1976年），頁109-110。

[101] 井本熊男，《作戦日誌で綴る支那事変》，頁217-218、280。防衛庁防衛研修所戦史室，《大本營陸軍部〈1〉：昭和十五年五月まで》，頁540。

標，但最終仍未完全統一意志。方面軍內部第一軍和第二軍，作戰目標理解也有不同。方面軍及第二軍的目標，在於確保徐州占領及南北鐵路之聯絡；派遣軍及第一軍，重點則在完成包圍圈、擊滅中國野戰軍。[102]橋本群於必要時給予軍司令官作戰指示，調整、仲裁各軍關係。在時間餘裕的情況下，派遣班電報東京大本營作戰建議，再由東京方面依本來的指揮系統做處置。[103]派遣班另一重要工作，為劃定作戰地境。[104]

現地軍指揮官雖負責前線戰事指揮部署，但大本營藉天皇之命，也可能干涉現地軍長時間準備的作戰計畫。此一情態，在太平洋戰爭時較為明顯，使日軍遭到瓜達康納爾（ガ島作戦，Guadalcanal）、菲律賓（比島決戦，Philippines）等作戰的嚴重挫敗。[105]

(三) 中日比較

國民政府軍事委員會及日本大本營／參謀本部的組織，各有其歷史與特色。由於日本最終戰敗，當前日文研究，多是檢討日軍的缺失。總體來說，日本軍力不如美國等西方國家，但又遠比中國軍力要強。本書於此處，比較中、日兩國的最高參謀組織，以補相關討論的不足，並藉以凸顯軍委會的部分特質。

1. 就組織歷史來說

日本參謀本部建立於 1878 年，1894 年甲午戰爭時便曾創設大本營，至中日全面戰爭爆發的 1937 年，參謀本部已有 60 年歷史，期間並經過甲午戰爭（1894-1895 年）、日俄戰爭（1904-1905 年）、西伯利亞干涉（シベリア出兵，1918-1922）等軍事行動，組織運作經驗較為豐富。

相較之下，國軍自 1924 年黃埔建軍至 1937 年七七事變，僅 13 年，若就軍委

---

102 大江志乃夫，《日本の参謀本部》（東京：中央公論新社，2008 年 20 版），頁 177-178。

103 井本熊男，《作戦日誌で綴る支那事変》，頁 218。

104 〈橋本群中将回想応答録（参謀本部作成）〉，收入臼井勝美、稲葉正夫編，《現代史資料（9）：日中戦争（二）》（東京：みすず書房，1964 年），頁 345-349、361-363。

105 高山信武，《参謀本部作戦課：作戦論争の实相と反省》（東京：芙蓉書房，1978 年），頁 349-351。

會自 1932 年重新建立至全面戰爭爆發計算，僅有 5 年。期間雖歷經數次內戰，惟舉全國之力對外戰爭的經驗相對匱乏。

2. 就最高統帥來說

日軍最高統帥裕仁天皇，鮮少對軍事主動發表意見，他的婉轉、間接領導方式，使他對軍隊的介入不深，猶如名義上的最高統帥，與第二次世界大戰列強領袖大相逕庭。

日本陸軍參謀總長，理應充分輔佐天皇處理陸軍要務，但他不能稱職。日本陸軍掌握相當權力者，為一群核心參謀人員，他們主要是參謀本部作戰部和陸軍省軍務局等機關的主事者。這些人員各有意見，相互商討，決定作戰方向，參謀總長等高級官長，一般按他們意見推動戰事。因此，某種程度上，日本沒有最高戰爭指導者，[106]戰爭運行是集體決策；而這個「集體」，並無固定的最高仲裁者。決策是在各核心參謀人員間，依局勢變化而流轉，並且受到陸軍大學出身的菁英人際網路，以及官僚組織很大的影響。[107]其優點在多人參與戰爭規劃，思考層面或可更廣，缺點在難以呈現一貫或果斷的決策，甚至可能被現地軍的「獨斷」所牽引，破壞原先的戰略規劃；不同機關的參謀人員，也可能相互妥協，互不負責。[108]

相較之下，國軍軍委會核心成員，圍繞於蔣中正身邊，由蔣個人做出最後決定，蔣既為名義上、也是實質上的最高統帥。重大軍事決定，皆由蔣一人做出，較能顯現其一貫性。惟此制亦有其缺點，即蔣個人若思慮不周，將嚴重影響戰事進展。

3. 就戰略、政略的統合來說

日軍戰略規劃，主要由大本營負責，惟大本營中的陸軍部與海軍部，各自獨立，互爭資源，難於統合。[109]而政治、外交等政略，主要由內閣總理大臣領導的

---

[106] 種村佐孝，《大本営機密日誌》（東京：ダイヤモンド社，1979 年），頁 23。

[107] 戸部良一等著，《失敗の本質：日本軍の組織論的研究》（東京：中央公論新社，1991 年），頁 312-313。

[108] 堀場一雄，《支那事変戦争指導史》，頁 742-745。

[109] 戸部良一等著，《失敗の本質：日本軍の組織論的研究》，頁 321-322。

政府方面負責。政府與大本營雖透過大本營政府連絡會議相互協調，仍難以避免歧見。由於陸軍、海軍、政府三方鼎立，日本可說有 3 個戰爭指導中樞，[110]政略、戰略因此難以呈現一致性。此外，陸、海軍各基於其專業判斷，要求資源，造成日本承擔過大的戰略目標，遠超出國力所能負擔。[111]

相較之下，戰時國民政府主席林森僅為虛位元首，蔣中正以國防最高會議主席身分，為黨、政、軍最高領導人，他並為軍事委員會委員長、特級上將，統籌軍事，於是政略、戰略，完全綰攝於蔣個人。[112]雖黨、政、軍之間難免摩擦，但並無日本的嚴重分歧。當然，也不能過於高估蔣統合黨、政、軍對戰爭的正面意義。由於蔣亦為政府領袖，他在指揮第一線作戰的同時，不斷在考量政略的進展，使得戰略時受政略所牽引。按據西方知名軍事學家克勞塞維茨（Carl Von Clausewitz）的理論，戰爭為政治的延伸，[113]故蔣將戰略屈從於政略，理論上並無問題。[114]問題在於蔣或因政略之故，過度、直接干涉前線部署，如此則前線缺乏迴旋空間，甚而導致戰場上的嚴重挫敗，[115]此即為蔣身兼國家領導人與軍事統帥間，可能產生的角色衝突。

4. 就各軍種發揮的戰力來說

雖然日本陸、海軍難於統合，於作戰中各自訂定作戰計畫，但相對於海軍戰力薄弱的國軍，日軍確實能充分發揮制海權。其陸、海軍藉由締結「陸海軍中央協定」、「陸海軍現地協定」等規定進行協同，[116]在對中國的數場作戰中，兩軍大抵能達成作戰目標。空軍方面，當時日本並未將空軍獨立為單一兵種，陸、海軍

---

[110] 井本熊男，《作戦日誌で綴る大東亞戦争》（東京：芙蓉書房，1979 年），頁 36。

[111] 沢田茂著，森松俊夫編，《参謀次長　沢田茂回想録》，頁 310-315。

[112] 張瑞德，〈軍事體制〉，收入張瑞德、齊春風、劉維開、楊維真，《抗日戰爭與戰時體制》，頁 190-196。

[113] 克勞塞維茨著，鈕先鍾譯，《戰爭論》（桂林：廣西師範大學出版社，2003 年），頁 171-174。

[114] 蘇聖雄，〈蔣中正對淞滬會戰之戰略再探〉，《國史館館刊》，第 46 期，頁 94。

[115] 李君山，《為政略殉——論抗戰初期京滬地區作戰》（臺北：國立臺灣大學出版委員會，1992 年），頁 187-188。何智霖、蘇聖雄，〈後期重要戰役〉，收入呂芳上主編，《中國抗日戰爭史新編》，第 2 編：軍事作戰，頁 292。

[116] 戸部良一等著，《失敗の本質：日本軍の組織論的研究》，頁 321。

各有其航空部隊，協同陸、海軍之作戰。由於日軍本來的航空軍力便遠較國軍為強，大本營對空軍的運用也較國軍能發揮更多作用。[117]其中央或地方陸軍領導人如陸軍大臣杉山元、中支那派遣軍司令官畑俊六，皆曾擔任航空本部長，[118]對空軍認識較深。

5. 就核心成員素質來說

日本陸軍主導作戰的作戰部長、作戰課長、軍務局長、軍事課長、軍務課長等人，素質整齊，皆畢業於陸軍大學，從基層做起，職務歷練紮實，參謀業務熟悉，並曾派駐或出差歐洲（表 2-5），得以擴展視野，見習較新的軍事理論。

軍委會核心成員旅外經驗（日本除外）相對較少，不見得有陸軍大學學歷（表 2-1），多數在內戰中迅速升遷，有豐富的實際指揮經驗，並且能體會前現代國軍的軍官必須面對的分外責任及過多雜務，[119]惟軍事理論或各種現代化軍事職務的歷練，或不如日方紮實。

6. 就指揮系統來說

日本大本營決定整體部署與作戰方向，再與現地軍相互協調，確定作戰計畫。戰爭開始之後，交由現地軍指揮官指揮。在中央的陸軍參謀總長、次長或核心參謀，至少在中日戰爭初期，較少直接干預前線作戰，分層負責較為明確。軍隊內部雖不免產生派系，[120]各級指揮官大抵能遵奉中央號令，執行作戰計畫，計畫落實能力亦強。

國軍則不然，軍系十分複雜，地方對中央的命令，執行程度不一。軍委會委員長蔣中正身為國民革命軍的建立者，也與日軍中央不同，時而干涉第一線戰事。作戰進行中，主要由軍令部作出細部指示，惟蔣可藉侍從室越過該部直接指揮前線，使個人的決定，時而無法獲得緩衝；錯誤決策，有時也難以追回。1944 年豫

---

117 防衛庁防衛研修所戰史室，《中國方面陸軍航空作戰》（東京：朝雲新聞社，1974 年），頁 7-13、57-86。

118 伊藤隆、照沼康孝解說，《陸軍：畑俊六日誌》（東京：みすず書房，1983 年），頁 XV。

119 張瑞德，《山河動：抗戰時期國民政府的軍隊戰力》，頁 11。

120 如以陸軍中堅幕僚為主的「一夕會」。大江志乃夫，《統帥權》（東京：日本評論社，1983 年），頁 160-163。川田稔，《昭和陸軍の軌跡：永田鉄山の構想とその分岐》（東京：中央公論新社，2012 年）。

中會戰之後，蔣曾深切反省：

> 本週軍事、外論、黨務皆處逆境，而**以軍事部署以口頭命令、個人獨斷之錯誤，以致洛陽戰局大壞，為生平所未有之怪事**，因之內心慚惶，幾乎寢食不安。此乃戰區長官之無能，對之全失信任之心，故因惡成憤，是以對前方戰事處處干涉，所以有此結果。**以後對前方戰事，應專責軍令部處理，而勿再直接平涉，更勿可用電話作口頭命令也**。此乃一最大之教訓，當永誌勿忽。[121]

本來，現代戰爭，規模龐大，最高統帥若跳過高層參謀機關，直接命令前線，較難避免思慮上的疏失。蔣於豫中會戰，深切體認這點，因此欲責令軍令部輔佐。這段引文，看似蔣干涉細事、越級指揮相當嚴重；其實，國軍分層指揮雖未若日軍之分明，蔣還是很重視組織的運作，軍令部、軍政部等，在戰事進行中，皆發揮相當作用；而越級指揮這種指揮方式，在國軍內部本就十分普遍。相關討論，詳見後述。

121 《蔣中正日記》，1944 年 5 月 13 日「上星期反省錄」。未及 1 個月，蔣又以電話與前線將領胡宗南及其副參謀長通電話兩次，「指示不嫌其詳」。《蔣中正日記》，1944 年 6 月 9 日。

第三章　情報：辦公廳機要室體系

明君賢將，所以動而勝人，成功于眾者，先知也。先知者，不可取于鬼神，不可象于事，不可驗于度。必取于人，知敵之情者也。

——《孫子兵法》

戰爭之勝敗，有形力量火砲、戰車、飛機、槍械等的質與量，影響很大，而無形的訓練、士氣、反間，作用亦大。情報，屬無形力量，在戰爭中扮演關鍵角色，蓋統帥自計畫乃至指揮，無一不是以情報為基礎，若情報品質不佳以致敵情不明，統帥的戰地部署便猶如瞎子摸象，勢難有效遂行指揮工作。

中日全面戰爭爆發之前，蔣中正已對即將來臨的戰爭，做了相當布置，情報機關的建立為其一環。戰爭爆發初期，國民政府軍事情報機關分立，並未統一運作。在中央，要者有參謀本部第二廳（後改為軍令部第二廳）、軍事委員會調查統計局（軍統局）、軍事委員會國際問題研究所（國研所）等；在地方或前線，各戰區、省政府或各級司令部，亦有專責機關負責情報業務。

中央軍事情報機關所能提供的資訊，可謂五花八門，國內情報如各地方軍系的情報、中國共產黨的情報、國內經濟情報等；國外情報如日本外務省的情報、日本陸海空軍情報、駐外使館提供的情報等。這些都對蔣中正的決策，有所影響。

其實，戰時各軍事情報機關雖高度分散，但多統合於軍事委員會之下。本章及下一章採檔案研究情報史之取向，以軍事委員會為探討對象，分析其下之情報機關有哪些？整體結構如何？各機關情報來源為何？內容為何？並分析各情報的準確性，以及對軍委會指揮判斷的影響。為便於聚焦，仍以徐州會戰（1938 年 4-6

月）為探討中心，而台兒莊之役（1938 年 3-4 月）為徐州會戰的前哨戰，亦納入討論。

兩章運用的史料，除前言所述軍事情報局的檔案，並大量利用國史館庋藏之《蔣中正總統文物》全宗。尤其，軍委會辦公廳機要室及委員長侍從室每日皆上呈大量情報，這些檔案，皆保留於該全宗之中，數量很多，價值極高，尚未為學界充分利用。透過較細密的檔案分析，本書期望對軍委會於單一會戰獲得的情報，及對其指揮之作用，獲一全面認識。

軍委會各機關的情報，依上呈體系的不同，概可區分為二，一為軍委會辦公廳機要室體系，另一為軍委會委員長侍從室體系。本章先敘述辦公廳機要室體系，下一章再敘述委員長侍從室體系，同時做整體分析。

一、軍委會辦公廳機要室

軍事委員會是國軍戰爭運行的核心，其獲得情報的方式相當多元，有軍令部第二廳、調查統計局及國際問題研究所等情報機關蒐集的情報，也有直接來自前線將領的情報。這些情報，多是指名呈送委員長蔣中正。為數眾多的訊息，蔣大多不會直接閱讀，而是先經過侍從室整理、判讀、過濾後，摘由送蔣批閱。

情報除了透過侍從室上呈，軍委會辦公廳機要室的情報，不透過侍從室，可直接上達蔣本人。該辦公廳職司命令文書之呈遞傳達及總務、警衛諸事宜，[1]當中的機要室負責整理機密情報，轉呈蔣中正參考。其主要情報來源，是透過電報截收與破譯獲得的國內外情報，另有派駐在天津、上海等地的中國國民黨中央執行委員會調查統計局（中統局）情報人員回傳之訊息。

1932 年軍事委員會復設之時，委員會內便設置辦公廳。1938 年 1 月軍事委員

---

[1] 「修正軍事委員會組織大綱」，收入周美華編，《國民政府軍政組織史料——軍事委員會（一）》，頁 79。

會改組後，仍置辦公廳，內有機要室，由毛慶祥擔任主任秘書。[2]毛是浙江奉化溪口人，為蔣中正同鄉。蔣早年留日期間，曾獲毛慶祥之父毛紹遂（號穎甫）多次資助，因而蔣於事業有成之後，力加培植毛慶祥，助其赴日、法留學。毛歸國之後，擔任蔣的機要秘書，並負責統籌電報偵蒐工作。[3]

圖 3-1：毛慶祥像（〈毛慶祥〉，《軍事委員會委員長侍從室》，入藏登錄號：129000002690A）

國民政府國內電報的偵蒐研究，始於北伐時組織的特別小組，由溫毓慶負責，後由毛慶祥接手。時地方軍系唐生智反蔣，將若干攻擊蔣中正的密電電文發表於報紙上，特別小組將這些資料連同電信局的密碼電文，詳加比對研究，最終破解其密碼組織。其後，每當北伐軍占領一處，特別小組便會同國民革命軍總司令部交通處接管當地電報局，獲取該局所有電文底稿複本，再以此為基礎，進行破譯研究工作。[4]北伐之後，密電研究持續，溫毓慶藉李宗仁、白崇禧辦事處出身的報

[2] 毛慶祥於 1937 年 3 月至 1940 年 10 月擔任辦公廳機要室少將主任秘書，1940 年 11 月至 1943 年 5 月任中將主任秘書，1943 年 5 月以後職稱改為中將主任。「毛慶祥傳略」，〈毛慶祥〉，《軍事委員會委員長侍從室》，入藏登錄號：129000002690A。

[3] 霍實子、丁緒曾，〈國民政府軍事委員會密電檢譯所〉，收入中國人民政治協商會議全國委員會文史資料委員會編，《文史資料存稿選編・特工組織（下）》（北京：中國文史出版社，2002 年），頁 815。

[4] 陳立夫，《陳立夫回憶錄》（臺北：正中書局，1994 年），頁 109-110。王維鈞，〈同仇敵愾、抗日救亡——回憶參加研究日本密電碼的前前後後〉，收入中國人民政治協商會議全國委員會文史資料研究委員會編，《文史資料選輯（合訂本）》，第 126 輯（北京：中國文史出版社，2000 年），頁 118-119。以下引用，不著編者。

務員，破譯了桂軍、西北軍、東北軍等軍系的電碼。[5] 1930 年，國民政府之下成立秘密單位電務組（股），由溫毓慶妹婿黃季弼主持，一面研究，一面偵收；研究對象，皆為非蔣嫡系的密碼電報，當中並包括共軍的密電。[6]

國外電報的偵蒐研究，始於 1936 年成立的密電檢譯所，由前已述及的溫毓慶負責。溫是美國哈佛大學博士，熟悉無線電技術業務，曾任財政部稅務專門學校校長、參事、交通部國際電政局局長，[7]時任交通部電政司司長，負責籌劃建立國家第一座無線電臺。其每日下午於電政司下班後，便到密電檢譯所此一秘密機構研究日本電碼，並利用電政司司長職位，下令各地電報局將經手發出的日本使領館密電稿，抄送一份寄電政司，由其秘書王維鈞帶至密電檢譯所研究。經過溫及其團隊多方探索分析，成功破譯了日本外交電碼。密電檢譯所藉此業績而擴大，技術精進，又進一步破解日本外交使領更複雜和較重要的密碼組織。惟日本陸軍師以上電臺發出的密電，組織相當嚴密，該所始終無法破譯。[8]

電務組、密電檢譯所及中統局密探所獲情報，由身任軍委會辦公廳機要室主任秘書的毛慶祥每日彙整〈機要情報〉上呈（圖 3-2）。這批情報檔案，完整典藏於國史館庋藏之《蔣中正總統文物》，名為〈委員長已閱機要情報〉。在檔案中，可以看到截留日本電報之譯文、非蔣中正嫡系相互間通訊等內容，涵蓋範圍相當廣泛。[9]其中數量較多者，為電務組截獲之桂系內部通訊，以及密電檢譯所截獲之

---

[5] 郭廷以、張朋園校閱，張朋園、林泉、張俊宏訪問，張俊宏紀錄，《王微先生訪問紀錄》（臺北：中央研究院近代史研究所，1996 年），頁 142。

[6] 葉鍾驊，〈密碼電報研究機構內幕〉，收入中國人民政治協商會議全國委員會文史資料委員會編，《文史資料存稿選編・特工組織（下）》，頁 819-820。以下引用，不著編者。

[7] 〈溫毓慶〉，《軍事委員會委員長侍從室》，入藏登錄號：129000001637A。

[8] 王維鈞，〈同仇敵愾、抗日救亡——回憶參加研究日本密電碼的前前後後〉，收入《文史資料選輯（合訂本）》，第 126 輯，頁 116-122。葉鍾驊，〈密碼電報研究機構內幕〉，收入《文史資料存稿選編・特工組織（下）》，頁 820-822、831。

[9] 同樣於國史館庋藏之《閻錫山史料》有「各方往來電文」（包括馮方往來電文錄存、蔣方往來電文錄存、石友三部往來電文錄存、宋哲元部往來電文錄存、四川各部往來電文錄存、雜派往來電文錄存、各方往來電文原案及錄存等類別），為該檔案數量最多、內容最豐富者，收入山西省電務處所截錄各軍系、政治人物往來電文，其性質與軍委會辦公廳機要室呈送給蔣中正的國內情報相似，可藉以窺見閻錫山掌握的國內情報。

日本外交情報。以下將呈現二者情報的內容，並另述〈機要情報〉內容另一大宗——中統局的密探情報。

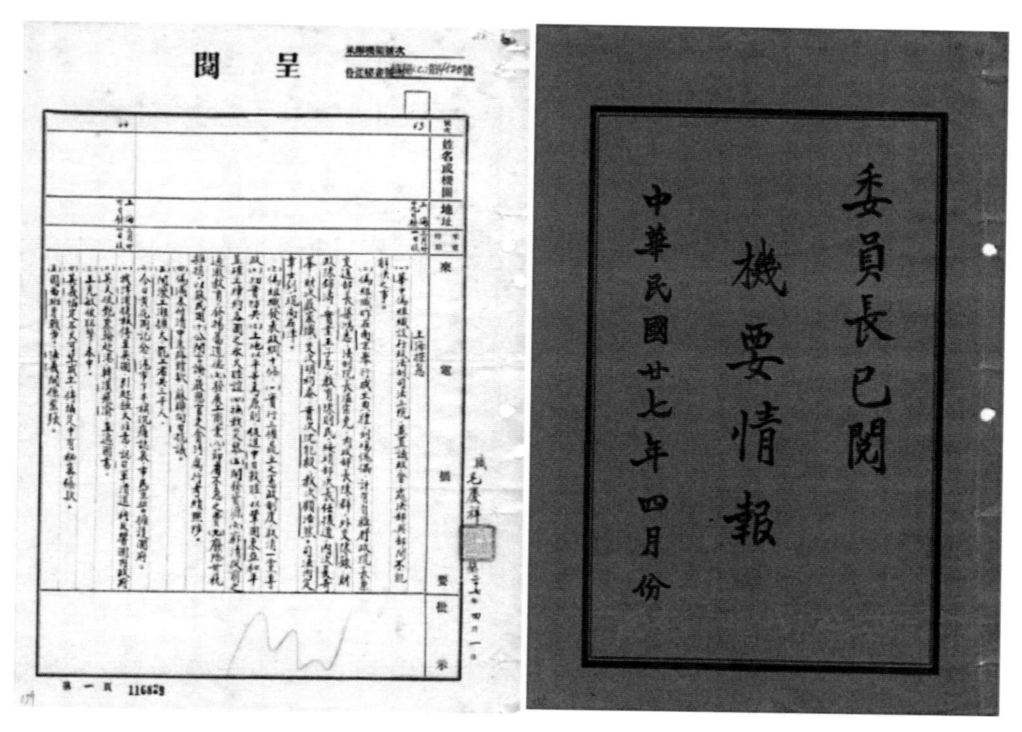

呈閱

委員長已閱

機要情報

中華民國廿七年四月份

圖 3-2：「委員長已閱機要情報」封面及內容之一頁（國史館藏）

二、截獲之桂系內部通訊

桂系為國府地方重要軍系，與中央關係若即若離，其於各地布建情報人員，探查中央或日本、國際情報。這些情報人員中，最重要的是在上海的何益之。此人化名夏文運，原是日方譯員，經過桂系領袖李宗仁親自吸收而成為桂系敵後情報員。中日戰爭爆發後，何益之以他多年與日方培植的友誼，與日本少壯軍人和知鷹二等相結納，從和知等人獲得軍事機密。何並於日籍友人私寓，設置一個秘密電臺，與李宗仁通訊。[10]

李宗仁日後回憶，何益之的情報迅速正確，在戰爭初期可說是獨一無二，日軍進攻徐州、皖南、豫南、武漢的戰略及兵力分布，「我方無不瞭若指掌」，「其後應驗也若合符節。」[11]李對此相當得意，每當第五戰區將這些情報轉呈中央時，中央情報當局尚且一無所知，因此軍令部曾迭次來電嘉獎李下轄的情報單位。[12]

究竟李所說的情報，是否如此神準？由於桂系情報，為中央所截獲，而中央截獲後上呈蔣的這批檔案，即前述〈機要情報〉，已足以研究李所說的實際狀況。

早在盧溝橋事變爆發之初，電務組的黃季弼便截收到桂系情報，經毛慶祥呈報蔣中正。此一 1937 年 7 月 12 日由和知鷹二發到桂林給李宗仁、白崇禧的情報，提及當前華北情勢，並判斷中日關係漸趨嚴重。[13]之後，毛慶祥不時呈報桂系情報。[14]

台兒莊之役爆發前、1938 年 2 月，一位名為傅少偉者，致電桂系另一要人、廣西省政府主席黃旭初等，報告日方情報，該電文為電務組所掌握。電文呈現日本陸、海軍之不協調，海軍堅主進攻廣東。[15]此一電報，有其價值，因日本陸、海軍的確不協；不過，情報呈現日本海軍欲進攻廣東，實則 1937 年 12 月日本陸

10 李宗仁口述，唐德剛撰寫，《李宗仁回憶錄》，下冊，頁 749-750。

11 李宗仁口述，唐德剛撰寫，《李宗仁回憶錄》，下冊，頁 749-750。

12 李宗仁口述，唐德剛撰寫，《李宗仁回憶錄》，下冊，頁 750。

13 「天定（和知鷹二）致李宗仁白崇禧電」（1937 年 7 月 12 日），〈一般資料—呈表彙集（六十一）〉，特交檔案，《蔣中正總統文物》，典藏號：002-080200-00488-012。

14 如「搏（桂方駐港人員）致李宗仁白崇禧電」（1937 年 7 月 19 日）、「李宗仁致關宗驊電」（1937 年 7 月 21 日）、「黃建平致李宗仁白崇禧電」（1937 年 7 月 23、24 日），〈一般資料—呈表彙集（六十一）〉，特交檔案，《蔣中正總統文物》，典藏號：002-080200-00488-018、002-080200-00488-020、002-080200-00488-023、002-080200-00488-032。

15 「傅少偉致黃旭初等電」（1938 年 2 月 3 日），〈一般資料—呈表彙集（七十八）〉，特交檔案，《蔣中正總統文物》，典藏號：002-080200-00505-037。

軍參謀本部曾經有此意圖，因海軍反對而終止，此時並無此一計畫。[16]

其後，桂方情報多次提到中支那方面軍司令官松井石根的動向，同時提供日本戰略動態，顯示日本大本營有意攻占徐州、打通津浦路。[17]這些情報，有真有假，如一則云畑俊六訂於 1938 年 2 月 17 日至上海接替松井石根任中支那方面軍司令官消息，十分準確。[18]惟關於松井石根運作發動津浦線戰事的情報，並不切實；當中時而顯示大本營令松井發動戰事，時而呈現松井被召回，顯有矛盾。[19]是時日本現地軍的確有意繼續發動進攻，北支那方面軍極力主張沿津浦線南北發動攻擊，但大本營認為兵力不足，予以拒絕。當時日本陸軍參謀本部主流構想，為整頓、重新編成作戰部隊，從容不迫進行持久戰，擬於 7 月以前編成 6 個新師團，在此之前，絕不實施新的作戰。1938 年 2 月 16 日的御前會議，決定不擴大戰面，或對新方面進行作戰。因此，所謂大本營令在華部隊攻下徐州等情報，皆非事實。然情報所以如此呈現，根源或在現地軍與大本營意見的不一致，使情報人員誤以現地軍態度，猜度大本營的意圖。時現地軍積極調動，欲繼續發動攻勢，因此不斷向大本營申訴意見。大本營為安撫現地軍，派參謀本部第二課課長河邊虎四郎大佐自 2 月 23 日至 3 月上旬親赴北平（北支那方面軍）、張家口（駐蒙兵團）、新京（關東軍）、龍山（朝鮮軍），傳達中央意圖。惟北支那方面軍司令官寺內壽一

---

[16] 防衛庁防衛研修所戦史室，《支那事変陸軍作戦〈2〉昭和十四年九月まで》，頁 219。

[17] 「羅維玉傳少偉致李白電」（1938 年 2 月 15 日）、「何一之致李白電」（1938 年 2 月 16 日）、「頌致李白電」（1938 年 2 月 16 日）、「上海致香港電」（1938 年 2 月 15 日）、「羅維玉等致李宗仁等電」（1938 年 2 月 17 日），〈一般資料—呈表彙集（七十八）〉，特交檔案，《蔣中正總統文物》，典藏號：002-080200-00505-047。「戈致李宗仁等電」（1938 年 2 月 20 日）、「滬致港電」（1938 年 2 月），〈一般資料—呈表彙集（七十八）〉，特交檔案，《蔣中正總統文物》，典藏號：002-080200-00505-051。「頌致李宗仁等電」（1938 年 2 月 21 日），〈一般資料—呈表彙集（七十八）〉，特交檔案，《蔣中正總統文物》，典藏號：002-080200-00505-052。「何一之致黃建平電」（1938 年 2 月 25 日），〈一般資料—呈表彙集（七十九）〉，特交檔案，《蔣中正總統文物》，典藏號：002-080200-00506-002。

[18] 畑俊六原訂 2 月 17 日自日本羽田飛上海赴任中支那派遣軍司令官，因天候延至 18 日，19 日舉行就職典禮。伊藤隆、照沼康孝解說，《陸軍：畑俊六日誌》，頁 123-124。

[19] 1938 年初松井石根的實際動向，可參閱其日記：田中正明，《松井石根大将の陣中日誌》（東京：芙蓉書房，1985 年），頁 142-177。

大將，仍不滿中央的計畫，向河邊力陳發動徐州作戰之必要。[20]

北支那方面軍向大本營請求攻略徐州之要求屢遭拒絕，至 3 月上旬，其所轄第二軍再次透過方面軍向大本營請求驅逐眼前國軍，並保證絕不深入南進，終獲大本營同意。第二軍的瀨谷支隊，隨即於 14 日拂曉發動攻擊，[21]台兒莊之役遂以爆發。桂方情報對此並無所悉，情報且十分混亂、矛盾，一方面呈現日軍積極增兵，醞釀進攻津浦、隴海線等地，一方面又呈現日軍將優先鞏固黃河以北（台兒莊與徐州位黃河以南）。[22]至於情報指出中支那派遣軍司令官畑俊六於 3 月 15 日飭令各路日軍一齊發動進攻，則為明顯的錯誤情報，當時係北支那方面軍所轄第二軍單獨發動進攻，未牽涉中支那派遣軍。[23]

台兒莊之役於 4 月初結束，國軍獲勝，日軍北退。國軍可以想見日軍將捲土重來，再次發動進攻，惟發動日期未能確定。4 月 23 日的桂方情報，一位在香港代名「戈」者準確獲悉日軍總攻時間，致電李宗仁、白崇禧云：「日本大本營聯會議決，五月五日再總攻徐州。」此情報亦為電務組所截收，毛慶祥於 4 月 26 日上呈蔣中正，經蔣批閱。[24]

日軍係於 4 月 24 日策定之中支那派遣軍徐州會戰計畫，確定派遣軍發動攻擊的日期為 5 月 5 日左右。[25]在日軍計畫時間確定前一日，桂方竟能得悉此一消息，著實令人吃驚。桂方情報員所以能如此，或因日軍雖於 24 日做最後決定，先前已

---

[20] 防衛庁防衛研修所戦史室，《支那事変陸軍作戦〈2〉昭和十四年九月まで》，頁 4-6。

[21] 防衛庁防衛研修所戦史室，《支那事変陸軍作戦〈2〉昭和十四年九月まで》，頁 29-31。

[22] 「上海致香港電」（1938 年 3 月），〈一般資料—呈表彙集（七十九）〉，特交檔案，《蔣中正總統文物》，典藏號：002-080200-00506-014。「止致李白電」（1938 年 3 月 11 日）、「上海致香港電」（1938 年 3 月），〈一般資料—呈表彙集（七十九）〉，特交檔案，《蔣中正總統文物》，典藏號：002-080200-00506-015。「賢致李宗仁等電」（1938 年 3 月 18 日），〈一般資料—呈表彙集（七十九）〉，特交檔案，《蔣中正總統文物》，典藏號：002-080200-00506-021。

[23] 伊藤隆、照沼康孝解說，《陸軍：畑俊六日誌》，頁 127。

[24] 「戈致李白電」（1938 年 4 月 23 日），〈一般資料—呈表彙集（七十九）〉，特交檔案，《蔣中正總統文物》，典藏號：002-080200-00506-057。

[25] 防衛庁防衛研修所戦史室，《支那事変陸軍作戦〈2〉昭和十四年九月まで》，頁 50。

進行討論，桂方當是掌握這些討論的過程。此一情報極其精確，日軍爾後也按此而行。5 月 5 日，中支那派遣軍司令官畑俊六統率第九、第十三師團自蚌埠向北發動總攻；[26]隨後北支那方面軍第二軍司令官東久邇宮稔彥王，亦由徐州北側率部向南發動總攻。[27]

李宗仁雖獲悉日軍總攻日期，卻沒有立刻將此情報電告中央。他是在日軍總攻前一日的 5 月 4 日，才將全部內容電告蔣中正，中間差了 10 天左右。[28]所以如此，頗耐人尋味。

桂方情報除獲悉日軍總攻日期，對日軍於徐州會戰使用毒氣，也有所掌握。[29]日軍當時將毒氣稱作「特殊煙」，事後並撰有報告，研究其效果。[30]參與徐州會戰的第二十軍團湯恩伯部、第六十八軍劉汝明部、第三十一師池峰城等部，皆曾遭毒瓦斯彈或催淚彈攻擊。[31]

對日軍的動向，桂系情報亦有一定掌握，惟對於日軍發動徐州會戰的兵力、部署，有所出入。日本動員之部隊，大抵為原中支那派遣軍及北支那方面軍的部隊，關東軍另支援 2 支混成旅團，[32]日軍並未如桂系情報所示，增援預備軍達 5

---

26 伊藤隆、照沼康孝解說，《陸軍：畑俊六日誌》，頁 132。

27 防衛庁防衛研修所戰史室，《支那事変陸軍作戦〈2〉昭和十四年九月まで》，頁 62。

28 「李宗仁致蔣中正電」（1938 年 5 月 4 日），〈革命文獻—徐州會戰〉，《蔣中正總統文物》，典藏號：002-020300-00010-031。

29 「戈致李宗仁白崇禧電」（1938 年 5 月 6 日），〈一般資料—呈表彙集（八十）〉，特交檔案，《蔣中正總統文物》，典藏號：002-080200-00507-009。

30 「徐州会戰及安慶作戰に於ける特殊煙使用『戰例及戰果』送付の件（1）」，《防衛省防衛研究所・陸軍省大日記・陸支機密・密・普大日記・陸支密大日記・陸支密大日記・昭和 13 年・昭和 13 年「陸支密大日記第 41 号」》，アジア歷史資料センター，Ref.C04120494700。戰時國軍對化學武器的應對，可參閱皮國立，〈中日戰爭前後蔣介石對化學戰的準備與應對〉，《國史館館刊》，第 43 期（2015 年 3 月），頁 53-92。

31 〈第二十軍團湯恩伯部參加台兒莊徐州會戰各戰役戰鬥詳報及附圖〉，《國防部史政局及戰史編纂委員會》，檔號：七八七-7750。〈第六十八軍劉汝明部在淮北戰鬥詳報及陣中日記〉，《國防部史政局及戰史編纂委員會》，檔號：七八七-7771。〈軍政部防毒處之編組訓練補給及日軍用毒史略〉，《國防部史政局及戰史編纂委員會》，檔號：七八七-2576。

32 「第 3 章徐州会戰」，《防衛省防衛研究所・陸軍一般史料・中央・全般・概史・昭和 13 年度支那事変陸戰概史》，アジア歷史資料センター，Ref.C13071348500。

個師團。[33]桂系情報呈現日軍自津浦線南段向北攻的部隊為第二師團、第一一六師團、第三師團之一旅團、第一二〇師團之一旅團、服步少將之臺灣步兵旅團，[34]實則該地主力中支那派遣軍是以第九師團、第十三師團為主力，另調動第一〇一師團、第六師團，桂方情報對番號的掌控不甚確實。[35]對於魯南前線之日軍，桂系情報呈現有第五師團、第十四師團、第一〇四師團而一師團未詳，[36]實則該方面日軍為第五師團、第十師團、第十六師團、第一一四師團，[37]桂方情報亦未能完全掌握。

5 月 19 日，日軍攻入徐州，國軍撤出，20 日，中支那派遣軍第十三師團舉行入城式，[38]桂系情報開始分析日軍之後將採行的戰略。這些分析，相當程度掌握現地軍的動向。如情報分析日軍將繼續向鄭州、洛陽甚至渭河推進。[39]實則日本北支那方面軍雖尚無向洛陽或渭河攻擊的計畫，但對攻擊鄭州，躍躍欲試。[40]

要之，桂系對於日軍動向的情報，有相當價值，雖未如李宗仁在回憶錄的誇大，該情報的確足以提醒日軍即將發動的攻勢，尤其能掌握日軍於 5 月 5 日發動總攻之日期，著實不易。惟亦有相當錯誤、矛盾之處。在正反互異、內容紛雜的情報並陳之狀況下，蔣中正欲藉此做指揮部署基礎，有其難處。或也因此，雖軍委會早已截收日軍將發動總攻的桂系情報，仍未見蔣特別對此及早防範，預作準備。

---

[33] 「止致李宗仁白崇禧電」（1938 年 5 月 4 日），〈一般資料—呈表彙集（八十）〉，特交檔案，《蔣中正總統文物》，典藏號：002-080200-00507-007。

[34] 「遜致白崇禧電」（1938 年 5 月 9 日），〈一般資料—呈表彙集（八十）〉，特交檔案，《蔣中正總統文物》，典藏號：002-080200-00507-011。

[35] 防衛庁防衛研修所戦史室，《支那事変陸軍作戦〈2〉昭和十四年九月まで》，頁 50-52。

[36] 「真致白崇禧電」（1938 年 5 月 11 日），〈一般資料—呈表彙集（八十）〉，特交檔案，《蔣中正總統文物》，典藏號：002-080200-00507-015。

[37] 防衛庁防衛研修所戦史室，《支那事変陸軍作戦〈2〉昭和十四年九月まで》，頁 61。

[38] 伊藤隆、照沼康孝解說，《陸軍：畑俊六日誌》，頁 133-134。

[39] 「戈致李宗仁白崇禧電」（1938 年 5 月 29 日），〈一般資料—呈表彙集（八十）〉，特交檔案，《蔣中正總統文物》，典藏號：002-080200-00507-031。「東致白崇禧電」（1938 年 6 月 1 日），〈一般資料—呈表彙集（八十）〉，特交檔案，《蔣中正總統文物》，典藏號：002-080200-00507-035。

[40] 防衛庁防衛研修所戦史室，《支那事変陸軍作戦〈2〉昭和十四年九月まで》，頁 74-76。

三、截收破譯日本外交電報

溫毓慶領導的密電檢譯所，擁有破譯日本外務省電報之技術，惟無法破譯更為複雜的日本陸海軍密電。不過，由於日本外交系統的內部聯繫，多少會提及軍事動態，因此是項情報，仍可藉以觀察會戰中的日軍行動。

圖 3-3：溫毓慶像（〈溫毓慶〉，《軍事委員會委員長侍從室》，入藏登錄號：129000001637A）

台兒莊之役前後，密電檢譯所曾截收日本無線密電，獲悉日本陸海軍意見依然對立，[41]情報並呈現國軍游擊戰，對日本造成困擾。台兒莊之役進入高潮時，日本軍方封鎖消息，以致其外交系統對實情不甚了解。作戰結束之後，各方已傳出日軍戰敗，日本外務機關對作戰實況仍不甚清楚，為求反駁中方宣傳之大捷，外務系統急於了解真相，但軍方態度強硬，不願透露戰情。外務系統只能暗中獲取陸軍省內部報告，方得知日軍於台兒莊北部遭國軍攻擊，不得已而撤退，待援軍到來，即轉攻勢。[42]上述情狀，顯示日本軍、政之不協，情報不能共享。

[41] 「日本無線密電」（1938 年 2 月 14 日），〈一般資料—呈表彙集（七十八）〉，特交檔案，《蔣中正總統文物》，典藏號：002-080200-00505-044。

[42] 「日文無線密電」（1938 年 4 月 18 日）、「日文無線密電簡報」（1938 年 4 月 19 日）、「日本無線密電」（1938 年 3 月 29 日）、「日文無線密電」（1938 年 4 月 12 日）、「日文無線密電」（1938 年

除了日本的內部情報，密電檢譯所亦截收到不少日本外務系統獲得的國府情報。這些情報，與實況有所出入。如日本獲國軍軍事委員會改組之情報，但對於改組後有那些機關，未能切實掌握。情報顯示國軍軍委會分為軍訓（部長白崇禧）、政訓（陳誠）、宣傳（陳果夫）、運輸（俞飛鵬）、軍事（鹿鍾麟）、參謀（何應欽代理程潛）之六部及侍從室（主任錢大鈞），[43]實則軍委會係改為軍令（徐永昌）、軍政（何應欽）、軍訓（白崇禧）、政治（陳誠）四部，並無宣傳、運輸、軍事、參謀部（參見第一章）。[44]

日方並有情報觀察蔣中正的私事及國府內部問題：

> 蔣介石健康雖已恢復，但以歇司的里亞的緣故，曾將宋美齡毆打，美齡因此逃赴香港，孔祥熙追蹤而往，宋一家舉行親屬會議，以離婚問題為中心，但結果未詳。向蔣作戰事實情之報告者，僅張發奎及錢永銘，又陳誠及錢大鈞等，亦常作虛報。汪兆銘自遷都漢口後，退出國民黨，曾向蔣勸告學者財界之巨頭，改組政府，和平交涉，但蔣置若罔聞。[45]

此一情報，捕風捉影，錯誤百出，時宋美齡在港，主要為養病，並負責武器購置及對美宣傳，事後便返歸武漢，與蔣中正同遊洛陽。[46]因此，所謂蔣中正毆打宋美齡，或宋氏家族商議離婚等事，皆屬子虛烏有。主張和平交涉，是國府失

---

4 月 13 日）、「日文無線密電」（1938 年 4 月 12 日），〈一般資料—呈表彙集（七十九）〉，特交檔案，《蔣中正總統文物》，典藏號依序為：002-080200-00506-051、002-080200-00506-053、002-080200-00506-031、002-080200-00506-044、002-080200-00506-045、002-080200-00506-046。

43 「日文無線密電」（1938 年 3 月 20 日），〈一般資料—呈表彙集（七十九）〉，特交檔案，《蔣中正總統文物》，典藏號：002-080200-00506-024。

44 「國防最高會議函國民政府決議通過修正軍事委員會組織大綱及系統表請查照密令飭遵」（1938 年 1 月 10 日），收入周美華編，《國民政府軍政組織史料—第一冊，軍事委員會（一）》，頁 78-82。

45 「日文無線密電」（1938 年 2 月 24 日），〈一般資料—呈表彙集（七十八）〉，特交檔案，《蔣中正總統文物》，典藏號：002-080200-00505-052。

46 呂芳上主編，《蔣中正先生年譜長編》，第 5 冊（臺北：國史館，2014 年），頁 463、465、499。「蔣中正致宋美齡手書」（1938 年 2 月 11 日），〈蔣中正致宋美齡函（五）〉，家書，《蔣中正總統文物》，典藏號：002-040100-00005-019。

去京滬後的主流，惟多屬隱性主和，多數不敢公開表達，[47]因此汪兆銘曾勸改組政府，和平交涉，或為事實，但當時並未激化到欲退出國民黨。至於虛報作戰實情的問題，國軍內部極其普遍。日本外務省的這則情報，顯示其對國府情報蒐集，問題不小。

上述係台兒莊之役前後的情報。台兒莊之役後，密電檢譯所持續破譯日文無線密電，得悉日軍將打通津浦線，展開大規模攻勢，[48]並獲知「濟南敵第五軍司令官西尾（壽造）中將，調任教育總監，繼任者東彌宮殿下，定五日赴任。」[49]此一日軍人事異動，大抵無誤，惟西尾壽造是第二軍司令官，東彌宮應作東久彌宮。[50]對於此電，蔣中正批示「此可交林主任（蔚）修改登報（軍令部的情報報表）」。[51]

日軍攻取徐州之後，日本外務機關開始關注雙方傷亡及作戰檢討。雙方傷亡部分，密電檢譯所截收到中日兩軍傷亡人數等情報，如日軍蘭封附近部隊，「累計戰死三二三名，傷二三二九名」；中方傷亡，則估計「最少不下三萬」。[52]對於整個徐州會戰，日方估計己方「總計死者二千一百三十名，戰傷者八千五百八十六名」；中方則「損失至少當在二十四萬以上」。[53]此一估計，有一定準確性。據學

47 王奇生，〈抗戰初期的「和」聲〉，收入呂芳上主編，《戰爭的歷史與記憶》（臺北：國史館，2015年），頁48。

48 「日文無線密電」（1938年4月23日），〈一般資料—呈表彙集（七十九）〉，特交檔案，《蔣中正總統文物》，典藏號：002-080200-00506-057。

49 「日文無線密電」（1938年5月8日），〈一般資料—呈表彙集（八十）〉，特交檔案，《蔣中正總統文物》，典藏號：002-080200-00507-008。

50 秦郁彥編，《日本陸海軍総合事典》，頁132、361。

51 「日文無線密電」（1938年5月8日），〈一般資料—呈表彙集（八十）〉，特交檔案，《蔣中正總統文物》，典藏號：002-080200-00507-008。

52 「宣傳部長致陸軍武官電」（1938年5月），〈一般資料—呈表彙集（八十）〉，特交檔案，《蔣中正總統文物》，典藏號：002-080200-00507-031。在蘭封附近作戰者為日本第十四師團，為日本甲種師團，戰鬥力較強，兵員24,618人，該部遭到國軍圍攻，仍能保持戰鬥力。若此情報數據正確，可見該部死亡甚少，只是受傷官兵數目較多。秦郁彥編，《日本陸海軍総合事典》，頁740。

53 「宣傳部長致 Rikugun Varsouie 電」（1938年6月2日），〈一般資料—呈表彙集（八十）〉，特交檔案，《蔣中正總統文物》，典藏號：002-080200-00507-033。又有情報顯示日軍徐州會戰之戰果：「至五月廿四日所判明，徐州會戰之結果如左：予敵之損害約二十四萬，遺棄屍體約十萬三千，戰利品大砲

者估計，日軍的傷亡可能達 1 萬人，[54]上述情報與此相差不遠。國軍方面，據軍政部戰後估計，是役傷亡數共 30 萬名左右，[55]上述情報 24 萬人以上之估計，也略符合。

會戰檢討部分，日方間諜潛入上海國府 CC 系高級幹部處，獲前上海區總指揮顧建中對鄧達宕（現上海區副區長）之談話：徐州之陷落，為湯恩伯不服從李宗仁指揮所致。李於六安撤退後，因無法面對國民，故電請辭去戰區司令長官及安徽省主席等職，同時派白崇禧前往蔣中正處，力陳為維護軍紀，應嚴罰湯恩伯，否則將率領自己的軍隊退往廣西，單獨從事戰爭。蔣對此極力慰留。至罷免湯恩伯一節，因黃埔系將領強烈反對，故未處置。[56]日方又有間諜與《申報》編輯記者對談，得知中央軍對李宗仁之作戰，不獨未予協助，反以鞏固後方為口實而後退，對該軍坐視不救，李因此極為憤慨，與李品仙相偕向廣西撤退。[57]上述情報，捕風捉影，並不確實。身為中央軍的湯恩伯的確與桂系李宗仁有所分歧，惟此非徐州失陷關鍵（參見第六章），而情報顯示的白崇禧力求懲處湯恩伯，也未見相關史料印證。又，徐州失陷前，中央軍主力如湯恩伯部在魯南、徐州以東，聞日軍逼近徐州西郊，即抽調部隊西開增援，並無先行後退情事。[58]

九十六，重機槍二百七十，輕機槍八百三十二，步槍一萬七千四百，機關車八十六，客貨車二千三十一，裝甲列車八，戰車、裝甲汽車十四，各重炮彈四萬四千五百，步槍彈九百廿五萬，以上只係我軍匆忙中獲得者，想遺棄仍有多數也。」「東京致巴黎柏林電」（1938 年 6 月 1 日），〈一般資料—呈表彙集（八十）〉，特交檔案，《蔣中正總統文物》，典藏號：002-080200-00507-033。

[54] 郭岱君主編，《重探抗戰史一：從抗日大戰略的形成到武漢會戰，1931-1938》（臺北：聯經出版事業公司，2015 年），頁 431-432。

[55] 「八年抗戰中會戰戰鬥一覽表」，〈戰史會編寫「中日戰史」編制的各次會戰一覽表、統計表、資料表等〉，《國防部史政局及戰史編纂委員會》，檔號：七八七-521。

[56] 「上海致北平東京電」（1938 年 6 月 9 日），〈一般資料—呈表彙集（八十）〉，特交檔案，《蔣中正總統文物》，典藏號：002-080200-00507-040。

[57] 「上海致平津東電」（1938 年 6 月 10 日），〈一般資料—呈表彙集（八十）〉，特交檔案，《蔣中正總統文物》，典藏號：002-080200-00507-042。

[58] 「第二十軍團湯恩伯部參加魯南會戰各戰役戰鬥詳報（節選）」，收入中國第二歷史檔案館編，《中華民國史檔案資料匯編》，第 5 輯第 2 編，軍事二，頁 582-583。

從密電檢譯所截收到的日本外交系統情報，可以看到許多國民政府自己的情報，這些情報問題很多，又外交系統對軍方所知甚少，所透露的軍事情報價值有限。密電檢譯所主任溫毓慶對此知之甚深，有意投入資源，嘗試直接破譯日本軍方密電，他曾透過毛慶祥呈請蔣中正「電飭前方各部隊，將抄獲敵方之文件，悉送鈞會，再將有關密碼密電之文件，發交本所」，以供密電研究。[59]毛慶祥對此要求，於擬辦意見云：「擬准通電前方各戰區，將所獲敵方密電密碼本等，迅速妥送職室轉交該處研究。」[60]蔣中正批示「如擬」，並修改毛的擬辦意見為：

> 擬准通電前方各戰區司令長官、各總司令、各軍師旅團長，將所獲敵方密電密碼本等，迅速妥送軍委會辦公廳或派員直接送交本委員長，特予重賞。職室轉交該處研究。[61]

由蔣對擬辦的修改，可見其甚為重視日軍密電的研究，強調特予重賞。爾後，溫毓慶復向蔣報告目前所譯密電，大部係淪陷區電臺與東京，及淪陷區各敵臺互相聯絡之情報，其中以外交、政治、經濟各部門居多，間或有道及軍事者，至於日軍陸海軍之密碼，尚須努力鑽研，因此擬具擴充計畫，懇飭財政部於特務費項下撥款。對此計畫，蔣批示照辦。[62]不過，蔣雖大力支持，密電檢譯所並悉心戮力於此，但始終沒能有突破性進展。[63]

---

[59] 「密電檢繹所呈摘要」（1938 年 4 月 29 日），〈一般資料—呈表彙集（七十九）〉，特交檔案，《蔣中正總統文物》，典藏號：002-080200-00506-060。

[60] 「密電檢繹所呈」（1938 年 4 月 29 日），〈一般資料—呈表彙集（七十九）〉，特交檔案，《蔣中正總統文物》，典藏號：002-080200-00506-060。

[61] 「密電檢繹所呈」（1938 年 4 月 29 日），〈一般資料—呈表彙集（七十九）〉，特交檔案，《蔣中正總統文物》，典藏號：002-080200-00506-060。

[62] 「溫毓慶呈密電檢譯所擴充計劃摘要」（1938 年 5 月 9 日），〈一般資料—呈表彙集（八十）〉，特交檔案，《蔣中正總統文物》，典藏號：002-080200-00507-009。

[63] 葉鍾驊，〈密碼電報研究機構內幕〉，收入《文史資料存稿選編·特工組織（下）》，頁 826、831。

四、中統局密探情報

中統局前身為 1928 年成立的中國國民黨中央組織部調查科。1932 年，另成立特工總部，徐恩曾主其事。1935 年，調查科擴大為中國國民黨中央組織部黨務調查處。1938 年，調查處、特工總部撤銷，成立中國國民黨中央執行委員會調查統計局（簡稱中統局）。正式成立的中統局，局長由中國國民黨中央黨部秘書長朱家驊兼任，徐恩曾任副局長，負實際責任。[64]

中統局主要負責黨務的調查統計，及紀律案件之調查事項，[65]其工作計畫綱要包括黨員數量質量及分布情形之調查與統計、黨員及黨部不法行為之調查、黨外政治集團之調查、反動分子之調查、各地社會及政治環境之調查等。[66]

圖 3-4：徐恩曾像（〈徐恩曾〉，《軍事委員會委員長侍從室》，入藏登錄號：129000100269A）

[64] 張國棟，〈中統局始末記〉，收入傳記文學雜誌社編輯，《細說中統軍統》，頁 1、14-17、42。

[65] 「調查統計局組織規程」，〈各黨派動態（第〇五三卷）〉，特交檔案（黨務），《蔣中正總統文物》，典藏號：002-080300-00059-002。此檔案為藏於中國國民黨黨史館之《蔣中正總統文物》黨務類檔案，2015 年底方由國史館完成數位化工作，兩館並同時公開，供讀者查閱。

[66] 「調查統計局工作計劃綱要」，〈各黨派動態（第〇五三卷）〉，特交檔案（黨務），《蔣中正總統文物》，典藏號：002-080300-00059-002。

盧溝橋事件爆發之後，中統局即積極於前方布置。[67]至 1938 年 4 月，參加特務工作的中統局人員計有 4,705 名，另有密查員 3,354 名，通訊員 6,660 名，受領導之外圍分子有 105,420 名，遍布全國各階層。[68]

中日戰爭爆發前，中統局特務工作主要對內，如破壞中國共產黨的組織等。全面戰爭起始，該局工作目標轉移，主要對外，著重鋤奸、諜報、破壞等工作，當中即包括軍事情報的偵蒐。[69]這些情報，由徐恩曾經侍從室上報。惟其部分情報，係經機要室上呈：中統局在北平、天津、上海建立 3 個直屬情報站，只搞情報，不搞活動，這些情報，連同中統局的密電研究，交毛慶祥領導管制。[70]毛將中統局的情報與其他密電情報，彙整於同一機要情報報告之中，呈蔣批閱。於是，屬黨務的中統局部分情報，轉為軍委會情報報告的一環。

中統局經毛慶祥上呈的情報，提供日軍最新動態消息，內容相當瑣細，有經天津的日軍鐵運情報，也有日軍各部的部署調動情形。如 1938 年 3 月 14 日、台兒莊之役爆發當天，毛慶祥上呈 13 日收到 10 日發出之天津中統局密探情報：

（一）八日關外來軍車二列，內兵二百四十人，馬三百匹，載重汽車卅四輛，均去平漢。又有由津開一列，運載重汽車十八輛，軍用品十五輛去濟南。

（二）軍部息：連日在熱河、察哈爾方面，關東軍及偽漢蒙等軍，陸續向綏晉調動，以蘭州為目標，分五路犯西北。偽蒙軍為主力，及大批駱駝隊，由包頭進五原窺寧夏。

（三）千田、岩田久、野村、大關等部，分由保德、河北渡河，直趨府

---

[67] 「徐恩曾呈蔣中正函」（1937 年 7 月 31 日），〈各黨派動態（第〇五三卷）〉，特交檔案（黨務），《蔣中正總統文物》，典藏號：002-080300-00059-003。

[68] 「徐恩曾呈蔣中正函」（1938 年 5 月 1 日），〈各黨派動態（第〇五三卷）〉，特交檔案（黨務），《蔣中正總統文物》，典藏號：002-080300-00059-004。

[69] 「徐恩曾呈蔣中正函」（1938 年 5 月 1 日），〈各黨派動態（第〇五三卷）〉，特交檔案（黨務），《蔣中正總統文物》，典藏號：002-080300-00059-004。

[70] 張國棟，〈中統局始末記〉，收入傳記文學雜誌社編輯，《細說中統軍統》，頁 21、41。

谷、神木分向榆林。

（四）鯉登、佐佐木等部，由軍渡渡河，取吳堡、綏德。

（五）岡崎、久交、石黑等部，由河津出禹門，向陝中、開封。

（六）金岡、中川、森木等部，由蒲州攻潼關，斷隴海，犯西安，敵企全力取陝甘寧，遮斷中蘇，對華對俄，均有重大意義。

（七）敵誘青海北嘉希圖克圖七日到平，晤喜多、王克敏，聞敵已派大批特務人員赴西北活動。[71]

蔣中正對這些情報，往往批示：「此可抄送軍令部。」[72]上述台兒莊之役前後的天津探息，詳細呈現日軍經過天津的調動狀況，內容大抵為關外向關內津浦或平漢線輸送軍隊器械，或津浦線傷兵運至天津或開關外，[73]透露日軍不斷增援津浦線戰事，且有相當傷亡。情報亦有不實之處，如關於蒙疆，情報顯示日軍將進攻西北蘭州等地。實則日軍由駐蒙兵團維護山西北部及察南之治安，1938 年 2 月，因獲報五原、河曲方面國軍有所行動，故派遣第二十六師團赴河曲作戰，並無進攻蘭州等情事。[74]又如，情報內容對日軍傷亡估計過高，如估算日軍侵華以來死亡逾 30 萬，[75]此不實數字，或多少影響蔣中正對敵我戰力之判斷。

台兒莊之役前後，中統局尚有韓莊探息、上海探息。[76]這些情報，透露台兒

---

[71] 「天津探息」（1938 年 3 月 10 日），〈一般資料—呈表彙集（七十九）〉，特交檔案，《蔣中正總統文物》，典藏號：002-080200-00506-014。

[72] 「天津探息」（1938 年 3 月 10 日），〈一般資料—呈表彙集（七十九）〉，特交檔案，《蔣中正總統文物》，典藏號：002-080200-00506-014。

[73] 「天津探息」（1938 年 3 月 11 日）、「天津探息」（1938 年 3 月 13 日）、「天津探息」（1938 年 3 月 22 日）、「天津探息」（1938 年 3 月 24 日）、「天津探息」（1938 年 3 月 25 日），〈一般資料—呈表彙集（七十九）〉，特交檔案，《蔣中正總統文物》，典藏號依序為：002-080200-00506-014、002-080200-00506-016、002-080200-00506-026、002-080200-00506-027。

[74] 防衛庁防衛研修所戦史室，《支那事変陸軍作戦〈2〉昭和十四年九月まで》，頁 16。

[75] 「天津探息」（1938 年 3 月 27 日），〈一般資料—呈表彙集（七十九）〉，特交檔案，《蔣中正總統文物》，典藏號：002-080200-00506-030。

[76] 「韓莊探息」（1938 年 3 月 17 日），「上海探息」（1938 年 3 月 23 日）、「上海探息」（1938 年 3 月 24 日），〈一般資料—呈表彙集（七十九）〉，特交檔案，《蔣中正總統文物》，典藏號：002-080200-00506-019、002-080200-00506-027。

莊戰事日軍之不利，也呈現國軍本身的動態。由於軍委會尚可由前線戰報獲悉這些戰況，中統局情報當可相互對照。至於日本現地軍之動向，中統局探息亦曾判明，如所言日軍企圖進襲徐州或西窺歸德、開封，[77]當時日本大本營雖無如此規劃，但現地軍的確躍躍欲試，積極推動。[78]

日軍於台兒莊失敗後，中統局密探提供軍委會很多日本內部訊息及日軍增援動態，[79]如大舉增援津浦路、撤換北支那方面軍司令官寺內壽一、調回北支那方面軍特務部長喜多誠一以土肥原賢二繼任等等。[80]增援津浦路之情報真確，人事動態則多非事實——寺內壽一擔任北支那方面軍司令官至該年底；喜多誠一仍任北支那方面軍特務部長；土肥原賢二任第十四師團長至徐州會戰結束以後。[81]

要之，中統局密探於敵後駐點探查鐵運等日軍即時動態情報，對於蔣中正或軍令部，有一定參考價值。當然，該情報並非皆屬正確，如對日軍傷亡之誇大，便可能誤導蔣中正或軍令部對整體戰爭情勢的判斷。

---

[77] 「上海探息」（1938 年 3 月 31 日），〈一般資料—呈表彙集（七十九）〉，特交檔案，《蔣中正總統文物》，典藏號：002-080200-00506-031。

[78] 1938 年 2 月 1 日，日本參謀本部電北支那方面軍，告以不進行對鄭州、開封之作戰，使後者頗為遺憾。岡部直三郎，《岡部直三郎大將の日記》（東京：芙蓉書房，1982 年），頁 155。

[79] 「天津探息」（1938 年 4 月 9 日）、「天津探息」（1938 年 4 月 10 日），「天津探息」（1938 年 4 月 17 日），「天津探息」（1938 年 4 月 24 日），「天津情報」（1938 年 4 月 26 日），〈一般資料—呈表彙集（七十九）〉，特交檔案，《蔣中正總統文物》，典藏號依序為：002-080200-00506-043、002-080200-00506-050、002-080200-00506-058、002-080200-00506-059。

[80] 「天津探息」（1938 年 4 月 13 日）、「上海探息」（1938 年 4 月 25 日），〈一般資料—呈表彙集（七十九）〉，特交檔案，《蔣中正總統文物》，典藏號：002-080200-00506-046、002-080200-00506-058。

[81] 寺內壽一於 1937 年 8 月 26 日出任北支那方面軍司令官，1938 年 12 月 9 日卸任。土肥原賢二自 1937 年 3 月 1 日起，一直擔任第十四師團長至 1938 年 6 月 18 日。秦郁彥編，《日本陸海軍総合事典》，頁 54、353、374。

第四章　情報：侍從室體系

軍委會委員長侍從室是蔣中正的貼身機構，為蔣中正整理、過濾、判斷軍事、政治、外交各方面的文書，因此有人將之類比為清代的軍機處。將軍委會各個情報機關的情報整理上報，亦為侍從室的重要工作之一。經此之情報機關主要有軍統局、國研所、軍令部等。本章整理述論這些機關及其情報，章末再綜合析論軍委會於徐州會戰中的情報工作。

一、軍統局、國研所及侍從室的情報整合

(一) 軍事委員會調查統計局

1927 年 7 月北伐途中，國民革命軍總司令蔣中正設立「密查組」，調查軍中異議分子，該組僅存在 1 個月即結束。1928 年，特務小組成立，聯絡參謀戴笠為組員之一。戴於此職之表現，獲蔣高度賞識，1931 年底受命以黃埔軍校出身者為中心，設立情報聯絡組織。九一八事變、一二八事變之後，國府遭逢內憂外患，蔣中正命戴笠以過去之基礎成立特務處。1932 年 9 月，軍委會成立調查統計局，特務處劃歸管轄，屬該局之第二廳，負情報及訓練之責，惟特務處仍然存在，直到 1938 年 8 月方併入重新成立、由戴笠主導的軍事委員會調查統計局（軍統局）之中。[1]

---

[1] 岩谷將，〈蔣介石、共產黨、日本軍——二十世紀前半葉中國國民黨情報組織的成立與發展〉，收入黃自進、潘光哲編，《蔣介石與現代中國的形塑》，第 2 冊：變局與肆應，頁 4、8-11。國防部情報局編，《國防部情報局史要彙編》，上冊（臺北：國防部情報局，1962 年），頁 1。

圖 4-1：蔣中正與戴笠（1943 年，國史館藏）

台兒莊之役及徐州會戰前後，戴笠領導的軍統局尚未正式成立，主要是特務處在運作，本文概以軍統局稱之。他們不時提供軍事情報，經侍從室第一處呈報蔣中正。如 1938 年 2 月 4 日，戴笠電報國軍第三十一軍劉士毅部及第五十一軍之一部布防狀況，並分析津浦線南段戰事不利之原因。[2] 3 月 7 日報告「漢奸」溫宗堯等之動態，並提及「津浦南段敵軍改變戰略」：

> 敵（日軍）因津浦南段蚌埠一帶抵抗力過強，難於取勝，暫取守勢，決改迂迴戰略：
>
> （一）沿長江北岸西上抵安慶，再折北而進六安，轉往河南。
>
> （二）由合肥、全椒抵六安會合。

[2] 「戴笠致蔣中正電」（1938 年 2 月 4 日），〈一般資料—民國二十七年（一）〉，特交檔案，《蔣中正總統文物》，典藏號：002-080200-00281-028。

（三）由鳳陽、正陽關轉往河南，橫斷隴海及威脅平漢南段。

又上海同日電：日方最近向華北增兵四師團，兩師團增平漢，策應彰德及山西方面。兩師團增津浦，向魯西展開，企圖衝破我隴海線，達到徐海方面迂迴之目的。[3]

關於此情報，由於3月初日本大本營並未打算擴大戰面，日軍並未實施所述戰略，惟其後大本營決定發動徐州作戰後，其部署雖與此不同，但主力的確不沿津浦線進攻，而是向魯西迂迴，切斷國軍退路。[4]此情報一定程度推測到日後日軍動態。所以能如此，或是軍統局掌握了日軍內部討論過程、尚未決定的情報，於此可見軍統局情蒐具一定準確性。

5月底6月初，戴笠上呈張志華由天津上報之「敵軍在華派遣軍指揮官之調查」、「敵軍現有各師團之主官駐地調查」、「敵中支軍淮南方面作戰軍兵力調查」、「敵中支軍江南方面作戰軍實力調查」。[5]該情報之後抄交軍令部。這些調查，錯誤很多，如北支那方面軍（報告作北支派遣軍）參謀長是岡部直三郎，非橋本羣；梅津美治郎係第一軍司令官，非山東方面作戰軍指揮官；西尾壽造是第二軍司令官，非北支派遣軍警備軍司令官。[6]

軍統局獲得的情報，除呈報蔣中正本人，亦摘呈軍委會辦公廳、軍令部、航空委員會或其他機關，進行情報分享。以1939年為例，軍統局獲得情報共計97,213件；摘呈情報計13,488件，類別以敵情最多，計9,494件；軍事次之，計1,207件。其他依序為敵偽（764）、不法（543）、漢奸（480）、國際（389）、政治（303）、

[3] 「調查局致蔣中正情報」（1938年3月7日），〈一般資料—呈表彙集（八十三）〉，特交檔案，《蔣中正總統文物》，典藏號：002-080200-00510-032。此情報應為軍事委員會調查統計局改組之前的情報，嚴格說包括中統局的情報在內。

[4] 防衛庁防衛研修所戦史室，《支那事変陸軍作戦〈2〉昭和十四年九月まで》，頁46-47。

[5] 「張志華致蔣中正情報」（1938年2月25日）、「張志華致蔣中正情報」（1938年2月26日）、「張志華致蔣中正情報」（1938年6月3、4日），〈一般資料—呈表彙集（八十三）〉，特交檔案，《蔣中正總統文物》，典藏號：002-080200-00510-070、002-080200-00510-071、002-080200-00510-077。

[6] 李惠、李昌華、岳思平編，《侵華日軍序列沿革》（北京：解放軍出版社，1987年），頁45-49。

黨派（178）、社情（66）、經濟（64）。[7]

表 4-1：軍統局摘呈情報分類統計表

摘呈機關＼類別	共計	軍事	敵情	政治	黨派	敵偽	漢奸	不法	社情	經濟	國際
總計	13,488	1,207	9,494	303	178	764	480	543	66	64	389
領袖	3,945	521	1,700	299	136	332	357	135	43	62	360
本會辦公廳	536	38	8		37	8	53	392			
軍令部	6,102	631	4,949	4	4	388	62	16	21	2	25
航委會	1,957	8	1,900			35	8		2		4
桂林行營	948	9	937		1	1					

出自：蘇聖雄，〈1939 年的軍統局與抗日戰爭〉，《抗戰史料研究》，2014 年第 1 輯，頁 114。

摘呈之例，如徐州會戰時、1938 年 5 月 10 日，軍令部部長徐永昌獲軍統局之情報，於日記云：「昨早閱戴雨農（戴笠）情報中有一條，某地六日電，濟寧敵人若干已進至魯台東北某地云云。頗堪注意。當詢之第一廳何副廳長（成璞），云戰區無此項報告，戴之諜報決〔絕〕對不實。」[8]

軍統局亦重視敵方電報的破譯工作，這主要由魏大銘負責。魏畢業於交通部上海電報學堂無線電班，具無線電工作經驗。1933 年 3 月，戴笠以其主持新開辦的無線電訓練班。1935 年，魏承辦浙江沿海的防空監視哨及其通訊網；同年夏，溫毓慶委託魏建立偵收電臺。1936 年，魏又承辦建立軍委會政訓處分派到各部隊政工用的 20 個電臺，並受命在戴笠公館兼通訊科名義，指揮全國通都大邑數十個電臺的通訊。1938 年 1 月軍委會改組，戴笠保舉魏出任軍令部第二廳第四處處長，

[7] 蘇聖雄，〈1939 年的軍統局與抗日戰爭〉，《抗戰史料研究》，2014 年第 1 輯，頁 114。

[8] 中央研究院近代史研究所編，《徐永昌日記》，第 4 冊，1938 年 5 月 10 日，頁 290。

主管通訊技術工作。[9]

戴笠不甚滿意徐州會戰時軍統局的工作成績。徐州失陷後，徐州站皆無電報報告，戴因此電軍統局幹部鄭介民、唐縱，請振奮同仁精神，以求成績有所表現，解慰領袖蔣中正之勞心焦思。[10]軍統局的密電破譯工作，亦未能充分展現效果。國府遷都重慶後，各情報單位如軍統局、中統局、軍令部第二廳、國研所、密電檢譯所每月檢討成績，總是密電檢譯所情報占先，戴笠因此汲汲於擴大這方面的工作。[11]

(二) 國際問題研究所

軍事委員會國際問題研究所（國研所）成立於 1937 年，主其事者為王芃生。王原名大楨，以字行，畢業於北京陸軍軍需學校、日本東京陸軍經理學校高等科，及東京帝國大學經濟學部。[12]撰有日本史從古至今的著作數種，並在《大公報》、《外交月報》等報紙與雜誌上發表多篇文章。他亦曾任中國駐日本大使館參事，參與諸多對日外交事務，為蔣中正所信任。全面戰爭爆發前後，王主持國際問題研究所，該所雖號稱研究國際問題，實際業務集中於蒐集日本情報，以及對日問題的研究與探討；名義上隸屬軍事委員會，實際上直屬軍委會侍從室，經費由侍從室撥給，直接受命蔣中正。曾任外交部情報司司長的何鳳山認為，國研所與軍統局、中統局平起平坐，為國府三大情報機關。[13]

---

[9] 魏大銘，〈魏大銘自傳序〉，《傳記文學》，第 71 卷第 2 期（1997 年 8 月），頁 82-86。

[10] 「戴笠致鄭介民唐縱電」（1938 年 5 月 22 日），〈戴公遺墨－軍事類（第 3 卷）〉，《戴笠史料》，國史館藏，典藏號：144-010103-0003-027。「戴笠致鄭介民電」（1938 年 5 月 21 日），〈戴公遺墨－軍事類（第 3 卷）〉，《戴笠史料》，典藏號：144-010103-0003-028。

[11] 喬家才，《鐵血精忠傳》（臺北：中外圖書出版社，1985 年增訂再版），頁 208。

[12] 〈王芃生（王大楨）〉，《軍事委員會委員長侍從室》，入藏登錄號：129000001718A。

[13] 劉曉鵬，〈敵前養士：「國際關係研究中心」前傳，1937-1975〉，《中央研究院近代史研究所集刊》，第 82 期（2013 年 12 月），頁 147-154。劉詠堯，〈我對王芃生先生的一點追思〉，收入《王芃生先生紀念集》（出版地、出版者不詳，1966 年），頁 13。

圖 4-2：王芃生像（〈王芃生（王大楨）〉，《軍事委員會委員長侍從室》，入藏登錄號：129000001718A。）

國研所所獲情報，十分細瑣，如台兒莊之役前王芃生電報之日軍海空情報：

> 洋員密報，敵海空軍近日之佈置，北平有陸軍飛機七隊。天津輕轟炸機、戰鬥機各十五，單翼十二，驅逐機六架。保定戰鬥機十五。威海衛巡洋艦一。青島航空母艦二，巡洋艦三。朝鮮南之濟洲島設軍港。上海巡洋艦一，高爾夫球場、浴同機場、崇明島轟炸機輕三重二與海軍第三航空隊。……屏東轟炸機八十，戰鬥機二十，偵察驅逐機、飛艇共七十，隊號艦名面呈。[14]

侍從室將此情報抄交航空委員會及軍令部參考。[15]

國研所亦有人員在天津，報告日軍鐵路運輸狀況，如 3 月 7 日王芃生上報：

> （甲）冬日（2 日）關外來兵車七列，內三列去津浦，兵一千三百餘人，馬四百五十餘匹，軍用品五輛，載重汽車四十三輛；四列去平漢，兵三

[14] 「王芃生致蔣中正報告」（1938 年 3 月 1 日），〈一般資料—呈表彙集（八十三）〉，特交檔案，《蔣中正總統文物》，典藏號：002-080200-00510-030。

[15] 「王芃生致蔣中正報告」（1938 年 3 月 1 日），〈一般資料—呈表彙集（八十三）〉，特交檔案，《蔣中正總統文物》，典藏號：002-080200-00510-030。

千六百餘人，馬六百餘匹，雙輪車三百輛。

（乙）敵近有平津強募苦工，已有三四千人運關外，備訓練充新兵。[16]

又報：

（甲）儉日（28 日）續來兵車六列開平漢，兵六千三百餘，馬六百五十匹，迫砲一百二十八門，大砲四十八門，鐵軌五輛。

……

（丁）津浦敵攻徐州失利後，華北各路戰略稍變，在魯避實擊虛，改由濟向金鄉襲商邱，圖斷隴海，三面包圍徐州，在晉西向軍渡窺取綏德，斷我歸路。晉東晉城與平漢線敵軍會師博愛、沁陽，渡河襲汜水、鞏縣，分攻鄭洛。[17]

這些情報，與毛慶祥上呈中統局的密探情報相似，能呈現日軍局部調動狀況。此外，這則報告內容，與上引軍統局 3 月 7 日的報告相近，顯示日軍將採迂迴戰略，惟此並非事實，日軍是時尚無如此龐大的攻擊計畫，但此情報與日軍日後的動向若合符節。

台兒莊之役後，國研所掌握到日軍正進行增援的情報，[18]但增援的地點、數量、番號並不確實。如王芃生上報新到滬之日軍師團有一〇四、一〇八、一一二、一一四、一一九師團。[19]此一情報錯誤，第一〇四師團 6 月 16 日才在大阪編成；第一〇八師團在山西作戰；第一一二師團 1944 年才編成；第一一四師團參加過上

[16] 「王芃生致蔣中正報告」（1938 年 3 月 7 日），〈一般資料—呈表彙集（八十三）〉，特交檔案，《蔣中正總統文物》，典藏號：002-080200-00510-033。

[17] 「王芃生致蔣中正報告」（1938 年 3 月 7 日），〈一般資料—呈表彙集（八十三）〉，特交檔案，《蔣中正總統文物》，典藏號：002-080200-00510-033。

[18] 「王芃生致蔣中正報告」（1938 年 4 月 6 日），〈一般資料—呈表彙集（八十三）〉，特交檔案，《蔣中正總統文物》，典藏號：002-080200-00510-045。

[19] 「王芃生致蔣中正報告」（1938 年 4 月 6 日），〈革命文獻—敵偽各情：敵情概況〉，《蔣中正總統文物》，典藏號：002-020300-00002-018。

海、南京作戰，此時被編入北支那方面軍戰鬥序列，並非新到；第一一九師團編成未久，尚在日本本土。[20]

王芃生又呈報日軍增援及運輸計畫，報告日軍為挽頹勢，決定增援約 10 萬人來華助戰，從日本開拔者約十分之六，由朝鮮開拔者約十分之三，關外訓練「偽兵」1 師團。[21]此情報亦有誤，日軍參與徐州會戰的部隊，多為已在華作戰之部隊，非自日本或朝鮮增援者。這類的情報，還有很多，[22]均不甚精確。

王芃生另有大量情報，呈現日軍不穩或日本國內經濟可能崩潰。如他據洋員密報，上報日本財政經濟已屆總崩潰之期，並舉 8 項事實作為佐證，日本商工大臣自謂目前經濟的自殺狀態，其悲慘無異於人之自食其身體；國軍只須準備夏秋之最後一場惡戰，即可使之崩潰，而獲得最後勝利。[23]王復上報「新運至滬之敵軍，則常生騷動，實行反戰」。[24]這樣日本可能崩潰的情報，即便日後美國參戰、甚或日本投降前，皆未發生，但卻相當程度影響蔣中正當時的判斷，使之執意於前線持久消耗，反而對國軍戰力造成不小損失。[25]

國研所亦如桂系情報，偵知日軍發動徐州總攻的時間。4 月 27 日，王芃生據間諜消息，上報日軍積極布置，擬於 5 月初旬發動總攻，攻克徐州，年底攻下漢

---

[20] 張明金、劉立勤主編，《侵華日軍歷史上的 105 個師團》（北京：解放軍出版社，2010 年），頁 291、300、315、317-318、334。

[21] 「王芃生致蔣中正報告」（1938 年 4 月 7 日），〈革命文獻—敵偽各情：敵情概況〉，《蔣中正總統文物》，典藏號：002-020300-00002-018。

[22] 「王芃生致蔣中正報告」（1938 年 4 月 8 日），〈一般資料—呈表彙集（八十三）〉，特交檔案，《蔣中正總統文物》，典藏號：002-080200-00510-048。「王芃生致蔣中正報告」（1938 年 4 月 10 日），〈一般資料—呈表彙集（八十三）〉，特交檔案，《蔣中正總統文物》，典藏號：002-080200-00510-050。

[23] 「王芃生致蔣中正報告」（1938 年 4 月 7 日），〈一般資料—呈表彙集（八十三）〉，特交檔案，《蔣中正總統文物》，典藏號：002-080200-00510-047。

[24] 「王芃生致蔣中正報告」（1938 年 3 月 17 日），〈一般資料—民國二十七年（二）〉，特交檔案，《蔣中正總統文物》，典藏號：002-080200-00282-015。軍令部亦有類似情報。「軍令部致蔣中正報告」（1938 年 4 月 25 日），〈一般資料—呈表彙集（八十三）〉，特交檔案，《蔣中正總統文物》，典藏號：002-080200-00510-061。

[25] 何智霖、蘇聖雄，〈後期重要戰役〉，收入呂芳上主編，《中國抗日戰爭史新編》，第 2 編，頁 293。

口。[26]此一情報桂系原於 4 月 23 日偵知，密電檢譯所截獲後，毛慶祥於 26 日上呈；一天後，王芃生也呈報相似情報，並增報日軍規劃年底攻下漢口，此皆既精確又重要。[27]

(三)其他情報及侍從室的作用

1. 其他情報

軍委會另有其他管道獲取情報，如德國軍事顧問或戰場擄獲之文件等，這些情報皆經侍從室過濾後，摘由上呈。

(1) 德國軍事顧問

戰前德國軍事顧問對於國民政府兵工業之建立、德械部隊之訓練、對日戰略擬訂等有所幫助。全面戰爭爆發後，德國軍事顧問仍不斷提供戰爭建議，並提供其管道所獲得的情報。戰爭爆發前，國府派遣資望較高的德國顧問前往戰爭首當其衝的地區，協助地方政府部署防務，在山東前線者，為施太乃斯（Walther Stennes），[28]他同總顧問法肯豪森，透過侍從室第一處上報前線情報或戰爭建議。

台兒莊之役前，1938 年 2 月 15 日，施太乃斯報告根據北平情報，1 月中旬平津及平漢鐵路之交通，一如平時，並不特別頻繁，日軍之調動增加，似未到實際威脅之程度，敵軍實不及預料之多。[29]該情報相當正確，當時日本大本營打算暫緩大規模攻勢，並未向前方大舉增調部隊。2 月 26 日，施太乃斯又上呈報告云：

> 日本政府極欲將在中國之軍隊確實掌握，在其調動及撤回許多軍官之舉動上，可以明顯看出。
>
> 新任北平長官之 TERAUCHI 將軍，並非急進派，其所以得膺新職，實因

[26] 中央研究院近代史研究所編，《徐永昌日記》，第 4 冊，1938 年 4 月 27 日，頁 277。

[27] 日軍最終於 1938 年 10 月 26 日攻占漢口。

[28] 傅寶真，〈抗戰前及初期之德國駐華軍事顧問（十二）〉，《近代中國》，第 80 期（1990 年 12 月），頁 155-157。

[29] 「施太乃斯致蔣中正報告」（1938 年 2 月 15 日），〈革命文獻－徐州會戰〉，《蔣中正總統文物》，典藏號：002-020300-00010-011。

> 其保守的立場，新任華中最高司令之 HATA，確是一個優良軍人，但極不諳政治，其上台殊沉著小心，不露風頭。……
> 情報員對於中日戰事，亦以為不易解決，反之，日本將再繼續進攻，以顧全軍隊之急進份子，誠以惟有同時繼續進攻，始能使急進派忍受得住此次 MATSUI 將軍及許多能幹的代表之撤回及調動也。[30]

TERAUCHI 即寺內，指北支那方面軍司令官寺內壽一；HATA 即畑，指中支那派遣軍司令官畑俊六；MATSUI 為松井，指原中支那方面軍司令官松井石根。德顧問對日本現地軍的觀察，顯現急進派的影響，頗能呈現日軍內部的一個側面。惟寺內壽一自 1937 年 8 月北支那方面軍編成，即擔任司令官至今，並非新任。[31] 26 日，施太乃斯復報告日軍援兵經南京浦口向蚌埠前進，決定由淮河南岸向西進攻，並決定進攻漢口。[32]此情報有誤，當時日軍以戰面不擴大方針，並未規劃向漢口進攻。

5 月 19 日徐州失陷，法肯豪森電話通知軍令部部長徐永昌，告以香港廣播，發布中國徐州、宿縣均已陷落云云。徐此時尚不知要地失陷消息，只以為是日人造謠。23 日，法肯豪森獲開封已被日軍衝入之消息，再次電悉徐永昌。[33]以上兩例，可見德顧問的情報，有時較軍令部所獲者更為即時。

要之，德顧問提供之情報雖難免錯誤，仍有其價值，尤其他們於提供情報的同時，往往加上分析判斷，可供蔣中正或軍令部作戰部署之參考。

(2) 戰場擄獲之文件

中日戰爭戰場規模廣大，即使日軍有相當優勢，仍難避免局部受挫或兵員遭國軍俘虜；於此過程，國軍便有機會擄獲日軍機密文件。

---

[30] 「施太乃斯致蔣中正報告」（1938 年 3 月 26 日），〈一般資料—呈表彙集（八十三）〉，特交檔案，《蔣中正總統文物》，典藏號：002-080200-00510-027。

[31] 李惠、李昌華、岳思平編，《侵華日軍序列沿革》，頁 41、46。

[32] 「施太乃斯致蔣中正報告」（1938 年 2 月 27 日），〈一般資料—民國二十七年（一）〉，特交檔案，《蔣中正總統文物》，典藏號：002-080200-00281-077。

[33] 中央研究院近代史研究所編，《徐永昌日記》，第 4 冊，，1938 年 5 月 19、23 日，頁 303、308。

1938 年 3 月 1 日，第十八集團軍正副總司令朱德、彭德懷電告蔣中正，該部隊衛隊營的兩個連，在古縣鎮作戰，擄獲日軍文件，內有日軍參謀部第二課 1937 年 12 月 20 日全方面的敵情判斷。[34] 4 月中，李宗仁將湯恩伯部蒐繳的日文國軍第五戰區作戰計畫，呈報軍委會，該計畫為日軍第十師團第十聯隊赤柴八重藏部於 3 月 17 日所得，可見日軍對國軍作戰計畫早有掌握。[35] 5 月 13 日，國軍於蒙城東南俘虜日軍參謀，獲日本軍事文件，得悉日軍第九、第十三兩師團經蒙城，一由永城向碭山，一由亳州向歸德，其十六師團及山下兵團，一由金鄉向歸德，一由魚台向碭山。不久，國軍又於韓道口擊斃日軍參謀，從俘獲文件得悉日軍永城等方面之兵力及目標。[36]

徐州會戰之後，國軍又擄獲日軍作戰計畫，該計畫提到日軍欲引誘並抑留國軍於魯南，同時以有力部隊由南向北進攻，切斷國軍背後聯絡線。[37]此情報相當重要，透露日軍徐州作戰計畫之攻擊路線。然而，由於此係徐州戰後日軍的文件，並為國軍戰後所獲，因此未能使軍委會於會戰時即時參閱、防範部署，對戰局毫無作用。

因此，國軍於戰場擄獲的日軍文件，其內容雖十分重要，但常常是日軍關於國軍的情蒐文件，或是日軍過去的作戰計畫，未能提供國軍指揮部署較大的幫助。

2. 侍從室的情報整合

上述不論軍統局、國研所或德軍顧問等的情報，皆經侍從室上呈蔣中正。中統局密探及密電情報，交機要室毛慶祥整合，而其負責人徐恩曾也可單獨上呈，經侍從室呈報。其他地方大員、高級將領之電報，亦經侍從室上報。面對林林總

---

[34] 「朱德彭德懷致蔣中正電」（1938 年 3 月 1 日），〈一般資料—呈表彙集（八十三）〉，特交檔案，《蔣中正總統文物》，典藏號：002-080200-00510-029。

[35] 「李宗仁致蔣中正電」（1938 年 4 月 18 日），〈關於徐州會戰的各項部署計畫行動的文電〉，《國防部史政局及戰史編纂委員會》，檔號：七八七-7691。

[36] 中央研究院近代史研究所編，《徐永昌日記》，第 4 冊，1938 年 5 月 15 日，頁 297。

[37] 國防部史政編譯局編，《抗日戰史——徐州會戰（四）》（臺北：國防部史政編譯局，1981 年再版），頁 285-287。

總的情報，事務繁忙的蔣中正無暇一一批閱，侍從室的過濾益形重要。[38]

侍從室作為蔣的重要幕僚單位，最早設立於 1933 年，其後組織屢經更易。[39] 1936 年侍從室改組後，設侍從室第一處（侍一處）及第二處（侍二處），前者掌軍事，後者掌政治、黨務，兩處下面設組。侍一處設第一、第二、第三 3 個組，分別主管總務、參謀和警衛，侍二處設第四、第五組 2 個組，前者主管政治、黨務，後者為侍從秘書組。各種情報依內容性質的不同，交不同處辦理。如中統局情報以徐恩曾名義，直接封送侍二處（第四組）辦理。軍統局的一般情報，如係對國軍部隊長貪汙腐敗和私生活等的密報，均以戴笠名義分類列表，封送侍一處（第二組）辦理；其他涉及政治、經濟方面，如戰爭初期四川軍系活動的情報，則由戴笠先送侍二處，經組長、處長等審閱後，會同侍一處（第二組）研究辦理。[40]

各組人員精簡，業務集中，俾靈活利用。如主管參謀業務的侍一處第二組（侍二組），最多僅有 3、4 位參謀人員；主管政治、黨務的侍二處第四組，也僅有 2、3 位秘書。侍二組的業務，幾乎包括軍委會所屬各重要部門和其他行政部門。從對日作戰情報、作戰指揮、部隊訓練、國防裝備到交通運輸、後勤補給以及人事經理等，無所不包。他們將報告或請示研究審核後，決定呈閱、逕辦、存查或焚毀。[41]

侍從室人員針對須呈閱的情報進行整理、摘由，抄錄彙集於情報報表，並依報告者分項呈現。如徐州會戰時、1938 年 4 月 11 日的情報報表，係由侍一處副

---

[38] 據侍從室的統計，1944 年共收到近 2 萬件情報，來源包括各情報機關，如軍統局、中統局、技術研究室（1940 年成立）、國研所、軍令部第二廳、外交部情報司。張瑞德，〈侍從室與國民政府的情報工作〉，《民國研究》，2015 年春季號（總第 27 輯），頁 4-5。

[39] 張瑞德，〈侍從室與國民政府的情報工作〉，《民國研究》，2015 年春季號（總第 27 輯），頁 1-2。

[40] 1939 年 2 月，侍從室於侍二處下增設第六組，主管情報業務，初由第二組組長於達兼，後由唐縱實任。秋宗鼎，〈蔣介石的侍從室紀實〉，《文史資料選輯》，第 81 輯，頁 106-107、128-129。唐縱，《唐縱失落在大陸的日記》（臺北：傳記文學出版社，1998 年），頁 69-70、73-74。

[41] 秋宗鼎，〈蔣介石的侍從室紀實〉，《文史資料選輯》，第 81 輯，頁 107、118、129、147。張瑞德，〈侍從室與國民政府的情報工作〉，《民國研究》，2015 年春季號（總第 27 輯），頁 10。

處長鄒競代處長林蔚（林在徐州前線）上呈，內有 2 則王芃生、2 則軍令部、1 則軍統局的報告，共 6 頁。[42]這樣的呈現方式，可供蔣中正清楚掌握各重要情報（圖 4-3）。

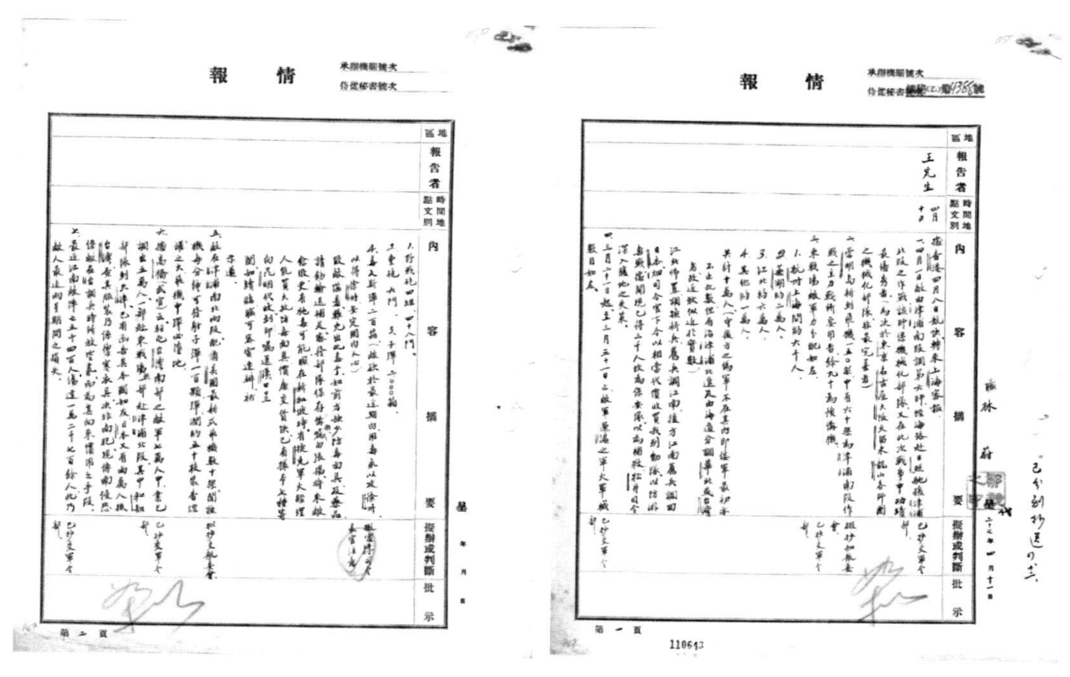

情報

地區

報告者

時間地點文別

內容摘要

擬辦或判斷

批示

第二頁

情報

地區

報告者

時間地點文別

內容摘要

擬辦或判斷

批示

第一頁

圖 4-3：侍從室上呈之情報報表（國史館藏）

侍從室無疑發揮其情報整理、篩選功能，惟情報判斷或分析作用，似難充分展現。侍從室一般的情報報表最下欄為「擬辦或判斷」，侍從參謀於此簽註意見，其意見多為抄交某機關。上述報表中的王芃生提供情報，若關於軍令部的業務，侍從室於「擬辦或判斷」欄即載「已抄交軍令部」；若關乎航空委員會，即載「抄知航委會」。整份情報報表較不同的意見，為針對王芃生提高級人員之部下或舊屬不得善與敵偽漢奸往來之建議，侍從參謀於「擬辦或判斷」草擬意見：「擬照准，

42 「鄒競呈蔣中正情報」（1938 年 4 月 11 日），〈一般資料—呈表彙集（八十三）〉，特交檔案，《蔣中正總統文物》，典藏號：002-080200-00510-050。

並代電戴笠遵照。」另一不同意見，為針對軍統局提及湖南省政府秘書長陶履謙之子陶小謙為漢奸之情報，侍從參謀草擬意見：「擬電（湖南）張（治中）主席審查具報。」[43]由此可知，侍從參謀較少深入分析判斷所獲得的情報，大多是交給相關機關做進一步分析或查報。所以如此，或因侍從室所獲資料量大但人員數量、能力有限，無法對各情報深入剖析。或也因這樣的不足，蔣中正之後下令於侍從室內成立一組，派定有判斷識別力與常識、並最能守機密者 2、3 人，綜合研究各方情報，每日將研究結果做一總判斷呈閱，以 10 件為限。[44]

軍委會侍從室統整的情報，與辦公廳機要室彙整者，成兩個體系，各自提供給委員長參考。所以區分為兩個體系，其因或在各自發展歷史的不同。毛慶祥很早就在協助蔣辦理密電轉呈、截收業務，深獲蔣的信任。而侍從室的發展，最初是隨蔣到各地指揮軍隊，由少數參謀、秘書機動組織起來，其後才成定制，納入軍委會委員長南昌行營編制之中。不過，兩個體系的人員也有交流。戰前毛慶祥便曾任侍從室第四組組長。[45]戰時隨著侍從室的壯大，戰爭末期成立機要組，受侍二處主任陳布雷指導，專門處理蔣的往來電報，以毛慶祥兼任組長；組內之秘書和譯電員，都是經毛親自挑選。蔣至各地，過去由機要室臨時抽調譯電人員隨行，自機要組成立後，改由機要組人員輪流隨行。[46]

二、軍令部及其情報統合

戰時最高指揮機關，為軍事委員會軍令部。該部除掌理國防建設、地方綏靖

43 「王芃生等致蔣中正報告」，〈一般資料—呈表彙集（八十三）〉，特交檔案，《蔣中正總統文物》，典藏號：002-080200-00510-050。

44 張瑞德，〈侍從室與國民政府的情報工作〉，《民國研究》，2015 年春季號（總第 27 輯），頁 13。

45 自 1933 年 11 月至 1934 年 4 月。「毛慶祥傳略」，〈毛慶祥〉，《軍事委員會委員長侍從室》，入藏登錄號：129000002690A。

46 秋宗鼎，〈蔣介石的侍從室紀實〉，《文史資料選輯》，第 81 輯，頁 104、130、149。

及陸海空軍之動員作戰等業務，亦負責情報及國際政情之蒐集整理。[47]此外，其他情報機關所獲作戰情資，亦會與軍令部分享。軍令部統合己身及各機關的情報，經整理分析之後，供蔣中正或其他軍委會首長參考，該部因此成為軍事作戰情報最重要的機關。[48]

軍令部內部負責情報業務者，為其第二廳。該廳設 1 個辦公室和 4 個處，軍令部指揮對日作戰，若無第二廳提供敵情判斷資料，其指揮將猶如瞎子摸象。第二廳第一處主管對日作戰情報的蒐集、研製，其成員全係日本士官學校畢業，他們藉自身的日本背景，從事對日作戰情報的蒐集、整理、分析、研究、判斷。第二處專管國外情報及駐外武官人事派遣工作指導，該處幹部絕大部分是國內外軍事學校畢業，精通多國語言。第三處掌管共軍情報和邊疆情報的蒐集。第四處管理諜報電信、偵察電信、集訓譯電人員和諜報電信人員等。[49]全廳編制人數共 51 人。[50]

軍令部第二廳廳長初為徐培根（1938 年 2 月至 1939 年 1 月），後為楊宣誠（1939 年 1 月至 1944 年 2 月）、鄭介民（1944 年 2 月至 1946 年 5 月）；副廳長初為吳石，後以鄭介民擔任。徐培根，浙江象山人，畢業於保定軍校（第三期）、陸軍大學、德國參謀大學。參加北伐、一二八淞滬諸役，並投入軍事教育工作。曾任營長、團長、參謀處長、中央軍校軍官教育總隊長、軍事委員會航空署署長、軍政部兵工署軍械司司長。1938 年初軍委會改組後，出任軍令部第二廳廳長。[51]

---

47 「修正軍事委員會組織大綱」，收入周美華編，《國民政府軍政組織史料——軍事委員會（一）》，頁 79。

48 1943 年，中央各情報機關嘗劃分業務範圍。軍令部第二廳主要負責對日軍事情報，如日軍之動員，陸軍、艦隊、航空隊之編制、裝備、訓練、配置、調遣、番號、數量，以及對我與同盟國用兵作戰等諸事項。軍統局負責本國軍風紀貪汙不法、日本、奸偽之偵查制裁諸事項。國研所負責日本之政治、財政、金融、經濟、社會動態、重要人物、政治團體等事項。中統局負責各級黨部之秘密偵查、中共與各黨派之偵查及抑制等事項。外交部情報司負責英、美、蘇聯及其他各國之政治經濟等情形。「中央各情報機關業務分配表」（1943 年），〈全面抗戰（二十一）〉，特交檔案，《蔣中正總統文物》，典藏號：002-080103-00054-007。

49 劉中權，〈抗戰中的軍令部第二廳〉，《紅巖春秋》，1995 年第 5 期，頁 60-62。

50 「軍事委員會軍令部組織法」，〈軍事委員會所屬機構組織職掌編制表〉，《國防部史政編譯局》，檔號：B5018230601/0023/1930.1/3750.3。

51 〈徐培根〉，《軍事委員會委員長侍從室》，入藏登錄號：129000105161A。〈徐培根先生資料（影本）〉，《個人史料》，國史館藏，入藏登錄號：1280009940003A。

楊宣誠，字樸園，湖南長沙人，畢業於日本海軍砲術水雷學校（第三期）、日本海軍水雷學校、美國南加州大學政治經濟系。曾於北洋政府任職多年，於國民政府擔任軍艦教官、駐日海軍武官、參謀本部第二廳第四處處長、軍令部高級參謀。諳英、日語，熟悉日本政情，有日本通之稱。1939 年 1 月任軍令部第二廳廳長。[52]

鄭介民，廣東瓊州人，畢業於黃埔軍校（第二期）、蘇聯莫斯科中山大學、中國陸軍大學。曾任軍委會調查統計局副處長、參謀本部處長。1938 年初軍委會改組，任軍令部第二廳第三處處長。1939 年 2 月升任第二廳副廳長。1944 年 2 月再升廳長。其對於軍事諜報之組織與訓練頗具經驗，為戴笠所信任，由軍統局派兼軍令部職務。[53]

吳石，福建閩侯人，畢業於保定軍校（第三期）、日本野戰砲兵學校、日本陸軍大學。曾任連長、參謀長、陸軍大學教官、參謀本部第二廳第一處處長、參謀本部第二廳第二處處長、軍委會第一部情報組第一處處長、軍委會第一部情報組兼組長。1938 年初軍委會的改組後，出任軍令部第二廳副廳長。[54]

軍令部情報來源多元，如該部派駐各地之特派員、駐外武官或視察參謀之情報，[55]以及與其他機關交換的情報（如軍統局）。[56]此外，情報也可能來自教會等。[57]當中最大宗，係來自前線部隊的戰地情報，至於駐外武官與各地特派員之情報，亦甚重要。本章接下來先探究此二者。

---

[52] 〈楊宣誠〉，《軍事委員會委員長侍從室》，入藏登錄號：129000001802A。

[53] 〈鄭介民〉，《軍事委員會委員長侍從室》，入藏登錄號：129000097871A。

[54] 〈吳石〉，《軍事委員會委員長侍從室》，入藏登錄號：129000035155A。

[55] 〈軍令部第一廳參謀程槐視察魯南戰區的報告〉，《國防部史政局及戰史編纂委員會》，檔號：七八七-6498。

[56] 〈軍令部第一廳參謀程槐視察魯南戰區的報告〉，《國防部史政局及戰史編纂委員會》，檔號：七八七-6498。

[57] 如 1938 年 5 月 23 日，軍令部第二廳得教會方面消息，日軍一部已到周家口附近。中央研究院近代史研究所編，《徐永昌日記》，第 4 冊，1938 年 5 月 23 日，頁 308。

圖 4-4：軍令部第二廳正副首長徐培根、楊宣誠、鄭介民、吳石（左至右）

(一) 戰地情報及其限制

會戰發生時，前線各部隊向軍委會委員長蔣中正或參謀總長何應欽、軍令部部長徐永昌呈報大量第一線的情報，這些情報先由軍委會辦公廳收文、譯電，由於軍事情報多屬機密，文電係由辦公廳中的機要室處理分文。單呈蔣的電文，機要室依案情決定送侍從室摘由呈蔣，或送軍令部核判。[58]由於前線軍事情報紛雜，這些情報大多不送侍從室，而是送軍令部整理分析後，軍令部再於官邸會報直接向蔣報告。[59]

前線情報內容十分豐富，呈報所獲得之日軍動態，也報告國軍當前戰況，例如台兒莊之役時，李宗仁一則於 1938 年 3 月 29 日電蔣之情報謂：

> 即到。武昌委員長蔣、何總長、徐部長：0022 密。據張軍長自忠 29.04 電稱：(1) 當面之敵自 27、07 開始向我古城、南沙埠、小嶺北道攻擊後，復於廿八日增加約千餘人，炮十二三門，附以飛機往復轟炸，密集砲火

[58] 「李宗仁白崇禧致蔣中正電」（1938 年 4 月 13 日），〈八年血債（十二）〉，特交檔案，《蔣中正總統文物》，典藏號：002-090200-00036-286。「李宗仁等提出台兒莊大捷後全殲殘敵作戰任務密電」（1938 年 4 月 13 日），收入中國第二歷史檔案館編，《中華民國史檔案資料匯編》，第 5 輯第 2 編，軍事二，頁 566-567。

[59] 例見「委座官邸會報紀錄」（1938 年 9 月 28 日），〈全面抗戰（二十）〉，特交檔案，《蔣中正總統文物》，典藏號：002-080103-00053-001。

射擊。村中房屋多著火焚燒，烟焰瀰漫。我軍喋血抗戰，前仆後繼，斃敵甚重，遺屍遍野，戰事激烈為前所未有。我守軍血戰兩晝夜，全部壯烈犧牲。現為節約兵力計，在七得、前後七里屯、韋家村、前後岡頭一帶占領陣地。（2）據報28日午有敵步騎約五百餘人，經費縣東南之探沂莊，向西運動。（3）湯部騎兵團及繆軍之一旅均未到達。（4）職軍兩日以來傷亡兩千餘人，連前此傷亡達萬餘人。職一息尚存，決與敵奮戰到底。等請。謹聞。李宗仁。29、23。參二。印。[60]

這則電報係李宗仁轉報第五十九軍軍長張自忠的電報，一方面呈現國軍戰況之激烈及傷亡，一方面報告日軍兵力、砲數及動態。這樣的電報有很多。雖然依照指揮層級，軍委會下一級為戰區司令長官部，理應由司令長官呈報戰況，實際上爬梳史料，軍一級以上官長，都曾向軍委會呈報自身動態及所獲敵情。[61]

戰事進行中，軍委會非常仰賴來自戰地的情報，因為這些情報為各部隊第一線所見、所蒐集之資訊，具相當價值。然而，這些情報亦有其限制。

首先，此項情報時有不確。徐州會戰後，徐永昌檢討國軍缺點，第一項便是「報告不確」，「上下欺矇捏造事實，影響上級官判斷」。[62]這種欺瞞狀況，第一線部隊內部便是如此，第二〇〇師師長邱清泉戰後檢討謂「下級謊報成習慣，終不得真實之情況」。[63]師以下已是如此，層層謊報上去，軍委會所獲得的情報，可能與事實相距甚遠。

第二軍軍長李延年，曾舉實例說明報告不確對指揮部署的影響。其認為徐州失敗一因「敗於判斷敵情之錯誤」：第二軍過徐時，某長官判斷日軍欲取海州，故令第二軍主力往徐州以東。而該長官所以如此判斷，乃某軍在郯城馬頭以南，遇

60 「李宗仁報告臨沂一帶戰況密電」（1938年3月29日），收入中國第二歷史檔案館編，《中華民國史檔案資料匯編》，第5輯第2編，軍事二，頁559。

61 參閱中國第二歷史檔案館編，《中華民國史檔案資料匯編》，第5輯第2編，軍事二，頁532-627。

62 中央研究院近代史研究所編，《徐永昌日記》，第4冊，1938年6月7日，頁320。

63 軍事委員會軍令部編，《徐州會戰國軍作戰經驗》（出版地不詳：軍事委員會軍令部，1940年再版），頁7。

日軍千餘，即停止進攻與敵相持，並報稱此係日軍主力。該長官據此，證明自己判斷不錯，故令國軍主力東移，實則該處皆為小部。如此，便產生錯誤部署，貽誤大局。[64]

前線或出於緊張，或希求邀功倖賞與求援，又或欲推卸責任，因此妄報軍情極其嚴重，此係戰爭爆發以來國軍普遍現象，實際上也為古今中外所常見。前線部隊，一經與敵接觸，常誇大當面敵情，以求應援。又除對日軍兵力誇大報告，對日軍傷亡亦粉飾浮誇，各級若小有斬獲，斃敵百餘，必曰斃敵數百，虜獲槍枝十餘，或曰俘獲無算，至於作戰不力，要地不守，不曰敵情如何嚴重，即曰如何迫不得已。[65]第二集團軍總司令孫連仲便曾批評第二十軍團長湯恩伯還沒打仗，便先報功；[66]第七十一軍軍長宋希濂也對國軍將領桂永清、邱清泉宣傳「蘭封大捷」不以為然。[67]類似這樣的報告，第十三師參謀蘇民有生動的描述：

> 總之務使自己頭頭是道，主官以粉飾好看為判行唯一條件，承辦人員以捏造不漏破綻而盡思之能事，養成一種欺矇無恥惡習，其團長以下遇師旅督戰嚴厲，遇攻地則報告已攻佔某處，遇攻城則報告已攻進兵力若干，結果全係子虛，事後另捏理由。似此上下欺矇，最足影響高級長官之判斷。[68]

不過，除了這種有意欺瞞的狀況，不少情報所以不確實，係因情報訓練、組織之不完善。前線軍隊利用當地人士獲取情報，但他們可能缺乏國家觀念，又無軍事知識，甚至以訛傳訛反為敵欺。[69]

情報傳遞過遲，是另一問題。例如第六十八軍劉汝明部，於徐西與日軍在瓦

[64] 軍事委員會軍令部編，《徐州會戰國軍作戰經驗》，頁 32。

[65] 軍事委員會軍令部編，《徐州會戰國軍作戰經驗》，頁 8、33-34。

[66] 吳延環編，《孫仿魯先生述集》（臺北：孫仿魯先生九秩華誕籌備委員會，1981 年），頁 103。

[67] 宋希濂，〈蘭封戰役的回憶〉，《文史資料選輯》，第 54 輯（1962 年 6 月），頁 166。

[68] 軍事委員會軍令部編，《徐州會戰國軍作戰經驗》，頁 34。

[69] 軍事委員會軍令部編，《徐州會戰國軍作戰經驗》，頁 127。

子口及永城南北之線激戰時，獲得日軍有一縱隊千餘人、附戰車數輛之報告。劉汝明得此報告，為避免日軍威脅指揮機關所在地，決心乘夜襲擊該敵，惟國軍到達時，日軍已去數小時，追襲不及，徒勞往返，並且影響他方面之作戰。劉因此反省：「倘能早得報告，迅速動作，定能收意外之效果，此情報搜集影響於戰鬥成果者。」[70]

又如，1938 年 5 月 9 日，日軍包圍國軍重要據點蒙城，以猛烈砲火攻擊，天未明，日軍已突入南門、西門。上午 7 時，完全占領蒙城。[71]軍令部未能第一時間獲悉前線戰況，徐永昌 9 日晚 7 時與近蒙城指揮的白崇禧通電話，得知戰區兩師昨已到蒙城西南 40 餘里，第三十一軍抽派一師向蒙城馳援，而蒙城仍在國軍手中，白並告以「敵約一旅，決不能逞」。次日午後，徐永昌方悉蒙城於昨日陷落。[72]此例呈現前線回報之樂觀，與實際戰況之不符，並呈現軍委會獲悉前線戰況時間上的落差。誠如第一六〇師之檢討：

> 國軍情報機關組織不健全，情報人員未受良好訓練，故不能獲得確切而適合時機之情報，且往往因情報傳達遲緩，致不能將有價值之情報適時報告，以致高級指揮官不能適切判斷敵情，因而指揮上不能適切把握戰機，一著失算，整個戰局陷於錯亂，為補救計：應健全情報機關之組織，加緊情報人員訓練，並附以新式通信器材，使專任情報之傳遞。[73]

上述諸例，在在呈現戰地情報之限制，及對軍委會判斷之可能不良影響。

---

[70] 軍事委員會軍令部編，《徐州會戰國軍作戰經驗》，頁 128。

[71] 「第 9 章　徐州作戦」，《防衛省防衛研究所・陸軍一般史料・支那・支那事変・全般・徐州作戦の段階　昭和 13 年 3 月～昭和 5 月中旬　高嶋少将史料》，アジア歴史資料センター，Ref.C11110878200。

[72] 中央研究院近代史研究所編，《徐永昌日記》，第 4 冊，1938 年 5 月 9、10 日，頁 289-291。

[73] 軍事委員會軍令部編，《武漢會戰期間國軍作戰之經驗教訓》（出版地不詳：軍事委員會軍令部，1940 年），頁 49。

(二) 特派員及駐外武官之情報

軍令部所獲戰地情報或其他情報，經整理後，大多於官邸會報或利用報表向蔣中正報告。[74]惟駐外武官及特派員的情報，軍令部係經侍從室呈報給蔣。

駐外武官的情報，如台兒莊之役前，軍令部於 1938 年 2 月 10 日呈報駐美陸軍武官郭德權的情報。郭據花旗銀行電訊，報告日軍以津浦線南北國軍陣地堅強，擬變更戰略，分三路進攻，以奪取歸德為目的。[75]此一情報並不正確，日軍沒有如此三路出兵奪占歸德的軍事行動。

台兒莊之役後、4 月 18 日，軍令部又報郭德權所獲情報，顯示日軍計劃沿津浦線南北猛攻，並在海州登陸，三面會攻徐州；日本軍部擬即引用總動員案以全力侵華，但反對派以首相近衛文麿曾允此次對華，絕不引用該案，故反對極烈，近衛或將被迫辭職。[76]此一情報，關於日軍即將發動的徐州作戰路線，不甚精確，日軍主力係沿津浦線西側迂迴進攻；海軍的確向海州攻擊，但非主力。[77]至於總動員案一節，日本政府於 1938 年 2 月 24 日將該案提出眾議院，遭到相當反彈，民政黨議員齋藤隆夫及政友會議員牧野良三，針對該案之違憲嚴厲抨擊。在一次眾議院特別委員會，以說明員列席的軍務課課員佐藤賢了中佐發言時，面對議員的奚落，大喝一聲「住嘴！」，進而引起物議。不過反對派是少數，總動員法最後仍獲議會通過，並於 4 月 1 日公布。近衛本有意在國會審議結束後辭職，於 4 月

---

[74] 如〈軍令部向蔣介石報告各戰區敵情與戰況的週報表〉，《國防部史政局及戰史編纂委員會》，檔號：七八七-6442。「軍令部第二廳呈蔣中正日軍在華作戰兵力配置判斷表」（1938 年 9 月 20 日），〈革命文獻—敵偽各情：敵情概況〉，《蔣中正總統文物》，典藏號：002-020300-00002-027。

[75] 「軍令部致蔣中正報告」（1938 年 2 月 10 日），〈革命文獻—徐州會戰〉，《蔣中正總統文物》，典藏號：002-020300-00010-010。

[76] 「軍令部致蔣中正報告」（1938 年 4 月 18 日），〈革命文獻—徐州會戰〉，《蔣中正總統文物》，典藏號：002-020300-00010-022。關於日本總動員案，軍令部先前於 2 月 19 日，已曾轉報郭德權的相關情報。「軍令部致蔣中正報告」（1938 年 2 月 19 日），〈一般資料—民國二十七年（一）〉，特交檔案，《蔣中正總統文物》，典藏號：002-080200-00281-064。

[77] 〈橋本群中将回想応答録（参謀本部作成）〉，收入臼井勝美、稲葉正夫編，《現代史資料（9）：日中戰爭（二）》，頁 351-352。

初稱病靜養，最後在元老等人的勸說之下，打消辭意，4 月 21 日恢復工作。[78]因此，郭德權關於日本內部政情的掌握，頗為確實。

軍令部特派員的情報，提供很多日本軍隊內部消息。如軍令部 2 月底呈報北平特派員的情報：「寺內（壽一）有被調消息，以（朝）鮮總督南次郎繼任，華北政權將隨同改變。」[79]此情報不正確，北支那方面軍司令官仍由寺內壽一擔任，南次郎擔任朝鮮總督至 1942 年 5 月。[80]台兒莊之役後，上海特派員也提供外國軍事觀察家對中日戰局的評論，提到日本陸軍參謀本部及其高級軍事長官，因輕視國軍，並無確定的對華作戰計畫，故日軍在華行動，均係偶然性質，其原擬於今年春季完成進攻西北各省、切斷中蘇交通線及由長江與平漢路攻擊漢口之主要任務，因日軍遭到國軍游擊隊的阻礙，故延緩進攻日期；一般觀察，如日軍至本年夏季之後仍無有效進展，則東京將覓停戰途徑。[81]此情報所謂日軍開戰以來，並無長遠規劃，大抵無誤，惟 1938 年初日軍決定戰面不擴大方針，並未要向西北或漢口發動進攻，由於台兒莊之役的發生，才促使日軍擴大戰面，並於該年夏季發動武漢會戰，情報所言正好相反。[82] 5 月底，徐州遭日軍攻占之後，香港特派員余德勳電報日軍動態，復提及日軍接下來的作戰計畫：北支那方面軍將沿隴海路向西進攻占據鄭州，斷平漢與西北交通；中支那派遣軍亦將向西進攻合肥諸地區，協助隴海路之日軍。[83]此一情報，部分掌握現地軍的動態，北支那方面軍的確有繼續向西進攻鄭州的考量，他們持續向大本營表達意見，不過此案尚未成為正式

[78] 藤原彰著，陳鵬仁譯，《解讀中日全面戰爭》（臺北：水牛出版社，1996 年），頁 165-166、174。

[79] 「軍令部致蔣中正報告」（1938 年 2 月 26 日），〈一般資料—呈表彙集（八十三）〉，特交檔案，《蔣中正總統文物》，典藏號：002-080200-00510-026。

[80] 秦郁彥編，《日本陸海軍総合事典》，頁 154。

[81] 「軍令部致蔣中正報告」（1938 年 4 月 25 日），〈一般資料—民國二十七年（二）〉，特交檔案，《蔣中正總統文物》，典藏號：002-080200-00282-034。

[82] 蘇聖雄，〈論蔣委員長於武漢會戰之決策〉，收入王文燮等著，《國防大學慶祝建國 100 年「抗日戰史」學術研討會論文集》（臺北：國防大學，2011 年），頁 101。

[83] 「軍令部致蔣中正報告」（1938 年 5 月 28 日），〈革命文獻—武漢會戰與廣州淪陷〉，《蔣中正總統文物》，典藏號：002-020300-00011-013。

作戰計畫，最終也未成真。[84]

要之，軍令部駐外武官或特派員的情報，就日本國內情勢而言，有一定參考價值，惟就軍事情報而言，準確性並不高。而該情報同中統局、國研所的情報，皆有誇大日軍傷亡人數、難以續戰的傾向。一份香港特派員於 2 月底報告中日戰爭至 1937 年 12 月底止傷亡情報，指出日本陸軍傷亡 20 餘萬人，目前日軍素質極劣，恐不能持久。[85]另一份香港特派員的報告，指日軍開戰以來死傷甚重，國內兵員減少，經濟枯竭，工商業停歇。[86]實則日軍固然傷亡不少，其戰鬥力仍未消退，其後尚能與列強美英開戰。

(三) 軍令部的情報綜整與分析

軍令部收到各方面情資後，即予以整理，製成作戰綜合情報。有每日、每週的綜合情報，也有一段時間後整理分析的特字情報。每日的綜合情報，如 1938 年 4 月 1 日的每日情報，將各地的戰況統整製表，分類為山東方面、平漢方面、山西方面、綏西方面、江北方面、江南方面、浙江方面，其上註明情報來源。徐州會戰的情報，屬山東方面，其下又分「甲、臨沂情況」、「乙、台棗情況」、「丙、濟寧情況」。當時台兒莊之役正在進行，「台棗情況」項下又有「台莊情況」，內容如下：[87]

---

[84] 岡部直三郎，《岡部直三郎大將の日記》，頁 210-211、214-217。防衛庁防衛研修所戰史室，《支那事変陸軍作戦〈2〉昭和十四年九月まで》，頁 73-77。

[85] 「軍令部致蔣中正報告」（1938 年 2 月 23 日），〈一般資料—民國二十七年（一）〉，特交檔案，《蔣中正總統文物》，典藏號：002-080200-00281-071。

[86] 「軍令部致蔣中正報告」（1938 年 4 月 17 日），〈一般資料—呈表彙集（八十三）〉，特交檔案，《蔣中正總統文物》，典藏號：002-080200-00510-057。

[87] 〈軍令部匯編的每日戰況情報（1938 年 4 月）〉，《國防部史政局及戰史編纂委員會》，檔號：七八七-6313。

	乙、台棗情況
	1、台莊情況：
黎参謀長 31.21 電	A、台莊現在混戰中。
宮科長 01.08 電話	B、頓庄閘之敵，已被我擊退。
李宗仁 31.08 電	C、我□旅二十九夜襲三里庄四時佔領，旋敵增援反攻，肉搏甚烈，我刻在鐵道附近，與敵對峙中。
黎参謀長 31.21 電	D、我□師已佔南洛，刻偕□師向劉家湖附近村庄攻擊中。
李宗仁 30.15 電	E、劉家湖之敵，藉唐克重砲飛機之力，反攻我園上、邵庄、彭村，被我擊退。
黎参謀長 31.21 電話	F、步砲聯合之敵千八九百名，野重砲千餘，唐克車二十餘，刻由北洛陸續分向西南大河崖、五里房運動，砲兵向我南方子以東地區轟擊，我□師正向該敵激戰中。

該情報之來源，大抵為前線部隊長官或參謀，部分是軍令部派駐前線的特派員。[88] 各方面的情報而外，每日綜合情報表有時另立「其他消息」一類，此類情報不少是整理自他方面情報機關的消息，如軍令部 5 月 12 日的綜合情報，有「其他消息」一類，內言及「濟南敵第五軍司令官西尾中將，調任教育總監，繼任者為敵東久○彌親王，五日赴任」。[89]這個情報，就是上一章所述密電檢譯所截收的情報。

每週的綜合情報，是按各戰區製表呈現，如軍令部製作 1938 年 8 月 1 日至 7 日的第一、二、三、五戰區敵情與作戰經過週報表，於 8 月 14 日呈送蔣中正核閱，內容包括敵軍動態及國軍部署與戰況。30 日，軍令部又呈送第一、二、三、五戰區的戰績一覽表，載明前線上報的殺敵或毀敵器械等數字。[90]（圖 4-5）

---

88 〈軍令部匯編的每日戰況情報（1938 年 4 月）〉，《國防部史政局及戰史編纂委員會》，檔號：七八七-6313。

89 〈軍令部匯編的每日戰況情報（1938 年 5 月）〉，《國防部史政局及戰史編纂委員會》，檔號：七八七-6314。

90 〈軍令部向蔣介石報告各戰區敵情與戰況的週報表（1938 年 8 月）〉，《國防部史政局及戰史編纂委員會》，檔號：七八七-6442。

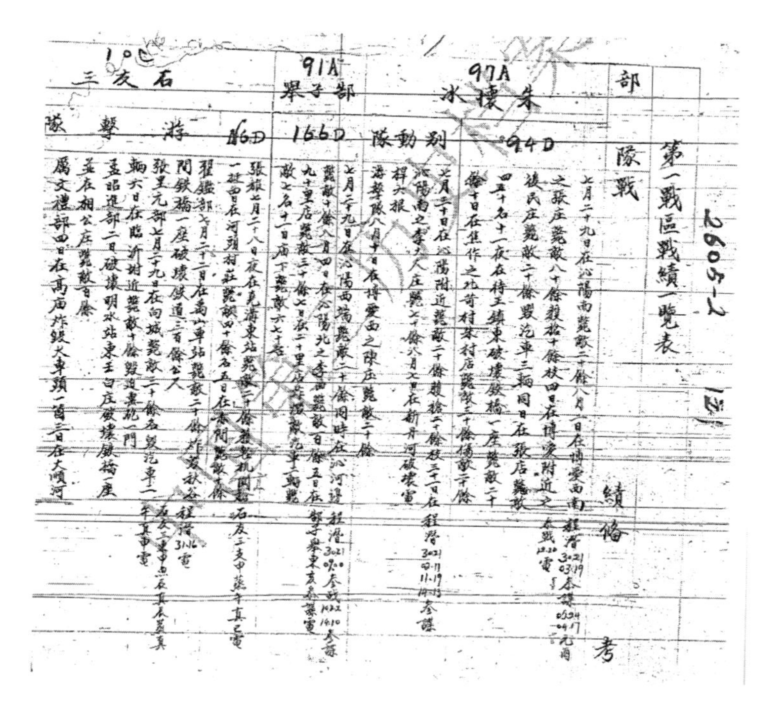
第一戰區戰績一覽表

2605-2

部隊	戰績	備考
朱懷冰 97A 94D		
郭寄嶠 91A 166D 別動隊		
石友三 10C 116D 游擊隊		

圖 4-5：第一戰區戰績一覽表（中國第二歷史檔案館藏）

戰事進行一段時間後，軍令部將相關情報專題列表製圖呈現，此表多是軍令部第二廳第一處調製，如「北戰場敵軍態勢及其作戰指導判斷要圖」（1938 年 2 月 22 日）、[91]「倭寇部隊與軍實運輸狀況調查表」（1938 年 3 月 4 日）、「敵軍傷亡及損失一覽表」（3 月 5 日）、「敵經濟能力判斷表」（3 月 13 日）等。[92]

上述圖表或其他敵情綜合判斷與研究，是所謂的「特字情報」，供最高統帥及各指揮官策定作戰方針之基礎，[93]軍令部將每件編號，稱「特字第○○號」，如上

91 〈軍令部編制敵軍兵力配備部署等項圖表〉，《國防部史政局及戰史編纂委員會》，檔號：七八七-5239。

92 〈軍令部編制敵軍兵力判斷及運輸狀況調查表〉，《國防部史政局及戰史編纂委員會》，檔號：七八七-5240。

93 〈軍令部工作報告（二十七年）〉，《國防部史政編譯局》，檔號：B5018230601/0027/109.3/3750.8。

述「敵軍傷亡及損失一覽表」（3 月 5 日）是屬「特字第九十二號」。[94]這些特字情報，軍令部第二廳後來予以整理匯集，稱作《特字情報彙篇》（圖 4-6），[95]至 1945 年 8 月 31 日，共有特字 2,000 號，匯集成 40 輯。[96]

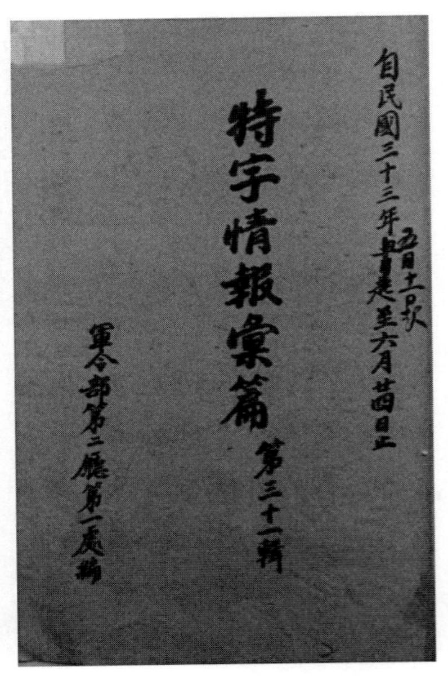
自民國三十三年五月十二日起至六月廿四日止
特字情報彙篇　第三十一輯
軍令部第二廳第一處編

圖 4-6：《特字情報彙篇》第 31 輯封面及目錄（檔案管理局藏）

軍令部整理的大部分情報，是供本部或蔣中正等軍委會高層參考判斷，該部同時也會每週兩次，[97]或逐日整理與前方相關的消息，通報各戰區參考。如 1938 年 4 月 7 日軍令部電第一戰區司令長官程潛、第二戰區司令長官閻錫山、第九戰

94 〈軍令部編制敵軍兵力判斷及運輸狀況調查表〉，《國防部史政局及戰史編纂委員會》，檔號：七八七-5240。

95 〈特字情報彙篇（軍令部編印）〉，《國防部史政編譯局》，檔號：B5018230601/0033/511/2454。

96 〈軍令部編印的「特字情報彙篇」（1945 年 6 月 8 日起至 8 月 31 日）〉，《國防部史政局及戰史編纂委員會》，檔號：七八七-5572。

97 〈軍令部工作報告（二十七年）〉，《國防部史政編譯局》，檔號：B5018230601/0027/109.3/3750.8。

區代司令長官薛岳、第五戰區司令長官李宗仁等，告以第三戰區國軍第五十九師、第六十師追擊隊已抵張渚鎮、戴埠鎮附近；第五戰區台兒莊方面敵軍已全部崩潰；第一戰區劉汝明部騎兵團克復禹城等。[98]

經過軍令部參謀的分析，能初步過濾不正確的情報。如重慶行營主任賀國光於 4 月 3 日電告，重慶路透社據外國軍事家觀察，日軍 5 萬人近由上海對西揚子江登陸，向北推進，刻已到達海州附近，其目的在截斷隴海路，再沿隴海線西攻徐州。軍令部收到此電文，判斷或係謠言，電復此情報不確。[99]而當時日軍的確沒有這樣的行動，軍令部情報過濾正確。

雖然軍令部有專職參謀分析情報，能過濾不實資訊，但仍難避免上報有問題的情報。就日軍傷亡而言，關於台兒莊之役後日軍的傷亡，軍令部曾上報「英人由前駐華日館喜多（誠一）處得來消息，三月一日至廿五日魯南之戰，日軍陣亡八千餘，傷兩萬餘人」。[100]又報「青島、天津日本徵兵十（？）萬，自十八起至卅歲止，準備反攻津浦北段及台兒莊，如再失敗，不再行反攻云」。[101]復報告日本「國內實力消耗已達其三分之一五以上」，「據近月綜合各方報告之估計，自開戰以來，敵兵之死亡者達三十萬強，傷者亦五十萬」，「現敵國已感到危險性甚大」。[102]上述情報，皆不甚正確，日軍於台兒莊之役的傷亡，僅約 5,100 人（詳第六章），非英人據喜多誠一所言之逾 2 萬人。而日本開戰以來整體傷亡，情報也估算過高，竟謂日軍死 30 萬、傷 50 萬，計傷亡 80 萬。其實，1937 年底日本陸軍兵力約為 95

98 「軍令部致程潛等通報」（1938 年 4 月 7 日），〈軍令部向各戰區通報逐日戰況的電稿〉，《國防部史政局及戰史編纂委員會》，檔號：七八七-6436。

99 「賀國光致軍令部電」（1938 年 4 月 3 日），〈第五戰區陳貫群、賀國光等關於徐州會戰的文電〉，《國防部史政局及戰史編纂委員會》，檔號：七八七-7603。

100 「軍令部致蔣中正報告」（1938 年 4 月 16 日），〈一般資料—呈表彙集（八十三）〉，特交檔案，《蔣中正總統文物》，典藏號：002-080200-00510-055。

101 「軍令部致蔣中正報告」（1938 年 4 月 16 日），〈一般資料—呈表彙集（八十三）〉，特交檔案，《蔣中正總統文物》，典藏號：002-080200-00510-055。問號為原件所有。

102 「軍令部致蔣中正報告」（1938 年 4 月 17 日），〈一般資料—呈表彙集（八十三）〉，特交檔案，《蔣中正總統文物》，典藏號：002-080200-00510-057。

萬，[103]若上述情報正確，日本陸軍已將消耗殆盡，顯不符實。至於所謂日人在青島、天津大舉徵兵，史料上亦未見根據。

就日軍之進攻部署而言，軍令部也未能確實掌握這方面的情報。該部曾於台兒莊之役後報告蔣中正云日軍將「沿津浦南北猛攻，並在海州登陸，三面會攻徐州」，[104]可能「增兵五十萬，確保皇軍威信」，[105]近衛文麿首相必將辭職，[106]而日軍第十八師團兵士，思鄉情切，軍心渙散，寺內壽一為此召師長牛島貞雄赴平面斥，牛島因而自殺，該師團全部解散，重新整理。[107]上述情報，準確呈現日軍於台兒莊戰敗後亟欲反攻復仇，但其他問題甚多，如高估日軍增兵幅度，日相近衛文麿並未辭職，更無第十八師團長牛島貞雄自殺一事。

三、軍委會情報之整體分析

軍事委員會職司統合全局作戰，其內部有數個互不隸屬的情報機關。依照呈遞方式的不同，大概可以區分為兩個系統，一為經軍委會辦公廳機要室上呈者，另一為經委員長侍從室上呈者。

軍委會辦公廳機要室，由毛慶祥主管，將電務組所截收之國內電報，及密電檢譯所截收之日本電報，與中統局派駐地方的密探報告每日彙整上報。電務組截收國內電報之大宗，為桂系密電，該軍系透過其情報管道，獲得許多日軍動向的

103 劉庭華，《中國抗日戰爭與第二次世界大戰統計》（北京：解放軍出版社，2012 年），頁 258。

104 「軍令部致蔣中正報告」（1938 年 4 月 18 日），〈革命文獻—徐州會戰〉，《蔣中正總統文物》，典藏號：002-020300-00010-022。

105 「軍令部致蔣中正報告」（1938 年 4 月 20 日），〈一般資料—呈表彙集（八十三）〉，特交檔案，《蔣中正總統文物》，典藏號：002-080200-00510-059。

106 「向特派員致蔣中正電」（1938 年 4 月 21 日），〈一般資料—呈表彙集（八十三）〉，特交檔案，《蔣中正總統文物》，典藏號：002-080200-00510-062。

107 「軍令部致蔣中正報告」（1938 年 4 月 30 日），〈一般資料—呈表彙集（八十三）〉，特交檔案，《蔣中正總統文物》，典藏號：002-080200-00510-064。

珍貴情報，其偵得日軍向徐州發動總攻擊的日期，即係其中之一。密電檢譯所具有破解日本外交電碼技術，在當時頗受重視，惟尚無法破解日本陸軍電碼，因此該情報對委員長蔣中正的外交判斷較為有用，對於軍事行動的幫助則相對有限。中統局密探於敵後城市布線，探查日軍調動狀況，此情報分享軍令部以供判斷日軍動向。

經由侍從室上呈情報者，有軍令部、軍統局、國研所及其他。軍統局、國研所是軍委會下兩個重要情報機關，軍統局名聲尤大，其領導人戴笠富傳奇色彩，有「間諜王」（Spymaster）之稱。[108]在徐州會戰前後，其領導的情報機關能獲取一定價值的敵軍情報，惟整體來說，表現並不顯著，戴笠因此要求內部加強檢討。王芃生主導的國研所，其軍事情報類似中統局的密探情報，記錄日軍局部調動情形，並對日本政情做分析，前者可供軍令部判斷日軍動態，後者對蔣中正政略判斷，有一定價值。軍委會尚有其他情報來源，如在前線的德國軍事顧問，不時提供情報及其分析判斷給軍委會；前線擄獲之敵軍文件，亦承載日軍重要情資。

軍令部係負責軍事指揮之最高機關，其部分情報經侍從室上呈，會戰進行時，情報更多是於官邸會報向蔣當面呈報。該部第二廳主管情報，情資來源甚多，在戰時最主要也較直接者，為來自前線的戰地情報，其他來源如派駐各地的特派員、駐外武官，或與其他情報機關互換而得的情報。該部並將所蒐集的情報統整分析，製成各式報表或分析報告，供軍委會高層參考。

軍委會獲得的情報不可謂不多，侍從室為蔣中正摘錄各類情報每日上呈，機要室則呈報每日彙整之〈機要情報〉，蔣中正從這兩個系統，獲取各式情報，作為指導戰事之基礎，所獲助益必大。（表 4-2）然而，整體說來，情報量雖多，質卻未精。尤其是日軍對徐州會戰之實際部署及作戰計畫，極其重要，但各種情報不是內容錯誤，便是鮮少提及。此外，各類情報來源，皆傾向誇大日軍的實際傷亡，以及中日戰爭對日本國內造成的動盪。戰地情報更是易於浮誇扭曲，前線部隊對

[108] Frederic Wakeman, *Spymaster : Dai Li and the Chinese Secret Service* (Berkeley, Calif.: University of California Press, c2003).

戰鬥實際過程，多突出己身的勇猛犧牲，導致日軍遭受嚴重殺傷，無法再進；其實，這多是虛假的報告，即如高級將領張發奎所說：「為了宣傳目的，敵人每撤退一次，我們便上報一次勝仗。中央對此十分瞭解，這些都是虛假的勝利。」[109]軍委會對於這樣的「灌水」，雖然有所認識，[110]但自身也多少受到影響，以為日軍的確損失慘重，從而高估消耗戰的效果，作出不實的敵我態勢判斷。台兒莊之役後，軍委會所以堅持於徐州周圍持久消耗，便是受此態勢判斷的影響。[111]

表 4-2：徐州會戰時軍委會情報組織圖

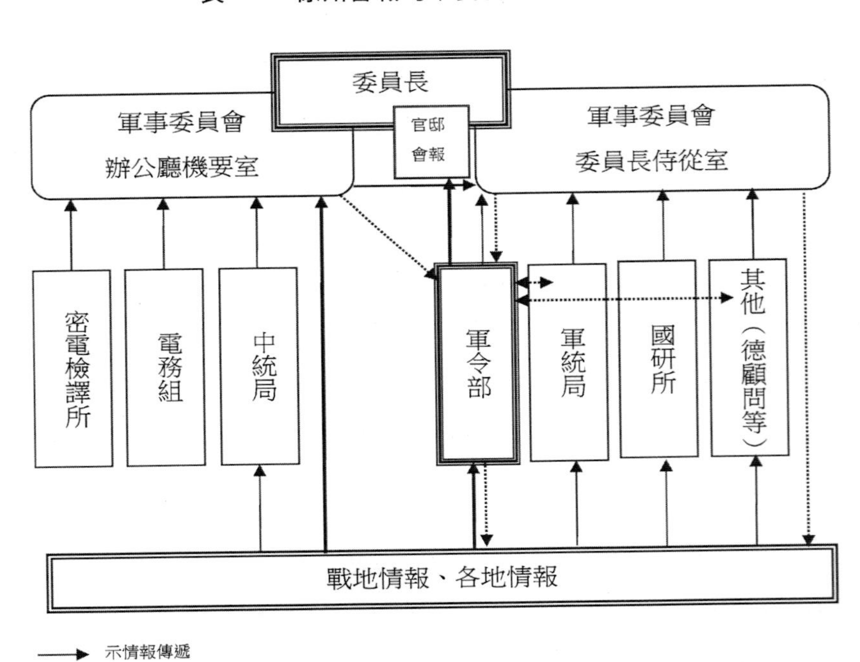

109 張發奎口述，夏蓮瑛訪談紀錄，鄭義翻譯校註，《蔣介石與我：張發奎上將回憶錄》（香港：香港文化藝術出版社，2008 年），頁 307。

110 王奇生，〈抗戰時期國軍的若干特質與面向——國軍高層內部的自我審視與剖析〉，《抗日戰爭研究》，2014 年第 1 期，頁 124-139。

111 蘇聖雄，〈國軍於徐州會戰撤退過程再探〉，收入呂芳上主編，《戰爭的歷史與記憶》，頁 315-317。

在情報真假併陳、價值參差的情況下，過濾情報，披沙揀金，便是一重要過程。此一任務，交付委員長一人，顯不適當。蔣中正對此似亦有所認識，侍從室或機要室呈報的情報中若涉及日軍部署，蔣多會批示抄送軍令部參考。惟一方面蔣不會將所有軍事情報交軍令部，一方面各種情報不見得正確，因此軍令部對於整體戰局仍未能充分掌握。像是機要室獲桂系關於日軍總攻的日期，此一情報軍令部亦已知悉，但在大量訊息中，此一關鍵情報似遭忽略，未見國軍及早布置。

日軍在台兒莊之役失利後，決心發動徐州作戰，擬定計畫於 1938 年 4、5 月間在魯南牽制國軍，而於魯西發動總攻，截斷國軍退路。此一重要軍事計畫，國軍沒有任何情報，這是徐州會戰國軍無法持久鏖戰的關鍵，也是國軍未能及早撤退之所由。會戰之後，徐永昌對情報訓練班講話，強調情報是軍中耳目，徐州之失，是因在徐州以西應置重兵而未置；合肥之失，是因兵力分散；蒙城之失，是因兵不能適時使用；鄆城之失，是因不知敵來。總結來說，徐州失敗，「因兵力強弱者少，因不知敵情者多」。[112]此章透過較為細瑣的檔案分析，呈現軍委會面對重大會戰，情報工作仍有不足。國軍情報工作雖非乏善可陳，但量多質平，偶獲有價值的情報，常淹沒於無價值資訊之中。

如是說來，軍委會之情報不佳，似為定論。不過，要知道戰爭情報欲十分正確，並不容易。克勞塞維茨有云：

> 戰爭中得到的情報，很大一部分是互相矛盾的，更多的是假的，絕大部分是相當不確實的。這就要求軍官具有一定的辨別能力，這種能力只有通過對事物和人的認識和判斷才能得到。……簡單地說，大部分情報是假的。[113]

[112] 中央研究院近代史研究所編，《徐永昌日記》，第 4 冊，1938 年 6 月 24 日，頁 330。第二次長沙會戰時，蔣中正亦嘆息：「我軍各級指揮部對於敵情與戰況，皆虛浮不實，可危。」《蔣中正日記》，1941 年 9 月 26 日。

[113] 克勞塞維茨著，中國人民解放軍軍事科學院譯，《戰爭論》，第 1 卷（北京：解放軍出版社，2005 年第 2 版），頁 78-79。

即便是日軍，其於整個中日戰爭時期破解國軍密電能力達 70-80%，[114]但在面對更強盛的美軍之時，情報作業也有很多問題，缺點畢露，如國力判斷錯誤、航空偵查失敗、情報組織不統一、以作戰優先情報為次、缺乏情報優秀人才、誇大精神主義而妨害情報活動等。[115]

由是，從另一方面來看，被視為前現代部隊的國軍，其情報工作已可見不斷成長。軍統局、中統局等從蔣的個人幕僚組織發展起來，規模漸次擴大，而有現代情報組織的完整架構。[116]軍令部第二廳的前身參謀本部第二廳，一度遭到鄙視，才智之士，視為畏途，各級將領，亦不重視，其情報規模之建立，十分辛苦。[117]戰爭爆發後，各情報組織積極發展與運作，徐州會戰前，軍委會所屬各情報機關，相互整合，建立體系，所提供情報有不少正確者，如不斷提醒日軍即將來攻、呈現日軍增兵狀況等。國軍能及時集結兵力於台兒莊周圍，並迫使日軍撤退，軍委會的情報工作，無疑發揮了一定作用。

---

[114] Hisashi Takahashi, "A Case Study: Japanese Intelligence Estimates of China and the Chinese, 1931-1945," in Walter T. Hitchcock, ed., *The Intelligence Revolution: A Historical Perspective* (Washington D.C.: U.S. Government Printing Office, 1991), p. 210. 轉引自張瑞德，〈國軍成員素質與戰力分析〉，收入呂芳上主編，《中國抗日戰爭史新編》，第 2 編：軍事作戰，頁 86。

[115] 堀栄三，《大本営参謀の情報戦記：情報なき国家の悲劇》（東京：文藝春秋，1996 年），頁 327-334。

[116] 岩谷將，〈蔣介石、共產黨、日本軍——二十世紀前半葉中國國民黨情報組織的成立與發展〉，收入黃自進、潘光哲編，《蔣介石與現代中國的形塑》，第 2 冊：變局與肆應，頁 29。

[117] 張振國，〈對軍事情報工作的回憶〉，收入中華學術院編，《戰史論集》（臺北：中國文化大學出版部，1983 年再版），頁 655-656

第五章　作戰：從台兒莊之役到徐州開戰

論者對於台兒莊之役及徐州會戰的進行，多從全知者的角度敘述，[1]又或從參戰將領與部隊來探討，[2]鮮少以軍事委員會為主體進行論述。本書承續第一、二章軍委會的建立與運作，以及第三、四章的軍委會的情報，在本章及下一章，將闡明軍委會在台兒莊之役及徐州會戰的實際運作過程。

這兩章的焦點集中於三項。第一：身為軍委會委員長的蔣中正，如何面對戰爭，判斷為何？如何指揮？第二、身為蔣中正最重要的軍事智囊，軍委會其他核心成員法肯豪森、白崇禧、徐永昌、林蔚、劉斐等，在台兒莊之役和徐州會戰的作用為何？與蔣如何互動？有何影響？第三、軍委會的命令內容為何？戰區司令長官或前線官長，如何執行命令？亦即，兩章將承續先前的討論，以軍委會為主體，重新審視台兒莊之役及徐州會戰，具體呈現軍委會指揮作戰實況。

一、台兒莊之役

(一) 日軍發動台兒莊之役

日本陸軍參謀本部，一向以蘇聯為假想敵，在中日戰爭擴大之後，認為防備

1 如張憲文主編，《中國抗日戰爭史（1931-1945）》（南京：南京大學出版社，2001 年），頁 414-456。王逸之，《徐州會戰——台兒莊大捷作戰始末》（臺北：知兵堂，2011 年）。

2 劉培平，〈台兒莊大戰 55 周年國際學術研討會綜述〉，《抗日戰爭研究》，1993 年第 3 期，頁 228-235。曾景忠，〈蔣介石與徐州會戰〉，《近代史研究》，1994 年第 6 期，頁 140-166。

蘇聯的同時，深陷中國戰場極其危險。因此，在攻陷中國首都南京之後，開始著手長期戰爭之規劃，欲從容不迫進行全面持久戰。參謀本部所訂定的方針，為 1938 年 7 月以前編成 6 個新師團，在師團編成以前，不實施新的作戰，預計至 1939 年，再發動大規模進攻，一舉解決戰事。1938 年 2 月 16 日，在天皇出席的御前會議上，決定「自昭和十三年（1938）二月至同年夏季支那事變帝國陸軍作戰指導要綱」，其方針為確保在中國的現有占領區域，整備對中蘇兩國之作戰，在狀況允許以前，不擴大戰面，亦不對新方面實施作戰。[3]

與陸軍中央的意見不同，北支那方面軍以司令官寺內壽一大將為首，力陳徐州作戰的必要性，認為此作戰可以連結華北、華中，並考慮為了對武漢方面的國軍施加壓力，有必要占領黃河右岸的據點（鄭州、開封）。陸軍次官梅津美治郎亦考量到讓南北新興政權合流等政略上的理由，極力主張實施徐州作戰。參謀本部最終考慮徐州作戰目標若是為澈底解決對華戰爭，其作戰規模過小，且縱使作戰成功，為確保該地之安定，預估至少需要 4 個師團的兵力，因此仍不擬發動徐州作戰。[4]

日本陸軍中央雖決定不擴大戰面，現地軍卻仍不斷向前實行掃蕩或發動「戡定」作戰。華北方面，北支那方面軍第一軍向平漢線方面黃河左岸（北岸）及山西南部實施「戡定」作戰；第二軍則沿津浦線渡黃河南下，向前追擊掃蕩，另以一部攻占青島。華中方面，中支那派遣軍實施淮河攻擊作戰，命令第十三師團擊滅鳳陽、蚌埠附近國軍。[5]

---

[3] 防衛庁防衛研修所戰史室，《支那事変陸軍作戦〈2〉昭和十四年九月まで》，頁 3-6。

[4] 1938 年 2 月，在華日軍（東北不計）有中支那派遣軍及北支那方面軍。中支那派遣軍以畑俊六大將為司令官，下轄第三師團、第六師團、第九師團、第十三師團、第十八師團、第一〇一師團等 6 個師團。其任務為確保杭州、寧國（宣城）、蕪湖以北長江右岸地區內各要點之安定；為達成長江右岸之安定，得占領長江左岸之要點。北支那方面軍以寺內壽一大將為司令官，下轄第一、第二兩軍及方面軍直轄部隊，共有 8 個師團。第一軍司令官為香月清司中將，轄第十四師團、第二十師團、第一〇八師團、第一〇九師團。第二軍司令官西尾壽造中將，轄第五師團、第十師團。方面軍直轄部隊計第十六師團、第一一四師團等部。其任務為確保膠濟鐵路沿線，及濟南至黃河上游左岸一帶占領區之安定。防衛庁防衛研修所戰史室，《支那事変陸軍作戦〈2〉昭和十四年九月まで》，頁 4、6-9、24。上法快男編，《元帥 寺內寿一》（東京：芙蓉書房，1978 年），頁 265-279。

[5] 防衛庁防衛研修所戰史室，《支那事変陸軍作戦〈2〉昭和十四年九月まで》，頁 11-18。

圖 5-1：北支那方面軍司令官寺內壽一（右）和中支那派遣軍司令官畑俊六（左），攝於 1938 年。（Wikipedia / 寺内寿一）

日本北支那方面軍第二軍，編組兩個支隊向前方持續掃蕩。第十師團的瀨谷支隊，由瀨谷啓少將指揮，兵力約步兵 4.5 個大隊；第五師團坂本支隊，由坂本順少將指揮，兵力約步兵 6 個大隊。3 月上旬，第二軍透過北支那方面軍向大本營請求允准驅逐眼前之敵，並保證絕非深入南進作戰。大本營同意作戰請求。3 月 13 日，第二軍下令第十師團擊滅大運河以北之敵，並令第五師團以一部占領沂州，進入嶧縣附近，與第十師團協同作戰，在達成上項目標之後，於滕縣、沂州之線準備爾後之作戰。14 日拂曉，瀨谷支隊發動攻擊，戰事爆發（表 5-1）。[6]日軍初始雖未以台兒莊為目標，此役日後卻以台兒莊聞名於世，日軍稱之為「台兒莊攻略戰」。[7]

---

[6] 井本熊男，《作戦日誌で綴る支那事変》，頁 206。防衛庁防衛研修所戦史室，《支那事変陸軍作戦〈2〉昭和十四年九月まで》，頁 26-31。馬仲廉，〈台兒莊戰役的幾個問題〉，《抗日戰爭研究》，1998 年第 4 期，頁 128-131。

[7] 「第一期南部山東剿滅作戰」姜克實，〈台児庄作戦の概観〉，《岡山大学社会文化科学研究科紀要》，第 43 号（2017 年 3 月），頁 1。

表 5-1：日軍台兒莊之役指揮系統表

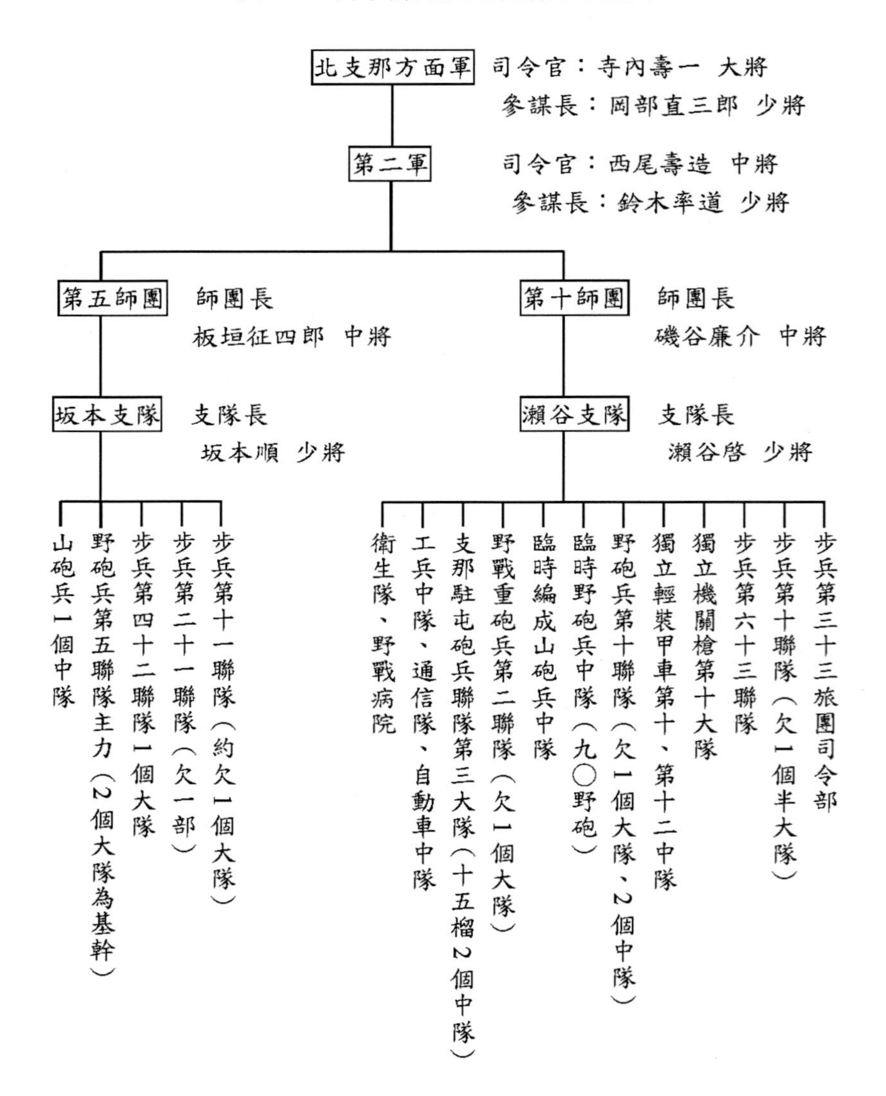

說明：

1、本表為 1938 年 3 月之狀況。

2、參閱防衛庁防衛研修所戦史室，《支那事変陸軍作戦〈2〉昭和十四年九月まで》，頁 28、31。

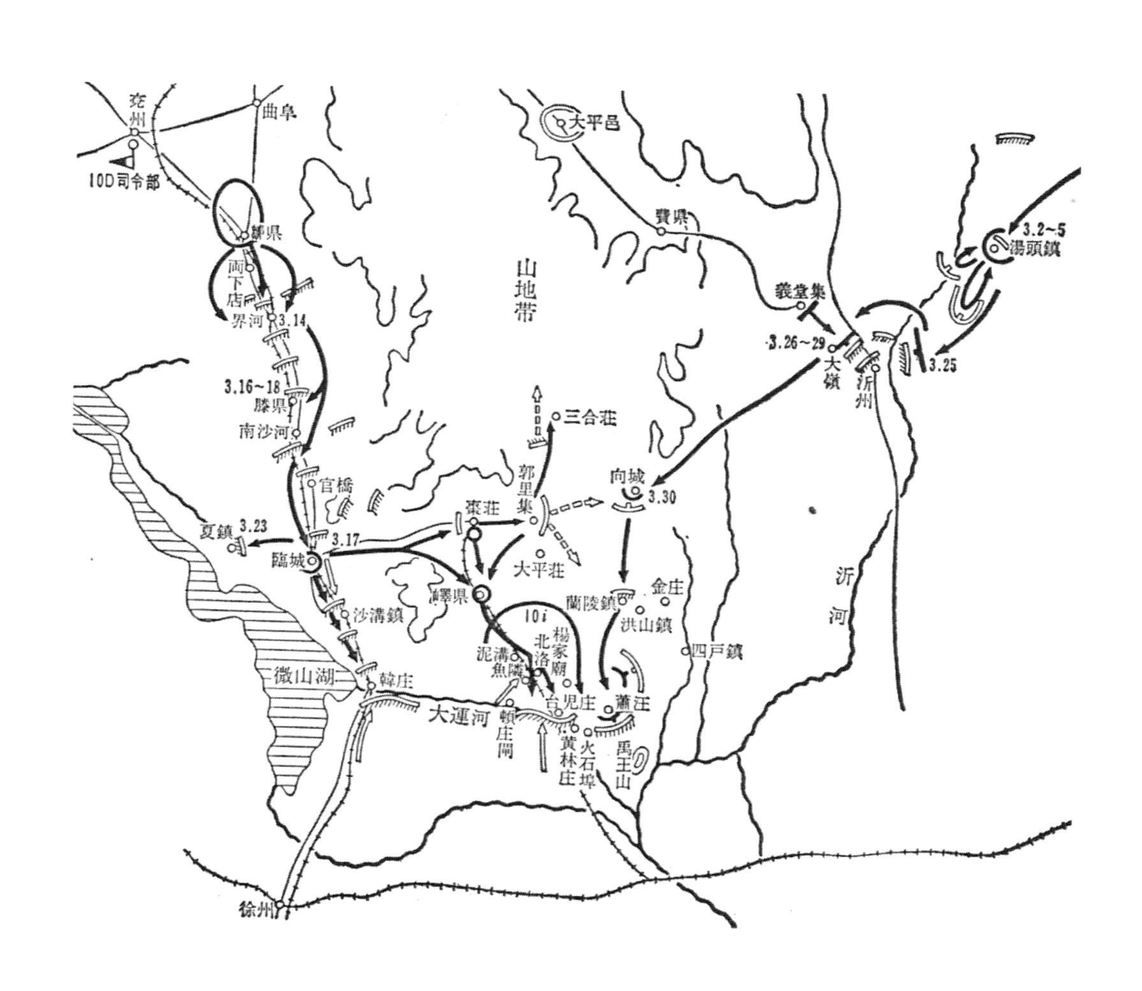

圖 5-2：台兒莊之役經過概要圖（防衛庁防衛研修所戦史室，《支那事変陸軍作戦〈2〉昭和十四年九月まで》，頁 30。）

(二) 軍委會對日軍動態的判斷

1. 戰事爆發前的判斷

徐州古稱彭城，南有長淮洪湖之險，北有黃河泰山之固，東制東海，西屏中原，夙為兵家必爭之地。自津浦、隴海兩鐵路交會於此，握魯豫蘇皖之關鍵，扼交通連絡之樞紐，遂為南北重鎮。1937 年淞滬會戰起，軍委會為顧慮津浦路之安全，於此處創設第五戰區，長官部設於徐州，以李宗仁為司令長官，韓復榘副之（後改李品仙）。[8]

1938 年初，軍委會委員長蔣中正對日軍動向的判斷，係以為日軍將打通津浦路。其於 2 月 3 日日記云：「津浦形勢危急」，「近日津浦線戰事不利，蚌埠失陷，國聯決議不力，心頗不安」。7 日記云：「津浦線之敵，當其未站定以前與以打擊，是一最良機會。」[9]這些判斷可說無誤，但也不是很精確。正如前述，日本大本營本著戰面不擴大方針，並無打通津浦路的打算，惟現地軍積極動作，躍躍欲試。蔣所以這樣判斷，即受前章所述情報機關提供情資的影響；大量情報顯示，日軍將繼續向津浦路發動攻勢，打通津浦線。因此，並非僅有蔣如此判斷，其他軍委會核心成員、軍令部，或前線的第五戰區，[10]多如此預測。德國軍事總顧問法肯豪森於 1938 年 2 月 9 日呈蔣的報告，亦判斷日軍企圖由南北兩方沿津浦路進攻，俾華北與長江下游兩戰區打成一片。[11]

軍令部綜合各方情報，在 2 月 1 日評估日軍動向：津浦路北段方面，日軍主力將由濟寧南犯金鄉、魚臺，直趨商邱、碭山，包抄徐州。同時，平漢線方面，將相機南進，藉資策應，並使朝城附近約一個師團渡河，進出東明，窺伺蘭封、

---

[8] 〈徐州會戰史稿（台兒莊之作戰）〉，《國防部史政局及戰史編纂委員會》，檔號：七八七-697。

[9] 《蔣中正日記》，1938 年 2 月 3、7 日。

[10] 「徐州會戰經過概況」（1938 年），〈徐州會戰經過概況節略〉，《國防部史政局及戰史編纂委員會》，檔號：七八七-7713。

[11] 「法肯豪森呈蔣中正報告」（1938 年 2 月 9 日），〈革命文獻—徐州會戰〉，《蔣中正總統文物》，典藏號：002-020300-00010-008。

商邱。蒙陰日軍，當續攻費縣，進略台兒莊，期遮斷徐海交通。當時日軍在北段似取守勢，致力於魯東之廓清，其積極行動之發動，當待南段戰況有相當進展之後。至於津浦路南段方面，日軍將以有力一部，由懷遠進窺蒙城，直趨商邱，以主力沿鐵道線北上，與北段沿線南進之敵，會攻徐州。[12]

上述大規模打通津浦線的計畫，不是日軍在台兒莊之役爆發前的規劃，但卻與台兒莊之役以後，日軍規劃發動徐州作戰的戰略若合符節，如日軍將向徐州西側包抄，也將派一個師團自黃河南渡，直趨商邱等隴海線上重要城市（詳後）。軍令部所以可以預知未來，當是藉日軍現地軍的部署做推斷。

由於軍委會認為的日軍將發動大規模攻勢，仍非當時日軍的戰略，軍委會部分判斷因此失實。如 2 月 14 日，蔣中正觀察戰局，認為「津浦線與江南形勢較好，而黃河北岸則頗可慮也。」[13]而津浦線南段、江南形勢所以較好，軍令部部長徐永昌判斷似因第五戰區李品仙軍向定遠、鳳陽方面，廖磊軍向定遠、滁州方面進擊，壓迫日軍，故淮河日軍停止向前作戰。[14]實則，此時向淮河進攻的中支那派遣軍受制於大本營的不擴大方針，並未深入進擊，非受國軍壓迫所阻。

其後數日，軍令部多關注黃河南北岸及山西戰事，即上述北支那方面軍第一軍的「戡定」作戰。徐永昌見山西戰事極其不利，主張增兵急攻津浦線北段，迫使日軍在山西的部隊來援，此舉不但緩和山西戰事，也可達成拱衛武漢外圍晉、魯之目的。蔣中正不接受徐的意見，因為他認為進攻津浦線北段，為深入就敵。[15]徐永昌又於會報中提議在隴海線（潼關、洛陽）另編兩個預備軍團，各三師以上，一面準備進入山西作戰，使日軍無法在晉得手，一面襲擊半渡黃河之日軍。次日，徐又在會報上論山西作戰之利，主張預備軍與其戰於武漢，不如戰於武漢外圍的

[12] 「徐州會戰前津浦路南北段敵軍兵力配置判斷表」（1938 年 2 月 1 日），國防部史政編譯局編，《抗日戰史——徐州會戰（一）》，第四篇第十一章第一節插表第一。

[13] 《蔣中正日記》，1938 年 2 月 14 日。

[14] 中央研究院近代史研究所編，《徐永昌日記》，第 4 冊，1938 年 2 月 14 日，頁 228。

[15] 中央研究院近代史研究所編，《徐永昌日記》，第 4 冊，1938 年 2 月 28 日、3 月 6 日，頁 238、240。

晉、冀、豫、魯。[16]

相較於徐的積極出擊主張，蔣則以為持久消耗方針較妥，他感到「敵軍行動遲緩，比預想者相差甚遠」，[17]對於山西戰況，認為由於國軍「主力讓開正面，不與決戰」，使日軍受到消耗、死傷甚大，因此晉西隰縣日軍自動撤退，不能立足，臨汾以南正面，亦不敢深入。[18]

從軍委會核心成員的討論，可見他們尚不清楚當時日軍已決定不擴大戰面；日軍當前在晉南、津浦線南北發動的作戰，範圍有限。因此，國軍不論在津浦線南段的積極進攻，或是山西的持久消耗，都不是日軍進展緩慢的原因。不過，由於軍委會判斷日軍將在津浦線發動大規模攻勢，為此不斷調集部隊增援，這可說是後來足以於台兒莊壓迫日軍撤退的先決條件。2 月初，蔣中正下令第二十一集團軍廖磊部及第五十九軍歸第五戰區指揮。[19]至台兒莊之役爆發前（2 月 3 日至 3 月初），第五戰區已集結 6 個集團軍、2 個軍團、13 個軍、29 個師又 1 個旅的兵力。[20]戰爭爆發後（3 月初至 4 月 7 日），又增第二十軍團湯恩伯、第二集團軍孫連仲及其他戰力較強的部隊，與先前部隊合計共 8 個集團軍、2 個軍團、18 個軍、42 個師又 2 個旅（表 5-2）。[21]

2. 對滕縣保衛戰的判斷

3 月 14 日，日軍瀨谷支隊發動攻擊，台兒莊之役爆發。16 日，蔣中正以臨沂與滕縣前方戰事激烈，規定第二線兵力編組，[22]並採納軍令部第一廳廳長劉斐的建議，令第二十軍團湯恩伯部採運動戰法，相機向當面之敵出擊。[23]

---

16 中央研究院近代史研究所編，《徐永昌日記》，第 4 冊，1938 年 3 月 5、6 日，頁 240。

17 《蔣中正日記》，1938 年 2 月 10 日。

18 《蔣中正日記》，1938 年 3 月 4 日。

19 國防部史政編譯局編，《抗日戰史——徐州會戰（一）》，頁 16-17。

20 國防部史政編譯局編，《抗日戰史——徐州會戰（一）》，第四篇第十一章第三節插表第四。

21 國防部史政編譯局編，《抗日戰史——徐州會戰（一）》，第四篇第十一章第三節插表第六。

22 《蔣中正日記》，1938 年 3 月 16 日。

23 國防部史政編譯局編，《抗日戰史——徐州會戰（一）》，頁 23。「第二十軍團魯南會戰戰役戰鬥詳報（節錄）」，收入《台兒莊戰役資料選編》編輯組、中國第二歷史檔案館史料編輯部合編，《台兒莊戰

表 5-2：國軍台兒莊之役指揮系統表

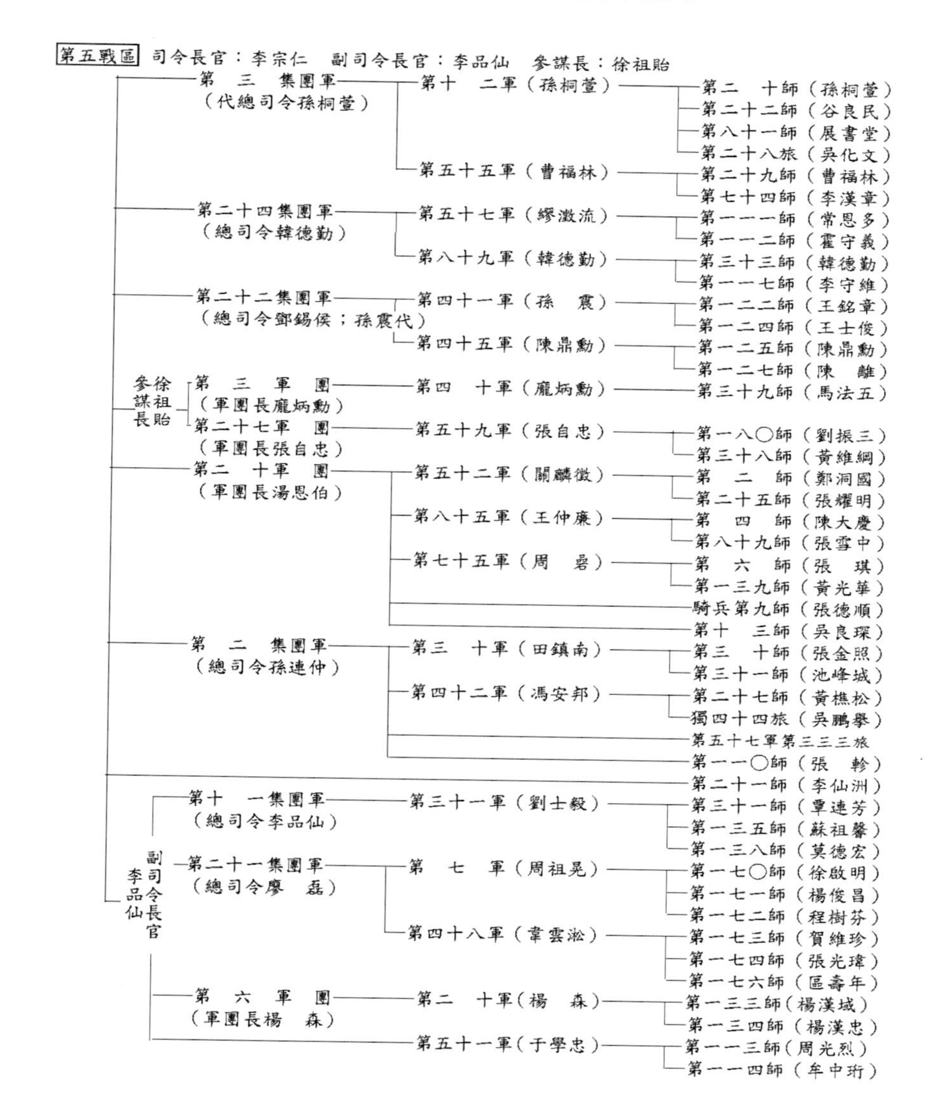

役資料選編》（北京：中華書局，1987 年），頁 88。劉斐，〈徐州會戰概述〉，收入《正面戰場：徐州會戰——原國民黨將領抗日戰爭親歷記》，頁 24。

說明：
一、本表為1938年3月初至4月7日之狀況。
二、共計18個軍42個師2個旅。
三、第三軍團及第二十七軍團，由戰區參謀長徐祖貽指導；第十一集團軍、第二十一集團軍、第六軍團、第五十一軍，另由戰區副司令長官李品仙指揮。
四、改繪自國防部史政編譯局編，《抗日戰史——徐州會戰（一）》，第四篇第十一章第三節插表第六。

16日，日軍進攻滕縣，遭到第四十一軍7千名川軍（第一二二師、第一二四師）孫震部意料之外的抵抗，18日下午才完全占領該城。[24]此一「滕縣保衛戰」，長期以來被宣傳有益後方增援部隊的集結，為國軍台兒莊勝利奠定基礎。[25]實則川軍雖盡力防守，對大局並無裨益，徐永昌反認為，川軍敗退過速，導致增援的湯恩伯部一旅幾乎覆沒，若國軍各部皆如川軍，徐州早已失陷。[26]

不過，徐永昌的判斷也非完全正確。日軍瀨谷支隊分兵出擊，攻擊滕縣者係以步兵第十聯隊為基幹之部隊，另有第六十三聯隊南下滕縣南方，打擊湯恩伯第二十軍團在官橋、臨城之一部。[27] 17日晨，湯恩伯一部即在官橋與日軍激戰。[28] 17

[24] 防衛庁防衛研修所戰史室，《支那事変陸軍作戦〈2〉昭和十四年九月まで》，頁31。〈第四十一軍一二二師王志遠部在滕縣戰役徐州轉進戰鬥詳報〉，《國防部史政局及戰史編纂委員會》，檔號：七八七-7738。

[25] 孫震，《八十年國事川事見聞錄》（臺北：四川文獻雜誌社，1979年），頁248、257-263。孫震，《楙園隨筆》（臺北：川康渝文物館，1983年），頁216-270。

[26] 中央研究院近代史研究所編，《徐永昌日記》，第4冊，1938年3月20日，頁247。川軍第四十一軍軍長孫震，屬第二十二集團軍鄧錫侯部。

[27] 「戦闘経過の概要　臨城に向ふ追撃及同地附近の攻撃」，《防衛省防衛研究所・陸軍一般史料・支那・支那事変・北支・歩兵第63連隊　台児庄攻略戦闘詳報・昭和13年3月2日～昭和13年4月6日（2分冊の1）》，アジア歴史資料センター，Ref.C11111252600，頁760。

[28] 〈第八十五軍王中〔仲〕廉部在滕縣、嶧縣棗莊一帶陣中日記〉，《國防部史政局及戰史編纂委員會》，檔號：七八七-7748。「南部山東省掃滅作戦の中　官橋附近戦闘詳報　歩兵第63連隊第2中隊」，《防衛省防衛研究所・陸軍一般史料・支那・支那事変・北支・歩兵第63連隊第2中隊陣中日誌（昭和13年1月1日～昭和13年5月31日）》，アジア歴史資料センター，Ref.C11111257300。

日晚間，日軍攻陷臨城。[29] 18 日下午，日軍才攻占滕縣。因此，滕縣的失陷與否和湯部遭受打擊無涉；川軍的激烈抵抗，傷亡慘重，[30]及第一二二師師長王銘章殉國，[31]對大局也影響不大。[32]

(三) 軍委會對運動戰、陣地戰的運用

滕縣之役後，第二十軍團湯恩伯部據運河及韓莊以待後部集結，軍委會即令第二集團軍孫連仲部兩師開徐，一師又一旅直赴運河以助湯部。[33]日軍方面，瀨谷啓根據師團命令，派第六十三聯隊的第一大隊（缺 1 個中隊）為右追擊隊向韓莊推進，派第六十三聯隊的第二大隊為左追擊隊向嶧縣進擊，而支隊主力則集結於臨城附近。兩路追擊隊皆進展順利，3 月 20 日，右追擊隊占領韓莊，左追擊隊占領嶧縣。[34]

此前，坂本支隊由魯東沿台濰公路向臨沂（沂州）前進。蔣中正電令第三軍團軍團長龐炳勳，引誘臨沂東北之敵至適當地點殲滅之，並要求固守臨沂城以待援軍到達。復迭令李宗仁轉飭第三軍團與第五十九軍張自忠部協力殲滅深入之敵。這樣運動戰、陣地戰並行戰法，有其成效。3 月 18 日，受到國軍優勢兵力阻

---

[29] 「第二十軍團魯南會戰戰役戰鬥詳報（節錄）」，收入《台兒莊戰役資料選編》編輯組、中國第二歷史檔案館史料編輯部合編，《台兒莊戰役資料選編》，頁 88-89。防衛庁防衛研修所戦史室，《支那事変陸軍作戦〈2〉昭和十四年九月まで》，頁 31。

[30] 是役陣亡官兵 3 千餘人，負傷官兵 4 千餘人。〈第二十二集團軍孫震部在滕縣戰役戰鬥詳報〉，《國防部史政局及戰史編纂委員會》，檔號：七八七-7736。

[31] 成都市政協文史資料研究委員會，〈抗日殉國的民族英雄王銘章將軍〉，收入鐘朗華、孫琪華、陳紅濤主編，《大將風標》（出版地不詳：編者自印，1992 年），頁 32-45。

[32] 滕縣之役的最新研究，參閱姜克實：〈日本軍の史料から見る滕県作戦の実記録——1938 年 3 月 16~18 日、中国・山東——〉，《文化共生学研究》，第 14 号（2015 年 3 月），頁 47-70；〈滕県作戦における日本軍の虐殺記録——日本軍史料の盲点を突く〉，《年報日本現代史》，第 20 号（2015 年 5 月），頁 221-255。

[33] 中央研究院近代史研究所編，《徐永昌日記》，第 4 冊，1938 年 3 月 20 日，頁 247。

[34] 防衛庁防衛研修所戦史室，《支那事変陸軍作戦〈2〉昭和十四年九月まで》，頁 31-32。

擊之坂本支隊後撤。[35]蔣聞訊，記云：「本日臨沂前方敵軍第五師完全被我軍擊潰，此為開戰以來第一次之勝利也，感謝上帝佑華。」[36]

圖 5-3：孫連仲（左），湯恩伯與蔣中正合影（右），攝於 1946 年（國史館藏）

臨沂方面戰事和緩之後，軍委會注意力集於津浦線、徐州附近。李宗仁以徐州為戰略要地，日軍勢必攻占，其後續亦必有部隊增援，建議軍委會再調精兵 3 個師到徐，以便轉取攻勢。副參謀總長白崇禧亦建議，為確保徐州計，應另抽調部隊策應。[37]

蔣中正參酌白崇禧等的意見，本著運動戰法，擬以第二集團軍控制於徐州西

---

[35] 「西水湖崖附近の戰闘」，《防衛省防衛研究所・陸軍一般史料・支那・支那事変・北支・歩兵第 21 連隊戰闘詳報 5／6・昭和 13 年 3 月 2 日～昭和 13 年 3 月 19 日》，アジア歴史資料センター，Ref.C11111185400，頁 258-260。

國防部史政編譯局編，《抗日戰史——徐州會戰（一）》，頁 22-23。張秉均，《中國現代歷次重要戰役之研究—抗日戰役述評》（臺北：國防部史政編譯局，1978 年），頁 180-181。

[36] 《蔣中正日記》，1938 年 3 月 18 日。

[37] 國防部史政編譯局編，《抗日戰史——徐州會戰（一）》，頁 24。

北九里山至微山湖中間地區，以第二十軍團重點移至韓莊東南，誘敵深入，再由東西兩面夾擊殲滅之。先後電令李宗仁以第二十軍團攻擊滕縣以南、嶧縣間日軍側背。[38] 21 日，軍委會會報，決定以 2 個師置徐州，1 師半守運河，採攻勢，其餘 5 個師分兩、三梯次側擊臨城南北。此部署限於日軍有增援。如無增援，可不多展開部隊，擬僅以 3 師半解決當面日軍。[39] 22 日，蔣再電李下令決戰部署，以湯軍團及孫集團之一部圍攻津浦路正面之敵，復指示周邊部署。[40]惟軍委會本日的會報，因恐日軍堅守而國軍無法攻堅，故又以為不必積極進攻。[41]

(四) 核心成員親赴前線

對於是否積極進攻，軍委會有所疑慮。3 月 23 日，蔣中正與其他核心成員白崇禧、徐永昌等親赴鄭州查明戰況，當晚抵達，召開軍事會議。第一戰區司令長官程潛、副司令長官宋哲元、第二十集團軍總司令商震等皆出席，咸主第五戰區應積極進攻，蔣中正卻以為日軍占據臨城、嶧縣 3、4 天，工事已堅，攻之不能下，爾後又難撤退。日軍若另以一軍攻魯西，國軍將無兵應援，如此恐隴海路被截，徐州危險，不如停止進擊，以待日軍來攻。因此，蔣令白崇禧立以電話轉達李宗仁，同時決定親赴徐州部署。[42]此過程，可見蔣力排眾議及用兵之謹慎。

然而，在第一線的李宗仁已於 22 日下達作戰命令——為收復魯中廣大地區，「以主力由嶧縣東南及東北山地側擊南下之敵，聚殲之於臨棗支線亘韓莊運河間地區」。他並展開其他相應部署。[43]

24 日，蔣中正等軍委會核心成員抵達徐州，李宗仁報告前方情形，並云指揮

[38] 國防部史政編譯局編，《抗日戰史——徐州會戰（一）》，頁 24-25。

[39] 中央研究院近代史研究所編，《徐永昌日記》，第 4 冊，1938 年 3 月 22 日，頁 248。

[40] 國防部史政編譯局編，《抗日戰史——徐州會戰（一）》，頁 25。

[41] 中央研究院近代史研究所編，《徐永昌日記》，第 4 冊，1938 年 3 月 22 日，頁 248。

[42] 中央研究院近代史研究所編，《徐永昌日記》，第 4 冊，1938 年 3 月 23 日，頁 249。《蔣中正日記》，1938 年 3 月 23 日。

[43] 國防部史政編譯局編，《抗日戰史——徐州會戰（一）》，頁 25-26。

官地點不通電話，命令無法追回，且軍隊已經開始進攻，難以停止。蔣中正得知此情，「以攻擊命令既下，姑照舊進攻嶧、棗，如攻不奏效，則令其撤至嶧縣東北山地待機也。」同時了解到「魯南敵軍之薄弱，尚無積極攻取徐州之決心」。[44]可見，蔣中正本欲撤回對日軍的圍擊，因通訊不及，才繼續發動，整個過程，實有其偶然性。

國軍發動圍攻的同時，日軍輕敵南進，超越了原定作戰線。3 月 20 日，日軍第十師團長磯谷廉介，下令瀨谷啓確保韓莊、台兒莊運河之線，並警備臨城、嶧縣等地，同時要求盡量派遣兵力向沂州方面突進，協助第五師團戰鬥。如此部署，即超越了原先規定的戰線（滕縣、沂州之線），[45]台兒莊開始成為日軍重要目標。

瀨谷支隊將其一部編成台兒莊派遣隊，以第六十三聯隊的第二大隊、聯隊砲隊一部及野戰砲兵第一大隊為主力，由嶧縣沿台棗線（棗莊至台兒莊之鐵路）南下，24 日突破台兒莊東北角。受到國軍反擊，攻擊中止，於台兒莊北側整備。同時，瀨谷啓準確獲得前述國軍下令圍殲日軍之情報，下令支隊一部向臨沂方向策應坂本支隊，主力則確保韓莊及台兒莊附近大運河之線。[46]

日軍繼續進攻台兒莊，惟戰事不利，屢經增援，仍陷入苦戰。[47] 3 月底以後，瀨谷支隊兵力已近 10,500 人，坂本支隊有約 6,000 餘人。[48] 29 日，磯谷廉介下令瀨谷支隊以主力迅速擊破台兒莊附近國軍。30 日，瀨谷啓調集主力南下，31 日，攻陷台兒莊東半部，並抵達大運河；[49]同時，坂本支隊受命自臨沂向台兒莊急進

---

[44] 中央研究院近代史研究所編，《徐永昌日記》，第 4 冊，1938 年 3 月 24 日，頁 249。《蔣中正日記》，1938 年 3 月 24 日。

[45] 秦郁彥，《日中戰爭史》（東京：河出書房新社，1977 年增補改訂 3 版），頁 289。

[46] 防衛庁防衛研修所戦史室，《支那事变陸軍作戦〈2〉昭和十四年九月まで》，頁 34。姜克實，〈台児庄派遣部隊の初戦〉，《岡山大学文学部紀要》，第 66 巻（2016 年 12 月），頁 21-36。

[47] 姜克實，〈台児庄派遣部隊の再戦：第二回攻城〉，《岡山大学文学部紀要》，第 67 巻（2017 年 7 月），頁 21-34。

[48] 姜克實，〈台児庄作戦の概観〉，《岡山大学社会文化科学研究科紀要》，第 43 号，頁 6、11。

[49] 防衛庁防衛研修所戦史室，《支那事变陸軍作戦〈2〉昭和十四年九月まで》，頁 32-35。

增援。[50]

(五) 軍委會內部對調度預備軍的歧見

軍委會核心成員於 3 月 24 日抵徐後，白崇禧、林蔚至台兒莊視察。[51]蔣中正將部分核心成員留在徐州，組織臨時參謀團，協助李宗仁作戰。臨時參謀團成員，有副參謀總長白崇禧，及軍令部負責作戰者數人：次長林蔚、第一廳廳長劉斐、高級參謀王鴻韶、處長羅澤闓、科長馮衍、蔡文治、孫景賢和參謀李慎之等。[52]蔣中正、徐永昌等則經歸德、洛陽返回武昌。[53]軍令部部長徐永昌雖返武昌，對前線仍隨時掌握；臨時參謀團成員、軍令部次長林蔚等，每日向徐永昌彙報前線戰情。[54]

由於日軍初始進攻台兒莊的兵力不足，軍委會因此判斷日軍疲弱。3 月 28 日，蔣中正記云：「倭寇製造南京偽組織，將為終止軍事行動之預備乎？觀乎魯南倭寇之戰況，實逞強弩之末之象，斷定倭寇不敢再進矣。」[55]日軍亦深知戰場劣勢，逐次增兵台兒莊方面。臨沂方面的坂本支隊，於 29 日留置步兵約 2 個大隊在臨沂，將主力步兵 4 個大隊、野戰砲兵 2 個大隊從原戰線撤出南下，支援台兒莊方面。

---

[50] 姜克實，〈坂本、瀬谷支隊の台児庄撤退の経緯——1938 年 4 月〉，《岡山大学文学部紀要》，第 64 巻（2015 年 12 月），頁 36。

[51] 中央研究院近代史研究所編，《徐永昌日記》，第 4 冊，1938 年 3 月 24 日，頁 249。

[52] 國防部史政編譯局編，《抗日戰史——徐州會戰（一）》，頁 27。劉斐日後回憶他在台兒莊之役之初便被蔣中正派至前線，以貫徹軍委會的企圖，在台兒莊勝利後回到武漢。惟劉斐是在台兒莊之役中、3 月 24 日赴前線，而其至少在 4 月 15 日仍在前線，並非其回憶台兒莊勝利後（4 月 7 日前後）即返武漢。劉斐，〈徐州會戰概述〉，收入《正面戰場：徐州會戰—原國民黨將領抗日戰爭親歷記》，頁 24、27。國防部史政編譯局編，《抗日戰史——徐州會戰（一）》，頁 38-39。羅澤闓，《台兒莊殲滅戰》，收入軍事委員會軍令部編，《抗戰參考叢書合訂本》，第 1 集（第 1 種至第 7 種）（出版地不詳：軍事委員會軍令部，1940 年），頁 40。

[53] 《蔣中正日記》，1938 年 3 月 24-28 日。

[54] 中央研究院近代史研究所編，《徐永昌日記》，第 4 冊，1938 年 3 月 27 日，頁 251。如 4 月 2 日，林蔚、劉斐電告軍令部敵我情況 9 項。「林蔚劉斐呈軍令部電」（1938 年 4 月 2 日），〈第五戰區陳貫群、賀國光等關於徐州會戰的文電〉，《國防部史政局及戰史編纂委員會》，檔號：七八七-7603。

[55] 《蔣中正日記》，1938 年 3 月 28 日。日記中的「倭」指日本。

第五師團長板垣征四郎，並於 31 日赴湯頭鎮指揮作戰。[56]

31 日上午的會報，蔣中正與徐永昌對調動第一三九師黃光華部發生歧見。蔣主張將黃光華師開臨沂解決該方面之敵。徐永昌謂臨沂日軍已退，此時再增，亦未必能解決該敵，不如留黃師在徐州、台兒莊間以備萬一。徐並以為，國軍以 3 師半在台兒莊不能進展，且失其一角，而湯恩伯軍 4 個師在北壓迫之日軍，尚有餘力側擊台兒莊，可見韓莊至台兒莊一帶仍有可慮。徐因此反而建議增加後方預備兵力。蔣中正對黃師的部署，仍主張該師開臨沂，其餘則同意徐的意見。下午，情勢有所轉變，在前線的林蔚、劉斐電告已將黃光華師一部由新安鎮調回台兒莊西南之韓山、塞山間，防範日軍衝過運河，以備萬一。[57]因此，黃師的部署，最後還是按徐永昌的意見。

蔣中正對日軍的意圖，尚不明瞭，記云：「臨沂之敵，進退無常，台兒莊之敵，敗而不退，其後方亦無援軍，究有何待？應切實研究。」[58]德國軍事總顧問法肯豪森，函謂日軍有派部繞臨沂以南之可能，請於邳縣、郯城置預備兵。4 月 1 日，法肯豪森的判斷成真，軍委會得報臨沂日軍退轉南下，攻擊湯恩伯軍團之側背，刻正向嶧縣、蘭陵間猛進，而嶧縣日軍則向東前進。徐永昌感到「敵人用兵活潑如此，猛勇如此，據報此一帶共有敵一個半師團，我則除張（自忠）、龐（炳勳）在臨沂，黃（光華）在台兒莊西南未用外，八個半師竟不能挫折之，一任敵人橫行，昨日台兒莊幾頻〔瀕〕於危。」[59]

4 月 1 日的會報，蔣中正又與徐永昌的意見分歧。蔣主張再調預備軍至前線，以竭力殲滅台兒莊之敵。徐則以為不到萬不得已，不可增加預備兵，應求與日軍持久，不求快速解決敵人。徐所以如此主張，因「縱增加亦未必能完成希望，徒激敵致死力，於我不若持久以耗敵力，以養我氣，所謂待敵之可勝也」，「過去曾

[56] 防衛庁防衛研修所戦史室，《支那事変陸軍作戦〈2〉昭和十四年九月まで》，頁 36。

[57] 中央研究院近代史研究所編，《徐永昌日記》，第 4 冊，1938 年 3 月 31 日，頁 253-254。

[58] 《蔣中正日記》，1938 年 3 月 31 日。

[59] 中央研究院近代史研究所編，《徐永昌日記》，第 4 冊，1938 年 4 月 1 日，頁 255。

無一次能痛快解決敵人，且我軍與敵猶之與好手下棋，久戰自有進步，敵則一切日壞」。結果，蔣中正仍決定增用第七十五軍周碞部之第六師，必欲消滅台兒莊之敵。[60]蔣、徐兩次分歧，關鍵皆在預備軍之使用，蔣主調用，徐主備用，最後蔣仍依己意，欲把握戰機，圍殲日軍。4 月 2 日，蔣自記：「軍事能抗過上月，津浦路未為敵人打通，……軍事至此，勝負之數已定其半，敵軍不僅無勝利之望，其敗象已漸顯明矣。若能維持現局至本月底，則勝算可操矣。」[61]同日，軍委會電令李宗仁及各將領：「在此將獲全勝之現狀，務作最大努力，促成本會戰絕對勝利。」[62]

在前線的副參謀總長白崇禧等將領，向軍委會報告，以台兒莊日軍工事已堅，攻下費力，擬將黃光華師調至岔河鎮，周碞師及砲兵營調至邳縣，俟集結，將繞歸湯恩伯指揮，以解決台、嶧間之敵。蔣中正聞報同意。對此，徐永昌又有意見，主張不用黃、周兩師，應留作預備；惟前方命令已下，無法挽回，徐只能「且看作何結局」。徐永昌復向蔣中正建議，黃、周兩師投入前線，實係多用，因不用亦能維持，用之後十之八九仍解決不了日軍，徒使己方少了兩師預備隊；日軍向取致命處抄截，今日亟應預防日軍渡河往魯西挺去。又，徐以為國軍補充及訓練，尚須 3 個月才能完成，若過事強迫，日軍不難立調數萬精銳與國軍一拚。國軍已有勝敵之道，不必甘冒極大危險以求一日之逞。因此，徐力謀持久，不希望目前戰況有所進步。蔣中正聞言，同意徐的看法。[63]

(六)「台兒莊大捷」

4 月 3 日，第五戰區發動全線攻勢，[64]李宗仁、白崇禧均往前方督戰，空軍亦

---

[60] 中央研究院近代史研究所編，《徐永昌日記》，第 4 冊，1938 年 4 月 1 日，頁 255。

[61] 《蔣中正日記》，1938 年 4 月 2 日「雜錄」。

[62] 國防部史政編譯局編，《抗日戰史——徐州會戰（一）》，頁 29。

[63] 中央研究院近代史研究所編，《徐永昌日記》，第 4 冊，1938 年 4 月 2 日，頁 256。

[64] 國防部史政編譯局編，《抗日戰史——徐州會戰（一）》，頁 29。

出動數十架助戰。[65]林蔚電話報告徐永昌，有六成以上把握可勝敵軍。[66]

第五戰區發動總攻之後，仍無法消滅台、嶧間日軍，台兒莊時被侵占，蔣中正因此電責湯軍團作戰不力。在 4 月 5 日的會報，因後方預備隊不多，蔣囑令第二十一師李仙洲部暫緩加入作戰。徐永昌則主張設法將作戰重點誘導至山西，即一面激怒日軍，謂其絕不能有山西，一面用生力軍渡河進攻，攻取晉南，作為國軍轉機之起點，蔣頗以為然，惟對用兵渡河仍未能下定決心。徐又主張，對於台、嶧間用兵，不圖消滅敵人，應努力維持現狀。[67]蔣、徐兩人，因戰況一度陷入膠著，皆沒有預見其後的「台兒莊大捷」，蔣且如先前動用預備隊一事，對部署有所猶豫。6 日，蔣記云：「台兒莊戰事無甚進步，甚念。」[68]

由於後方緊迫，坂本支隊的上級第五師團，要求該支隊在給予台兒莊國軍「一擊」、援救瀨谷支隊之後，反轉撤回臨沂（沂州），坂本支隊據此進行部署。苦戰中的瀨谷啓聽聞坂本支隊「沂州反轉」的計畫十分震驚，心頭一轉，決定藉此機會脫出戰場，於是規劃與坂本支隊共同「一擊作戰」，同時全體自台兒莊撤出。4 月 6 日下午，瀨谷支隊在沒有通知坂本支隊的狀況下，展開撤退並對國軍執行「一擊」。[69] 4 月 7 日，坂本支隊得知瀨谷支隊撤退後如晴天霹靂，其形勢頓形孤立，乃迅速轉換部署為全面撤退。[70]同日，軍委會得報日軍撤退，徐永昌主張即派 3 個師的兵力入晉，以謀收復晉南，轉移戰事重心。蔣中正即電令軍事委員會委員長西安行營主任蔣鼎文草擬作戰計畫。[71]

---

[65] 錢世澤編，《千鈞重負——錢大鈞將軍民國日記摘要》，第 2 冊（美國：中華出版公司，2015 年），頁 610。

[66] 中央研究院近代史研究所編，《徐永昌日記》，第 4 冊，1938 年 4 月 4 日，頁 257。

[67] 中央研究院近代史研究所編，《徐永昌日記》，第 4 冊，1938 年 4 月 5 日，頁 258。

[68] 《蔣中正日記》，1938 年 4 月 6 日。

[69] 姜克實，〈坂本、瀨谷支隊の台児庄撤退の経緯——1938 年 4 月〉，《岡山大学文学部紀要》，第 64 卷，頁 36-45。

[70] 姜克實，〈坂本、瀨谷支隊の台児庄撤退の経緯（二）——台児荘反転関係電報綴を通して〉，《岡山大学社会文化科学研究科紀要》，第 41 号（2016 年 3 月），頁 13-20。

[71] 中央研究院近代史研究所編，《徐永昌日記》，第 4 冊，1938 年 4 月 7 日，頁 260。

國軍獲得「台兒莊大捷」，軍委會核心成員對於是否大肆慶祝，看法分歧。軍令部次長熊斌主張此次勝利應有慶祝舉動，軍令部第一廳廳長劉斐亦建議擴大宣傳以鼓舞士氣。然軍令部部長徐永昌認為國軍失地數省，國府播遷，為創劇痛深之時，不宜有此，參謀總長何應欽亦以為然。徐並函蔣中正制止慶祝活動。[72]蔣中正本就不主慶祝，認為「民間勝而喜則可，然驕則危矣」。[73]其接台兒莊捷報，即令宣傳部勿事鋪張，免得日軍不得下場。惟下午武漢滿城鞭炮聲，自午至夜不絕於耳，蔣只得聞聲作嘆。[74]

(七) 軍委會下令終止追擊

日軍向嶧縣方面撤退後，蔣中正電令追擊。[75]惟日軍死守據點，國軍追擊不利，蔣電令李宗仁、白崇禧努力進攻，[76]並為「臨沂附近敵已陸續增加，嶧縣不能速下，懸念無已」。[77]法肯豪森此時建議，國軍左翼以強大兵力向臨城前進，壓迫日軍於東北方之抱犢山，再堵截日軍撤退，右翼湯恩伯部則向右由空隙地點突入。其復建議國軍動作應迅速堅決，尤要利用月光窮躡敵軍，如此則能迅速殲敵並減少自身損害，「若不能達到此步，則台兒莊之勝利不過尋常勝利，非殲滅戰」。[78]

法肯豪森的積極進擊建議，以國軍追擊陷入停擺而難以實施。李宗仁、白崇

---

[72] 劉斐，〈徐州會戰概述〉，收入《正面戰場：徐州會戰—原國民黨將領抗日戰爭親歷記》，頁 27。中央研究院近代史研究所編，《徐永昌日記》，第 4 冊，1938 年 4 月 7 日，頁 260。「電李司令長官白副總長」（1938 年 4 月 12 日），收入趙正楷、陳存恭編，《徐永昌先生函電言論集》（臺北：中央研究院近代史研究所，1996 年），頁 68。

[73] 《蔣中正日記》，1938 年 4 月 7 日。

[74] 《蔣中正日記》，1938 年 4 月 7 日。

[75] 國防部史政編譯局編，《抗日戰史——徐州會戰（一）》，頁 31。

[76] 「上蔣委員長」（1938 年 4 月 7 日），收入趙正楷、陳存恭編，《徐永昌先生函電言論集》，頁 65。

[77] 《蔣中正日記》，1938 年 4 月 14 日。

[78] 「徐永昌轉報台兒莊附近與敵作戰對策密電」（1938 年 4 月 14 日），收入中國第二歷史檔案館編，《中華民國史檔案資料匯編》，第 5 輯第 2 編，軍事二，頁 568。

禧電呈蔣中正，告以台兒莊所以勝利，是因敵軍孤軍深入，國軍藉台兒莊據點與敵相持，以優勢兵力拊敵側背，在有利態勢下行運動戰。現日軍改攻為守，行機動防禦，國軍繼續攻堅，勢將演成陣地戰，而當前抗戰方針，原在避免陣地戰，以運動戰消耗敵人兵力，藉集小勝為大勝，故請將主力集結於便於機動之位置，斷敵補充，誘敵於陣地外以求決戰。軍委會臨時參謀團林蔚、劉斐，亦電呈蔣，告以日軍深溝高壘，憑險固守，國軍難澈底消滅之，自身消耗反而更大，建議放棄圍攻，集結主力於機動位置，速謀補充，以備繼續作戰。[79] 4 月 15 日，蔣中正同意前線所呈，以為「攻嶧縣不能速克，敵援漸增，應變更戰略，集結兵力也」。[80] 於是國軍改變戰略，由剛性之攻堅，改採柔性之軟困，再阻敵增援，斷絕補給。[81] 是日，蔣電令李、白派部建立根據地，向日軍後方交通線攻擊，或派部前往游擊。[82]

法肯豪森對於他積極攻擊的建議未獲採納，甚為不滿，對著美國駐華武官史迪威等人抓著自己頭髮，激動地說蔣中正沒有照他原來的計畫，乘勝追擊敵人，將之一網打盡；日軍必將捲土重來，以大軍進攻徐州，屆時便失之過晚。白崇禧對法肯豪森的意見並不認同，他主張持久消耗戰，欲以中、日四比一的比例消耗日軍。[83]

白崇禧等人的想法是否較法肯豪森恰當？時第二十軍團湯恩伯部正包圍稅郭日軍，展開攻擊，奉命撤圍後，易攻為守，所轄各部調離或歸還建置，兵力驟減，失其主動地位，反遭日軍嚴重打擊，精銳耗盡。[84]可見轉攻為守造成之相當損失；

---

[79] 「李宗仁白崇禧呈蔣中正電」（1938 年 4 月 13 日），〈傅作義、林蔚、劉斐等在徐州會戰中之文電〉，《國防部史政局及戰史編纂委員會》，檔號：七八七-7600。

[80] 《蔣中正日記》，1938 年 4 月 15 日。

[81] 國防部史政編譯局編，《抗日戰史——徐州會戰（一）》，頁 36-38。

[82] 「蔣中正致李宗仁白崇禧電」（1938 年 4 月 15 日），〈革命文獻—徐州會戰〉，《蔣中正總統文物》，典藏號：002-020300-00010-020。

[83] Barbara W. Tuchman, *Stilwell and the American Experience in China, 1911-1945* (New York: Macmillan, c1971), pp. 186-187.

[84] 〈第二十軍團湯恩伯部參加台兒莊徐州會戰各戰役戰鬥詳報及附圖〉，《國防部史政局及戰史編纂委員會》，檔號：七八七-7750。

日軍不久也的確捲土重來，發動大規模攻勢。惟當前局勢，國軍確難攻堅，法肯豪森以外的軍委會核心成員，多贊同終止追擊，戰區司令長官李宗仁亦然。質言之，在中日兩軍戰力差距極大的狀況下，國軍不論積極進攻或採持久消耗，皆難避免相當傷亡，部署兩難。

(八)關於軍委會指揮台兒莊之役的觀察

台兒莊之役至此結束，國軍傷亡近 3 萬人，孫連仲部損失三分之一，湯恩伯部損失二分之一。[85]日軍傷亡約 5,100 人，[86]損失遠較國軍為輕。國軍造成的壓力，使日軍不得不主動撤退，可說是國軍防禦戰的勝利，[87]國軍也得以擴大宣傳殲滅敵軍、獲得大勝，創造「台兒莊大捷」的說法。[88]

以軍委會為核心，整個作戰過程可有下列數點觀察。

1、戰事過程，除了軍委會委員長蔣中正及前線的戰區司令長官李宗仁、各集團軍、軍團等官長扮演重要角色，軍委會其他核心成員法肯豪森、白崇禧、徐永昌、劉斐等作為重要幕僚，也發揮一定作用。他們與蔣頻繁互動，提供蔣戰略、戰術建議，蔣參酌他們的意見，做出決策。

2、作為最高統帥的蔣中正，擁有最後決定權，面對核心成員的各種建議，他

[85] 中央研究院近代史研究所編，《徐永昌日記》，第 4 冊，1938 年 4 月 10、13 日，頁 263、265。

[86] 過去較多研究認為日軍傷亡為 11,984 人，據姜克實參照日軍多種史料考證，指出日軍傷亡應為 5,145 人，而此數字是從 2 月中旬起算，迄於 4 月 7 日，並包含第二軍在周邊戰場的兩個師團所有死傷人數。姜克實，〈台兒莊戰役日軍死傷者數考〉，《歷史學家茶座》，2014 年第 3 輯（總第 34 輯），頁 58-74。姜克實，〈台児庄戦役における日本軍の死傷者数考証〉，《軍事史学》，第 52 巻第 3 号（2016 年 12 月），頁 145-160。若限縮時間及作戰地域，僅計算瀨谷支隊及坂本支隊的傷亡，估計不超過 2,500 人。姜克實，〈台児庄作戦の概観〉，《岡山大学社会文化科学研究科紀要》，第 43 号，頁 20。日軍尚損失 89 式中戰車 4 輛、94 式裝甲車數輛等。姜克實，〈台児庄の戦場における日本軍の装甲部隊〉，《文化共生学研究》，第 15 号（2016 年 3 月），頁 58-74。

[87] 姜克實，〈坂本、瀬谷支隊の台児庄撤退の経緯（三）——1938 年 4 月〉，《岡山大学文学部紀要》，第 64 巻（2016 年 7 月），頁 59。

[88] 姜克實，〈日本軍の戦史記録と台児庄敗北論〉，《岡山大学文学部紀要》，第 63 巻（2015 年 7 月），頁 39-40。

時而接受他們的意見，時而依自己的看法，整體來看，有十分主見。在決定總攻台兒莊時，蔣一度不顧眾人建議，下令暫緩攻擊。最後因命令傳遞不及的偶然因素，攻勢仍繼續發動。之後，在徐永昌提出不同建議的狀況下，蔣反而必欲澈底消滅台兒莊日軍，甚至要調動預備隊至前線。戰事末期，法肯豪森主張繼續追擊，蔣參酌其他核心成員的建議，決心變更戰略，改採柔性圍困。凡此，皆可見蔣的主見，看不出他特別信賴或接納某一核心成員的建議。軍令部係指揮作戰權責機關，其首長徐永昌的建議，蔣未必採納，雙方時有歧見。法肯豪森作為陸軍強國德國的顧問，帶來西方先進軍事知識，但在實際軍事指揮上，蔣也不見得採納他的意見。

3、軍委會的組織運作，充分協助委員長的指揮。在台兒莊之役進行中，軍委會以核心成員組織參謀團，代蔣親臨前線指揮，並不時回報第一手戰況。戰事進行中，軍令部代蔣發出大量作戰指揮文電，命令對象包括戰區司令長官李宗仁、集團軍總司令孫連仲、軍團長湯恩伯、軍長張自忠等。[89]透過軍委會組織的運作，台兒莊熱戰之時，蔣尚可赴洛陽巡視，並與夫人同遊龍門。[90]

要之，從台兒莊之役整個過程，可以看到軍委會的作為。李宗仁曾於其回憶錄說，中央軍將領都知道，奉行蔣中正的命令，往往要吃敗仗，而抗戰時其任第五戰區司令長官 6 年，蔣從未直接指揮第五戰區的部隊，他認為第五戰區所以能打幾次勝仗，與未受蔣直接指揮不無關係。[91]實則，包括蔣中正在內的軍委會核心成員，統籌戰局，與李宗仁等戰區各將領密切聯繫，對戰事指揮著實發揮相當作用。

[89] 參見中國第二歷史檔案館編，《中華民國史檔案資料匯編》，第 5 輯第 2 編，軍事二，頁 559、562-565、595-597。其署名皆為「中○」。

[90] 《蔣中正日記》，1938 年 3 月 25-27 日。

[91] 李宗仁口述，唐德剛撰寫，《李宗仁回憶錄》，下冊，頁 819-821。

二、徐州會戰爆發

(一) 軍委會的戰略及政略考量

台兒莊之役同時，日軍以己方兵力過少，致使國軍得採取各個擊破之運動戰，又注意到國軍集中於徐州附近，尤其湯恩伯第二十軍團的出現，認為這是給予國軍主力一大打擊的機會，遂決定改變不擴大戰面方針，實施徐州作戰，召現地軍參謀至東京開會研商。[92]同時，武漢作戰本預定於次年實施，此時考慮擴大戰果，準備於徐州作戰發動後施行。1938 年 4 月 7 日，大本營命令北支那方面軍擊破徐州附近國軍，占領蘭封以東之隴海線以北地域；命中支那派遣軍協助北支那方面軍擊破徐州附近國軍，並占據徐州以南津浦線及廬州附近。其後，日軍決定於 4 月下旬展開作戰，北支那方面軍以約 4 個師團（第五、第十、第十六，第一一四師團為後方警備）向隴海線及徐州北方採取攻勢擊破國軍，以約 1 個師團（第十四師團）從蘭封東北方往歸德方向國軍之退路攻擊。中支那派遣軍以約 2 個半師團（第三、九、十三師團，部分任後方警備）從南方策應北支那方面軍作戰，並特別注意截斷國軍退路。[93]兩個方面軍參戰總兵力約 20 萬人。[94]由是，國軍雖於台兒莊之役獲得優勢，卻引起日軍調集主力發動徐州作戰。（表 5-3）

---

[92] 岡部直三郎，《岡部直三郎大將の日記》，頁 184。

[93] 防衛庁防衛研修所戦史室，《支那事変陸軍作戦〈2〉昭和十四年九月まで》，頁 45。「第 2 章・第 1 節・第 4 款　徐州会戦」，《防衛省防衛研究所・陸軍一般史料・支那・支那事変・全般・支那方面作戦記録　第 1 巻　昭和 21 年 12 月調》，アジア歴史資料センター，Ref.C11110752700。

[94] 秦郁彥，《日中戰爭史》，頁 291。

表 5-3：日軍徐州會戰指揮系統表

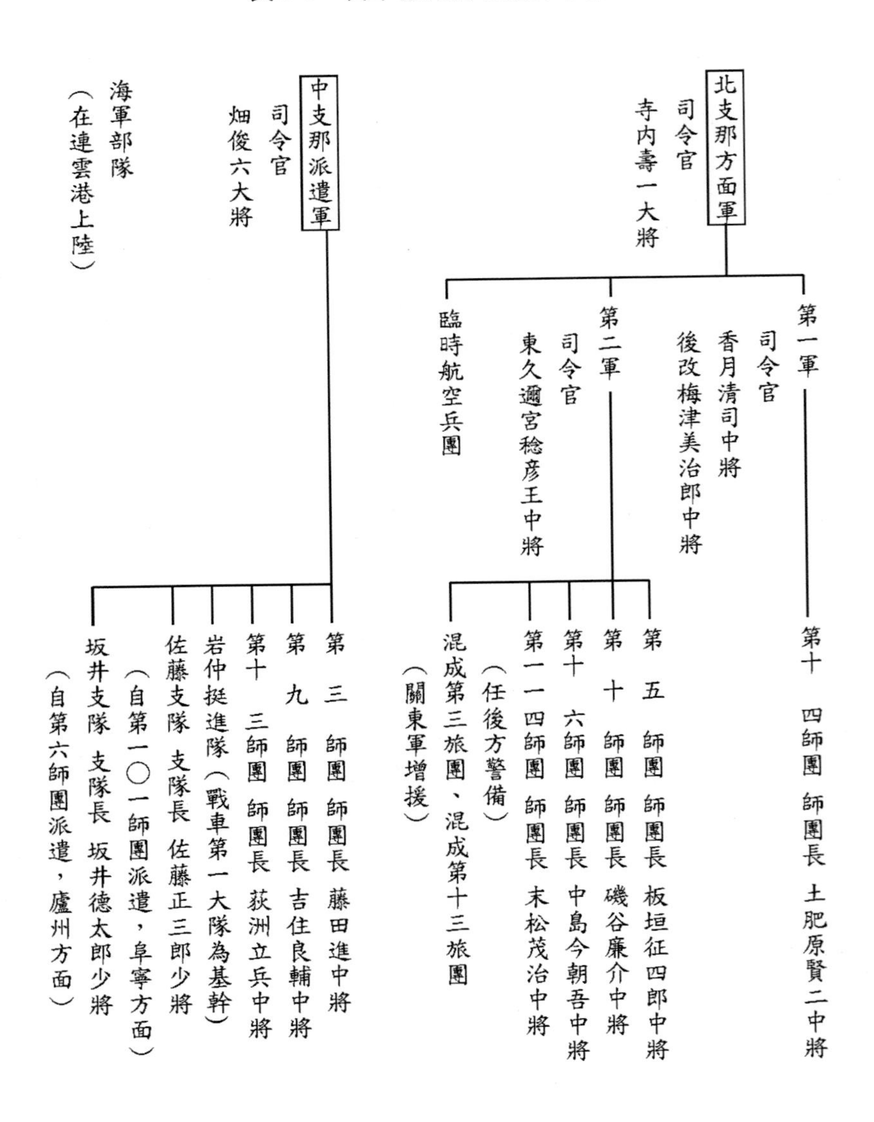

說明：

一、此為 1938 年 4 至 5 月之狀況。

二、整理自防衛庁防衛研修所戦史室，《支那事変陸軍作戦〈2〉昭和十四年九月まで》，頁 43-72。

時值政府西遷重慶，軍事中樞遷武漢，軍事委員會當時的戰略，在爭取武漢備戰時間，於武漢外圍持久消耗日軍，故投入大量兵力於徐州方面，遲滯日軍於津浦線的進程。同時，蔣中正如淞滬會戰之時，仍十分期待藉由日本國內及外交壓力，終止戰事。他考慮九國公約會議大會決議與宣言如果有力，「則其效果不惟可使敵適可而止，當能使敵知難而退也」。[95]因此冀望拉長戰爭時間，能使日軍自動撤退。[96]此外，蔣獲得日軍 4 月將進攻蘇聯之消息，對此充滿期待。[97]他不斷思索日蘇戰爭發生的可能性，並將日本有意與中方談和之企圖一併考量。[98]蔣復與外交部亞洲司司長高宗武談日本外交，得知日本急於求和，感到「其急於攻俄之意，亦昭然若揭矣」，同時記下注意之點：「一、石原莞爾任關東軍副參長，攻俄主張將實現乎？二、駐倭之俄使近日連見倭外長，必有嚴重交涉。三、倭謂俄決無意攻倭，以為自知其弱，故倭決攻俄。四、倭對我方未明言攻俄，則其必攻俄也。」[99]就在台兒莊日軍撤退的 4 月 6 日，蔣判斷「倭俄戰爭恐於本月中旬以後必將爆發」。[100]也因此，蔣考慮日軍在台兒莊戰敗後，必圖報復，或將停頓攻蘇計畫，轉攻中國，故下令切勿鋪張宣傳台兒莊勝利，以免刺激日方。[101]

由於上述種種考慮，軍委會於台兒莊勝利之後，並未一意擴大戰局。蔣中正判斷日軍如反攻，必以主力從山東進占歸德。[102]徐永昌仍主張調派軍隊到晉南，轉移戰事重心，他電令第二戰區司令長官閻錫山轉取攻勢，並回報作戰計畫。4 月 10 日的會報，蔣先前指定蔣鼎文擬定攻擊晉南之條陳已到，惟蔣仍無決心發動

---

[95] 《蔣中正日記》，1938 年 3 月 25 日。

[96] 蔣記：「倭侵我國已陷於進退維谷之勢，如我能持久不屈，則倭必知難而退，豈特適可而止已也。」「倭寇弱點在延長戰期。」《蔣中正日記》，1938 年 3 月 13、17 日。

[97] 《蔣中正日記》，1938 年 3 月 21、28 日。

[98] 《蔣中正日記》，1938 年 4 月 4 日。

[99] 《蔣中正日記》，1938 年 4 月 5 日。

[100] 《蔣中正日記》，1938 年 4 月 6 日。

[101] 《蔣中正日記》，1938 年 4 月 7 日。

[102] 《蔣中正日記》，1938 年 4 月 9 日。

晉南攻勢。[103]

軍委會陸續接到日軍增援消息，[104]乃繼續增強己方兵力，以應付津浦路未來的強敵。[105] 4 月 18 日，蔣中正記云：「魯南戰局應再準備廿師兵力，或可收效。」[106]軍令部內部小組會議時，評估日軍若向津浦南北兩路增兵夾攻徐州，會戰結果為何？最後仍判斷國軍無法取勝。惟為爭取武漢備戰時間，國軍仍不得不持續增兵第五戰區。[107]

(二) 國軍遭日軍牽制吸引

日軍為配合即將到來的徐州總攻，由北支那方面軍第二軍在魯南發動牽制作戰，吸引國軍主力於津浦線以東，之後再從津浦線以西、徐州西方及西南方包圍，切斷國軍退路，是為「敵主力抑留作戰」。4 月 18 日，台兒莊之役的主力第十師團重新發動攻勢，第五師團則於 16 日攻擊臨沂並南下。[108]

軍令部第一廳廳長劉斐，見日軍增援，有大舉進攻徐州之企圖，而魯南湯恩伯軍團力有未逮，無力反攻，乃建議軍委會在魯南作戰改為機動防禦，除以一部分軍隊和日軍保持接觸，主力應集結於機動有利地位，相機打擊日軍；另外，應於運河線布防，控制強大預備兵團在徐州以西，俾能及時應付各方戰況，避免陷入被動地位。[109]

---

103 中央研究院近代史研究所編，《徐永昌日記》，第 4 冊，1938 年 4 月 10 日，頁 262。

104 中央研究院近代史研究所編，《徐永昌日記》，第 4 冊，1938 年 4 月 10、11、13、14、16、20 日，頁 262-269。「程潛呈蔣中正報告」（1938 年 4 月 10 日），〈革命文獻—徐州會戰〉，《蔣中正總統文物》，典藏號：002-020300-00010-019。

105 中央研究院近代史研究所編，《徐永昌日記》，第 4 冊，1938 年 4 月 11-14 日，頁 263-265。

106 《蔣中正日記》，1938 年 4 月 18 日。

107 張秉均，《中國現代歷次重要戰役之研究——抗日戰役述評》，頁 206。

108 防衛庁防衛研修所戦史室，《支那事変陸軍作戦〈2〉昭和十四年九月まで》，頁 46、52-61。

109 劉斐，〈徐州會戰概述〉，收入《正面戰場：徐州會戰—原國民黨將領抗日戰爭親歷記》，頁 28-29。

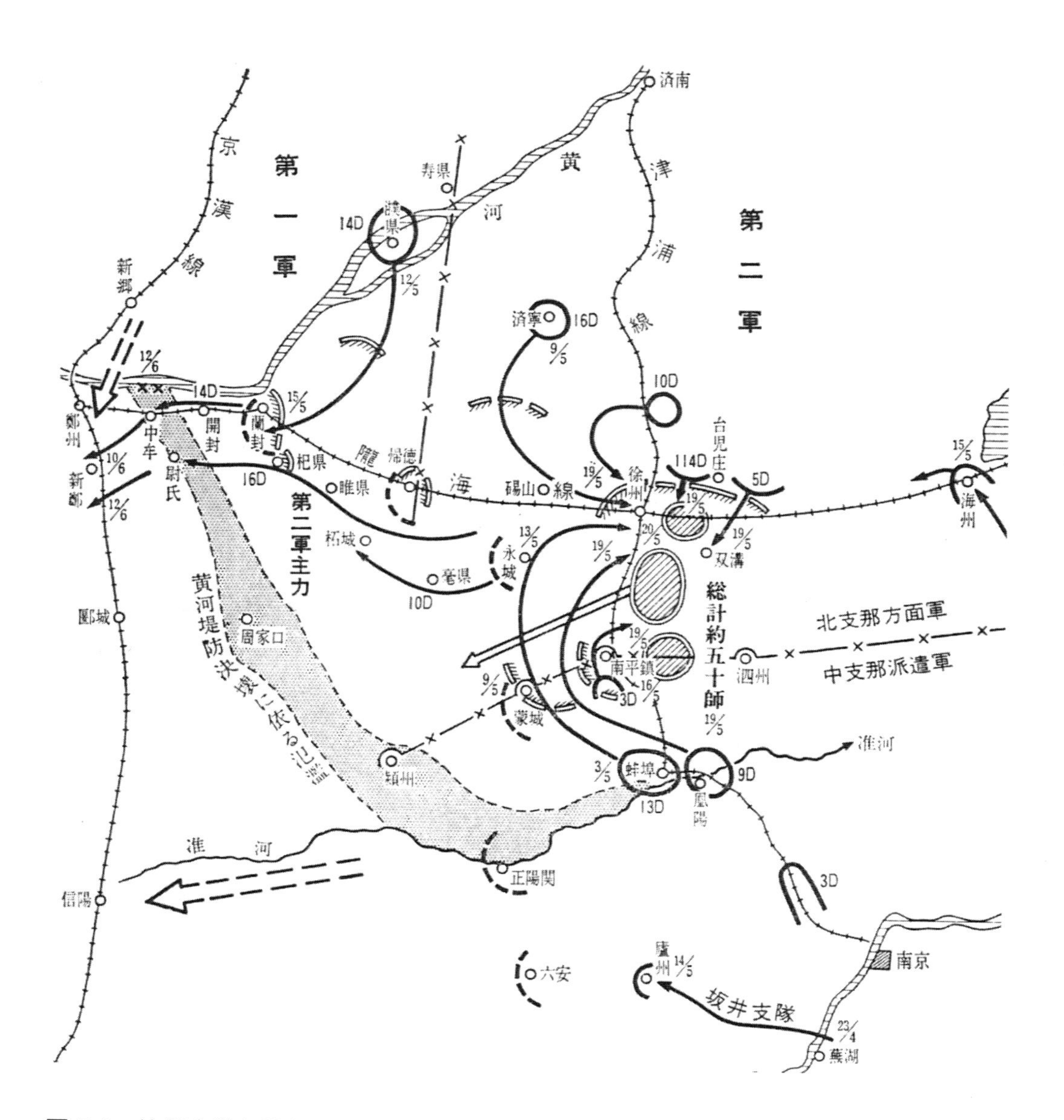

圖 5-4：徐州會戰經過概要圖，1938 年 5 至 6 月（防衛庁防衛研修所戦史室，《大本營陸軍部〈1〉昭和十五年五月まで》，頁 541）

4月21日，蔣中正參酌劉斐的建議，電令第五戰區以機動防禦及運動戰擊滅日軍，[110]惟在具體的兵力部署上，仍不放棄任何地點，令第一線做持久防禦部署。[111] 22日，蔣親抵徐州指揮，聽取前方報告，訪李宗仁研究戰局，又赴台兒莊附近巡視，約見各個將領及指示方略。[112] 24日的官邸會報，決定左翼軍、中央軍、右翼軍的部署，[113]軍委會即電告李宗仁會報所決定之攻防部署，要第五戰區包圍魯南日軍左翼而擊破之。[114]是日，蔣考慮：「魯南戰略應先發展運動戰，以固守運河南岸阻止敵軍侵徐，勿使我軍喪失戰鬥力，以求持久爭取最後勝利也。」[115]是時，劃入第五戰區戰鬥序列者，已達25個軍、58個師又3個旅（表5-4）。

國軍欲藉相當兵力，以運動戰持久消耗日軍，未料主力反而被吸引至魯南，中了日軍牽制作戰的計謀。劉斐對當前局勢感到不安，上電蔣中正，建議以第一線兵團，利用堅固村落，逐次頑強抵抗，不必向原陣地增加兵力，藉以消耗日軍戰力，挫其銳氣，待看準有利時機，再用機動兵團主動予以打擊。[116]劉斐之意，在以第一線做掩護，於後方控制強大機動兵團，確保主動，甚至想將主陣地退到運河之線，其並直接向前線詢問部署狀況。然而，蔣中正未嚴令實施劉斐的建議，李宗仁也沒有抽調出機動部隊，反而將所有部隊投到第一線或緊接第一線，大幅延展作戰正面。[117]

---

110 「蔣介石關於魯南戰役軍事部署令電」（1938年4月21日），收入中國第二歷史檔案館編，《中華民國史檔案資料匯編》，第5輯第2編，軍事二，頁600。

111 劉斐，〈徐州會戰概述〉，收入《正面戰場：徐州會戰—原國民黨將領抗日戰爭親歷記》，頁28-29。

112 蔣於1938年4月21日從武漢飛鄭州，再從鄭州乘火車赴徐州。22日晨抵徐州，同日赴台兒莊，晚間乘車西返。23日正午抵鄭州，下午乘車南下返漢。24日晨到漢回寓。《蔣中正日記》，1938年4月21-24日。

113 中央研究院近代史研究所編，《徐永昌日記》，第4冊，1938年4月24日，頁274。

114 國防部史政編譯局編，《抗日戰史——徐州會戰（一）》，頁43。

115 《蔣中正日記》，1938年4月24日。

116 國防部史政編譯局編，《抗日戰史——徐州會戰（一）》，頁44。

117 劉斐，〈徐州會戰概述〉，收入《正面戰場：徐州會戰——原國民黨將領抗日戰爭親歷記》，頁29-30。

表 5-4：國軍徐州會戰指揮系統表

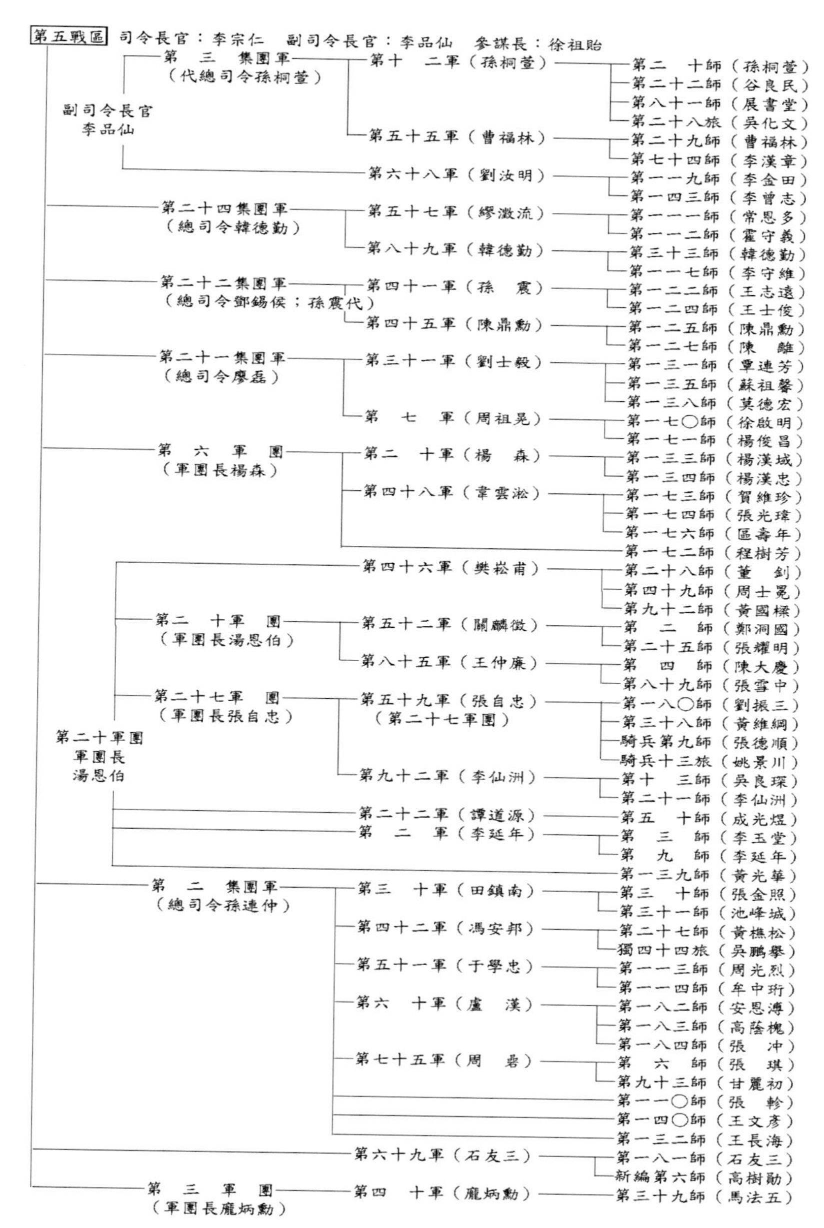

說明：
一、此為1938年4月25日之狀況。
二、共計25個軍58個師3個旅。
三、第三集團軍及第六十八軍，統一由李品仙指揮；第四十六軍、第二十軍團、第二十七軍團、第二十二軍、第二軍、第一三九師，統一由湯恩伯指揮。
四、改繪自國防部史政編譯局編，《抗日戰史——徐州會戰（一）》，第四篇第十一章第三節插表第八。

25日，李宗仁遵照軍委會歷次指示，下令戰區以消滅日軍主力為目的，以魯南兵團向左迴旋，攻擊日軍，並與魯西兵團相策應，圍困日軍於嶧縣附近山地而逐次擊破之。[118]此一攻擊，預定發起時間為27日拂曉。然而，時間一到，戰況轉變，國軍損失太大，無力發起強力攻勢。[119]湯恩伯電軍委會，以為現狀十分危險，不如南撤運河右岸（南岸），運河左岸（北岸）留部游擊。白崇禧亦有電話主此，林蔚亦曾提議。[120]

面對前線這些訊息，徐永昌的判斷與白崇禧等人不同，他以為日軍戰力不足，且日軍津浦線南北過去兵力皆弱於國軍，當前不過新增4到5個師而已，然十之八九皆為經戰爭殘破之餘，萬不比開戰時情形。因此，徐認為「我以四師對敵一師火力上綽有餘力，則再添十六師至二十師即仍舊優勢」。由於他如此估計兩軍戰力，在29日的官邸會報，討論台兒莊以西部隊撤至運河以南等部署時，其力持不可，認為「此不特長敵燄，亦所以自致將餒也」，此議乃止。徐並開始計算未用及可調用之增援部隊。[121]

118 「第五戰區命令」（1938年4月25日），〈第五戰區司令長官李宗仁等在銅山等地發出關於徐州會戰的文電〉，《國防部史政局及戰史編纂委員會》，檔號：七八七-7618。

119 國防部史政編譯局編，《抗日戰史——徐州會戰（一）》，頁45-46。中央研究院近代史研究所編，《徐永昌日記》，第4冊，1938年4月25日，頁275-276。

120 中央研究院近代史研究所編，《徐永昌日記》，第4冊，1938年4月28日，頁278。

121 徐永昌的統計為：「我現在未用及可調之師有第三、第九、第五十、第一百四十、第一百三十二、第二十八、第四十九、第九十二、第一百八十一、新六師、『石友三之六十九軍』、徐源泉之四十一師、四十八師，『第十軍』正開合肥，若再調馮治安之三十七師、一百七十九師、『七十七軍』，已足十四個師。」中央研究院近代史研究所編，《徐永昌日記》，第4冊，1938年4月29日，頁280。

30 日，蔣中正參酌徐永昌等人的意見，以日軍不能由其國內增兵，而其後方交通又不時被我斷絕，決定「我國應在原陣地支持為宜」，至於戰略、戰術則「皆應取攻勢，乃可得以攻為守之道也」。[122]即欲維持既有戰線，採運動戰，主動出擊，以達持久作戰目的。同日，軍委會電李宗仁，告以戰場幅員及補給與淞滬戰場迥異，目下敵人攻勢已頓挫，尚有擊破可能，決本既定方針，以運動戰擊破之。[123]由是，大批國軍，仍被日軍牽制吸引於魯南。

軍委會本著攻勢防禦，命令第五戰區出擊，由於部隊輸送費時，又須待右翼軍掃蕩郯城以南日軍，方能向左迴旋，故第五戰區將總攻擊時間改為 5 月 1 日。復受日軍阻礙，改至 3 日。[124] 3 日，研議甚久的總攻擊終於發動，[125]惟進展未若預期。[126] 5 日，各戰線陷入膠著狀態，蔣中正電令第五戰區如續攻 2、3 日內，仍無進展，或萬一頓挫，即停止進攻，整理戰線。[127]

(三) 日軍總攻及軍委會忽視魯西防禦

日本北支那方面軍第二軍第五、第十師團的牽制作戰，成功將大批國軍吸引至津浦線東側魯南一帶，據日軍估計，「抑留」國軍達 33 個師及 2 個騎兵師以上；[128]

---

[122] 《蔣中正日記》，1938 年 4 月 30 日。

[123] 「蔣介石令飭樊崧甫等部圍殲魯南敵軍密電」（1938 年 4 月 30 日），收入中國第二歷史檔案館編，《中華民國史檔案資料匯編》，第 5 輯第 2 編，軍事二，頁 601。

[124] 「中國軍隊作戰指導方案」（1938 年 5 月 1 日），收入中國第二歷史檔案館編，《抗日戰爭正面戰場》，上冊，頁 625-628。國防部史政編譯局編，《抗日戰史——徐州會戰（一）》，頁 47-48。

[125] 國軍此時發動之總攻，可以說是一種戰役決戰。戰役決戰是在一定方向、時間內為實現特定目的之作戰，屬局部性的。另有戰略決戰，是雙方使用主力進行戰爭勝負的作戰，是全局性的。張立華，〈試論台兒莊戰役後國民黨最高當局增兵徐州地區的戰略意圖〉，《山東大學學報（社會科學版）》，1995 年第 2 期，頁 89-92。

[126] 中央研究院近代史研究所編，《徐永昌日記》，第 4 冊，1938 年 5 月 3、4 日，頁 284-285。

[127] 「蔣介石交替部署馮治安等部作戰地境與任務密電」（1938 年 5 月 5 日），收入中國第二歷史檔案館編，《中華民國史檔案資料匯編》，第 5 輯第 2 編，軍事二，頁 606-607。

[128] 「第 2 軍作戦経過概要　昭和 12 年 8 月下旬～昭和 13 年 7 月中旬（2）」，《防衛省防衛研究所・陸軍一般史料・支那・支那事変・北支・第 2 軍の作戦関係資料　昭和 12 年 8 月～13 年 12 月（2 分冊の 1）》，アジア歴史資料センター，Ref.C11111014200。

軍委會未悉日軍刻意牽制，以為能與日軍在魯南維續相持局面，並藉運動戰打擊日軍。

5 月 2 日，中支那派遣軍司令官畑俊六抵蚌埠訓示前線部隊。5 日，北支那方面軍新任第二軍司令官東久彌宮稔彥王到濟南赴任。[129]同日，中支那派遣軍作戰部隊展開砲擊，開始北上，發動總攻。7 日，第二軍將戰鬥司令部從濟南推進至兗州，亦發布攻擊命令。[130]日軍向徐州的全面總攻，正式展開。

日軍戰略，在津浦線北段，由北支那方面軍第二軍拘束魯南、徐州附近國軍，並向魯西一帶施行包圍，計用 4 個師團。北支那方面軍第一軍則出動 1 個師團渡過黃河，在更西面遮斷隴海線，斷國軍退路。南段，以中支那派遣軍 2 個師團集結於鳳陽、蚌埠等地，往西北通過板橋集、蒙城一線，阻絕徐州國軍西南方退路。更南方另以第 6 師團的一部（坂井支隊）攻占廬州。大本營派作戰部部長橋本群領導的派遣班推進至濟南，擔任現地指導。[131]

對日軍大舉來攻，軍委會曾收到情報：日軍增調國內新銳，改守為攻，必欲打通津浦路，攻下徐州。徐永昌對這些情報，認為是「恐嚇」，「理想事實皆而有之」，「要在我精神能否克服敵人為斷」。軍委會又獲國研所主任王芃生報告，日軍擬於五月初旬總攻，攻克徐州。[132]對於日軍在津浦路南段的動向，軍委會亦有情報，得知日軍準備由江北進取沭陽、宿遷，攻隴海以牽制國軍徐州東路戰線，其方法略似淞滬會戰時之金山衛迂迴策略。[133]軍委會所獲日軍總攻時間，如第三、四章所述，十分精確，對於日軍增援，也有相當掌握，但對於日軍自津浦線西側或魯西的迂迴攻勢，卻沒有充分防範，原因為何？

---

[129] 接替西尾壽造。西尾改任教育總監兼軍事參議官。岡部直三郎，《岡部直三郎大將の日記》，頁 196、198-199。

[130] 伊藤隆、照沼康孝解說，《陸軍：畑俊六日誌》，頁 131-132。防衛庁防衛研修所戰史室，《支那事変陸軍作戦〈2〉昭和十四年九月まで》，頁 61-62。

[131] 堀場一雄，《支那事変戦争指導史》（東京：時事通信社出版局，1973 年），頁 164。

[132] 中央研究院近代史研究所編，《徐永昌日記》，第 4 冊，1938 年 4 月 27 日，頁 277。

[133] 中央研究院近代史研究所編，《徐永昌日記》，第 4 冊，1938 年 5 月 2 日，頁 282。

其實，徐永昌密切注意日軍即將發動的總攻，對於日軍將在魯西發動攻勢，已有準確的判斷。早在台兒莊戰後，徐永昌思索日軍為何不增援，猜測原因一為保留軍力防備蘇聯，一為此乃前方自動發動之攻勢，他並料定日軍「經此挫敗必仍來，其來將在魯西（濟寧方面），以後方交通便也。」[134] 5 月初，徐永昌復強調魯西之重要。5 月 3 日，徐在官邸會報反覆申論增強魯西之必要，惟蔣中正謂日軍尚不敢由魯西來犯，徐則認為這最該畏懼，不能大意。4 日的會報，軍委會決定為防備魯西，調第二十四師至蘭封、歸德間，然對比津浦線之兵力（增援 17 個新師），仍甚薄弱。5 日，蔣中正仍以為，魯西交通不便，日軍不會由此而來。徐永昌力爭，擬令將參與台兒莊之役部隊抽出整補。[135] 7 日，蔣同意徐的建議，以國軍難以迅速殲敵，電令前線抽出各部整補換防。[136]次日，第五戰區遵令實施。[137]然而是時，蔣仍認為日軍不會自魯西發動攻擊，自記：

> 人人以敵攻魯西以斷我徐海戰線之交通為慮，余認敵軍如無獨立兵團，非有十分把握時，決不用此著。以斷我後方仍不能逼退我魯南部隊，彼知我軍雖敗，決不離開其本戰區也。而其不足之兵力進犯魯西，則其此次在津浦線上輕敵深入之教訓，當不敢嘗試乎？況知我後方交通比其容易也，而且我曹福林部尚在滋陽以北地區，牽制其後方也。[138]

由於蔣中正對日軍動態判斷上的失誤，使國軍魯西防禦並不充足。加之以軍委會核心成員徐永昌等對魯南戰況仍有相當信心，國軍主力因而大量投入魯南；抽調部隊回防魯西，成為非急要之務。

---

[134] 中央研究院近代史研究所編，《徐永昌日記》，第 4 冊，1938 年 4 月 9 日，頁 261。

[135] 中央研究院近代史研究所編，《徐永昌日記》，第 4 冊，1938 年 5 月 3-6 日，頁 283-287。

[136] 「蔣介石交替部署馮治安等部作戰地境與任務密電」（1938 年 5 月 7 日），收入中國第二歷史檔案館編，《中華民國史檔案資料匯編》，第 5 輯第 2 編，軍事二，頁 607-608。

[137] 張秉均，《中國現代歷次重要戰役之研究—抗日戰役述評》，頁 208-209。

[138] 《蔣中正日記》，1938 年 5 月 5 日「雜錄」。

(四) 軍委會對戰事仍具信心

5 月 5 日，津浦線南路日軍首先發動總攻，軍委會立即接獲徐州方面電話，得知懷遠日軍將國軍雙溝警戒陣地擊破，有大規模進攻模樣。遭受日軍強大攻勢，國軍戰情不利，在前線的白崇禧電軍委會派兵援救津浦路南側淮河方面，認為此時宜著重淮河南北，魯南已成膠著之陣地戰態勢，只能靜待其發展。徐永昌以為，對魯南仍須積極，即一面造成輪換作戰，一面仍須遠派出擊部隊。蔣中正亦主張魯南第九十二軍李仙洲部主動出擊。[139]

軍委會此時仍本運動戰宗旨，拒止日軍於陣地之前，再以強大兵力運動側擊，行持久作戰，一面消耗日軍力量，一面吸引日軍主力於徐州，以便武漢有備戰之餘裕。第五戰區所使用之兵力，已達 63 個師、騎兵 1 師 1 旅、砲兵 5 團，飛機近 50 架，總人數約 45 萬 6 千人。同時，調李漢魂、黃杰、桂永清、俞濟時、宋希濂等部至豫東歸德、蘭封之隴海鐵路線上，鞏固第五戰區後方，預期與日軍做更大的消耗，爭取更多的時間。[140] 7 日，蔣中正電李宗仁，對於越淮河突進之敵，須乘其離開陣地之有利時機，以必要兵力阻止於陣地前，再以強大機動部隊由兩側夾擊殲滅之。[141] 10 日，又電告李宗仁，魯南不宜消極，應處處決行戰術上之攻擊，尤應嚴防敵軍向魯西轉用；另指示部分部隊採攻勢防禦，於兩翼控制有力

---

[139] 中央研究院近代史研究所編，《徐永昌日記》，第 4 冊，1938 年 5 月 5、7 日，頁 285-288。

[140] 郭廷以校閱，賈廷詩、陳三井、馬天綱、陳存恭訪問紀錄，《白崇禧先生訪問紀錄》，上冊，頁 171。國防部史政編譯局編，《抗日戰史——徐州會戰（一）》，徐州會戰敵我陸軍兵力比較表。第五戰區戰後，對於參戰兵力（不包括第一戰區隴海線的兵力），有不同的估計。有數據顯示國軍 40 萬人，日軍 10 萬人；有估計國軍參戰約 572,400 人；另有數據顯示，國軍參戰官兵計 606,974 人（官 35,578 人、兵 571,396 人）。「徐州會戰敵我兵力總比較表」、「徐州會戰我軍人馬傷亡統計表」，〈徐州抗日會戰史稿（五戰區編）〉，《國防部史政編譯局》，檔號：B5018230601/0026/152.2/2829。數據所以不同，可能是因為計算時間長短的不同：40 多萬的數字，是 4 月底 5 月初的兵力；60 萬的數字，則是 2 月下旬至 5 月下旬的總參戰兵力。「徐州會戰經過概況」（1938 年），〈徐州會戰經過概況節略〉，《國防部史政局及戰史編纂委員會》，檔號：七八七-7713。

[141] 國防部史政編譯局編，《抗日戰史——徐州會戰（一）》，頁 55。

部隊，以便轉移攻勢，予敵打擊。[142]

因應日軍的進展，10 日的官邸會報，決定黃口、沛縣以西和亳縣以北劃歸第一戰區，令司令長官程潛即日往赴歸德指揮，屬第五戰區的部分魯西作戰部隊，亦劃歸屬之。[143] 11 日，蔣中正電程潛、李宗仁等令第五戰區對魯南取戰略守勢，惟仍實施局部之戰術攻擊，牽制日軍，並隱密國軍企圖，以優勢兵力，先行擊滅越淮河北上之敵；第一戰區應集中精銳兵團，擊破魯西日軍。[144]

12 日，蔣中正獲永城、鄆城失守之報，決定親赴隴海線部署，下午，飛赴鄭州。[145]在飛機上，蔣與同行者林蔚、劉斐等討論戰局，蔣認為徐州正處危險關頭，研究 11 日的命令可否貫徹。一行人抵鄭州之後，蔣派林蔚、劉斐組織參謀團赴徐州，要李宗仁解決日軍的大規模包圍，並向各級將領要求貫徹軍委會的命令——首先各個擊破淮北、魯西敵人，再對魯南轉取攻勢。[146]是日，蔣訓令前方諸指揮官，轉知全軍他對當前戰局的看法：

> 查日寇自魯南屢敗驚惶萬狀，近竟放棄晉、綏、江、浙既得地位，僅殘置小部扼守要點苟延殘喘，而調集所有兵力指向隴海東段孤注一擲，以圖倖逞。其總兵力合兩淮魯豫至多不過十五萬，較之我軍使用各該戰場之兵力約為四倍以上之劣勢。且敵之後方處處受我襲擾，補給不便，較之我之後方有良好交通線者，其補給及兵力轉用之難易相去甚遠。目下敵不顧其兵力之不足及戰略態勢之不利，竟敢採取外線包圍作戰，其必遭我軍各個擊破而自取敗亡，殆無疑問。[147]

[142] 國防部史政編譯局編，《抗日戰史——徐州會戰（一）》，頁 57。

[143] 中央研究院近代史研究所編，《徐永昌日記》，第 4 冊，1938 年 5 月 10 日，頁 290。

[144] 「蔣介石關於五戰區各部暫取攻勢反擊敵包圍徐州之企圖密電」（1938 年 5 月 11 日），收入中國第二歷史檔案館編，《中華民國史檔案資料匯編》，第 5 輯第 2 編，軍事二，頁 610-611。

[145] 《蔣中正日記》，1938 年 5 月 12 日。

[146] 劉斐，〈徐州會戰概述〉，收入《正面戰場：徐州會戰——原國民黨將領抗日戰爭親歷記》，頁 31-32。

[147] 「蔣介石致程潛等密電稿」（1938 年 5 月 12 日），收入中國第二歷史檔案館編，《抗日戰爭正面戰場》，上冊，頁 702-703。

藉此段訓令，一方面可見蔣中正對戰局仍具信心，一方面呈現其為何有信心。主要原因為日軍兵力遠低於國軍，概略只有四分之一，且補給不便，國軍有望對其各個擊破。次日，蔣復以為「包圍敵軍，可以殲滅也」，[148]自記：

> 敵軍思在隴海路南北兩方，夾擊歸德、碭山，斷我徐州後方，期成包圍之勢，其先鋒銳不可當；加之鄄城失陷，第廿三師撤退，防河部隊敗濮陽之敵，土肥原師由濮陽渡河；南方則蒙城、永城連失，情勢危急，故親來鄭州處置。敵之弱點，在後方交通隨處皆有被我威脅截斷之可能，且其兵力不足，故仍為之決戰，如獲上帝眷顧得能轉敗為勝，則黨國方有始基也。[149]

蔣雖看好戰局，惟戰局演變迅速，日軍進展過快，軍委會決定收縮防線。13日，蔣中正電話李宗仁，抽調魯南兵團有力一軍集結徐州備用，其餘各部應適時變換陣地至運河之線，以節約兵力。李即轉令魯南兵團各部實施之。[150] 14 日，由於守衛津浦路南段、淮河的桂軍戰敗，[151]軍委會將作戰重心移至隴海路南方。此時，軍委會對戰況仍具信心，何應欽、徐永昌認為魯南一面抽兵，一面仍應採取攻勢，殺敵氣燄。[152]蔣中正自記：「菏澤失陷，商（震）軍不能作戰也，形勢漸緊，但自信必有勝算也，終日處置籌畫，頗覺裕如也。」[153]他並親自手諭、由侍從室急電李宗仁、白崇禧，告以日軍逼近隴海線，深入重地，且兵力不足，國軍不僅可以打破其戰略包圍，而且必能包圍日軍，「此為殲敵惟一之良機，以其派此

---

[148] 《蔣中正日記》，1938 年 5 月 13 日。

[149] 《蔣中正日記》，1938 年 5 月 13 日「雜錄」。

[150] 〈第二十軍團湯恩伯部參加台兒莊徐州會戰各戰役戰鬥詳報及附圖〉，《國防部史政局及戰史編纂委員會》，檔號：七八七-7750。〈第二集團軍孫連仲部在台兒莊戰鬥詳報〉，《國防部史政局及戰史編纂委員會》，檔號：七八七-7740。

[151] 徐永昌謂：「桂軍祇是宣傳、游擊、保存實力，況實際戰鬥力亦不強耶。」中央研究院近代史研究所編，《徐永昌日記》，第 4 冊，1938 年 5 月 14 日，頁 296。

[152] 中央研究院近代史研究所編，《徐永昌日記》，第 4 冊，1938 年 5 月 11、14 日，頁 292、295。

[153] 《蔣中正日記》，1938 年 5 月 14 日。

魯西兩方敵軍，皆無後方安全之交通」，「只要我各軍能共同動作，協力夾擊，則不出旬日，即可得最後之勝利」。[154] 16日，徐永昌判斷「綜觀敵勢，雖到處亂竄，並不要緊，因我集結未完，故應付稍難。」[155]因此，軍委會對於當前戰況，仍不消極，更不用說計劃全面撤退。

軍委會的判斷，與其所獲情報息息相關。日軍發動總攻，國軍全線戰事不利，軍委會雖獲報許多城市、陣地失去之報告，卻也獲得諸多國軍士氣尚佳，甚至擊退日軍之回報。如據前方電話，得知國軍士氣極好，尚無疑慮，且作戰頗有把握。軍長關麟徵報稱該軍陣地前5百公尺內，掩埋日軍屍體8、9百具，因天熱發臭，並報拾槍若干枝。軍委會又獲報日軍攻禹王山甚猛，均被擊退。林蔚、劉斐且自徐州電報：「我軍士氣極旺，不難一鼓摧敵。」[156]在徐州失陷前3天、5月17日，第一戰區參謀處報告進襲碭山東李莊車站之敵，遭國軍夾擊，當晚潰退。[157] 18日，兵團總司令薛岳電報徐西各方面進犯之敵，服裝雜色不整，精神萎頓，到處臥睡，疲困不堪。[158] 19日、即徐州失陷當天，軍長劉汝明報告其所部在永城東及其南北作戰，擊潰東進日軍，收復瓦子口等地，殺敵千餘，俘獲戰車3輛等軍備。[159]戰地情報誇大不實的報告，嚴重影響軍委會對戰局的理解及全局部署，也導致之後倉促的大撤退。

---

[154] 「蔣中正致李宗仁白崇禧電」（1938年5月14日），〈革命文獻——徐州會戰〉，《蔣中正總統文物》，典藏號：002-020300-00010-038。此電末署名「中正手啟」。

[155] 中央研究院近代史研究所編，《徐永昌日記》，第4冊，1938年5月16日，頁297-298。

[156] 中央研究院近代史研究所編，《徐永昌日記》，第4冊，1938年5月7、11、14、15、16日，頁287-288、291-292、295-298。

[157] 「第一戰區參謀處電話」（1938年5月17日），〈軍令部匯編的每日戰況情報〉，《國防部史政局及戰史編纂委員會》，檔號：七八七-6314。

[158] 「薛岳電」（1938年5月18日），〈軍令部匯編的每日戰況情報〉，《國防部史政局及戰史編纂委員會》，檔號：七八七-6314。

[159] 「劉汝明電」（1938年5月19日），〈軍令部匯編的每日戰況情報〉，《國防部史政局及戰史編纂委員會》，檔號：七八七-6314。

第六章　作戰：從徐州撤退到隴海線的戰守

上一章討論了軍事委員會從台兒莊之役到徐州會戰初期的作為，本章延續先前的討論，以徐州撤退和隴海線戰事，呈現軍委會在戰事中的實際運作。

在日軍發動總攻擊之後，徐州會戰達到高潮，軍委會仍然認為勢有可為，欲持久消耗下去。本章討論重點有三：第一、面對日軍來勢洶洶，戰區司令長官李宗仁態度如何？如何與軍委會互動？第二、軍委會對徐州撤退的態度如何？與李宗仁有何異同？這樣的態度，對徐州撤退造成怎麼樣的影響？徐州撤退成功或失敗，與軍委會或戰區的關係為何？第三、日軍攻占徐州後，向西追擊，隴海線戰況緊迫，蔣中正如何面對？第四、為防阻日軍追擊，蔣中正決定破壞黃河大堤，此期間，軍委會其他核心成員，扮演什麼角色？第五、綜合軍委會在整個徐州會戰的運作，分析其指揮作戰及所受之限制。

一、徐州撤退

(一)李宗仁對徐州撤守的態度

受有利情報導引，軍事委員會認為當前戰局仍有可為。至於在前線的戰區司令長官李宗仁，又是如何判斷？據《李宗仁回憶錄》所言，在台兒莊勝利之後，軍委會鼓起勇氣，調集大批援軍，想要擴大戰果，在徐州附近與日軍一決雌雄，李宗仁早已料到日軍調集精銳，要將第五戰區野戰軍一網打盡，因此不贊成軍委會續調大軍增援的決定。此時，軍委會派白崇禧率軍委會參謀團的劉斐、林蔚等到徐州籌劃防禦。5 月初，李宗仁為避免與優勢之敵作消耗戰，開始有計畫地撤退。他的撤退計畫是令魯南孫桐萱部及淮河廖磊部，自北、南兩方盡最大努力，阻止日軍會師隴海線，又乘日軍尚未合圍之時，督率徐州東北方面的孫連仲、孫震、張自忠、龐炳勳、繆澂流諸軍，憑運河天險並在運河以東地區擇要固守，以掩護徐州四郊大軍向西南方向撤退，脫離日軍包圍圈，諸軍一待完成任務，即向南撤入蘇北湖沼地區，再相機西撤。5 月中，各部陸續撤退，17 日晚，因日軍砲火射入徐州長官部，李宗仁乃遷駐城外。18 日，由於各路大軍泰半撤退就序，李才決定放棄徐州。李宗仁自豪地認為，「敵人再也沒有想到，他以獅子搏兔之力於五月十九日竄入徐州時，我軍連影子也不見了。數十萬大軍在人不知鬼不覺之中，全部溜出了他們的包圍圈。」徐州會戰「在雙方百萬大軍的會戰史上也可以說是個奇蹟。徹底毀滅了敵人捕捉我軍主力、速戰速決的侵略迷夢」。[1]

徐州撤退極其成功的說法，為時人及諸多戰史著作所強調，幾成定論。[2]然而，此說或可商榷，尤其李宗仁的回憶，失實之處甚多，如軍委會臨時參謀團是 5 月中旬組成，不是台兒莊戰後為擴大戰果而組織；又如，軍委會並未規劃與日軍在魯南一決雌雄、戰略決戰，而是欲在此持久消耗日軍；再如，依前章所述，李宗仁在台兒莊之役以後，亦同意軍委會在魯南發動運動戰、積極出擊的戰術，他並親自主持總攻擊，非如回憶錄所呈現，早欲放棄徐州。[3]至於回憶錄所謂 5 月初便已策定周密的撤退計畫，實情為何？

事實上，在 5 月初，李宗仁並無撤退計畫，其當時所下的命令，仍是部署出擊。5 月 8 日，李為了準備爾後攻勢，重新部署魯南兵團，以第二十軍團等部為右翼軍，歸湯恩伯指揮，「準備攻擊當面之敵」；以第二集團軍等部為左翼軍，歸孫連仲指揮，「準備攻擊當面之敵，一部守備台兒莊」。10 日，李宗仁按軍委會指

---

[1] 李宗仁口述，唐德剛撰寫，《李宗仁回憶錄》，下冊，頁 723-731。

[2] 徐州撤退未久，時任湖北省政府民政廳長的嚴重（立三），便從前方將領聽說徐州退卻「實有計畫為之」。《嚴立三日記》，史丹佛大學胡佛研究所檔案館藏，1938 年 5 月 27 日。

[3] 鄧宜紅亦指出《李宗仁回憶錄》提到蔣中正未參與第五戰區的指揮等，皆非事實。鄧宜紅，〈蔣介石與第五戰區—兼論《李宗仁回憶錄》中的幾處失實〉，《民國檔案》，1996 年第 2 期，頁 104-112。

示，決不待集中完畢，先行擊破淮北日軍，下令各部出擊。[4]

第五戰區真正有撤退計畫性質者，其提出時間在 5 月 12 日。當日，李宗仁頒布作戰計畫，判斷日軍對魯南國軍取守勢，主力由淮北、魯西兩方夾擊，有截斷國軍隴海交通、包圍徐州之企圖。面對此情勢，李宗仁將全軍劃分為魯南兵團（孫連仲）、淮北兵團（廖磊）、淮南兵團（李品仙）、蘇北兵團（韓德勤）、預備兵團（湯恩伯）。作戰計畫方針一為「戰區擬乘敵兵力分離之先，集結兵力，擊破淮北之敵，再轉兵力於其他方面，施行各個擊破。」方針二便是為撤退做準備：「敵如將會師隴海線，我後方連絡有被敵遮斷之虞時，則各以一部攻擊永城及蒙城之敵，以主力轉移至亳縣、渦陽、阜陽以西地區，準備爾後之作戰。」該計畫對於日軍若未遭國軍擊破、淮北日軍與魯西日軍會合時，國軍各兵團之撤退，有較詳細的指導：

1、魯南、淮北兩兵團，應各以有力之一部，先佔銅山、宿縣兩地，阻止敵之追擊，掩護主力之西撤⋯⋯。

2、兩兵團各以有力之一部，襲佔或監視永城、蒙城，主力分多數縱隊，各由蒙、永間及其附近各道西進，迅速通過敵之包圍線，爾後在亳縣、渦陽間線上，各派掩護部隊，主力向其以西地區集結，準備反攻。

3、蘇北兵團即在蘇北、魯東南地區游擊。

4、淮南兵團主力，竭力保持合肥，一部後撤至阜陽、鳳台，掩護戰區之右側。

5、魯南兵團向微山湖以西撤退時，務與第一戰區魯西兵團連繫。

6、預備兵團之行動，視情況由他兵團區處，或增援於最急要之方面。[5]

因此，在 5 月中旬，李宗仁才提出撤退計畫，惟該計畫，主要還是一種攻擊計畫，

[4] 國防部史政編譯局編，《抗日戰史——徐州會戰（一）》，頁 52-53、58。林治波，〈台兒莊大捷後盲目決戰誰擔其咎〉，《軍事歷史》，1994 年第 4 期，頁 57-59。

[5] 國防部史政編譯局編，《抗日戰史——徐州會戰（一）》，頁 60-63。

其所擬訂之撤退指導，是在攻擊不利之後才實行的備案。以故李宗仁並非早知日軍將合圍成功，很早就計劃撤退，他仍與軍委會一同，有在徐州附近繼續持久消耗之想。

(二) 軍委會與戰區之分裂

第五戰區司令長官李宗仁，積極籌畫進攻，5 月 14 日，為迅速擊潰淮北日軍，使隴海線以北各兵團作戰容易，下令淮北兵團發動總攻。適日軍後續部隊到達，當即展開激戰。同時，徐州西方戰況危急，李當即調遣部隊增援。

15 日，參謀總長何應欽、軍令部部長徐永昌，為隴海路作戰指導具申意見，針對日軍向隴海線上之碭山、蘭封間數要點突進，建議作戰指導以最小限兵力，拒止魯南、魯西日軍，以充分兵力，擊破皖北日軍，確保魯南後路，並另做隴海鐵路不可確保之準備。對此意見，蔣中正原則同意。[6]

同日，蔣中正聞李莊之橋不能收復，黃口消息不通，判斷該地必被日軍占領，而這些要地皆在徐西隴海鐵路線上，他自記：「如此要點為徐州外圍，健生不早派兵駐守，何以用兵？空車在徐州以東者有廿餘列之多，司令部不注重於此，徒要前方車多，而不知其為害之大也。」[7]蔣所以如此說，乃因日軍於魯西自北往南之攻勢，截斷了隴海鐵路，爆破鐵橋，擄獲國軍許多鐵路貨車，國軍多數列車進退不能。[8]是日，蔣處理戰務至晚十二時，不克成眠。不過，雖戰況如此，蔣仍對會戰有一定信心，自記：「自本月十日以來，敵軍轟炸徐州、開封各車站路軌，可謂極其所有炸力，除徐州昨日交通停止以外，其他仍無甚妨礙也。」[9]

16 日，日軍進至徐州郊外，砲擊徐州城內甚烈，第五戰區司令長官部因此移駐城南段家花園。就在此時，隴海鐵路徐州、鄭州段已遭日軍切斷，李宗仁以大

---

[6] 國防部史政編譯局編，《抗日戰史——徐州會戰（一）》，頁 66-68。

[7] 《蔣中正日記》，1938 年 5 月 17、18 日。

[8] 「西部戰線」，《防衛省防衛研究所・陸軍一般史料・支那・支那事変・全般・徐州作戦の段階　昭和 13 年 3 月～昭和 5 月中旬　高嶋少将史料》，アジア歴史資料センター，Ref.C11110878400。

[9] 《蔣中正日記》，1938 年 5 月 17、18 日。

軍補給困難，決心放棄徐州，下令各部準備撤退，並重新編組兵團，除上述之魯南、淮北、淮南、蘇北兵團，將預備兵團（湯恩伯）改為隴海兵團，以魯南兵團掩護大軍撤退，另規定其他各兵團撤退抵達的地點。[10]同日，李宗仁調張自忠所屬 2 萬餘人鞏固徐州附近之銅山，掩護主力軍之集結。[11] 17 日，日軍攻陷徐州西方高地霸王山要塞，在山頂布置砲兵，向城內砲擊，[12]第五戰區司令長官部遭炸，李宗仁司令長官部因此退出徐州，移駐宿縣，徐州留部分國軍駐守。[13]

在前線的李宗仁判斷徐州遲早不守，準備全面撤退；然而，軍委會雖下令收縮戰線，此時尚無意放棄徐州，而是希望堅守徐州附近的國防工事。於是，軍委會與戰區司令長官部，對於徐州撤守之態度分裂。16 日，蔣中正電李宗仁：「國防工事線部隊，應速配備完成，對西尤為重要，如黃口不守，則徐西佈防，刻不容緩。」[14] 17 日上午，蔣長函李宗仁、白崇禧，譯成電碼後派飛機送至前線，告以當前敵情，研判日軍主力仍在魯西，國軍各地皆能固守，並告以國軍二次動員部隊集中狀況及駐地。指示白崇禧親自督率主力收復黃口與碭山，再向南進攻永城。最後強調日軍兵力不足，軍紀廢弛，士氣頹唐，其淮北主力已不敢北進，而其魯西主力亦為國軍後方部隊牽制，只要國軍運河與國防工事線能固守不動，則日軍此次大包圍計畫必可粉碎，而且可以予以殲滅。[15]當晚，蔣再電李宗仁，告以截獲日軍第十四師團命令，以儀封與歸德為目標，我軍兵力有餘，勿念。此電

---

[10] 國防部史政編譯局編，《抗日戰史——徐州會戰（一）》，頁 68。

[11] 〈第五十九軍張自忠部在淮河北岸戰鬥詳報及徐州突圍詳報〉，《國防部史政局及戰史編纂委員會》，檔號：七八七-7733。

[12] 「包囲攻撃戦」，《防衛省防衛研究所・陸軍一般史料・支那・支那事変・全般・徐州作戦の段階　昭和 13 年 3 月～昭和 5 月中旬　高嶋少将史料》，アジア歴史資料センター，Ref. C11110878600。

[13] 國防部史政編譯局編，《抗日戰史——徐州會戰（一）》，頁 69。

[14] 「蔣中正致李宗仁電」（1938 年 5 月 16 日），〈革命文獻—徐州會戰〉，《蔣中正總統文物》，002-020300-00010-041。

[15] 「蔣中正致李宗仁白崇禧電」（1938 年 5 月 17 日），〈革命文獻—徐州會戰〉，《蔣中正總統文物》，002-020300-00010-043。此電署名「中正手啟」。

以電臺不通，並未發出。[16]蔣復因徐州無線電終夜不通，極為憂慮。[17]

18 日，軍委會因徐州電臺叫不通，特派飛機到徐探詢，始獲悉第五戰區長官部已移徐州三十里外，徐州留駐孫連仲的司令部。[18]當晚，電報終於暢通，李宗仁電蔣其為指揮便利計，擬於今晚移動指揮位置。[19]蔣聽聞李宗仁離開徐州，甚為感嘆：「徐州自昨日李、白離城後，軍心必動搖，恐不能久保矣。如此重鎮**正可固守**，緊急之時主帥更不能移動，只要主帥鎮定必可轉危為安。今擅自棄移，亦不奉命，何以抗戰，何以立身？」[20]戰況如此，蔣仍望藉由他的「函電督勉者數十通」來挽救戰局、固守徐州。[21]他電留守徐州的孫連仲部高級參謀胡若愚，轉在徐州周圍的于學忠、湯恩伯、盧漢等部，告以黨國存亡在此一舉，切望一致服從孫連仲的指揮，並告知已令主力即刻向東推進增援。[22]同時，蔣電宋美齡說「徐州被圍，當能固守」。[23]徐永昌與蔣相同，判斷戰局可以挽救：「過去余不甚同意台兒莊之總攻，以不願攖敵之羞怒耳，今果悉力來迫，此敵若摧，其兇燄沒大半矣。」[24]

蔣中正等軍委會核心成員所以希望堅守徐州，並非基於主觀想法，事實上，徐州此一戰略要地，在全面戰爭爆發前，參謀本部便派員偵察，擬具防守意見，

---

16 「蔣中正致李宗仁電」（1938 年 5 月 17 日），〈革命文獻—徐州會戰〉，《蔣中正總統文物》，002-020300-00010-045。

17 《蔣中正日記》，1938 年 5 月 17 日。

18 中央研究院近代史研究所編，《徐永昌日記》，第 4 冊，1938 年 5 月 18 日，頁 300-301。

19 「李宗仁白崇禧呈蔣中正電」（1938 年 5 月 18 日），〈革命文獻—徐州會戰〉，《蔣中正總統文物》，002-020300-00010-046。

20 《蔣中正日記》，1938 年 5 月 18 日。

21 《蔣中正日記》，1938 年 5 月 18 日。

22 「蔣中正致胡若愚電」（1938 年 5 月 18 日），〈革命文獻—徐州會戰〉，《蔣中正總統文物》，002-020300-00010-047。此電署名「中正手啟」。

23 「蔣中正致宋美齡電」（1938 年 5 月 18 日），〈蔣中正致宋美齡函（五）〉，家書，《蔣中正總統文物》，002-040100-00005-021。

24 中央研究院近代史研究所編，《徐永昌日記》，第 4 冊，1938 年 5 月 18 日，頁 301。

策定防禦方案，德國軍事顧問並曾提供建議。據「徐州附近地區防禦方案」，其防禦方針係以 1 個師為基幹部隊確保徐州，維持南北軍連繫交通及後方之掩護，並作第一線友軍之支援，情況許可時，可擊攘或遠拒敵人於運河之線，或占領運河右岸諸山地，相機轉移攻勢；不得已時，亦應以徐州附近一帶高地為據點，利用準備之工事，實行最後抵抗。[25]徐州附近同全國各要地，築有國防工事，戰前由第二師負責，自 1936 年 3 月至 1937 年 2 月底，完成機關槍工事 82，小砲工事 18，指揮所 5，觀測所 11，共 116 個工事。[26]爾後仍賡續構築，至 1937 年 8 月，共完成工事 175 個，並繼續編列經費增強之。迄 1938 年春，徐州附近工事概已完成。參謀本部戰前判斷，如各處陣地之工事堅固，徐州或不致一時陷於敵手。[27]

(三) 撤出徐州

與李宗仁在回憶錄所說不同，徐州失陷（19 日）前三天（16 日），他才下令進行撤退的準備，而在前一天，李才陸續下令各部撤退。18 日，他面諭湯恩伯，要該部向西突圍。[28]當晚，李電話魯南兵團各部，於當晚 10 時撤退，向亳州、太和間突圍。[29]原來向徐州集中各部，此時轉變行進方向，全面撤退。[30] 19 日晨，李宗仁電話淮北兵團於黃昏後向西撤退。[31]

[25] 國防部史政編譯局編，《抗日戰史——徐州會戰（一）》，頁 6。「徐州附近地區防禦方案」，收入國防部史政編譯局編，《抗日戰史——徐州會戰（四）》，頁 271-283。

[26] 「隴海沿線總區國防工事進度報告表」（1936 年 3 月起至 1937 年 2 月底止），〈作戰計畫及設防（一）〉，特交檔案，《蔣中正總統文物》，典藏號：002-080102-00007-006。「國防各項已完成工程報告表」（1937 年 3 月），〈國防設施報告及建議（四）〉，特交檔案，《蔣中正總統文物》，典藏號：002-080102-00056-002。

[27] 「二十六年度第二次國防工事經費概算綱目」（1937 年 8 月），〈一般資料—呈表彙集（一一三）〉，特交檔案，《蔣中正總統文物》，典藏號：002-080200-00540-239。國防部史政編譯局編，《抗日戰史——徐州會戰（一）》，頁 6。國防部史政編譯局編，《抗日戰史——徐州會戰（四）》，頁 280-281。

[28] 〈第二十軍團湯恩伯部參加台兒莊徐州會戰各戰役戰鬥詳報及附圖〉，《國防部史政局及戰史編纂委員會》，檔號：七八七-7750。

[29] 〈第二集團軍孫連仲部在台兒莊戰鬥詳報〉，《國防部史政局及戰史編纂委員會》，檔號：七八七-7740。

[30] 〈第六十軍盧漢部參與魯南會戰戰鬥詳報〉，《國防部史政局及戰史編纂委員會》，檔號：七八七-7756。

[31] 〈五戰區淮北兵團廖磊部戰鬥詳報〉，《國防部史政局及戰史編纂委員會》，檔號：七八七-7769。

19 日上午 6 時，日軍攻占徐州城外重要要塞臥牛山，自此俯瞰徐州全城。9 時，突擊徐州西側城牆，占領一腳，豎立日本國旗於城壁。11 時，潰亂的守城部隊從東門和北門殺出，展開總撤退，[32]日軍遂攻占徐州。此時，軍令部尚不知徐州失陷，法肯豪森從香港廣播獲悉徐州陷落，徐永昌聞知，尚謂「足見日人造謠能事」。[33]

20 日，中支那派遣軍第十三師團舉行入城式。[34]蔣中正聞徐州失陷，自省：「不能料敵如神，不能先占黃口，致徐州被陷，深用慚惶。知人不明，用人不察，戒之。」並抱怨「魯豫民眾毫無組織，敵軍行動自如，毫無妨礙，敵情完全不明，可痛之至！」[35]

日軍占領徐州後，蔣於 21 日獲日軍廣播徐州國軍猶在混戰之報，以為徐州尚未失陷，電李宗仁、白崇禧詢問情形，並告以深信前線必得勝利，完成任務。[36]又電李、白，告以國軍突圍後，如能反攻徐州更好，否則暫在亳州、潁川、正陽關之線集結整理後，再定部署。[37]

26 日，李宗仁親函蔣中正，對津浦路會戰指揮無方，致遭挫敗，表達歉意。[38] 28 日，第五戰區各兵團大致撤至指定地區，次日，李宗仁下令重新部署，以持久戰之目的，確保阜陽、六安兩據點，阻敵西進，[39]漸次形成新戰線。

---

[32] 「包囲攻擊戦」，《防衛省防衛研究所・陸軍一般史料・支那・支那事変・全般・徐州作戦の段階　昭和 13 年 3 月～昭和 5 月中旬　高嶋少将史料》，アジア歴史資料センター，Ref. C11110878600。

[33] 中央研究院近代史研究所編，《徐永昌日記》，第 4 冊，1938 年 5 月 19 日，頁 303。

[34] 伊藤隆、照沼康孝解說，《陸軍：畑俊六日誌》，頁 133-134。

[35] 《蔣中正日記》，1938 年 5 月 19 日。

[36] 「蔣中正致李宗仁白崇禧電」（1938 年 5 月 21 日），〈革命文獻—徐州會戰〉，《蔣中正總統文物》，002-020300-00010-049。

[37] 「蔣中正致李宗仁白崇禧電」（1938 年 5 月 21 日），〈革命文獻—徐州會戰〉，《蔣中正總統文物》，002-020300-00010-051。

[38] 「李宗仁呈蔣中正函」（1938 年 5 月 26 日），〈革命文獻—徐州會戰〉，《蔣中正總統文物》，002-020300-00010-062。

[39] 國防部史政編譯局編，《抗日戰史——徐州會戰（一）》，頁 70-71。

徐州撤守之經過，可以注意到軍委會或戰區司令長官部受到前線不實情報的影響，對戰局理解有嚴重失誤。在日軍發動總攻擊、由津浦線西側展開迂迴攻勢之後，前線國軍早已無法阻遏日軍，軍委會或戰區卻以為仍能持久消耗下去。及至日軍迅速迫近徐州，戰區長官部才發現大勢已去，下令全線撤退，而此時軍委會尚不明實況，以為徐州仍能固守。軍委會與長官部對是否撤守徐州，產生分裂。這個過程，也可看到戰局急轉直下之際，軍委會的指示或蔣的「函電督勉者數十通」，對於戰局作用甚微，蓋這些指示建基於不實情報，與前線戰況脫節，遑論前線能遵辦執行。

(四) 順利撤退之虛實

白崇禧日後受訪表示，徐州撤退秩序嚴整，遠較淞滬戰場之撤退為佳，其認為原因有二：其一、徐州會戰未待敗潰，於合適時機先行撤退，故部隊相當完整。其二、軍事委員會對徐州會戰撤退有完整周密之部署，故部隊能從容撤退，避免敵機轟炸。[40]如前所述，可知徐州撤守並非軍委會早就擬定的縝密計畫；第五戰區撤出徐州時，也未經軍委會核定。那麼，為何國軍能夠突破日軍包圍圈，且未遭致如淞滬會戰之潰退？

徐州撤守所以相對順利，非因李宗仁高瞻遠矚，及早計劃撤退；不過，李、白等選定日軍兵力薄弱且地域廣大的徐州西南為撤退方向，是撤退得以順利施行之一因。據當時駐徐州之第二軍第九師戰車砲兵連連長安占海回憶：某日，他到徐州長官部地下指揮室領受任務，見到高個戴眼鏡的長官，其令參謀拉開地圖布帳，圖上呈現徐州外圍大部已遭日軍包圍，只有在安徽、河南交界處永城以北地區有一缺口，該長官命令安連前往蕭縣南門。安占海後來才知道，此長官為白崇禧。該連之後遵示往赴西南，在第六十八軍劉汝明軍長指揮之下，完成突圍任務。[41]

[40] 郭廷以校閱，賈廷詩、陳三井、馬天綱、陳存恭訪問紀錄，《白崇禧先生訪問紀錄》，上冊，頁 173。

[41] 安占海，〈徐州突圍片斷〉，收入《正面戰場：徐州會戰——原國民黨將領抗日戰爭親歷記》（北京：中國文史出版社，2013 年），頁 324-325。

此外，李宗仁未謹守蔣中正死守徐州的命令，在危急關頭緊急撤出，充分發揮「將在外，君命有所不受」之旨，亦為撤守順利之重要原因。台兒莊之役時，國軍固守台兒莊陣地，該陣地受德國軍事顧問指導，十分堅固，為國軍得以成功抵禦日軍之關鍵。[42]蔣中正在日軍兵臨徐州城下之時，欲憑藉徐州及其周邊工事固守，有複製台兒莊勝利模式之意，但蔣不知台兒莊日軍是掃蕩作戰、輕率前進，日軍進攻徐州，則是經縝密規劃，此時國軍若果真死守徐州，難保不重複發生南京失守之重大損失。

從日軍角度來看，其主要目標在圍殲國軍，因此頗為注意國軍撤退狀況。5月 15 日，中支那派遣軍與北支那方面軍，皆注意到徐州東方國軍有總撤退之徵候。[43] 18 日，中支那派遣軍司令官畑俊六預判國軍將從西南方、徐州和宿縣間撤出，此區域為中支那派遣軍負責區域，畑俊六積極展開部署。20 日，畑獲報徐州東南方之國軍大兵團企圖向西南方脫出，命日軍各師團突進。然而，日軍兵力不足，在徐州西南，僅中支那派遣軍 2 個多師團，後方並已遭國軍殘軍攻擊，且地域廣大，因而無法全面包圍國軍。[44]又日軍兵力分散，大者 2、3 千，小者數百，附以戰車、山砲向前挺進，[45]難以形成堅固的包圍圈。像是從徐州最後撤出的國軍第六十軍盧漢部，撤退途中不斷遭日機襲擾，仍能驅逐途中遭遇的少數日軍警戒部隊，甚至能進攻永城，使日軍不支退入城內堅守，第六十軍一部再從西南郊通過，突出重圍。[46]

與淞滬會戰比較起來，徐州撤退所以未遭致淞滬會戰之潰退，主因或亦在該

---

[42] 「孫連仲魯南戰鬥之經驗教訓報告」，〈徐州抗日會戰史稿（五戰區編）〉，《國防部史政編譯局》，檔號：B5018230601/0026/152.2/2829。

[43] 岡部直三郎，《岡部直三郎大將の日記》，頁 204。

[44] 伊藤隆、照沼康孝解説，《陸軍：畑俊六日誌》，頁 133-134；「第 2 章・第 1 節・第 4 款　徐州会戦」，《防衛省防衛研究所・陸軍一般史料・支那・支那事変・全般・支那方面作戦記録　第 1 巻　昭和 21 年 12 月調》，アジア歴史資料センター，Ref.C11110752700。

[45] 中央研究院近代史研究所編，《徐永昌日記》，第 4 冊，1938 年 5 月 18 日，頁 301。

[46] 盧漢，〈第六十軍赴徐州作戰記〉，收入《正面戰場：徐州會戰——原國民黨將領抗日戰爭親歷記》，頁 50-54。

地域之廣闊。上海至南京，河流川渠交錯，通常不能徒涉，[47]大軍撤退，勢擁擠於主要公路線上。太湖與長江間，僅約 60 公里，亦即，上海國軍若由太湖以北撤至南京，撤退正面較窄，日軍易於集中兵力予以打擊。相比之下，徐州西南淮北地區為一廣大平原，雖有淮水、淝水諸河流之屏障，惟春季水淺，到處可以徒涉，不成障礙。[48]歸德至蚌埠，正面達 300 公里，日軍以不及 3 個師團，若真欲澈底包圍，平均 1 個師團要負責超過 100 公里的正面，實難以確實圍堵，國軍也因此易於鑽隙撤離。畑俊六對此有深切認識，但面對地域廣大、兵力不足的狀況，仍是無可奈何，僅能徒呼遺憾。[49]其副參謀長武藤章日後以網子做譬喻，指出徐州作戰「網目」過大，使中國軍隊可以於夜間通過。[50]

若與納粹德國閃擊戰（Blitzkrieg）的成功做比較，日軍所以無法取得如此戰績，亦與兵力不足不脫關係。日軍不論閃擊戰相當倚賴的戰車和飛機，以及步兵數量，與德軍相較，皆十分不足。以 1940 年 5 月德國進攻法國為例，此處戰場戰線廣度，與徐州會戰相近（圖 6-1、6-2），德軍出動 16 個機械化師，戰車達 2,574 輛，飛機達 3,600 架，相較之下，日軍於徐州會戰，僅投入 3 個戰車大隊，戰車數量不到 100 輛，出動空軍也遠無法與德軍相比。[51]至於投入會戰的總兵力，德軍高達 136 個師，[52]相較之下，日軍僅投入約 8 個師團。[53]閃擊戰中，欲圍殲敵軍，

---

[47] 國防部史政編譯局編，《抗日戰史——淞滬會戰（一）》，頁 8。

[48] 蔣緯國總編，《國民革命戰史第三部：抗日禦侮》，第 5 卷，頁 106-107。

[49] 防衛庁防衛研修所戦史室，《大本營陸軍部〈1〉昭和十五年五月まで》，頁 540-542；伊藤隆、照沼康孝解說，《陸軍：畑俊六日誌》，頁 134。

[50] 武藤章著，上法快男編，《軍務局長 武藤章回想録》，頁 83。

[51] 服部聡，〈日中戦争における短期決戦方針の挫折〉，收入軍事史学会編，《日中戦争再論》（東京：錦正社，2008 年），頁 81-105。1937 年日本對國府開戰時，戰車總數僅 330 輛，飛機有 1,580 架；1939 年 9 月德國發動歐戰時，戰車總數達 2,445 輛，各型飛機有 4,660 架。劉庭華，《中國抗日戰爭與第二次世界大戰統計》，頁 173、277。

[52] 庫特·馮·蒂佩爾斯基希著，賴銘傳譯，《第二次世界大戰史》，上冊（北京：解放軍出版社，2014 年），頁 77。

[53] 井本熊男，《作戦日誌で綴る支那事変》，頁 206。日軍的師團相當於西方國家的軍（corps），較師高一級，兵力可有兩倍的差距。

除藉裝甲部隊及龐大空軍突破敵方陣線，尚需後方步兵補上破口，方可能圍剿敵軍。日軍藉少量裝甲部隊及空軍，便足以突破國軍陣線，惟不敷之步兵數量散布於廣大地域，並不足以形成堅強的包圍圈。中日兩軍的現代化程度，固然遠不如德法，上述比較非將東、西方軍事武力相提並論，而是欲呈現在廣大戰場包圍殲滅敵軍，兵力多寡為關鍵要素之一。

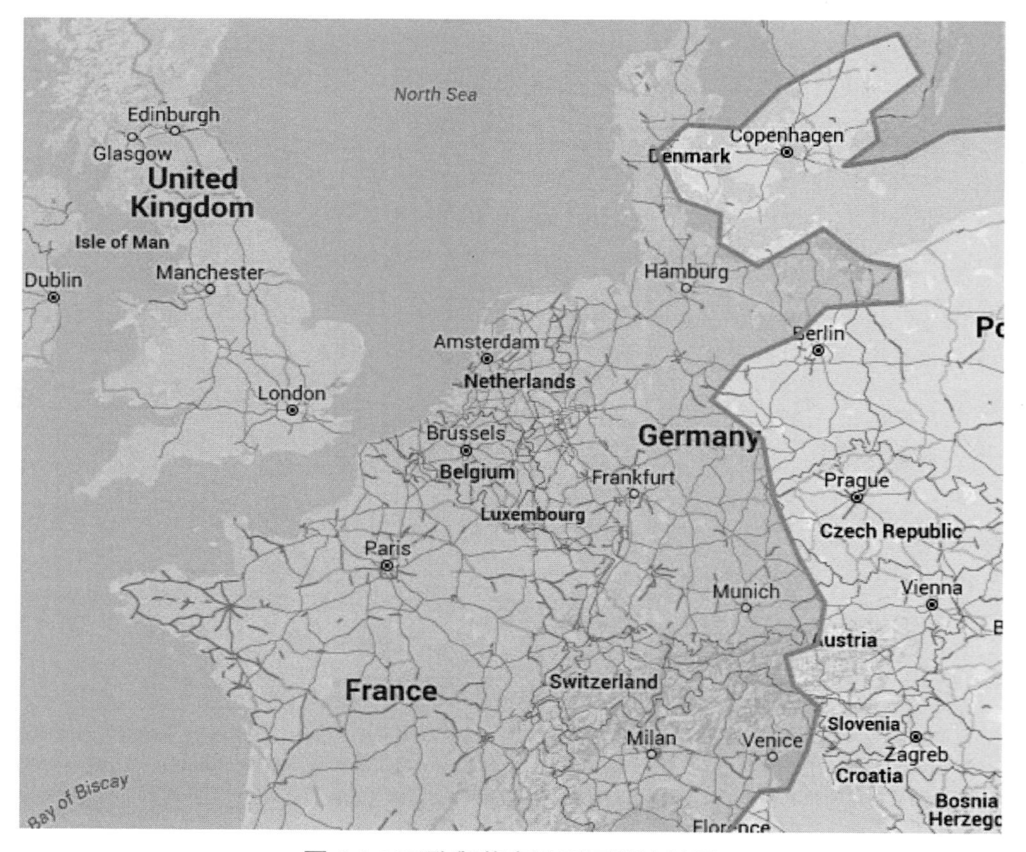

圖 6-1：西歐與華東地理面積比較圖
（已調整投影法可能造成的誤差，http://thetruesize.com/）

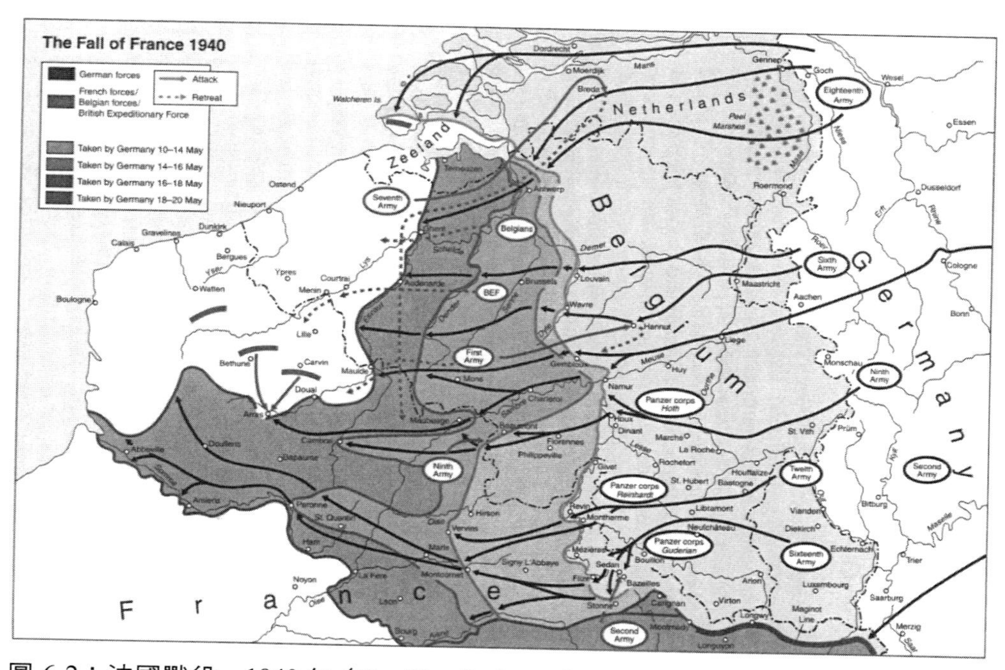

圖 6-2：法國戰役，1940 年（Geoffrey Parker, ed., *The Cambridge History of Warfare*, [New York: Cambridge University Press, 2005]）

若與 1948 年底至 1949 年初的國共徐蚌會戰（淮海戰役）做比較，是役戰地與徐州會戰相近，國軍主力有 24 個軍，總兵力約 70 萬人。共軍華東野戰軍和中原野戰軍有 23 個主力縱隊，總兵力約 60 萬人，[54]另動員大量民伕，於蘇魯豫皖冀五省，徵發隨軍民工約 22 萬，二線轉運民工 131 萬，後方臨時民工約 391 萬，共逾 500 多萬，為共軍執行戰爭勤務及挖戰壕、搬運物資等工作。[55]共軍正規軍數量，明顯較徐州會戰日軍為多，其並有龐大的民伕支援，得採取掘壕前進、近迫作業的壕溝戰術，無數條交通壕如長龍般蜿蜒曲折向國軍陣地逼近，然後利用

[54] 李新總主編，朱宗震、陶文釗著，《中華民國史》，第 12 卷：1947-1949（北京：中華書局，2011 年），頁 242。

[55] 陳永發，《中國共產革命七十年》，上冊（臺北：聯經出版事業公司，2001 年第 2 版），頁 427-428。

暗夜調集兵力，進入衝鋒準備位置，配合強大的砲兵火力，發起猛烈衝鋒。國軍因此傷亡既重又難以脫出包圍。[56]此例亦呈現包圍戰所需之龐大兵員。

天氣狀況也影響了日軍的追擊。自 5 月 5 日中支那派遣軍發動攻勢以來，畑俊六時常憂慮天候，認為此係作戰的一大障礙。[57]國軍大部自徐州西南撤退到亳州、漯河時，兩地遍地皆兵，城內亦走不通，如此情狀，國軍無法立即恢復戰鬥力，若遭受日軍攻擊，勢釀慘重傷亡。因當時連日大雨，日機無法出動襲擊，國軍才未受嚴重損害。[58]

國軍撤退，許多部隊撤退秩序良好，遭遇損失不多，孫連仲在撤退之後，向軍委會報告「徐東西撤之部分，紀律均好」。[59]張自忠部突圍的 5 日間，屢與日軍接觸，均能沉著應戰，且有所斬獲，該部得安全脫離，並能掩護大軍通過。[60]第一二二師第七三一團撤退過程，未見日軍，也未見本軍部隊及其他友軍，到達亳縣後，人槍均無損失。[61]

不過，亦有許多部隊撤退秩序混亂，尤其徐州撤守是日軍兵臨城下之所為，各級指揮難免迫促。像是第四十軍龐炳勳部，於 5 月 18 日夜下令撤退，19 日遭到日軍包圍，龐炳勳親督所部向敵軍反攻。日軍騎兵、戰車併襲，機砲空陸轟炸，戰鬥激烈，為該部參戰以來僅見，旅長陣亡，軍、師長均墮馬受傷。最後，該部終於突破重圍，然途中又遭日騎及戰車之襲擊，一度又受重圍。數日之後，該部才撤至商丘以南。[62]又如，第一一四師掩護魯南兵團撤退完畢，自己才開始撤退，

---

[56] 楊伯濤，〈黃維第十二兵團被殲記〉，《文史資料選輯》，第 21 輯（1961 年），頁 81、91。

[57] 伊藤隆、照沼康孝解說，《陸軍：畑俊六日誌》，頁 132-133。

[58] 軍事委員會軍令部編，《徐州會戰國軍作戰經驗》，頁 105。

[59] 中央研究院近代史研究所編，《徐永昌日記》，第 4 冊，1938 年 5 月 30 日，頁 316。

[60] 〈第五十九軍張自忠部在淮河北岸戰鬥詳報及徐州突圍詳報〉，《國防部史政局及戰史編纂委員會》，檔號：七八七-7733。

[61] 「第一二二師七三一團徐州戰役戰鬥詳報」，〈第四十一軍一二二師王志遠部在滕縣戰役徐州轉進戰鬥詳報〉，《國防部史政局及戰史編纂委員會》，檔號：七八七-7738。

[62] 〈第四十軍龐炳勳部在魯南戰役戰鬥詳報〉，《國防部史政局及戰史編纂委員會》，檔號：七八七-7727。

撤至洪山口附近，即與日軍遭遇，適國軍各部突圍未成者亦蝟集於此，無統一指揮，各部遂自由行動，建制混亂，到處橫衝，亂行射擊。[63]

第二軍軍長李延年見徐州撤退時，因道路擁擠，部隊混雜，遇敵阻前，即無法抵抗，於是日軍 3、5 人可敗國軍百、千，國軍更有無人統率之小隊，行則同行，止亦同止，每到一處，騾馬拉走，雞犬不留，乘車騎驢，橫衝直撞，甚至有士兵騎牛，醜態百出。李延年對此，深感「不忍看亦不忍言」，曾派隊維持，槍斃十餘人，然亦不能糾正十分之一，因而感嘆：「撤退時，事前應有詳細計畫，實施時，應有嚴格之規定」，「若不詳為計劃，及作嚴格之規定，每致撤退變為潰退」。[64]甚者有國軍部隊強收它部散兵，截留輜重，相互開槍，乃至有因欲收其槍而斃其兵者。[65]徐州失守後，第十三師某軍官呈送軍委會的報告書，云魯南撤退因戰區處置失當，無統一指揮，不能協同動作，爭先恐後而退，致令各遭日軍截擊。徐永昌為此歎喟：「非戰敗而招潰散惡果，殊堪痛惜！」[66]

撤退失序導致部隊星散或傷亡嚴重，國軍主力大半破碎，士氣亦甚消沉。[67]屬中央軍的第九十二軍李仙洲部，傷亡慘重。[68] 5 月 22 日第十九軍團馮治安部撤至渦陽，只集結得 2、3 千人；同日，軍委會仍無法掌握前線 24 個師的消息。[69]第二集團軍總司令孫連仲率部掩護撤退，一度被日軍包圍在符離集數日，與大部隊失去聯繫。[70]是以，李宗仁、白崇禧日後回憶他們指揮的徐州撤退如何成功，其

---

[63] 軍事委員會軍令部編，《徐州會戰國軍作戰經驗》，頁 105-106。

[64] 軍事委員會軍令部編，《徐州會戰國軍作戰經驗》，頁 103-104。

[65] 軍事委員會軍令部編，《徐州會戰國軍作戰經驗》，頁 108。

[66] 中央研究院近代史研究所編，《徐永昌日記》，第 4 冊，1938 年 6 月 7 日，頁 320。

[67] 〈第二十軍團湯恩伯部參加台兒莊徐州會戰各戰役戰鬥詳報及附圖〉，《國防部史政局及戰史編纂委員會》，檔號：七八七-7750。

[68] 「五月二十四日」（1938 年 5 月 24 日），〈軍令部第第（原文如此）一廳陣中日記〉，《國防部史政局及戰史編纂委員會》，檔號：七八七-13649。

[69] 中央研究院近代史研究所編，《徐永昌日記》，第 4 冊，1938 年 5 月 22 日，頁 307。至 24 日，軍委會與徐州大部分軍隊取得聯繫。《張公權日記》，史丹佛大學胡佛研究所檔案館藏，1938 年 5 月 24 日。

[70] 吳延環編，《孫連仲回憶錄》（臺北：孫仿魯先生古稀華誕籌備委員會，1962 年再版），頁 47。

實很大程度上不符事實。6 月 3 日，第五戰區正、副司令長官李宗仁、李品仙，以「措置無方，喪師失地」，上電請蔣中正議處。[71]此復證李宗仁指揮成功之不實。

從台兒莊戰前以迄徐州撤退，國軍傷亡極其慘重。據第五戰區統計，該役死亡官 2,515、兵 82,809；受傷官 5,252、兵 101,134；生死不明官 1,367、兵 26,601。總計傷亡失蹤達 219,678 人。若以參戰 606,974（官 35,578、兵 571,396）人計之，[72]傷亡失蹤達 36%。軍政部另有數據，統計傷亡數共 30 萬名左右，[73]即高達 50% 的傷亡率。

若就曾參加台兒莊之役之後的魯南戰鬥及徐州撤退的第六十軍來說，其全軍官兵 38,242 人，死亡失蹤 18,842 人，傷亡失蹤比率高達 49.3%。[74]徐州會戰的主力第二十軍團湯恩伯部（後擴編為第三十一集團軍），於徐州周圍精華消耗殆盡，撤退時又奉命接應友軍，因而傷亡慘重，戰後集結於豫西南陽、方城、唐河一帶整補，8 月底才投入武漢會戰。[75]第四十軍龐炳勳部，於台兒莊之役後在沛縣整補，有兵力 7,390 人，徐州突圍過程損失約 5 千，約占 68%，物質尤難統計，元氣大傷。[76]國軍內部，亦傳出徐州退卻國軍混亂之情形。[77]

---

71 「李宗仁李品仙呈蔣中正電」（1938 年 6 月 3 日），〈革命文獻—徐州會戰〉，《蔣中正總統文物》，典藏號：002-020300-00010-066。

72 「徐州會戰我軍人馬傷亡統計表」，〈徐州抗日會戰史稿（五戰區編）〉，《國防部史政編譯局》，檔號：B5018230601/0026/152.2/2829。

73 「八年抗戰中會戰戰鬥一覽表」，〈戰史會編寫「中日戰史」編制的各次會戰一覽表、統計表、資料表等〉，《國防部史政局及戰史編纂委員會》，檔號：七八七-521。

74 「第六十軍人馬傷亡表」（1938 年 4 月 22 日至 6 月 15 日），〈第六十軍盧漢部參與魯南會戰戰鬥詳報〉，《國防部史政局及戰史編纂委員會》，檔號：七八七-7756。

75 〈第三十一集團軍鄂南各戰役戰鬥詳報〉，《國防部史政局及戰史編纂委員會》，檔號：七八七-8300。

76 〈第四十軍龐炳勳部在魯南戰役戰鬥詳報〉，《國防部史政局及戰史編纂委員會》，檔號：七八七-7727。國軍之傷亡數字，軍一級單位傾向誇大，以顯示戰況之慘烈，失蹤人數則往往申報為負傷。至對敵軍之損失，則通常多報。參閱張發奎口述，夏蓮瑛訪談紀錄，鄭義翻譯校註，《蔣介石與我：張發奎上將回憶錄》，頁 246。故正文所列國軍傷亡，僅顯示戰事中國軍損失的確極重，非欲呈現傷亡失蹤之確數。

質言之，所謂徐州撤守「順利」，係相對於淞滬會戰或南京保衛戰而言。[78]徐州戰後未久，民間人士出版《徐州突圍》一書，匯集與徐州撤退相關的文章，其出版目的，一為記載失敗中的進步，一為指出急待改進的缺點。該書所謂進步，便是與上海、南京敗退做比較。[79]實則，此次撤退，並不「成功」，說戰區指揮得當，使徐州撤退有效保存國軍戰力，某種程度上是一種抗戰宣傳。[80]至於軍委會，不但沒有下令撤退，反而要求堅守。這不是蔣中正個人判斷的問題，其他核心成員多如是主張。所以如此，係一方面受戰地不實情報導引，對敵我態勢判斷有誤；一方面軍委會戰略，欲於津浦線持久消耗日軍，因此在萬不得已的狀況下，不會

---

[77] 孫元良，《地球人孫元良日常事流水記（第一部分）》（出版地不詳：作者自印，1981 年），1938 年 5 月 25 日，頁 16。

[78] 第七十八軍（轄中央軍主力第三十六師）全程參與淞滬會戰及南京保衛戰，初參加戰鬥人員軍官 508 名、准尉士兵 8,093 名。補充人員 4 次，共軍官 370 名、准尉士兵 9,430 名。總數 18,401 名，其中傷亡失蹤 14,565 名，達 79%。「二十六年陸軍第七十八軍京滬抗日之役人馬傷亡總表」，〈第三十六師京滬抗日戰鬥詳報〉，《國防部史政局及戰史編纂委員會》，檔號：七八七-7514。就南京保衛戰國軍的損失來說，學者據中方史料估計，守城部隊約有 14 萬人左右，作戰傷亡約 2 萬人，不超過 4 萬人安全撤離，8 至 9 萬名官兵滯留南京遭殺害。孫宅巍、吳天威，《南京大屠殺：事實及紀錄》（北京：中國文史出版社，1997 年），頁 7-8。又據日方史料，國軍於作戰中損失 9 至 10 萬人，其中被俘近 5 萬人，他們大多被日軍屠殺。葉銘，〈從日本軍方資料看南京保衛戰中國軍隊損失〉，《軍事歷史研究》，2009 年第 3 期，頁 95-102。依據上述資料，國軍於南京保衛戰總損失約達 70%。

[79] 徐州突圍編輯委員會編，《徐州突圍》（漢口：生活書店，1938 年），序，頁 1-4。該書所收文章，多是文人作家所寫，文學筆法濃厚，鮮少官兵的回憶，故對軍隊實際突圍過程，記述較為不足。

[80] 事實上，這樣的宣傳，還有很多，如「粵北大捷」、「長沙大捷」等。第四戰區司令長官張發奎日後回憶：「根據余漢謀呈交給我，而我又轉呈給中央的報告，我們在粵北打了一場大勝仗。這並不真確，儘管余漢謀印了一本小冊子《粵北大捷》，為我作了一番宣傳，事實上我們被打敗了。我無法評論其他戰區的所謂大捷，但我確實了解在我自己戰區發生的事，我是在現場擔任指揮，所以我應該知道。我們把這場戰役視為勝仗，只是因為敵人攻下新江與英德之後馬上後撤並未進攻韶關。」張發奎口述，夏蓮瑛訪談紀錄，鄭義翻譯校註，《蔣介石與我：張發奎上將回憶錄》，頁 302。第一次長沙會戰時任第四十一師師長的丁治磐，日後回憶：「薛岳說擊退日軍，根本是胡吹。」劉鳳翰、張力訪問，毛金陵紀錄，《丁治磐先生訪問紀錄》（臺北：中央研究院近代史研究所，1991 年），頁 64-65。軍法執行總監何成濬則謂：「自抗戰以來，各高級長官所極力宣傳之臺〔台〕兒莊勝利、湘北幾次大捷等等，無一不誇張，中央明知之，然不便予以揭穿，只好因時乘勢，推波助瀾，藉以振勵士氣，安慰人民，用心亦大苦矣。各國對外作戰情形，大略皆類此，不過中國之高級長官技術特為巧妙。」何成濬著，沈雲龍校註，《何成濬將軍戰時日記》，上冊（臺北：傳記文學出版社，1986 年），1942 年 8 月 21 日，頁 149。

輕易全面撤退。

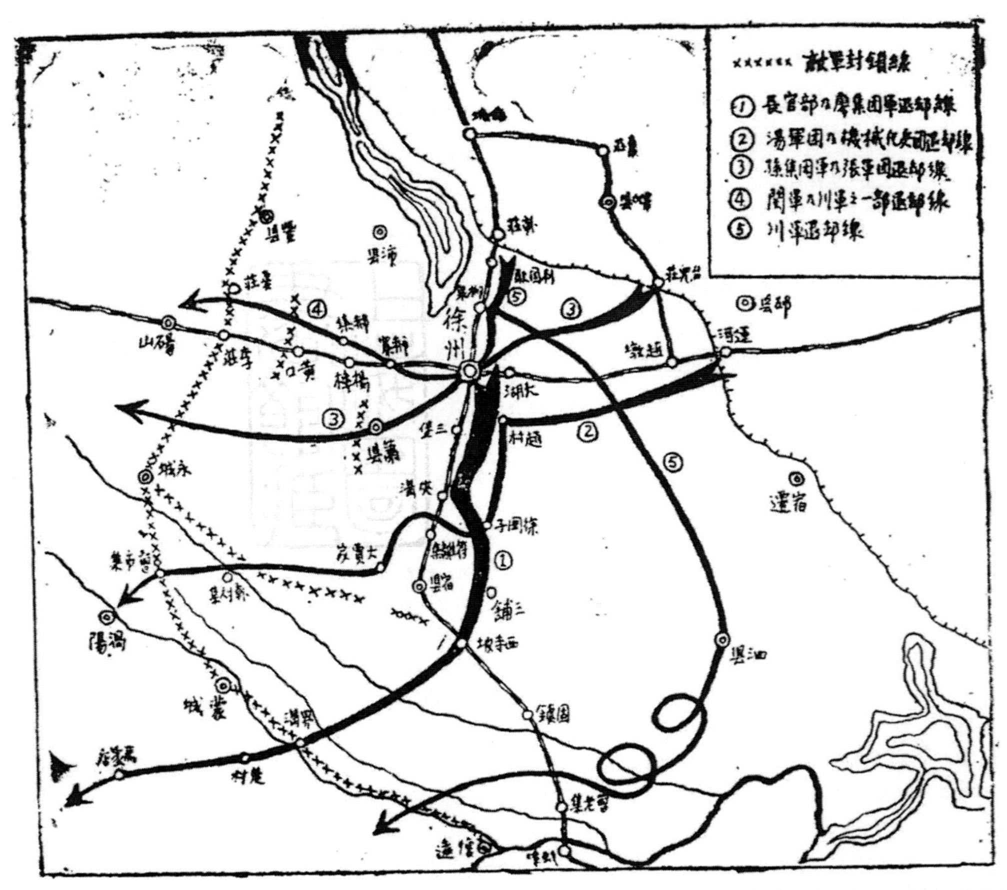

圖 6-3：國軍徐州突圍主要路線（徐州突圍編輯委員會編，《徐州突圍》，原書未註頁次。該書自上海市圖書館近代文獻閱覽區取得）

二、隴海線的戰守

(一) 日軍第十四師團渡黃河南下

魯西豫東之隴海鐵路沿線，為第一戰區防守範圍，司令長官程潛，參謀長晏勛甫。日軍在魯西的攻勢發動之後，蔣中正鑑於魯西方面敵情日漸嚴重，於 5 月 10 日更改第一、第五戰區作戰地境，將第一戰區管轄範圍向東延伸至亳縣、沛縣、夏鎮東側附近之線，並將更多部隊納入其序列。11 日，蔣派薛岳為豫東兵團總司令，屬第一戰區，指揮第七十四、第八、第六十四軍。同時電令第一戰區乘日軍兵力分散且離開據點之良機，擊破入侵魯西之敵。[81]

日軍土肥原賢二中將率領北支那方面軍第一軍第十四師團，於 12 日 2 時開始渡過濮縣南方之黃河，擊破國軍第二十三師李必蕃等部據守之曹州（菏澤），予以占領，李自戕身亡。[82]此時，日本第一軍下令第十四師團向西南往攻蘭封，第一軍之上級北支那方面軍則命令該部轉向東南，協助第二軍攻略歸德，藉以包圍徐州附近國軍；惟第一軍意圖擴大戰果，期望攻占蘭封後，一路向西攻取開封，因此堅持原先方針。[83]

日軍第十四師團逼近國軍隴海線上重要據點蘭封。第二十集團軍商震部直屬的一個騎兵隊，在考城東面巡邏警戒時，發現日軍車輛並擊斃車上司機和軍官，由該軍官身上搜出第十四師團作戰計畫及部隊編組情形，國軍此時才知道來攻蘭

---

[81] 國防部史政編譯局編，《抗日戰史——運河垣曲間黃河兩岸之作戰（一）》（臺北：國防部史政編譯局，1982 年再版），頁 35-37。

[82] 防衛庁防衛研修所戰史室，《支那事変陸軍作戦〈2〉昭和十四年九月まで》，頁 67-68。國防部史政編譯局編，《抗日戰史——運河垣曲間黃河兩岸之作戰（一）》，頁 38。

[83] 防衛庁防衛研修所戰史室，《支那事変陸軍作戦〈2〉昭和十四年九月まで》，頁 68。

封等地之日軍部隊番號、兵力與指揮官姓名。[84]

(二) 蔣中正越級指揮

5 月 19 日徐州撤退，雖軍委會並未同意第五戰區司令長官李宗仁撤守該地，但成為既成事實後，只能接受。惟軍委會對徐州戰況，仍未消極，徐永昌主張調用張自忠、俞濟時、劉汝明等部合攻徐州西部敵人，認為若如此，戰況必可轉危為安。20 日，徐永昌復主張調孫連仲、曹福林部合力由東北向西南攻擊，認為「此敵可以全摧」。[85]實則，徐州失陷之後，第五戰區各部忙於脫困，損失甚重，徐永昌上述構想，未能切合實際。

戰況漸趨緊繃，前線戰事不再樂觀，各要地不斷失去。蔣中正感到各級指揮不行，隨著隴海線戰事趨緊，他開始越級指揮。

先是，台兒莊之役和徐州熱戰時，身為最高統帥的蔣中正，對第五戰區司令長官李宗仁有許多指示，這些指示，有直接透過侍從室的指示（署名中正手啟），更多是透過軍令部的指揮（署名中正）。越過李宗仁的指揮狀況雖有，但多是在軍令部的運作下發出，這些命令可能是令李轉令部署，或是在越級電令同時副知李宗仁。[86]

蔣中正此時所以較少透過侍從室越級指揮第一線部隊，或許是因為李宗仁係桂系領袖，蔣不宜過度干涉其戰區事務，且該戰區有許多桂系基本部隊，中央欲指揮亦難以調動。至於屬中央軍精銳的第二十軍團湯恩伯部，在台兒莊之役期間，受命於李宗仁，鮮見蔣越級指揮，蔣僅於 4 月 6 日手令湯恩伯，斥責其攻擊未能奏效，應急嚴督所部，殲滅敵軍。徐州會戰時，蔣於 4 月底手令湯恩伯、樊崧甫等部，指示作戰細節，此令雖似越級指揮，卻是由李宗仁轉令，蔣未越過李而直

[84] 宋希濂，〈蘭封戰役的回憶〉，《文史資料選輯》，第 54 輯，頁 161-162。

[85] 中央研究院近代史研究所編，《徐永昌日記》，第 4 冊，1938 年 5 月 19、20 日，頁 302-305。

[86] 例見中國第二歷史檔案館編，《中華民國史檔案資料匯編》，第 5 輯第 2 編，軍事二，頁 508-516、588-589、600-601、606-608。

接下令。[87]

是時，軍委會組織臨時參謀團協助李宗仁。參謀團成員，包括副參謀總長白崇禧，其身兼中央代表，又為桂系要角，雙重身分，或足使中央、地方的聯繫更為緊密。在軍令部與戰區各有組織運作的情況下，國軍總攻台兒莊日軍前，蔣中正並未每日關注戰況。如上一章所述，他於3月24日赴徐州部署後，次日即往遊洛陽龍門等處，28日始返武昌。4月3日，又登黃鶴樓眺望風景。[88] 7日，台兒莊即獲勝利。

徐州失陷後，隴海線上的戰事屬第一戰區管轄範圍，司令長官為程潛，他在中國國民黨資歷甚深，北伐時任第六軍軍長，戰爭爆發前擔任參謀總長，大本營建立時，續任參謀總長。其於軍界輩分甚高，但欠缺基本部隊。此時軍委會調派至隴海線的部隊，有大量中央軍，如第十七軍團胡宗南（黃埔一期）部、第七十四軍俞濟時（黃埔一期）部、第七十一軍宋希濂（黃埔一期）部、第二十七軍桂永清（黃埔一期）部、第八軍黃杰（黃埔一期）部。大多為蔣中正的黃埔軍校學生，如此遂創造蔣越級指揮的契機。（表6-1）

對各級指揮或參謀的不滿，是此時蔣越級指揮的原因之一。當時日軍第十四師團渡黃河南下，國軍戰事吃緊，蔣對參謀十分不滿，記云：

> 第一戰區截獲敵軍命令，明言其第十四師團主力集中於鉄鑪集，而我參謀平時不讀地圖，臨時妄加猜斷，以為鉄鑪集即是歸德站或民權站，待數日後我自研究，乃發現菏澤西南方有一鉄鑪集之大地名，惟此時敵之主力已南下至儀封附近。參謀如此作戰，焉得而不敗也？痛心盍極！[89]

[87] 〈第二十軍團湯恩伯部參加台兒莊徐州會戰各戰役戰鬥詳報及附圖〉，《國防部史政局及戰史編纂委員會》，檔號：七八七-7750。

[88] 黃自進、潘光哲編，《蔣中正總統五記：遊記》（臺北：國史館，2011年），頁107。

[89] 《蔣中正日記》，1938年5月13日「雜錄」。

表 6-1：國軍魯西豫東作戰指揮系統表

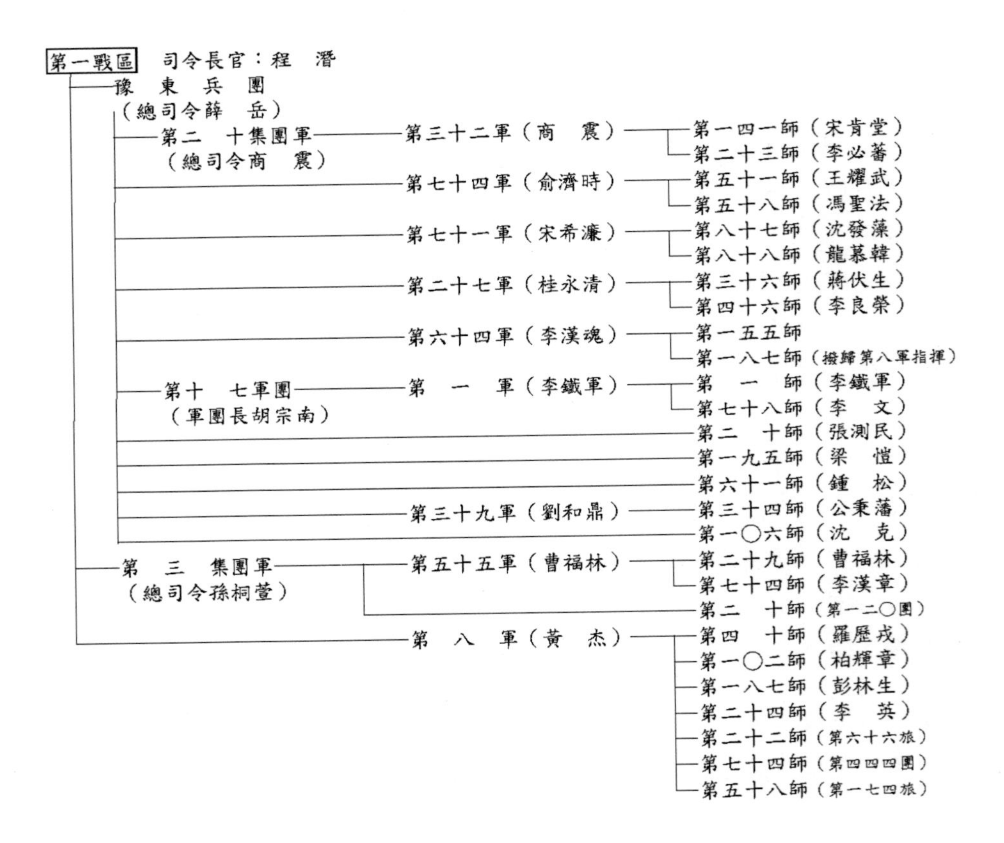

說明：

一、此為 1938 年 5 月 8 日之狀況。

二、改繪自國防部史政編譯局編，《抗日戰史——運河垣曲間黃河兩岸之作戰（二）》，第四篇第十二章第四節插表第十三。

20 日，蔣又對蘭封戰況布置未妥甚為不滿，因此「親自擬作戰令」，認為「戰區幕僚皆不行，而且大意糊塗，以為事事不緊要，即使國亡亦以為不緊要也，可歎！」。[90]於是，在暴怒中，[91]他親自手擬作戰計畫，以紅藍筆圈畫補充（圖

[90] 《蔣中正日記》，1938 年 5 月 20 日。

6-4），[92]詳細電示軍隊部署，甚至連他自己也感覺「終日處理軍務似近瑣細」，但「如此仍不能使前方處置完妥也。」[93] 21 日，蔣電第一戰區指示第一九五師、第一師之駐地與任務，[94]並以電令、電話越級指揮桂永清、宋希濂二軍長。[95] 22 日，急電第二十集團軍總司令商震猛力夾擊儀封附近日軍。[96] 23 日，再電商震多組別動隊向遠方偵查。[97]同時，以最急電，令宋希濂疾速率部向羅王進擊，並轉李漢魂、俞濟時各軍長夾擊日軍。[98]

時第二十集團軍商震、第二十七軍桂永清、第七十一軍宋希濂等部，皆在第一戰區戰鬥序列之下，故蔣中正直接指揮商震等將領，是越過第一戰區長官部的越級指揮。據宋希濂回憶，其方受命時，曾問蔣：「我的部隊歸誰指揮？」蔣想了一下說：「暫歸我直接指揮。你到蘭封後，隨時來電話報告，我將在鄭州暫住一個時期。」由於第一戰區司令長官部也設在鄭州，宋希濂日後認為：「論理我軍應該歸程潛指揮，但蔣介石的一貫作風，常常不尊重指揮系統，有時甚至直接指揮到師、旅、團等單位。」[99]這段回憶，為宋日後在中共政權下所記，客觀性有待商榷，惟應當部分符合實況。

---

[91] 《蔣中正日記》，1938 年 5 月 21 日。

[92] 「蔣中正手令」（1938 年 5 月 21 日），〈革命文獻—徐州會戰〉，《蔣中正總統文物》，典藏號：002-020300-00010-052。

[93] 《蔣中正日記》，1938 年 5 月 21 日。

[94] 「蔣中正致第一戰區電」（1938 年 5 月 21 日），〈革命文獻—徐州會戰〉，《蔣中正總統文物》，典藏號：002-020300-00010-053、002-020300-00010-054。

[95] 「蔣中正致桂永清宋希濂電」（1938 年 5 月 21 日），〈革命文獻—徐州會戰〉，《蔣中正總統文物》，典藏號：002-020300-00010-055。

[96] 「蔣中正致商震電」（1938 年 5 月 22 日），〈革命文獻—徐州會戰〉，《蔣中正總統文物》，典藏號：002-020300-00010-056。

[97] 「蔣中正致商震電」（1938 年 5 月 23 日），〈革命文獻—徐州會戰〉，《蔣中正總統文物》，典藏號：002-020300-00010-058。

[98] 「蔣中正致宋希濂電」（1938 年 5 月 23 日），〈革命文獻—徐州會戰〉，《蔣中正總統文物》，典藏號：002-020300-00010-059。

[99] 宋希濂，〈蘭封戰役的回憶〉，《文史資料選輯》，第 54 輯，頁 159。

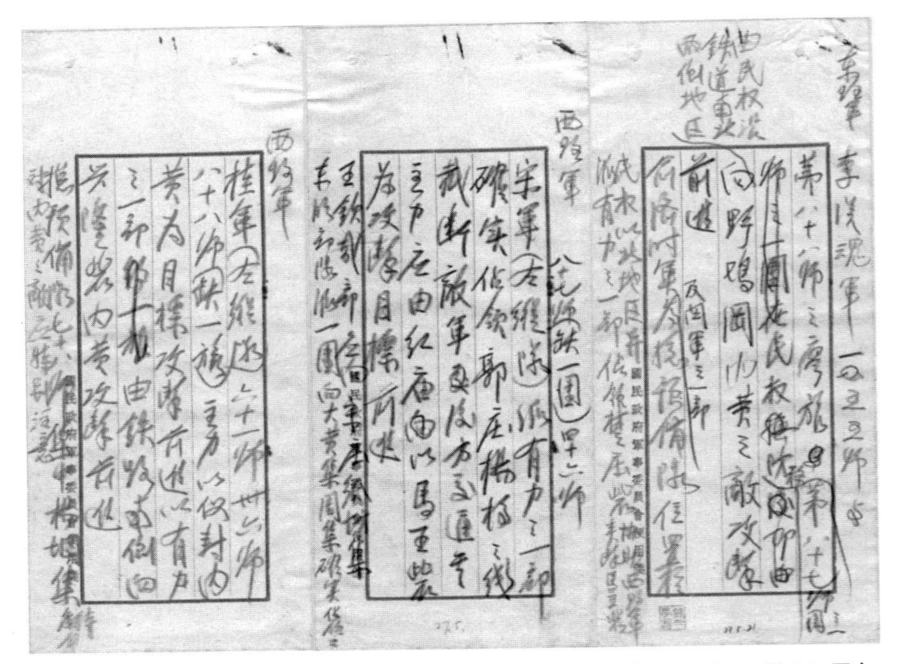

圖 6-4：蔣中正親擬之作戰計畫（右至左。「蔣中正手令」（1938 年 5 月 21 日），〈革命文獻－徐州會戰〉，《蔣中正總統文物》，典藏號：002-020300-00010-052）

蔣從後方武漢指揮，尚以為不足，他由軍令部第一廳第一處處長張秉均等陪同，親赴前方鄭州指揮。[100]其令第十七軍團胡宗南部由隴海路輸送前線，並令豫東兵團總司令薛岳將所部劃分東路軍、西路軍，東路軍沿鐵路兩側前進，主力控於鐵路之北，包圍攻擊日軍側背；西路軍截斷日軍後方之聯絡。[101]

日軍以一部繞襲蘭封西邊的羅王車站，破壞鐵路，致使隴海路羅王以西交通中斷。22 日，駐守蘭封的桂永清，鑒於日軍將包圍蘭封，下令主力撤出，以第八十八師留守。然而，第八十八師師長龍慕韓自動撤退，蘭封遂陷。[102]是日，蔣中

[100] 張秉均，《中國現代歷次重要戰役之研究——抗日戰役述評》，頁 240。

[101] 國防部史政編譯局編，《抗日戰史——運河垣曲間黃河兩岸之作戰（一）》，頁 40-41。

[102] 國防部史政編譯局編，《抗日戰史——運河垣曲間黃河兩岸之作戰（一）》，頁 42。龍慕韓其後遭到槍決。

正尚不知蘭封失陷，聞蘭封前線遭突破，怒云：「蘭封正面兵力之厚，決不料被敵衝破，此乃由指揮官不得其人，桂永清言大而謬，敗乃軍事也。」[103] 24 日，蔣得報蘭封失陷，十分震驚，對各將領極為不滿，謂「將才難得，中國作戰若非主將得人，則兵多敗速，不如不戰，而主將之劣者，以大言不慚與冒功謊報為最，初不知桂永清之怯懦與宋希濂之誇妄一至於此。蘭封城以交代換防不確，致為敵騎竄入失陷，此種糊塗仗未有不敗，思之寒心，不知將何以持其後也！」又云：「若不來前方親自經歷，則不知黃埔將領之糊塗無用，以後更不可收拾矣！」[104]可見蔣的越級指揮，並未使戰局好轉，蔣也沒有怪自己指揮的問題，而是認為「指揮官不得其人」，並反認為他的督戰讓局勢沒有過度惡化：「若我不駐鄭，則大事去矣！」[105]

就蘭封附近的戰鬥來看，蔣的指揮確無問題，而由於國軍協同、戰力太差，他的越級指揮督促，難以發揮效果。越級指揮可能造成一些負面的效果，如「作戰被動」，「令打則打，令追方追，無令則一味觀望」，「完全倚賴耳目太遠之高級官命令」。[106]至少在蘭封戰鬥時，這些缺陷看不出是蔣造成的，倒像是國軍長期存在的沉痾。

(三) 蔣中正下令後撤

日軍第十四師團攻陷蘭封後，軍事委員會積極部署反攻。蔣中正也重新思考戰略：「敵既竄入蘭封，若一、二日內不能收復，決非短期可了，應作最後準備。」「第三期抗戰之方案進入豫西、豫南山地作戰，余以為確有把握也。」[107] 5 月 25 日，蔣與薛岳直接通電話，處置戰局。[108]晚，電令各軍，告以此次蘭封之戰，關

[103] 《蔣中正日記》，1938 年 5 月 22 日。

[104] 《蔣中正日記》，1938 年 5 月 23、24 日。

[105] 《蔣中正日記》，1938 年 5 月 22-24 日。

[106] 中央研究院近代史研究所編，《徐永昌日記》，第 4 冊，1938 年 6 月 7 日，頁 321。

[107] 《蔣中正日記》，1938 年 5 月 24、25 日。

[108] 《蔣中正日記》，1938 年 5 月 25 日。當日，蔣由鄭州返漢。

係整個戰局，各軍務於 26 日拂曉前將蘭封等地日軍殲滅。就在蔣督促之下，各軍奉令發動進攻，惟進展殊少。[109] 28 日，蔣對於國軍 12 個師進攻蘭封附近日軍 5、6 千而不能克復，認為是千古笑柄，監督催促第一戰區積極進攻。[110]受到龐大國軍的圍攻，先一日，日軍已自動撤出蘭封，困守羅王砦、曲興集、三義砦三大據點，宋希濂部進入蘭封。[111]

日軍在津浦線的各部攻下徐州之後，向西追擊。第十六師團攻下碭山、馬牧集，27 日，向歸德進攻。薛岳令第八軍黃杰堅守歸德三日，但第八軍僅守一日，於 28 日失守該地。[112]次日，蔣中正嘆「歸德失陷出乎意料，黃杰不能作戰也。」[113]

歸德失陷後，徐州方面日軍向西推進更無阻礙，即將與第十四師團會合，國軍攻擊日本第十四師團的主力部隊有陷於包圍之危險。[114] 30 日的官邸會報，討論當前戰略。蔣中正規劃第一戰區之部署，偏重固守豫西，即將重兵撤至平漢路以西，在開封、鄭州、許州、郾城、周口、扶溝等處各留 1、2 個師守備。徐永昌則主張在鄭州建立一據點，最小限須置兵 6 個師乃至 8 個師，並與許昌之兵互為犄角，使敵不能輕易入鄭。徐判斷日軍今日主攻在北，不會入鄭，不致悉力南攻；固守鄭州，不僅掩護豫西，亦為鞏固大別山脈。[115]最後，蔣仍堅持己見，31 日，電令第一戰區避免與敵在豫東決戰，即將主力向平漢線以西地區轉移，以保爾後之機動。[116]他並考慮：「敵將先攻洛陽，打通隴海路，再由西安荊紫關公路直搗襄

---

[109] 國防部史政編譯局編，《抗日戰史——運河垣曲間黃河兩岸之作戰（一）》，頁 45-46。

[110] 「蔣中正致晏勛甫電」（1938 年 5 月 28 日），〈革命文獻—徐州會戰〉，《蔣中正總統文物》，典藏號：002-020300-00010-065。

[111] 〈第七十一軍及八十七、八十八師蘭封之役戰鬥詳報〉，《國防部史政局及戰史編纂委員會》，檔號：七八七-7878。宋希濂，〈蘭封戰役的回憶〉，《文史資料選輯》，第 54 輯，頁 169-171。

[112] 黃杰，《淞滬及豫東作戰日記》（臺北：國防部史政編譯局，1984 年），頁 174。

[113] 《蔣中正日記》，1938 年 5 月 29 日。

[114] 宋希濂，〈蘭封戰役的回憶〉，《文史資料選輯》，第 54 輯，頁 171。

[115] 中央研究院近代史研究所編，《徐永昌日記》，第 4 冊，1938 年 5 月 30 日，頁 315-316。

[116] 〈第一戰區魯西豫東作戰經過及經驗教訓〉，《國防部史政局及戰史編纂委員會》，檔號：七八七-7863。國防部史政編譯局編，《抗日戰史——運河垣曲間黃河兩岸之作戰（一）》，頁 49。

樊，截斷宜荊，包圍武漢乎？此應特別注意準備也。」[117]

(四) 掘開黃河堤防

在中日全面開戰前，軍事委員會即認定此戰必定是場持久戰爭。為了避免日軍占領中國土地後，取用占領區物資壯大自己，藉以持續發動戰事，軍委會乃覺有必要實行堅壁清野，時稱「焦土抗戰」。

焦土抗戰與持久消耗併行，此一戰略，中外行之久遠。德國軍事總顧問法肯豪森在戰前，曾建議對黃河做有計畫之人工氾濫，以增厚國軍防禦力量。[118]七七事變後，焦土抗戰之風甚熾，第二十九軍宋哲元部曾於 1937 年 9 月人工泛濫河北省河川，藉以阻敵前進。11 月，日軍於杭州灣北部金山衛登陸，迂迴攻擊淞滬國軍，國軍第六十三師為阻敵進攻，擬掘毀錢塘江北岸之海塘，藉江潮阻止日軍前進。此舉為浙江省行政機關強力阻止，並未成真。其後國軍又有焚毀杭州城之計畫，為浙江省政府主席朱家驊嚴令制止。[119]南京失守後，法肯豪森對於各戰區撤退時，橋樑及其他足資敵用之重要技術建築未能充分破壞，深感不滿，乃電蔣中正再次重申「破壞為用兵上一種重要工具，宜按計劃準備實施」。[120]

台兒莊之役結束後，政府內陸續有人建議掘堤以制日軍。1938 年 4 月 13 日，前江蘇省政府主席陳果夫函呈蔣中正，建議在沁河口附近決堤，使黃河河水北趨漳衛，避免「敵以決堤致我」。蔣中正批「電程（潛）長官核辦」。[121]軍委會內亦有多人建議決堤。徐州會戰末期，軍委會辦公廳副主任姚琮於 5 月 21 日建議軍令

117 《蔣中正日記》，1938 年 5 月 31 日。

118 〈總顧問法肯豪森關於應付時局對策之建議（抄件）〉，《國防部史政局及戰史編纂委員會》，檔號：七八七-2127。

119 畢春富，《抗戰江河掘口祕史》（臺北：文海學術思想研究發展文教基金會，1995 年），頁 16-25。

120 「法肯豪森呈蔣中正電」（1937 年 12 月 13 日），〈一般資料—呈表彙集（六十）〉，特交檔案，《蔣中正總統文物》，典藏號：002-080200-00487-051。

121 〈陳果夫建議在武陟掘堤〉，《鄭州文史資料（黃河花園口掘堵專輯）》，第 2 輯（1986 年 10 月），頁 2。

部次長熊斌，在黃河考城以東實施決口工作，使河改道南向，造成泛濫區域，雖不致淹沒敵軍，至少可使其行動困難，「全戰局情勢必將改觀」。[122] 26 日，軍令部第一廳副廳長何成璞電程潛轉熊斌，建議於黃河蘭封曲折部施工決口，使黃水循故道直奔徐州，讓日軍機械化部隊失其效能，並摧毀其戰力，使日軍打通津浦路之企圖歸於泡影。[123]其他建議者甚夥。第一戰區參謀長晏勛甫獲司令長官程潛同意後，亦電話報告軍委會侍從室第一處主任林蔚建議掘口。林蔚轉達蔣中正此意見後，隨即電話回復蔣已與幕僚研究，同意執行。[124]

6 月 4 日，第五十三軍之一團奉蔣中正電令，在中牟縣境趙口掘堤，並限夜間 12 時放水。然並未成功。5 日正午，蔣中正以電話令第二十集團軍總司令商震負責督促實施黃河決口。[125]商震親赴趙口視察，加派一團協助，並懸賞千元。晚間，開始放水，然河堤隨即傾圮，水道阻塞不通。蔣中正聞之，甚為焦灼。6 日，第三十九軍軍長劉和鼎於原決口處迤東 30 公尺處，另派兵一團做第二道之決口，而第一道決口仍持續進行。當晚，新八師師長蔣在珍，擬在鄭縣花園口另做第三道決口，蒙商震採納並懸賞 2 千元獎勵。當日，開封失陷。7 日早，林蔚接鄭州方面電話，獲知午後 4 時中牟必可決口。然時間至，仍未成功，薛岳嚴令是夜完成。當夜，中牟放水流出十餘里，旋即因口外產生沙灘，水量降落，出水停止。蔣中正異常焦灼，每日詢三、四次決口情形。8 日，蔣在珍參考趙口決堤失敗經驗，決定加寬花園口決口口幅。9 日 9 時，花園口決口工程完竣，開始放水，初時水勢不大，約 1 小時後，受水沖刷，決口擴至 10 餘公尺，水勢遂益為猛烈。[126]

---

[122] 〈姚崇馬電（建議在劉莊朱口掘堤）〉，《鄭州文史資料（黃河花園口掘堵專輯）》，第 2 輯，頁 2-3。

[123] 「何成璞呈程潛轉熊斌電」（1938 年 5 月 26 日），〈軍委會為指導黃河兩岸作戰與程潛來往文電〉，《國防部史政局及戰史編纂委員會》，檔號：七八七-7797。

[124] 晏勛甫，〈記豫東戰役及黃河決堤〉，《文史資料選輯》，第 54 輯（1962 年 6 月），頁 174-175。

[125] 魏汝霖編纂，《抗日戰史》（臺北：國防研究院、中華大典編印會，1966 年），頁 73。

[126] 中央研究院近代史研究所編，《徐永昌日記》，第 4 冊，1938 年 6 月 7-10 日，頁 320-322。魏汝霖，〈黃河決口經過〉，《鄭州文史資料（黃河花園口掘堵專輯）》，第 2 輯，頁 9-13。〈二十集團軍參謀長魏汝霖呈報黃河決口經過〉，《國防部史政局及戰史編纂委員會》，檔號：七八七-3496。

蔣聞之，自記：「存亡生死在此一舉。」[127] 11 日大雨，河水暴漲，水流湍急，決口擴大。[128]

黃河決口的決策，固然由蔣中正拍板施行，惟軍委會諸多成員，皆主動建議或支持這個作法。此一過程，可以看到蔣中正的決定，背後有諸多成員作用其中。

花園口決口前，北支那方面軍於 6 日下令重整戰線，將在隴海沿線作戰之兵團，逐次集結開封、杞縣、亳縣、宿縣附近之線，準備下期之作戰。適遇黃河決口，日軍趕忙救援孤立於中牟的第十四師團之一部兵力，隨後在尉氏附近的第十六師團亦受大水影響，日軍動員航空隊傾全力援助該師團之補給。[129]日軍也因此完全停止隴海線上向鄭州的追擊，[130]徐州會戰自此結束。

三、軍委會指揮作戰的分析

經過上文敘述，可見蔣中正的指揮情形，以及其他軍委會核心成員於戰事進行中，扮演的角色。此外，亦得注意到軍委會對敵情判斷、指揮調度等方面的一些失誤，如中了日軍牽制吸引之計謀、忽視魯西防禦、過晚撤出徐州等。這些狀況，上文已作論析，本節對此再進一步探討。首先綜合分析軍委會在徐州會戰中的作用，再探討軍委會的作戰部署，最後探究軍委會的命令落實情形。藉由這些討論，本節期望對軍委會的作戰指揮及其限制，有更全面的認識。

(一) 軍委會的作用

如同在台兒莊之役，軍委會在徐州會戰中，持續指揮戰區的作戰。軍委會核

---

127 《蔣中正日記》，1938 年 6 月 9 日。

128 國防部史政編譯局編，《抗日戰史——運河垣曲間黃河兩岸之作戰（二）》（臺北：國防部史政編譯局，1982 年再版），頁 158-159。

129 防衛庁防衛研修所戰史室，《支那事変陸軍作戰〈2〉昭和十四年九月まで》，頁 76-78。

130 岡部直三郎，《岡部直三郎大將の日記》，頁 214-220。

心成員，再次組織臨時參謀團，由軍令部次長林蔚、軍令部第一廳廳長劉斐等赴前線，代軍委會指導第一線的作戰，並將前線所得訊息即時報告軍委會，以助軍委會對全局的掌握。另一核心成員白崇禧，也留駐第五戰區，協助司令長官李宗仁的指揮。

蔣中正的諸多指示，透過軍令部發出，對象包括戰區司令長官李宗仁、在前線的副參謀總長白崇禧等。[131]前線諸將，也不斷將戰地情報報告蔣中正，這些情報相當瑣細，由軍令部匯整判斷。在中央的軍委會核心成員，提供蔣許多作戰建議，如進行運動戰或黃河決口。蔣中正透過組織的運作，可綜觀指導全局。

軍委會指揮戰區的作戰，第五戰區司令長官李宗仁大抵依軍委會的指示擬定作戰計畫，進行部署。在日軍向徐州發動總攻擊時，李與軍委會一同，皆欲與日軍持久消耗。直至日軍兵臨徐州城下，軍委會仍欲堅守，李宗仁發現戰況不對，下令全面撤退，並未遵從軍委會的指示，徐州撤退雖損失不輕，但為此得以稍減。此外，作戰區域的廣大、日軍兵力的不足、氣候等因素，皆使日軍無法包圍殲滅國軍。因此，過去戰史著作認為徐州撤退十分成功，李宗仁並特別歸因於己，其實李下令撤退並不如其所說之早，倒是他說蔣中正或軍委會不斷增兵徐州係屬事實。軍委會與戰區實際上呈現複雜關係，戰區並非如李宗仁說的很少受蔣中正或軍委會的指揮，而李也的確未對蔣的嚴令照單全收。

軍委會最重要的成員為蔣中正，他身為最高統帥，須統籌全局，且不僅軍事方面，外交、政治、黨務各方面要事，都需經由他處理，可以想見他的忙碌。軍委會組織的運作，在一般的狀況下，可以為其分擔諸多軍事細務。然而，蔣中正十分有主見，他並未特別採納某位軍委會核心成員的意見，特別是戰事緊迫之時，由於對下屬的能力有所懷疑，他直接掌控軍事細務，甚至親擬作戰令稿。在隴海線戰事不利時，他親赴鄭州指揮。當然，此時在武漢的軍委會不是就此喪失作用，軍委會仍接收戰地情報，整理後發鄭州供蔣參考，蔣也會將在鄭州獲得的戰地情

[131] 中國第二歷史檔案館編，《中華民國史檔案資料匯編》，第5輯第2編，軍事二，頁597、600-601、606-608。署名「中○」。

報，轉發武漢軍委會知曉。[132]

越級指揮是許多將領詬病蔣中正之處。[133]論者批評蔣不理解戰略上應抓關鍵性大事，且不理解前線情勢難以從地圖說明，又當時通信不發達，戰場情況千變萬化，蔣根據前方報告作指示，命令到前線時，情況已經變遷；[134]就此而論，則蔣越級指揮，是國軍打敗戰之關鍵。

姑不論越級指揮對戰事的影響，如學者張瑞德所指出，越級指揮並非蔣個人風格，它普遍出現在國軍各級指揮體系之中。[135]而這個情況，常與上級對下級的瑣細指示一同發生。徐州會戰之後，各級官長的檢討，不斷指出此一問題。第一〇二師師長柏輝章指出，各級指揮官多對下級有過甚束縛，碭山之役，部隊之分配，悉由上定，師長毫無活動餘地，致不能因應情況，反坐視國軍遭各個擊破。[136]第七軍張淦檢討，各級部隊之預備隊，上級指揮官應予各級指揮官充分活用，不宜過事干涉。[137]第一八〇師第二十六旅旅長張宗衡則謂：

> 上級應予下級活動之餘地，庶可指揮靈活，不受限制，方可致勝，如去年任職團長時，在小王莊附近，沿北減河作戰，奉令全旅歸職指揮，敵人自八月二十八日起向我攻擊，連續三天，職不受限制，指揮自如，敵終未得逞，因戰時高級官距戰線較團長為遠，對前方敵情地形之認識，不如團長之真切，若上級對下級約束過嚴，使無活動之餘地，多遭慘敗，因敵情之變化瞬息萬變，若處處加以限制，指揮必屬遲滯，貽誤時機，在所難免也。[138]

---

[132] 中國第二歷史檔案館編，《中華民國史檔案資料匯編》，第5輯第2編，軍事二，頁616-618。

[133] 林桶法，〈武漢會戰期間蔣介石的決策與指揮權之問題〉，收入呂芳上主編，《戰爭的歷史與記憶1：和與戰》（臺北：國史館，2015年），頁164-166。

[134] 郭汝瑰，《郭汝瑰回憶錄》（成都：四川人民出版社，1987年），頁416。

[135] 張瑞德，〈遙制——蔣介石手令研究〉，《近代史研究》，2005年第5期，頁39、48。

[136] 軍事委員會軍令部編，《徐州會戰國軍作戰經驗》，頁20。

[137] 〈第七軍張淦部在淮北會戰戰鬥詳報〉，《國防部史政局及戰史編纂委員會》，檔號：七八七-7735。

[138] 軍事委員會軍令部編，《徐州會戰國軍作戰經驗》，頁22。

軍令部參謀劉志方，也指出各級越級指揮或指揮瑣細的問題：

> 觀某軍陣地轉移之命令，師在何時應如何行動，如何渡河，及應如何注意……等，十分繁瑣，而師又涉及營團以下之動作，甚至高級司令部，以電話指揮軍以下之行動，如某處之師，應如行動，某處應以一團一營之配備，某道路地區，應如何注意，此不但顯示下級者之無能以致釀成下級之氣憤而不受命，且每不能適合當地情形，似宜注意。[139]

上述例子，在在顯示越級指揮或細瑣指示於徐州會戰之普遍。

論者批評蔣中正個人越級指揮，實則軍委會與蔣作為一整體，本身即可能越級指揮，只是軍委會對外命令皆以蔣的名義發布，且蔣此一風格明顯，故越級指揮產生之諸多問題，日後多集矢於蔣個人身上。例如，台兒莊之役時、1938 年 3 月 21 日，軍委會修正臨城保衛戰之部署，規定「張軫師及獨四四旅歸孫仿魯（連仲）指揮守備運河」、「另以兩團由汶上方面向肥城、大汶口挺進遊擊，限宥日到達」，[140]直接規定到團一級的部署。又如，徐州失陷之後，為防日軍輕快部隊向西挺進至平漢線，5 月 27 日，軍委會下令編組掃蕩隊，其編組細節，不交第一戰區擬訂，而由軍委會直接律定：第一掃蕩隊規定以第十三軍騎兵團及第二師騎兵團、機械化第一搜索支隊、戰車防禦砲一連、工兵一連編成；第二掃蕩隊以騎兵第十四旅、機械化第二搜索支隊、戰車防禦砲一連、工兵一連編成。這樣的規定，及於連的編組，相當詳盡。上述兩電，從署名可判斷是軍令部代蔣所擬的命令，[141]而兩電皆有附知其上級長官，如前者同時分電第五戰區司令長官李宗仁及各相關總司令、軍團長、軍長，後者同時分電第一戰區司令長官程潛及相關軍團長、師長、旅長。因此，第四師師長石覺日後反省說：「統帥部命令太過詳盡，代替各級指揮

---

139 軍事委員會軍令部編，《徐州會戰國軍作戰經驗》，頁 21。

140 「蔣介石修正臨城保衛戰部署密電稿」（1938 年 3 月 21 日），收入中國第二歷史檔案館編，《中華民國史檔案資料匯編》，第 5 輯第 2 編，軍事二，頁 595。署名「中〇」。

141 「蔣介石關於編組掃蕩隊及其作戰任務密電」（1938 年 5 月 27 日），收入中國第二歷史檔案館編，《中華民國史檔案資料匯編》，第 5 輯第 2 編，軍事二，頁 618-619。署名「中〇」。

官職權，因此狀況一有變化，常難適應戰機。」[142]其所說的是「統帥部」，即軍委會，而非蔣中正個人。

除了透過軍令部發出的越級指揮命令，蔣中正也會透過侍從室直接越級指揮，此種命令亦十分瑣細，且未經過軍令部相對較大的參謀團的審視，又該命令由蔣親自發出的，權威高於軍令部以蔣名義發出者，前線部隊較不敢違背，進而可能導致前線推卸責任的情況。軍令部部長徐永昌便謂：

> 委員長每好親擬電、親筆信或親自電話細碎指示，往一團一營如何位置等均為詳及，及各司令長官或部隊長既不敢違背，亦樂於奉行，致責任有所諉謝〔卸〕，結果所至，戰事愈不堪問矣（因委員長之要求，即本部指導者，實亦有過於干涉之嫌）。[143]

徐永昌對此情有所不滿，認為軍令部發出的電令所以亦甚瑣細，是蔣中正要求所致。其實，在國軍越級指揮、瑣細指示的指揮文化之下，軍令部不用蔣的要求，本身便可能指揮過細。要之，我們對蔣中正的越級指揮，可以再細緻區分是蔣中正透過侍從室的越級指揮，抑或通過軍令部的運作發出之越級指揮命令。前者可以明確看出蔣的指揮作為，後者則很大程度上是軍委會參謀作業的展現。

(二) 軍委會部署之分析

1. 兵力配置狀況

台兒莊之役後，中日兩軍在魯南交戰，時或稱台兒莊之役為「第一次魯南會戰」，其後為「二次魯南會戰」。[144]軍委會欲再度於魯南創造勝利契機，即便獲報日軍不斷增援，仍投入大批軍力。同時，軍委會不知日軍進攻魯南是為牽制吸引

[142] 陳存恭、張力訪問，張力紀錄，《石覺先生訪問紀錄》（臺北：中央研究院近代史研究所，1986 年），頁 125。

[143] 中央研究院近代史研究所編，《徐永昌日記》，第 7 冊（臺北：中央研究院近代史研究所，1991 年），1944 年 6 月 12 日，頁 332。

[144] 國防部史政編譯局編，《抗日戰史——徐州會戰（一）》，頁 44。

國軍，爾後將於魯西發動總攻。龐大國軍最終在魯南與日軍僵持，陷入被動狀態，[145]並忽視魯西的布防。徐永昌於徐州失陷後檢討：

> 一、大本營料敵錯誤，戰區指揮失當。
> 二、劉汝明軍不應調離濟寧一帶。其孫（桐萱）、曹（福林）部派離防線外者幾達一半，亦係得不償失。
> 三、魯西當增兵而未增。
> 四、第七、第四十八軍約四師以上兵力不能拒數千敵於蒙城，東南指揮者偏重游擊，部隊亦少戰鬥力（亦徐州失敗重要因素）。
> 五、對敵增四、五師於津浦，我所增之兵悉被戰區強調於徐州以東，則尤為失敗之大關鍵（如敵在魯南調右翼兵用於左翼，新增兵用之魯西戰區，竟忽視之）。[146]

除第四點提及游擊戰的問題（詳後），各點皆強調忽視魯西防禦之誤。濟寧一帶便是魯西，劉汝明部及許多新增兵力，原為防備魯西及隴海一線，多被調至徐州以東魯南一帶，使得魯西兵力不足。爾後，徐永昌又檢討：

> 一、在明瞭敵人增兵四、五師至津浦時，我準備（新銳及新調）之二十師，應留十個師在碭山、歸德南北，再益以黃杰、俞濟時等軍制敵，綽有餘裕。
> 二、劉汝明軍不應南調，孫（桐萱）部亦不應再派出兵至濟寧以東。
> 三、第七軍、三十一軍太恃游擊，不知扼止敵人。
> 以上誠用兵之錯誤，非戰鬥之過失。[147]

所列第一、二項，仍是指魯西防禦之不足。而第三項與前引文第四項相同，強調

---

145 「程潛關於徐州戰役的總結報告」，（1938 年 7 月），收入中國第二歷史檔案館編，《中華民國史檔案資料匯編》，第 5 輯第 2 編，軍事二，頁 638。

146 中央研究院近代史研究所編，《徐永昌日記》，第 4 冊，1938 年 5 月 26 日，頁 314-315。

147 中央研究院近代史研究所編，《徐永昌日記》，第 4 冊，1938 年 6 月 10 日，頁 322。

了津浦線南面桂系部隊戰力之不足，採游擊而未能正面抗拒日軍。

然而，事實上，軍委會對魯西防禦，並非完全沒有注意。戰前蔣中正便指示不宜將整個部隊全放在火線，要留有強大預備隊，等到好的時機再行側擊。台兒莊之役時，蔣為防日軍進攻魯西，一度暫緩對日軍的圍擊。徐州會戰時，劉斐於 4 月 21 日前後，曾建議蔣中正抽調機動兵團，加強魯西兵力；5 月初，徐永昌也有類似的建議。那麼，軍委會為何仍忽視魯西防禦？

如前所述，蔣中正當時有意與日軍在魯南持久消耗，以運動戰打擊之，因此不得不抽調大批部隊至魯南。是時日軍在魯南的牽制作戰，已令國軍深感棘手，軍委會也不知日軍有計，在戰力有限的情況下，很自然地將大部隊分配至魯南，以應付當前戰事。加以軍委會受情報導引，以為中日兩軍兵力對比較大，國軍四倍於敵，故不僅蔣中正，徐永昌亦認為魯南戰況仍有可為。蔣尚以為即便日軍從魯西發動攻擊，國軍亦無所懼，日軍此舉將造成孤軍深入，國軍得再度創造台兒莊之勝利。因此，即便軍委會對魯西早有注意，仍未能給予足夠正視。

2. 軍委會的戰力估計

如上所述，軍委會一度認為能夠於魯南或魯西，與日軍持久消耗下去。所以如此判斷，與軍委會對中、日兩軍戰力估計有關。軍委會對於日軍戰力的估算，主要依據日軍兵力，由於國軍兵力遠高於日軍，軍委會乃判斷勢有可為。

實則，中、日兩軍裝備、素質差異甚巨，計算人數多寡，遠難呈現實質戰力差距。計算火力強弱或素質裝備，較為實際。徐州會戰魯南戰場，國軍高達 50 餘師，對上日軍 4 個師團，仍無法取勝，因日軍雖係 4 個師團，若以火力計算，加上精神教育等，遠超過國軍 50 餘師。且國軍各單位人數多但運輸時間長，傷亡率大，指揮聯絡又甚困難。[148]

並且，現代戰爭，武器裝備的影響很大。國軍裝備較優的部隊，其主要火力為輕重機槍，惟因使用過久，精度較差，且品質不良，數目不多。裝備較劣的部

[148] 「孫連仲魯南戰鬥之經驗教訓報告」，〈徐州抗日會戰史稿（五戰區編）〉，《國防部史政編譯局》，檔號：B5018230601/0026/152.2/2829。軍事委員會軍令部編，《徐州會戰國軍作戰經驗》，頁 10、171。

隊，其主要火力為步槍，槍之種類既雜，毫無精度可言，即補充彈藥，亦甚不便。國軍武器缺乏，甚至無刺刀可用，只得另備大刀，兵之負擔增大，戰鬥力為之減少。砲兵在戰場上，作用很大，不但可直接殺傷多數敵人，亦可發揮威嚇作用。惟國軍砲兵短少，難以發揮效果，即便有，其所存砲彈新舊不一，舊彈擱置多年，有發出無效者。[149]台兒莊之役時，第五十一軍山砲營發現有利目標，施行射擊，即遭日軍發現砲兵主陣地所在，以數倍砲火進行壓制，國軍部分砲兵陣地，因此遭受毀滅打擊。[150]據日軍估計，中、日兩軍若以火砲力量做比較，假定日本甲師團戰力數值為 100，則乙師團為 62，丙師團為 44，國軍僅有 16（蘇聯軍隊為 111）。[151]（表 6-2、6-3）

表 6-2：中、日步兵師武器裝備比較表

	各口徑砲(門)	步騎槍(支)	輕機槍(挺)	重機槍(挺)	擲彈筒(支)	汽車(輛)	戰車(輛)
日本師團	108	9476	541	104	576	266	24
國軍調整師	40 以下	3000 以下	250 以下	50 以下			

出處：國防部史政編譯局編，《抗日戰史——徐州會戰（一）》，頁 5。

149 〈軍令部第一廳參謀程槐視察魯南戰區報告〉，《國防部史政局及戰史編纂委員會》，檔號：七八七-6498。

150 日軍戰車，因受國軍小砲射擊及步兵破壞，大失效用；飛機除對守城部隊較有威力，野戰中效用亦不甚大；對國軍防害最大者，為日軍砲兵。「關麟徵台兒莊會戰之經驗報告」、「孫連仲魯南戰鬥之經驗教訓報告」，〈徐州抗日會戰史稿（五戰區編）〉，《國防部史政編譯局》，檔號：B5018230601/0026/152.2/2829。

151 大江志乃夫監修、解說，《支那事変大東亞戰争間 動員概史》（東京：不二，1988 年），頁 357。日軍常設師團稱作甲師團，戰力最強。召即預備役編成的特設師團，稱乙師團，戰力稍弱。以治安警備為目的編成的師團，為治安師團或警備師團，即丙師團，戰力更弱。秦郁彥編，《日本陸海軍総合事典》，頁 740。

表 6-3：師團戰力表

師團戰力表

區分 \ 師團別	甲師團 野(一)	甲師團 野(二)	甲師團 山	甲師團 馱	乙師團 野	乙師團 山	乙師團 馱	丙師團 野	丙師團 山	「ソ」軍	支那軍
一分間ノ發揚火力量 步兵水平火力（瓩）	六〇五五六	五八九七	五八九七	五八九七	四七〇九	四七〇九	四七〇九	[illegible]	[illegible]	七六〇二	[illegible]
一分間ノ發揚火力量 步兵曲射火力（瓩）	[illegible]	[illegible]	[illegible]	[illegible]	[illegible]	[illegible]	[illegible]	[illegible]	[illegible]	四三八〇	一九〇〇
一分間ノ發揚火力量 砲兵火力（瓩）	[illegible]	[illegible]	[illegible]	[illegible]	[illegible]	[illegible]	[illegible]	[illegible]	[illegible]	[illegible]	
一分間ノ發揚火力量 計（瓩）	[illegible]	[illegible]	[illegible]	[illegible]	[illegible]	[illegible]	[illegible]	[illegible]	[illegible]	[illegible]	[illegible]
火器比較 步兵水平火力	一三五六〇	一三五六〇	一三九一〇	一三五八	一三一二〇	一三一三〇	二〇四〇	二〇四〇	二〇四〇	二七六三	七八〇
火器比較 步兵砲力	一三五六〇	一三五六〇	一三五六〇	一三五六〇	一三一二〇	三一四〇	三一七	一七〇	〇一五三	五九	六〇
火器比較 師團砲兵力	六九六	四五六	四〇八	三六〇	四五六	三六〇	三六〇	三六二	三六〇	一三八	
戰力比（發射彈量ヲ基礎トス）	一〇〇	七五	七〇	六六	六二	五三	五五	四四	四〇	一二	一六

摘要：甲師團ト雖モ師團砲兵力ニ於テハ[illegible]ニ比シ62%乃至52%ニ過ギズ 但シ[illegible]ヲ除ク步兵火力ニ於テハ[illegible]師團ニモ[illegible]優越ス／步兵重火器ニ於テ[illegible]師團ニ概ネ85%程度ナルモ[illegible]火力ニ於テハ[illegible]／支那正規軍ニ比シ火力ニ於テ約三倍ナリ／[illegible]

區分	小銃	輕機	重機	擲彈筒	速射砲	自動砲	大隊砲	聯隊砲	野砲	山砲	十榴	山地十榴	十五榴	戰車 重機	戰車 砲
彈量	9g	9g	(23)g	800g	700g	160g	(3.5)kg 3.7kg	6.02kg	6.02kg	6.02kg	16kg	16kg	36kg	150g	700g
發射速度（每分）		80	250	6	15	10	15	10	12	12	8	8	6	80	10
換算率	小銃 一	〃 一〇	〃 二〇	聯隊砲 1/90	〃 1/8	〃 1/10	〃 1/4	〃 一	野砲 一	〃 一	〃 一四	〃 一四	〃 二		

備考
(一) 一分間ノ火力中步兵水平火力ハ輕機、重機ヲ、曲射火力ハ擲彈筒、步兵重火器[illegible]
(二) 換算火器中步兵水平火器ハ小銃ニ、曲射火器ハ聯隊砲ニ換算セルモ步兵砲力ハ步兵[illegible]、砲兵力ハ野砲（山砲）ニ換算セルモノトス
(三) 計算ハ基礎表ニ依ル[illegible]

出處：大江志乃夫監修、解說，《支那事變大東亞戰爭間 動員概史》，頁 357。

戰前國軍經過整編，有調整師與整理師之編制。調整師係衡量現代作戰之需求與裝備，為調整施行容易而統一擬訂的一種甲種編制，其性質同各國之常備師。整理師係顧慮中央財力及裝備數量，於調整師外另訂一種編制，使其組織、薪餉劃一。調整師為國軍編裝最優良者，但與日本師團相較，戰力差距仍大，尤以重武器短少，不足以組成戰略單位之火力；最大弱點尤為多數員額未盡充實。滿額調整師約 1 萬 1 千人，[152]徐州會戰時國軍各師實際兵員差距甚大，平均僅 6、7 千人。[153]相較之下，日軍常設師團（甲師團）兵員達 25,000 人，特設師團（預備

---

[152] 何智霖、蘇聖雄，〈初期重要戰役〉，收入呂芳上主編，《中國抗日戰爭史新編》，第 2 編，頁 165。

[153] 中央研究院近代史研究所編，《徐永昌日記》，第 4 冊，1938 年 4 月 1 日，頁 255。例如，徐州會戰前後，第一三九師官兵總數為 5,005 人；第三十七師官兵總數 6,649 人；第一七九師官兵總數 3,627 人。中央嫡系部隊員額較為充實，如第二十五師官兵總數達 10,612 人；第八十七師有 9,761 人；第九師有

師團，乙師團）人數亦與常設師團同等。日軍固然亦有戰爭減員的問題，但其後勤運輸能力強，得以迅速補充減損員額。[154]是以，依照原本的編制，中日兩軍師的兵力便有 2 倍以上差距，若再考慮國軍員額不足，則可以有 4 倍的差距。實際作戰，又受到武器、訓練、協同等的影響，國軍 8 師至 10 餘師，尚不能與日軍 1 師團相抗。[155]以上種種，均影響軍委會對雙方戰力之估計。

除員額問題，國軍各部編制龐雜，也多少影響軍委會對中日戰力的評估。國軍編制，多半因人而設，以致軍制龐雜，隊號誇大，不問實力之多寡，徒擁虛名。有一軍指揮一師者，有一軍團指揮一軍者，更有一集團軍指揮兩師者。[156]一軍直屬的一師，作戰犧牲後，每師只有 2、3 團或 1、2 團，甚或僅有 2、3 營。如第一三九師黃光華部守備蕭縣，僅 2 營餘，在指揮官心裡，以為有 1 個師的兵力，守衛已足，其實該部兵力極度匱乏，終致蕭縣輕易失守。[157]因此，軍委會以中日兩

10,585 人。缺額高致使國軍戰力不足，丁治磐提到：「中國軍之不堪一戰，即以編制上兵員過少之故。」何成濬則謂「抗戰失敗之大原因即在此，我輩雖知之，固無可如何也」。「第一百三十九師守衛蕭縣戰役死傷表」（1938 年 4 月 15-18），〈第一三九師黃光華部參加台兒莊徐州蕭縣附近戰鬥詳報〉，《國防部史政局及戰史編纂委員會》，檔號：七八七-7747。「陸軍第七十七軍第三十七師死傷表」（1938 年 5 月 9-18）、「陸軍第七十七軍第一七九師死傷表」（1938 年 5 月 30 日），〈五戰區第七十七軍馮治安部在宿縣澮河一帶戰鬥詳報〉，《國防部史政局及戰史編纂委員會》，檔號：七八七-7770。「陸軍第二十五師在魯南暨李莊車站附近戰役戰鬥詳報死傷表」（1938 年），〈第二十五師在魯南諸役戰鬥詳報〉，《國防部史政局及戰史編纂委員會》，檔號：七八七-7752。「陸軍第八十七師蘭封會戰戰鬥詳報第一號附表死傷表」（1938 年 5 月 15 日至 29 日），〈第七十一軍及八十七、八十八師蘭封之役戰鬥詳報〉，《國防部史政局及戰史編纂委員會》，檔號：七八七-7878。「陸軍第九師戰鬥詳報第一號附表死傷表」（1938 年），〈第二軍李延年部魯南蘇北皖北各役戰鬥詳報〉，《國防部史政局及戰史編纂委員會》，檔號：七八七-7780。中央研究院近代史研究所編，《丁治磐日記（手稿本）》，第 3 冊（臺北：中央研究院近代史研究所，1995 年），1942 年 7 月 22 日，頁 216 。何成濬著，沈雲龍校註，《何成濬將軍戰時日記》，下冊（臺北：傳記文學出版社，1986 年），1944 年 10 月 18 日，頁 491。

[154] 戶部良一著，趙星花譯，〈華中日軍：1938~1941—以第 11 軍的作戰為中心〉，收入楊天石、臧運祜編，《戰略與歷次戰役》（北京：社會科學文獻出版社，2009 年），頁 262。

[155] 蕭李居編，《蔣中正總統檔案：事略稿本》，第 42 冊（臺北：國史館，2010 年），頁 554-555。

[156] 「孫連仲魯南戰鬥之經驗教訓報告」，〈徐州抗日會戰史稿（五戰區編）〉，《國防部史政編譯局》，檔號：B5018230601/0026/152.2/2829。

[157] 軍事委員會軍令部編，《徐州會戰國軍作戰經驗》，頁 172。

軍隊號比做判斷，難以做出妥適部署。其實，國軍 4 月底、5 月初在戰場約有 45 萬兵力，[158]日軍則有約 20 萬人，[159]國軍並不如軍委會判斷，有 4 倍優勢；兩倍的數量優勢，戰力不易與日軍相抗。

3. 游擊戰的作用

徐州會戰前，軍委會已十分重視游擊戰的作用。京滬戰後，國軍由南京退守武漢，曾於漢口召開軍事會議，研討對日戰法，副參謀總長白崇禧認為，國軍以劣勢裝備對上優勢裝備的日軍，以脆弱之空軍對上優勢之空軍，若仍像淞滬、太原等會戰，採正規戰，與敵硬拼，勢難持久，故於會議上提出「以游擊戰配合正規戰」,「加強敵後游擊，擴大面的佔領，爭取淪陷區民眾，擾襲敵人，促敵侷促於點線之佔領」，並強調「積小勝為大勝，以空間換時間」。當場有人認為游擊戰為不肯犧牲、保存實力之戰法，經過一番辯論，仍獲蔣中正採納，通令各戰區加強游擊。[160]

台兒莊之役及徐州會戰時，軍委會實施的游擊戰，依照區域的不同，可區分為二：一為津浦線南段、淮河流域的游擊戰；一為第二、第三戰區策應徐州第五戰區的外圍游擊戰。

津浦線南段、淮河流域的游擊戰，為時人特加宣傳。[161]淮河流域的防守，是由第三十一軍劉士毅（後以韋雲淞接替）部負責，該部為廣西新成立的部隊。李宗仁原考慮日軍將自大運河以北南下，而第三十一軍方經組建，訓練不精，故調該部於運河以南，若日軍南下，尚可藉運河掩護，不至立刻潰散。然而，南京失守之後，日軍威脅津浦路南段，後方忽變前方，而第五戰區徐州以南，未布一兵一卒，完全空虛，李乃令第三十一軍自運河南方星夜開至蚌埠，防守淮河北岸，

158 國防部史政編譯局編，《抗日戰史——徐州會戰（一）》，徐州會戰敵我陸軍兵力比較表。

159 秦郁彥，《日中戰爭史》，頁 291。

160 郭廷以校閱，賈廷詩、陳三井、馬天綱、陳存恭訪問紀錄，《白崇禧先生訪問紀錄》，上冊，頁 350、352。

161 林之英編，《魯南大會戰》，收入孫研、孫燕京主編，《民國史料叢刊》，第 264 輯（鄭州：大象出版社，2009 年），頁 9-45。

阻敵北上。劉士毅率部到淮河岸邊，發現因冬季河水乾涸，日軍到處可以徒涉，國軍不能防守，乃建議其上級第十一集團軍總司令李品仙，與其在淮河北岸死守，不如在淮河南岸機動作戰較為有利。李品仙接受劉的意見，劉乃將第三十一軍分成 5 個縱隊，分別駐於懷遠、蚌埠、鳳陽、臨淮關、定遠等地；淮河北岸，則由第五十一軍于學忠部駐守。[162]

軍委會及第五戰區當時普遍以為，日軍將以兩個師團沿津浦線北上，攻取徐州，實則台兒莊之役以前津浦線南段的日軍，僅欲清除長江左岸（北岸）國軍之威脅，確保右岸（南岸）根據地。劉士毅並不清楚日軍真實動機，因其部隊戰力較弱，乃採取游擊戰與正規戰配合之戰法，即不與日軍正面衝突，能擋則擋，日軍攻於前，國軍襲其後；日軍出於東，國軍現於西。[163]

日軍受到國軍的襲擾，決定出動第十三師團予以打擊，爾後即返回原先駐地，是為淮河攻擊作戰。第十三師團出擊後，立刻突破池河附近國軍陣地，在 1938 年 2 月占領臨淮關、鳳陽、蚌埠等淮河南岸地區，其後又占領懷遠、小蚌埠、臨淮關北岸等淮河北岸地區。[164]

由於北上日軍本無意繼續向前，直搗徐州，遂使國軍有日軍遭國軍游擊襲擾而無法再進的錯覺。[165]在台兒莊之役及徐州會戰，津浦線南段國軍，持續採取游擊戰打擊日軍。

這樣的游擊戰，究竟對整體戰局有何作用？陳誠認為，徐州會戰前的台兒莊之役所以勝利，是因為日軍受國軍游擊隊的襲擾，無法充分抽調他處兵力增援。[166]

---

[162] 郭廷以校閱，沈雲龍訪問，陳三井、馬天綱紀錄，〈劉士毅先生訪問紀錄〉，《口述歷史》，第 8 期（1996 年 12 月），頁 99-100。李宗仁口述，唐德剛撰寫，《李宗仁回憶錄》，下冊，頁 688-689、692。

[163] 郭廷以校閱，沈雲龍訪問，陳三井、馬天綱紀錄，〈劉士毅先生訪問紀錄〉，《口述歷史》，第 8 期，頁 100。

[164] 防衛庁防衛研修所戰史室，《支那事変陸軍作戦〈2〉昭和十四年九月まで》，頁 17-18。

[165] 李宗仁口述，唐德剛撰寫，《李宗仁回憶錄》，下冊，頁 693-694。

[166] 「台兒莊之戰役」（1938 年），〈陳誠言論集—民國二十七年（五）〉，《陳誠副總統文物》，典藏號：008-010301-00019-061。

實則日軍所以兵力不足，與國軍游擊襲擾無關，日軍當時本就僅派出少許部隊掃蕩國軍。

事實上，徐州會戰時國軍的游擊戰，以第二、三戰區的牽制作戰來說，作用甚小，日軍仍得以調遣各地部隊，集結津浦路南北。而第五戰區淮河流域的游擊戰，或認為遲滯了日軍南北會師徐州的時間，實則在 4 月初以前，日軍尚無打通津浦路之計畫，淮河游擊戰並沒有保衛徐州或津浦線，只是造成日軍部分困擾。而日軍發動徐州總攻之後，淮河的游擊反倒遭致反效果。會戰後，徐永昌檢討徐州失敗重要因素，除前述之忽視魯西防禦，尚有「第七、第四十八軍約四師以上兵力不能拒數千敵於蒙城，東南指揮者偏重游擊，部隊亦少戰鬥力」，及「第七軍、三十一軍太恃游擊，不知扼止敵人。」[167]騎兵第九師第二旅旅長李殿林亦檢討：

> 正面攻勢戰，與遊〔游〕擊戰，宜有整個之計劃配合併用：當今對敵作戰，以正面攻勢與遊〔游〕擊戰配合併用為有利，二者不可偏用，如只用遊〔游〕擊戰，皆以敵進我退，敵退我進，敵多我避，敵少我攻，究不能與敵以澈底打擊。且敵所佔地區，交通便利，運用靈活，可乘之處甚少，故必綜合全局，行大規模之正面攻勢，配以有計劃之遊〔游〕擊，使敵首尾不得相顧，東西不能相救，乃可各個擊破殲滅之。[168]

要之，軍委會指揮徐州的持久消耗戰，需要創造戰場縱深，於各據點做相當堅守，配合正面攻勢，充分消耗日軍後，再節節後撤，若單採游擊戰法，如桂系部隊在津浦路南面之所為，只能造成日軍小部損耗，難以阻其前進。日軍自身亦判斷，國軍採取的小規模游擊，攻擊力不大。[169]日軍仍得以突破國軍前線陣地，長驅直入，進一步動搖其他戰線。因此，徐州會戰時國軍的游擊戰，效用不顯，軍委會

[167] 中央研究院近代史研究所編，《徐永昌日記》，第 4 冊，1938 年 5 月 26 日、6 月 10 日，頁 315、322。

[168] 軍事委員會軍令部編，《徐州會戰國軍作戰經驗》，頁 12。

[169] 防衛庁防衛研修所戦史室，《支那事変陸軍作戦〈2〉昭和十四年九月まで》，頁 22-23。

時而高估其作用，反難制敵。[170]

質言之，軍委會欲於徐州周圍持久消耗日軍，戰略固然恰當，惟未悉日軍於魯西總攻之計謀，龐大兵力被日軍吸引於魯南，又未能充分掌握兩軍實際戰力比，及高估游擊戰的作用，以致魯南、魯西及津浦線南面之部隊配置未臻妥當，這是徐州倉促撤退的主要原因。

(三) 軍委會命令落實之分析

軍委會統籌全局，對於單一會戰，發布許多指揮命令。依照指揮鏈，由軍委會到戰區，再到各集團軍、軍團、軍、師、旅、團一路往下。理想狀況，各級依軍委會指示執行，可發揮整體戰力。而實際上，這些命令，是如何到第一線？執行實況為何？由上到下遭遇什麼困難？

1. 指揮系統及其問題

軍委會的命令，理想狀態，為隨著指揮鏈，一層一層由上到下，各級指揮依情況調整，基層再遵令執行。

以實例來說，台兒莊之役時、3 月 20-22 日，軍委會電令戰區司令長官攻擊部署，針對第二十軍團湯恩伯部，令其「進出運河後，以兩師對嶧縣方面佯攻，以三師由嶧縣以東梯次迂迴，求滕縣以南亘嶧縣間敵之側背攻擊之」。李宗仁據此，於 22 日下達第五號作戰命令，令第二十軍團（欠第一一〇師）新配屬第三十一師，集結於嶧縣東側及棗莊西北焦山頭附近一帶山地，於 3 月 24 日拂曉全線開始攻擊，務先擊破嶧棗之敵，向臨城、沙溝附近側擊，壓迫於微山湖東岸而殲滅之；其一部集結台兒莊北方地區，準備對嶧縣及其西北地區，協力主力之作戰。[171]湯

[170] 1937 年太原會戰時，第十八集團軍的游擊戰對正面戰場，亦與徐州會戰相似，作用不大。時為第二戰區副司令長官的黃紹竑回憶，是時娘子關之役吃緊，黃商得戰區司令長官閻錫山同意，將劉伯承一師調來掩護側背。劉部行軍迅速，紀律亦佳，能打硬仗，但卻不願擔任固定任務，只肯進出日軍側翼，游擊敵人。黃在當時情況下，只能任其如此。劉到達指定位置後，的確打了幾次激烈戰鬥，遲滯日軍，但日軍以一部與其相持，主力仍向前推進，黃說：「他們打游擊打慣了，遇到這種頑強的敵人，也就無可如何而任其通過，從此也就不知道他們游到什麼地方去了？」廣西文史研究館編，《黃紹竑回憶錄》，頁 349。

[171] 國防部史政編譯局編，《抗日戰史——徐州會戰（一）》，頁 24-26。

恩伯基於上述命令，於 22 日 14 時下達戰字第三三四號命令，以殲滅嶧縣、棗莊、臨城一帶敵人之目的，24 日開始攻擊，並規定第五十二軍、第三十一師、第八十五軍之任務。[172]於此，可以看到命令由軍委會、戰區、軍團，由上到下的傳遞過程。

台兒莊之役之時，戰地較狹，指揮系統尚稱單純。日軍撤退之後，國軍更多部隊投入戰場，指揮系統漸趨紊亂，命令傳遞遂成嚴重問題。

第二軍軍長李延年提及其指揮的第三師到前線時，某司令長官令到某處集結，某總司令著其向某處警戒，某軍團長著其向某處作工，甚至有方向地點完全衝突者，使下級部隊無所適從。[173]軍令部參謀劉志方乃謂：「指揮系統不定，下級感覺困難，常苦於多頭及數層之指揮，使受命者無所適從，於是分別請示，往返費時，非但應付維艱，甚至有誤戎機，今後似應設法避免之。」[174]

除了多頭指揮，另有指揮不明之狀況。5 月 23 日，由蘭封潰敗之大批國軍，有第七十一軍宋希濂指揮之第八十七師、第八十八師，第二十七軍桂永清指揮之第三十六師、第四十六師，及第八十一師、第一三六師，彼此不相統屬，動作頗難劃一，而豫東兵團總司令薛岳尚在民權未到，電話亦難直達。桂永清、宋希濂乃力請第六十四軍軍長李漢魂統一指揮，才使情勢穩定。[175]

2. 通訊狀況

現代戰爭所憑藉著，一為火力，二為裝備，三為通訊。[176]通訊對軍委會的指揮，尤為重要，蓋若通訊不佳，軍委會無法將命令傳送前線，前線亦無法將所見及戰情回報；如是，軍委會根本無從指揮。

徐州之通訊，尚稱便利，其有線電報，可直達鄭州、南京、濟南，其長途電

---

[172] 國防部史政編譯局編，《抗日戰史——徐州會戰（三）》（臺北：國防部史政編譯局，1981 年再版），頁 134-135。

[173] 軍事委員會軍令部編，《徐州會戰國軍作戰經驗》，頁 13。

[174] 軍事委員會軍令部編，《徐州會戰國軍作戰經驗》，頁 13-14。

[175] 朱振聲編纂，《李漢魂將軍日記》，上集第一冊（香港：編者自印，1975 年），頁 157-158。軍事委員會軍令部編，《徐州會戰國軍作戰經驗》，頁 14-15。

[176] 郭廷以校閱，賈廷詩、陳三井、馬天綱、陳存恭訪問紀錄，《白崇禧先生訪問紀錄》，上冊，頁 158。

話附設於電報局內，可通運河岸、窰灣、宿縣、豐縣、碭山、睢寧、台兒莊、韓莊及兗州各地。[177]武漢與徐州，亦可直接通電話。[178]會戰時，根據地內主要使用有線電，根據地外用無線電，並儘量利用地方器材。[179]

雖然軍委會往戰區的通訊布建尚可，但戰區各部的通訊卻大有問題，這勢必影響軍委會意志的貫徹，也將導致情報的回復遲滯。通訊所以出問題，大抵因通訊技術不良及通訊器材不足。前者因通訊人員缺乏訓練，通信常識不足及架設技術太差，故緊急時，指揮官每因通信不靈而無從指揮。後者以有線電來說，配賦器材甚少，因此在距離遠隔之山地，除賴無線電外，難以通訊；以無線電來說，因部隊行動，時受天候影響與報件擁擠，需相當時間才能傳遞接收訊息，急要電報，即不能適時拍收，致失時效。[180]

戰場上通訊時效出現問題的實例甚夥。第七十四軍蘭封作戰時，多於第三日始收到前日之無線電命令，致使指揮與戰鬥，難相適應。[181]上級傳至軍級的命令或通報等，有遲至十餘日始收到者。[182]中間指揮機關過多，使通訊負擔加重，也使命令傳達時間加長。上級命令至於部隊，往往失去時效，如此，非特任務難期達到，對於命令之威信，亦無形減少。[183]至於下級傳給上級的報告，亦有所延滯。徐州戰況危急時，蔣中正電第一戰區參謀長晏勛甫，嚴令此間無線電台專與徐州通報，如有兩架更好。蔣所以如此下令，乃因「徐州昨日各要電，今日始接到」。[184]

---

177 國防部史政編譯局編，《抗日戰史——徐州會戰（四）》，頁 275-276。

178 參閱前文，徐永昌多次從徐州方面電話獲知戰情。

179 國防部史政編譯局編，《抗日戰史——徐州會戰（四）》，頁 251。

180 軍事委員會軍令部編，《徐州會戰國軍作戰經驗》，頁 140-141。

181 〈第七十一軍及八十七、八十八師蘭封之役戰鬥詳報〉，《國防部史政局及戰史編纂委員會》，檔號：七八七-7878。

182 軍事委員會軍令部編，《徐州會戰國軍作戰經驗》，頁 143-144。

183 軍事委員會軍令部編，《徐州會戰國軍作戰經驗》，頁 171。

184 「蔣中正致晏勛甫電」（1938 年 5 月 17 日），〈籌筆—抗戰時期（十二）〉，《蔣中正總統文物》，典藏號：002-010300-00012-042。

上下級或各部間聯繫斷絕之例亦夥。部隊間的聯繫，多藉電話，由於器材不敷使用，電話多有不能到達營部者，而團部亦常有不能通電話者。有器材者，架設均係單線，加以技術不良，作戰開始一遇日機轟炸，全線即不通話，因之彼我情形不明，而指揮官亦無從指揮，各部各自戰鬥，自生自滅。乃至於因友軍不能聯絡、不能互相援助，故國軍常遭日軍包圍，[185]並往往逸失戰機。國軍採取游擊戰，但小部隊通訊器材缺乏，指揮部易與之失去聯絡，無從掌握其動態。[186]小部隊如此，大部隊亦難免通訊斷絕。李宗仁的第五戰區司令長官部，在從徐州撤退至宿縣過程，因宿縣失陷，致馬匹、通信人員等被日軍衝散，故無法與軍委會聯繫。其後與軍委會聯絡上後，仍無法與湯恩伯、孫連仲各部相聯繫，李乃請蔣中正直接指揮湯、孫各部。[187]月底，李撤至潢川，仍待通訊網設置，再往固始指揮。[188]第六十四軍軍長李漢魂於 5 月 22 日在隴海路戰事前線，因各級聯絡不確實，無法明瞭情況，被迫親赴師、旅部視察。[189]又蘭封戰鬥時，蔣於 5 月 20 日午夜手令宋希濂、桂永清在蘭封設通信所，並誡以「不注重通信連絡，焉能指揮大軍？」令文係用紅藍鉛筆反覆塗改，[190]顯示蔣極重視此事，也呈現國軍嚴峻的通信問題。

通訊不機密也是國軍通訊的一大問題。日軍攻擊台兒莊前，便獲得國軍在徐州、台兒莊集結優勢兵力、企圖攻擊之情報。[191]國軍徐州失陷前後，戰況危急，蔣中正以通訊不保密對各將領十分不滿，記云:「各將領智識淺鮮，譯電不有常識，

---

[185] 軍事委員會軍令部編，《徐州會戰國軍作戰經驗》，頁 37、143。

[186] 「李品仙戰役之經驗教訓報告」，〈徐州抗日會戰史稿（五戰區編）〉，《國防部史政編譯局》，檔號：B5018230601/0026/152.2/2829。

[187] 「李宗仁白崇禧呈蔣中正電」（1938 年 5 月 22 日），〈革命文獻—徐州會戰〉，《蔣中正總統文物》，典藏號：002-020300-00010-057。

[188] 「李宗仁呈蔣中正電」（1938 年 5 月 31 日），〈第五戰區司令長官李宗仁在六安等地發出關於徐州會戰的文電〉，《國防部史政局及戰史編纂委員會》，檔號：七八七-7623。

[189] 朱振聲編纂，《李漢魂將軍日記》，上集第一冊，頁 157。

[190] 張秉均，《中國現代歷次重要戰役之研究——抗日戰役述評》，頁 240。張秉均時係軍令部第一廳第一處處長，即作戰處處長，負責承辦蔣的計畫命令，此手令由其經手。

[191] 防衛庁防衛研修所戰史室，《支那事変陸軍作戦〈2〉昭和十四年九月まで》，頁 43。

必為敵方所譯，可歎也！」[192]也因此，蔣改換電訊密碼本，[193]或採飛機投送指揮前方的文電，以求保密。[194]對於通訊機密問題，第七十四軍戰後檢討，認為作戰之指導，以利用筆記為第一，倘距離過遠，時間所不許時，則可用有線電報，至於有線電話對最機密事項，無論距離遠近，絕不可任意使用，蓋敵方間諜既多，而以金錢收買之「漢奸」亦屬不少，往往攜帶話機掛線竊聽，倘以電話為傳達命令之工具，則國軍計畫與處置尚未實施，敵已瞭然。[195]

由於國軍通訊問題嚴重，國軍戰場前線，時或陷入一團混亂的「糊塗戰」，[196]指揮官不知它的部隊在何處，各部也可能闖入友軍的防區。[197]軍委會的命令，遂難期貫徹。

3. 戰術執行

軍委會在戰時，不斷訓示各級部隊陣地戰與運動戰併行，於正面堅強固守，側面主動攻擊。這樣的戰術，是汲取淞滬會戰採大規模陣地戰，結果傷亡慘重的教訓。1938 年 1 月 11、12 日，蔣中正召集第一、五兩戰區團長以上官長召開的開封軍事會議，及 1 月 17 日召集第二戰區團長以上官長之洛陽軍事會議，對此論述甚詳。他訓示應採取攻勢防禦，要求下屬勿呆守不動，坐以待敵，必須積極動作，對威脅國軍的敵人採取攻勢，時刻保持主動地位。[198]面對日軍慣用中央突破

---

192 《蔣中正日記》，1938 年 5 月 18 日。

193 例見「蔣中正致孫連仲電」（1938 年 5 月 18 日），〈籌筆—抗戰時期（十二）〉，《蔣中正總統文物》，典藏號：002-010300-00012-045。

194 例見「蔣中正致李宗仁電」（1938 年 5 月 17 日），〈革命文獻—徐州會戰〉，《蔣中正總統文物》，典藏號：002-020300-00010-043。

195 軍事委員會軍令部編，《徐州會戰國軍作戰經驗》，頁 145-146。

196 此為第二次長沙會戰後，蔣中正斥責薛岳之點，蔣記云：「指揮紛亂，無秩序、無組織、無主旨之弊端。（糊塗戰）」《蔣中正日記》，1941 年 10 月 19 日。豫中會戰時，蔣記道：「我陸軍之指揮官湯恩伯，完全不能掌握其所部，甚至登封第九軍電話斷絕至二日之久，而蔣鼎文並不知設法聯絡也。此種將領，恐為有史以來所未聞也，奈何。」《蔣中正日記》，1944 年 5 月 6 日。

197 Hsi-sheng Ch'i, "The Military Dimension, 1942-1945," *China's Bitter Victory :The War with Japan, 1937-1945*, edited by James C. Hsiung & Steven I. Levine, p. 169.

198 蔣中正，〈抗戰檢討與必勝要訣（上）〉（1938 年 1 月 11 日），收入秦孝儀主編，《先總統蔣公思想言論總集》，卷 15，演講（臺北：中國國民黨中央委員會黨史委員會，1984 年），頁 5、13-14。

的「錐形突擊」戰術，蔣認為，應對戰術為「側擊」。當日軍施行錐形突擊時，國軍預備隊對日軍的側背猛力進展，乘虛側擊，切斷日軍前後方的聯絡。同時，國軍正面陣地要能穩定持久，使側擊部隊有充裕的運動與作戰的時間。[199]蔣總結，打破日軍「錐形突擊」的要訣，就是要正面強固堅守，側面猛烈攻擊，一切兵力配備，陣地選擇，工事構築，都要以能達成這個任務為準則。[200]

蔣中正的戰術指導，在台兒莊之役或徐州會戰時軍委會對前線的指揮電令，不斷可以看到，而這樣的戰術，落實情況為何？

整體來說，由於種種因素所限，戰術落實情況並不甚佳。首先，由於下級漠視訓令，對於軍委會指示機宜及戰術糾正之重要訓令，部隊長未能加以研究、催促下級實施，而以轉令傳閱了事。且前線部隊多倚賴耳目極遠之高級長官命令，作戰被動，令打則打，令追方追，無令則一味觀望，懼怕飛機、戰車，逸去許多有利機會。加以無協同精神，若無命令，友軍雖敗不救，遇退令，則爭先恐後。[201]國軍各級指揮官，常視敵如虎，懼怕失敗難負責任，故態度消極，戰機逸失。程潛認為，此種因畏敵而形成之態度消極及戰鬥精神衰頹，「可謂為我開戰以來失敗之最大原因」。[202]如此狀況，軍委會的戰術指示，難以落實，時為空文。

前線部隊所以態度消極或難於主動發動攻擊，有其原因。淞滬會戰時，各部曾迭次以團以下之兵力出擊，惟一經損失，反使退守無據，於是斷絕其出擊觀念。又攻擊必先部署火力，需要砲兵的支援，[203]國軍各部大小砲兵不足，難以主動出擊，終致坐守待敵。受敵攻擊後，更致精神散漫，士氣沮喪。

---

199 蔣中正，〈抗倭戰術之研究與改進部隊之要務〉（1938 年 1 月 29 日），收入秦孝儀主編，《先總統蔣公思想言論總集》，卷 15，演講，頁 88-89。

200 蔣中正，〈抗戰檢討與必勝要訣（下）〉（1938 年 1 月 12 日），收入秦孝儀主編，《先總統蔣公思想言論總集》，卷 15，演講，頁 89-90。

201 中央研究院近代史研究所編，《徐永昌日記》，第 4 冊，1938 年 6 月 7 日，頁 321。

202 「第一戰區魯西豫東作戰所得之經驗與教訓」（1938 年 7 月），〈第一戰區魯西豫東作戰經過及經驗教訓〉，《國防部史政局及戰史編纂委員會》，檔號：七八七-7863。

203 軍事委員會軍令部編，《徐州會戰國軍作戰經驗》，頁 5-6。

此外，中日兩軍戰力差距過大，國軍主動發動迂迴或包圍等運動戰，每至緩不濟急，失去時機，難收預期效果。第三十八師師長黃維綱認為，國軍之裝備素質，均不如日軍，因此「我軍每喜採用大迂迴或大包圍，結果不惟難以成功，而正面反有被敵突破之虞」。他發現，迂迴或包圍部隊，常被一部敵軍阻止，而不能即刻成功，但敵軍每於此時以主力向我一點突進，此一點突破，全線動搖，斯時雖欲抽調迂迴或包圍部隊，回援已經不及。[204]

相較於國軍難以主動，日軍每遭國軍強硬抵抗、不能進展時，主力輒迅速撤退，找尋國軍之弱點，利用側擊、奇襲等法，重新進攻。國軍面對此情狀，心態保守，坐待日軍攻擊點之變換，而不能利用時機進擊。日軍乃能以少數兵力牽制國軍大部；國軍則顧此失彼，陷於被動。

國軍使用的地圖，也對基層執行軍委會戰術，影響很大。國軍所用地圖，既屬古舊，精度又不良，與實地大有出入。歐洲戰場的地圖，比例尺為八萬分之一或十萬分之一，亦有二萬分之一者；日軍亦然，精細者有五千分之一。國軍常見的地圖，比例尺超過百萬分之一，[205]稱作編圖，不夠詳細，且錯誤百出。[206]此種地圖，按戰鬥序列將各種兵力描繪其上，驟然一看，似乎敵人已在包圍圈中，究諸實地，誤差很大。[207]高級指揮藉地圖所知情形，常與實地相反，然其卻常僅憑地圖決定部署，限制部下指揮。[208]師以下指揮官，因此需親至前方視察地形，一切部署方較為妥切，若徒圖上指示，往往與實情不符，貽誤匪淺。團以下並無地圖，行軍時需詢鄉民引路，行止容易洩露，而有時戰區民眾，一逃而空，國軍常

---

204 軍事委員會軍令部編，《徐州會戰國軍作戰經驗》，頁 65。

205 Hsi-sheng Ch'i, "The Military Dimension, 1942-1945," *China's Bitter Victory : The War with Japan, 1937-1945*, edited by James C. Hsiung & Steven I. Levine, p. 168.

206 劉鳳翰、張力訪問，毛金陵紀錄，《丁治磐先生訪問紀錄》，頁 79。國軍亦有較詳細的地圖，如第七十一軍宋希濂部參與蘭封之役，所用地圖為參謀本部陸地測量局製河南省十萬分之一圖（1930 年 6 月製）及五萬分之一圖（1937 年 5 月製）。〈第七十一軍及八十七、八十八師蘭封之役戰鬥詳報〉，《國防部史政局及戰史編纂委員會》，檔號：七八七-7878。

207 「總顧問講演紀要」（1938 年 3 月 22 日），〈總顧問講演紀要（附今後作戰指導之建議具申意見）〉，《國防部史政局及戰史編纂委員會》，檔號：七八七-2558。

208 中央研究院近代史研究所編，《丁治磐日記（手稿本）》，第 1 冊，1939 年 3 月 10 日，頁 61。

誤入歧途，誤時誤事。[209]由於國軍各級地圖與實地的差誤，軍委會按此地圖所做出的命令到前線，前線便難以切實執行。

運輸力亦關乎戰術執行。日軍在距離較遠、無鐵路可資利用時，其部隊及糧彈運輸，專用汽車，即便百里之遙，兩小時內亦可到達，以故向某一戰場增援部隊或補給糧彈，非常便利，且部隊到達，對於戰鬥力絲毫不減，無須休養，即可參加戰鬥。國軍則反是，無論道路遠近，即在有交通線可利用時，亦須徒步行軍，日間因避日機轟炸，勢必利用夜間，速度既緩，疲勞亦大。部隊到達時，每因情況緊急，未及炊食，即行參加戰鬥，前方敵情地形，亦無充裕時間偵察，將士疲勞過度，精神不旺，士氣不振，影響戰力。[210]

整體而言，徐州會戰時軍委會戰術落實困難，惟在一定條件下，國軍仍有可能發揮其戰術，如台兒莊之役時，日軍孤軍深入，使國軍抓到機會，予以打擊，就是戰術成功的一例，美國將校便稱日軍戰敗原因為「華軍戰術新奇」。[211]惟徐州會戰時，戰事規模更大，國軍一方面難以捕捉日本孤軍，一方面機動協同不佳，故難以複製台兒莊之勝利。

4. 部隊協同

大軍作戰，各部協同十分重要，軍委會作為最高統帥部，統籌全局，指劃各部，戰區據軍委會意圖，依實際狀況做調整，惟國軍各軍，協同不甚順暢，進而影響軍委會命令的落實。

國軍參與徐州會戰的軍系，極其複雜。以第五戰區來說，至 5 月，其下轄 28 個軍，屬中央軍有 4 個軍（關麟徵、王仲廉、李仙洲、李延年），桂軍有 3 個軍（劉士毅、周祖晃、韋雲淞），西北軍 9 個（馮治安、劉汝明、張自忠、田鎮南、馮安邦、石友三、龐炳勳、孫桐萱、曹福林，後二者原屬韓復榘的山東部隊），川軍 3

---

[209] 軍事委員會軍令部編，《徐州會戰國軍作戰經驗》，頁 28-29。

[210] 「孫連仲魯南戰鬥之經驗教訓報告」，〈徐州抗日會戰史稿（五戰區編）〉，《國防部史政編譯局》，檔號：B5018230601/0026/152.2/2829。

[211] 「軍令部呈蔣中正報告」（1938 年 4 月 18 日），〈革命文獻—徐州會戰〉，《蔣中正總統文物》，典藏號：002-020300-00010-022。

個（楊森、孫震、陳鼎勳），湘軍2個（劉膺古、譚道源），東北軍2個（繆澂流、于學忠），滇軍1個（盧漢），其他4個（韓德勤、徐源泉、樊崧甫、周喦）。[212]隴海線戰事中的第一戰區，參戰9個軍，中央軍5個（俞濟時、宋希濂、桂永清、李鐵軍、黃杰），晉綏軍1個（商震），粵軍1個（李漢魂），西北軍1個（曹福林），其他1個（劉和鼎）。[213]

軍系雖多，在台兒莊之役時，頗能摒棄恩怨，協同一致，惟仍難免隔閡。第一四〇師師長王文彥說：

> 國軍各部隊對於互相策應協同動作之程度，常因部隊籍貫、語言、習俗及歷史等關係，而有差別。此種習氣固應設法消除，俾成全國整個之軍隊。然此次魯南戰役中，上述關係不同之部隊仍不免發生隔膜，甚有情況變化亦不通知，故陷友軍於困難，而圖自利者。故在最近期間，畛域觀念尚未完全磨滅，以前於同一戰線之鄰接友軍及指揮系統，猶須量其相互關係而使用之。[214]

其實，即使在同一軍系之下，各部隊間及各兵種間，亦常缺乏協同，以敵不來攻為得計，即至有利情況，亦按兵不動。無命令則友軍雖敗不救，心存觀望，一遭創敗，則惟恐退卻落後，並互相攻訐，或彼此欺瞞，結果牽動全局，同歸失敗。[215]又，不惟不同部隊缺乏協同，即同一指揮官之所轄，亦有不能協同的情形，以致戰鬥成果鮮少，至於步、砲、空之協同，尤屬罕見。[216]

---

[212] 判斷自國防部史政編譯局編，《抗日戰史——徐州會戰（四）》，第四篇第十一章第三節插表第十。

[213] 判斷自國防部史政編譯局編，《抗日戰史——運河垣曲間黃河兩岸之作戰（二）》，第四篇第十二章第四節插表第十三。

[214] 「王文彥關於一百四十師魯南戰役經驗及教訓的報告」，（1938年7月7日），收入中國第二歷史檔案館編，《中華民國史檔案資料匯編》，第5輯第2編，軍事二，頁642。

[215] 軍事委員會軍令部編，《徐州會戰國軍作戰經驗》，頁15、18。

[216] 軍事委員會軍令部編，《徐州會戰國軍作戰經驗》，頁17。

綜而言之，軍委會統籌戰局，對戰區或更前線做出指導部署，以求戰略之貫徹，尚須面對指揮系統、通訊、各部戰術執行及協同等問題，難以如臂使指。劉斐為此曾嘆:「像中國這種不能執行戰術任務的部隊，往往一瀉千里，還談什麼戰略呢？」[217]這是當日軍向徐州大舉來攻時，難以遲滯日軍的部分原因。此亦呈現軍委會指揮作戰之限制，並為面對現代化程度較高的日軍，國軍備感艱辛之所由。

217 〈劉斐〉，《軍事委員會委員長侍從室》，國史館藏，入藏登錄號：129000097872A。

第七章　後勤及戰爭動員

戰爭進行中，前線部隊需要器械、彈藥、能源、糧食、被服或兵源的補充，才能維持源源不絕的戰鬥力，與敵軍糾纏下去。尤其國軍採持久消耗戰抗擊日軍，大量的資源補充，更顯重要。這些事宜，統稱後方勤務，簡稱後勤。

後勤以支援用兵為主要目的，是運用人力、物力以準備並支持作戰的科學與藝術，其包含：1、軍品之設計、發展、生產、補給、運輸、保修以及後送處理等。2、人員之運輸、後送及醫療。3、各種設備（施）之獲得、營運、保修、供應及管理。4、勤務之獲得與供應。[1]軍委會作為戰時最高軍事機關，統籌後勤，其所轄主管後勤業務者，主要為軍政部、後方勤務部。

大量的人力或物資藉由後勤體系運送到前線，這些資源，是戰爭爆發後，為適應戰爭需要，將全國人力、物力、財力等，由平時狀態轉為戰時狀態，以有效發揮國力所產生。這樣的過程，稱作「動員」。[2]動員牽涉到國民政府能否將國家的潛力，轉變為戰時所需，對於打持久消耗戰極其重要。軍委會身負國家動員重責大任，尤其是轄下之軍政部，更是扮演關鍵角色。

當前動員的研究，從上層至基層，討論已有不少，惟尚未重視軍事委員會扮演的角色。本書以為，就動員機關而言，不論國家總動員會議、國家總動員設計委員會，其運行皆無軍事委員會重要；而就精神、經濟等各類動員運動而言，其作用也沒有軍委會的軍事動員直接。蔣中正推動動員業務，最仰賴的機關，就是軍事委員會。

[1] 國防大學軍事學院編修，《國軍軍語辭典（九十二年修訂本）》，頁 8-1。

[2] 國防大學軍事學院編修，《國軍軍語辭典（九十二年修訂本）》，頁 1-7。

職是之故，本章首先論述軍委會與戰爭動員之關係與作為。其次討論軍委會後勤機關的發展與演變，探討物資究竟經過怎樣的機制，運送到野戰部隊。最後，以徐州會戰為例，具體呈現國軍在一場會戰中的後勤運作過程，並呈現其所受到的限制。藉由這些討論，本章欲展示軍委會在後勤與戰爭動員之中，所發揮的作用及意義。

一、軍委會與戰爭動員

(一) 動員：定義及西方經驗

人類歷史上，因應戰爭的需要，戰爭動員很早就有。農業時代的戰爭動員，由於兵器相對簡單易於生產、戰爭規模較小、社會資源分散等因素，動員侷限於軍事範疇，且僅是一種輔助性的角色。進入工業時代，隨著武器的複雜化、工業的發展及社會經濟的變化，動員除了軍事方面，漸漸擴張到政治、經濟、文化教育等方面。此一時代的動員，以德國人為代表，因此或認為「動員」一詞，最早源於普魯士（德語 Mobilmachung），這個詞後來傳至法國，再由英國人譯為 "Mobilization"。推其本意，為集合（assembling）、裝備（equipping），及準備出師作戰（preparing military and naval forces for active hostilities）之意。日俄戰爭之後，日本陸軍大將兒玉源太郎將這個詞意譯為「動員」，為中國學人所因襲。[3]

大抵在第一次世界大戰之前，一般對於動員的解釋，多係針對「**軍事動員**」而言。所謂軍事動員，指將軍隊由平時狀態轉移為戰時狀態，包括軍隊、艦隊與其所屬軍人、軍屬，以及武器、馬匹、車輛等一切軍需，編成作戰部隊，並按作戰計畫，擴編新單位。其應準備事項如：1、作戰計畫及軍事動員計畫之策定。2、初期作戰之兵力，與其部隊艦艇之編成。3、軍官佐士兵之養成，正役續役之分配，

[3] 張羽，《戰爭動員發展史》（北京：軍事科學出版社，2004 年），前言頁 1-3。

並其召集編隊之準備。4、作戰部隊、武器、艦艇、車輛、馬匹及一切軍需品之儲備。5、戰略、戰術教育之準備。6、邊防、海防、空防之準備。[4]亦即，軍事動員係針對軍事戰場上實際需要，對全國軍事相關之人力、物力實施必要之統籌運用，使能做最有效的發揮，以支持軍事作戰的遂行。[5]

第一次世界大戰的經驗，使動員由狹義擴張為廣義，即「**國家總動員**」。也就是要將全國人力、物力、財力及科學技術與國家潛力，由平時各種活動方式，轉為戰時方式，期於戰爭開始，即能滿足軍事要求，並於戰爭進行中，不斷支持供應，以獲致最後勝利。[6]在一戰中主導德國軍事的名將魯登道夫（Erich Ludendorff）嘗謂：「世界大戰中陸軍海軍之力，從何處開始，國民之力從何處止，甚難以區別，以兵力民力合而為一，不可分辨，此世界大戰，可以名之曰民族戰爭。」魯登道夫於一戰之後，更著重全體性戰爭論，著書闡述未來戰爭之型態，而歸結於準備「國家總動員」。[7]

國家總動員之分類，大抵可分人力動員、物力動員（又稱物資動員）、交通動員、財經動員、精神動員，這些動員，為求總體戰爭之順利，支持總體戰之總目標，均須配合軍事動員。由是，軍事委員會作為戰時全國最高軍事機關，統籌軍事動員，也可說是國家總動員最核心的機關。[8]

(二) 戰爭初期的動員組織與法制

蔣中正在戰前，便十分重視總動員，他視全國總動員為現代國家唯一特質，

---

[4] 「國家總動員」（1939 年），〈石叟叢書－言論第十一集（民國二十八年四月至七月）〉，《陳誠副總統文物》，典藏號：008-010102-00011-026。中日戰爭時的軍事動員，在現今稱作「軍隊動員」，即軍隊由平時態勢轉移為戰時態勢，滿足部隊人力、物力需求，使其戰力做最有效之發揮。國防大學軍事學院編修，《國軍軍語辭典（九十二年修訂本）》，頁 1-8~1-9。

[5] 劉支藩，《我國總動員情況檢討》（臺北：國防研究院，1961 年），頁 1。

[6] 劉支藩，《我國總動員情況檢討》，頁 1-2。

[7] 「國家總動員」（1939 年），〈石叟叢書－言論第十一集（民國二十八年四月至七月）〉，《陳誠副總統文物》，典藏號：008-010102-00011-026。林秀欒，《各國總動員制度》（臺北：正中書局，1969 年），頁 103-104。

[8] 劉支藩，《我國總動員情況檢討》，頁 2-5、17。

也是一切政治設施之總目標。[9]在 1933 年 3 月 20 日的日記，他提到「今世之戰爭，非僅軍事武力之戰爭，而乃舉全國之經濟、教育、交通、外交、內政全部政治之戰爭，即所謂全國總動員是也，而軍事之戰爭不過其中之一小部耳。」他以為，要與日軍抵抗到底，「非舉全國國民之心力、智慧，彙集於一點」，又應「統一全國之內政、財政、兵力，聽命於中央，然後方能言澈底之抵抗」。[10]於是，在戰前，蔣不斷進行總動員準備，新生活運動可說是對一般民眾進行的意識動員，而國民經濟建設運動可說是全國各行各業的總動員。[11]

動員機關也在戰前開始設置。其最高決策機關主要是第一章曾述及的國防委員會及國防會議。其他動員相關機關，多與軍事委員會有關，軍委會所轄軍政部為一例，該部主管全國陸軍行政，其軍務司職掌「動員計畫之準備執行事項」。[12]蔣中正並曾手諭部長何應欽：「行政院各部動員計畫與戰時遷移辦公駐所，應從速規定，先由軍政部擬草案，再行會同各部詳商。」[13]國防設計委員會為另一例，該會設於參謀本部之下，後來與兵工署資源司合併，易名資源委員會，改隸軍委會，調查全國資源，並進行工業建設。[14]而參謀本部自身，也是動員重要機關，其職掌國防及用兵事宜，[15]除擬定年度國防作戰計畫，亦曾於 1936 年擬定「民國廿五年度初步動員計畫草案」，策定人員、兵器、彈藥、糧秣、衛生等之準備與補充。[16]

---

[9] 蘇聖雄，〈蔣中正建立「現代國家」之思想及實踐初探〉，《史原》，復刊第 4 期（2013 年 9 月），頁 124-125。

[10] 《蔣中正日記》，1933 年 3 月 20 日。

[11] 段瑞聰，〈蔣介石與抗戰時期總動員體制之構建〉，《抗日戰爭研究》，2014 年第 1 期，頁 38。

[12] 「軍政部組織法草案」(1935 年 4 月)，收入周美華編，《國民政府軍政組織史料—第三冊，軍政部(一)》，頁 75。

[13] 「蔣中正致何應欽手令」(1936 年 10 月 9 日)，〈籌筆—統一時期（一六六）〉，《蔣中正總統文物》，典藏號：002-010200-00166-024。

[14] 薛毅，《國民政府資源委員會研究》（北京：社會科學文獻出版社，2005 年），頁 490-493。

[15] 「參謀本部組織法」，〈參謀本部組織法令案〉，《國民政府》，典藏號：001-012071-0119。

[16] 「民國廿五年度初步動員計畫草案」，〈1936 年初步動員計劃草案（附戰鬥序列及戰場區分表）〉，《國防部史政局及戰史編纂委員會》，檔號：七八七-2110。

以戰前的準備為基礎，1937 年七七事變爆發後，7 月 8 日，蔣中正即電負責華北的第二十九軍軍長宋哲元「須全體動員」。[17]次日，蔣又電告軍委會副委員長閻錫山、辦公廳主任徐永昌、參謀總長程潛、軍法執行總監唐生智、軍政部部長何應欽：「倭寇挑釁，無論其用意如何，我軍應準備全部動員，各地皆令戒嚴。」[18]以上皆屬**軍事動員**的範疇。7 月 17 日，蔣於廬山談話會發表演說，提到著名的一段話：「如果戰端一開，那就是地無分南北，年無分老幼，無論何人，皆有守土抗戰之責任，皆應抱定犧牲一切之決心。」[19]此即揭示**國家總動員**即將展開。

戰爭之初，軍委會核心成員及相關要員，商討國家總動員之實施，[20]乃有統合黨、政、軍的大本營的設置，將諸多機關納入大本營之下。爾後大本營並未設置，而是將軍委會擴大，擴增後所轄機關，多數牽涉國家總動員業務，如第二部（政略）、第三部（掌國防工業）、第四部（掌國防經濟）、資源委員會、農產調整委員會、工礦調整委員會、貿易調整委員會等。[21]

大本營籌備的同時，蔣中正密令各部會設置臨時動員科，籌備動員事宜，每日規定時間到軍委會會報，而軍委會應即成立各部動員處，設計各部會應辦動員事宜，予以其各種指導，並定期檢閱。[22]軍委會隨即成立國家總動員設計委員會，軍政部部長何應欽任該會主任委員。8 月 1 日，何應欽在軍政部舉行該委員會第一次會議，會議決議提請實施「中央及地方高級行政機關應設置總動員事務專科暫行辦法」。經提案國民政府，隨即通過備案。該辦法規定中央各部會署及各省市

---

17 「蔣中正致宋哲元電」（1937 年 7 月 8 日），〈盧溝禦侮（二）〉，特交文電，《蔣中正總統文物》，典藏號：002-090105-00002-237。

18 「蔣中正手令」（1937 年 7 月 9 日）、「蔣中正致閻錫山電」（1937 年 7 月 9 日），〈革命文獻—盧溝橋事變〉，《蔣中正總統文物》，典藏號：002-020300-00001-015、002-020300-00001-016。

19 秦孝儀主編，《先總統蔣公思想言論總集》，卷 14，演講，頁 582-585。

20 「盧溝橋事變的會報記錄」，收入中國第二歷史檔案館編，《抗日戰爭正面戰場》，上卷，頁 251。張燕萍，《抗戰時期國民政府經濟動員研究》，頁 66。

21 陳之邁，《中國政府》，第 2 冊，頁 23-24。

22 「蔣中正手令」（1937 年 7 月 31 日），〈籌筆—抗戰時期（一）〉，《蔣中正總統文物》，典藏號：002-010300-00001-058。

政府，應各增設一整備科，專掌該部會署及省市政府所轄總動員事務，並應指定次長或秘書長一人主管總動員業務；並規定整個實行系統，最後皆統屬於軍事委員會。[23]

國家總動員設計委員會主任委員何應欽同時為軍政部部長，由於軍政部不但隸屬軍委會，亦屬行政院，該部乃經行政院主動提起數項法案，俾於民間汲取資源，推動動員相關業務。軍政部經行政院咨請立法院審議「徵發法」、「工業動員法」，立法院審議後，關於前者，另行起草「軍事徵用法」，經院會議決通過。至於後者「工業動員法」，經過立法院審查，以軍政部所送草案未能賅括，當查資源委員會所擬送參考之總動員法草案，包含軍事、民事各項動員，似較為完備，軍政部列席代表亦贊成此案，立法院遂依據資源委員會所擬送參考之材料，起草總動員法草案。8 月 14 日，立法院院會議決通過「總動員法」。[24]

如第一章所述，戰爭爆發後成立國防最高會議，該會議為黨政軍決策最高機關，職權有「國家總動員事項之決定」，並規定作戰期間關於黨政軍一切事項，國防最高會議主席得不依平時程序，以命令為便宜之措施。[25]立法院通過「總動員法」呈請國民政府公布施行時，國府注意到「總動員法」與「國防最高會議組織條例」有所牴觸，乃決定先送中央政治委員會核議。[26]或因總動員法雖規定民事動員，有助軍事，但同時對軍事機關的權力有所限制，何應欽等認為「將來施行必至窒礙橫生」，中央政治委員會乃復函國民政府，暫緩公布該法。總動員法因此未能實施，爾後國防最高會議雖曾通過「總動員計畫大綱」、「總動員計畫工作分配表」，但總動員的法制作業，要到 1942 年初頒布「國家總動員法」、「國家總動

---

23 「中央及地方高級行政機關應設置總動員事務專科暫行辦法」（1937 年 8 月 12 日），〈國民總動員法令（一）〉，《國民政府》，典藏號：001-012340-0003。1938 年春季，國家總動員設計委員會考量業務便利，改隸最高國防會議，由行政院主持辦理。「國家總動員」（1939 年），〈石叟叢書－言論第十一集（民國二十八年四月至七月）〉，《陳誠副總統文物》，典藏號：008-010102-00011-026。

24 「立法院致國民政府呈」（1937 年 8 月 17 日），〈總動員法案〉，《國民政府》，典藏號：001-012341-0001。

25 「國防最高會議組織條例」（1937 年 8 月 12 日），〈國防最高委員會組織法令案〉，《國民政府》，典藏號：001-012071-0311。

26 「國民政府簽」（1937 年 8 月 19 日），〈總動員法案〉，《國民政府》，典藏號：001-012341-0001。

員會議組織大綱」，相關體制才予以確立。[27]

其實，國府倉促進入戰爭，除總動員法制作業尚未完備，先行推動的總動員諸項措施，因種種因素而成效未彰，相關機構複雜、系統紊亂、疊床架屋，人員紀律廢弛且社會人心鬆懈；政府在都市投入較多資源，建立戰時工作隊，但並未能深入農村，人民不能配合軍隊動作。[28]因此，理應推動之國家總動員，結果主要是**軍事動員**在進行。[29]這其實也即受中國當時的國家組織、社會情態所限。歐美列強得以遂行國家總動員，得益於其現代國家的組織、工業的發展、交通的發達等。而中國土地廣、交通不便、組織不健全，加之以辦事者缺乏責任心、賞罰欠嚴明迅速，總動員遂難盡人意，即便後來法制作業完備、國家總動員會議成立後，仍是如此。[30]

大敵當前，國家總動員雖問題重重，仍有部分成就。如調整工業布局，將分布於東部和中部的軍工企業和其他重要企業，向西南和西北內遷。此案係由資源委員會會同財政部、軍政部、實業部組織工廠遷移監督委員會，具體負責實施。內遷企業，成為戰時軍工生產的骨幹。[31]

至於軍事動員，為應付迫切軍事需要，積極推動，由軍政部主辦，何應欽扮演重要角色。1937 年 9 月，軍政部以全面戰爭已經開始，全國民眾均應有守土禦敵、協助政府之義務，當此非常時期，非將一切人力、財力、物力集中統制，實

---

[27] 段瑞聰，〈蔣介石與抗戰時期總動員體制之構建〉，《抗日戰爭研究》，2014 年第 1 期，頁 49-51。

[28] 「第九戰區之軍事概況與民眾動員」（1938 年 9 月 17 日），〈石叟叢書－言論第九集（民國二十七年七月至十二月）〉，《陳誠副總統文物》，典藏號：008-010102-00009-014。「澈底執行國家總動員法」（1942 年 5 月 17 日），〈石叟叢書－言論第十七集（民國三十一年一月至六月）〉，《陳誠副總統文物》，典藏號：008-010102-00017-021。

[29] 如 1938 年底，重慶市才成立其動員委員會，在軍委會領導下推動動員工作。段瑞聰，〈抗戰、建國與動員——以重慶市動員委員會為例〉，收入陳紅民主編，《中外學者論蔣介石》，頁 138-160。1939 年初，負責廣東軍事的張發奎，亦慨嘆：「所謂組織民眾、訓練民眾，完全是假的。」《張發奎日記》，哥倫比亞大學珍本與手稿圖書館藏，1939 年 1 月 2 日。

[30] 劉支藩，《我國總動員情況檢討》，頁 113-114。

[31] 張羽，《戰爭動員發展史》，頁 268。

施動員，長期奮鬥，不易獲得最後之勝利，而關於人力一項尤為重要，乃擬據「全國人員動員辦法」，經呈奉委員長蔣中正核准施行。[32]該辦法規定，各省設立兵役管區司令部，掌管全省人員動員、壯丁及補充兵之徵募訓練、地方武力之組織服役訓練等，置司令官 1 人，副司令 2 人，直隸於軍政部，受省主席之指揮，各師管區司令受其指揮監督。[33]「全國人員動員辦法」既經施行，軍政部復依據該辦法，擬具「兵役管區司令部組織暫行條例」，俾預定設置兵役管區司令部之省分，得據以實施。[34]

1937 年 11 月 16 日，軍委會組織調整，取消第二部，其職掌與動員有關者，歸併國家總動員設計委員會辦理。[35] 1938 年初，軍委會再度改組，將所屬黨、政機關劃出，業務重點偏重軍事方面，於是軍事動員業務仍然保留，物資之統制則委之於行政院相關部會。[36]時國防最高會議主席蔣中正兼軍委會委員長，其以軍委會掌管軍務之同時，在法律上也有管控黨、政動員業務之權。加之以中國國民黨中常會嘗授權軍委會委員長對黨政軍統一指揮，蔣又於 1938 年 4 月當選中國國民黨總裁，如是則趨於所謂「法律人格一元化」，由蔣中正個人來統合黨、政、軍。[37]當時軍事業務繁重，徐州會戰、武漢會戰接連發生，軍委會即便限縮僅負軍事動員之責，尚可藉委員長蔣中正個人，調動國家總動員諸項工作，以協助軍事動員之進行。

改組後的軍委會，組織大綱第九條規定軍政部掌理「全國總動員之籌畫」，而

[32] 「行政院致國民政府呈」（1937 年 10 月 2 日），〈國民總動員法令（一）〉，《國民政府》，典藏號：001-012340-0003。

[33] 「全國人員動員辦法」，〈國民總動員法令（一）〉，《國民政府》，典藏號：001-012340-0003。

[34] 「兵役管區司令部組織暫行條例」，〈國民總動員法令（一）〉，《國民政府》，典藏號：001-012340-0003。

[35] 錢端升等著，《民國政制史》，第 1 編，頁 191。

[36] 何應欽，〈對臨時全國代表大會軍事報告〉（1937 年 3 月至 1938 年 3 月），收入吳相湘主編，《何上將抗戰期間軍事報告》，上冊（臺北：文星書店，1962 年），頁 108-109。

[37] 「國防最高會議組織條例」（1937 年 8 月 12 日），〈國防最高委員會組織法令案〉，《國民政府》，典藏號：001-012071-0311。陳之邁，《中國政府》，第 1 冊，頁 116-118。

第八條則規定軍令部掌理「陸海空軍之動員作戰」。[38]如是則軍政部負責國家總動員，軍令部則負責軍事動員，惟實際上，由於軍政部負責龐大的後勤業務，兩部實共同負責軍事動員，並以軍政部為主導。至於軍訓部、政治部，亦各自負責其業務範圍內之動員工作，如政治部主管政治訓練、民眾組織與宣傳等業務，在徐州會戰前便嘗試推動國民的精神總動員。[39]不過就軍事作戰來說，最重要的還是軍政部的軍事動員。[40]

二、軍事動員的實施

全面戰爭爆發前、1936 年，參謀本部曾擬訂「民國廿五年度初步動員計畫草案」，該計畫以動員計畫範圍廣泛，因國情上種種因素，僅能就人員、兵器、彈藥、糧秣、衛生等之準備補充，策定初步動員計畫。[41]這即是一種軍事動員計畫。七七事變爆發之後，戰雲密布，軍政部部長何應欽從 7 月 11 日起，於官邸召開數次會報，討論軍事動員等事宜，參加者皆為軍政要員。[42]從 1937 年 7 月至 1938 年 3 月台兒莊之役前，軍政部為軍事動員進行諸多工作，以支持抗戰之所需。以下概依軍政部所屬機關的職掌，區分兵役、軍需、兵工、軍醫、運輸，述論其軍事動員概況。

---

[38] 「修正軍事委員會組織大綱」（1938 年 1 月 10 日），周美華編，《國民政府軍政組織史料—第一冊，軍事委員會（一）》，頁 79。

[39] 「國民精神總動員與抗日建國的偉業」（1938 年 3 月 16 日），〈石叟叢書－言論第八集（民國二十七年一月至六月）〉，《陳誠副總統文物》，典藏號：008-010102-00008-019。

[40] 國家總動員設計委員會成立之後，曾議定關於動員的各種法規條例，惟以事權不統一，未能澈底實行，該會旋經改組，遂無形取消，軍政部成為主要推動動員的機關。〈軍政部工作報告（二十七年）〉，《國防部史政編譯局》，檔號：B5018230601/0027/109.3/3750.4。

[41] 「民國廿五年度初步動員計畫草案」，〈1936 年初步動員計劃草案（附戰鬥序列及戰場區分表）〉，《國防部史政局及戰史編纂委員會》，檔號：七八七-2110。

[42] 「盧溝橋事變的會報記錄」，收入中國第二歷史檔案館編，《抗日戰爭正面戰場》，上卷，頁 234-286。

(一) 兵役動員

清朝末年，內亂外患不斷，湘軍、淮軍、新建陸軍繼起擔負國防重任，各軍皆採募兵制度，有軍隊私有化現象。民國肇建，嘗討論行徵兵制度，惟戰事不斷且不具備相關條件，掌握地方實權的各地軍系，多自行召募。[43] 1928 年國府北伐一統之際，擬建立兵役制度，於是年 8 月 15 日，由軍政部草擬徵兵制度施行準備方案，提出國民黨二屆五中全會議決，以為制定兵役法之根據。1933 年 6 月 7 日，兵役法公布，受到國際環境及內亂未息等牽制，至 1936 年 3 月 1 日，始克施行。[44]

軍政部掌理全國兵役事務，初於軍務司內設兵務科，後擴充成司，分管區、役務、徵募 3 科，職掌兵役諸般事宜，如兵役管區之規劃、設置與推行事項；兵役法規之編撰、修訂事項；壯丁之調查、檢查、抽籤事項；現役兵之徵集、募集、分配、入伍、退伍、歸休事項等。[45]兵役法公布後，軍政部根據該法釐定「兵役法施行暫行條例」、「兵役及齡男子調查規則」、「陸軍徵募事務暫行規則」及其他各項兵役法規，[46]復依照「全國陸軍整理計畫」，將全國劃分為 60 個師管區及 10 個預備師。至戰前，已於蘇、浙、皖、贛、豫、鄂 6 省成立 12 個師管區，每師管區分 4 個團管區，徵集新兵 5 萬人。[47]師、團管區於中央政府控制力較強的地方開始實施，然後次第推行到中央政令可擴及的省份，其上屬軍政部，獨立於省政府、綏靖區或駐防的部隊。[48]

---

43 李鎧揚編著，《役氣昂揚：民國百年役政沿革》（臺北：內政部，2011 年），頁 4-21。

44 國防部史政編譯局編，《軍政十五年》（臺北：國防部史政編譯局，1981 年），頁 73。

45 周美華編，《國民政府軍政組織史料—第三冊，軍政部（一）》，頁 132-133。

46 侯坤宏，〈抗戰時期的徵兵〉，收入氏著，《抗日戰爭時期糧食供求問題研究》（北京：團結出版社，2015 年），頁 203-204。

47 何應欽，〈對五屆三中全會軍事報告〉（1936 年 7 月至 1937 年 2 月），收入吳相湘主編，《何上將抗戰期間軍事報告》，上冊，頁 34-35。國防部史政編譯局編，《軍政十五年》，頁 73-74。

48 徐乃力，〈好男應當兵：對日抗戰時期中國的軍事人力動員〉，收入孫中山先生與近代中國學術討論集編輯委員會編，《孫中山先生與近代中國學術討論集——抗戰勝利與臺灣光復史》（臺北：編者自刊，1985 年），頁 7-8。

戰爭開始，國軍常備部隊有 280 萬 4 千人，動員 100 餘師及砲兵 20 餘團。戰爭消耗驚人，首（1937）年即傷亡 36 萬 7,362 人，另有逃亡、病故、編遣等其他消耗 64,948 人，[49]因此亟需大量補充。作戰軍之補充，分抽調、徵集、募集 3 種。初期為補充能立時應戰，以**抽調**的方法調集各省已經訓練之保安團隊及駐後方各師，分別補充。**徵集**方面，增加徵兵年次，由各師管區或後方被抽老兵部隊，徵集新兵編練為後方補充團營，進行訓練，而前方作戰得力之各軍師，亦分別成立野戰補充旅團營，以為直接補充之用。**募集**方面，各省被抽調的保安團隊之缺額，及各省擴充保安團 10 團至 20 團之兵額，由各省保安處募補。[50]

表 7-1：戰時兵員補充系統

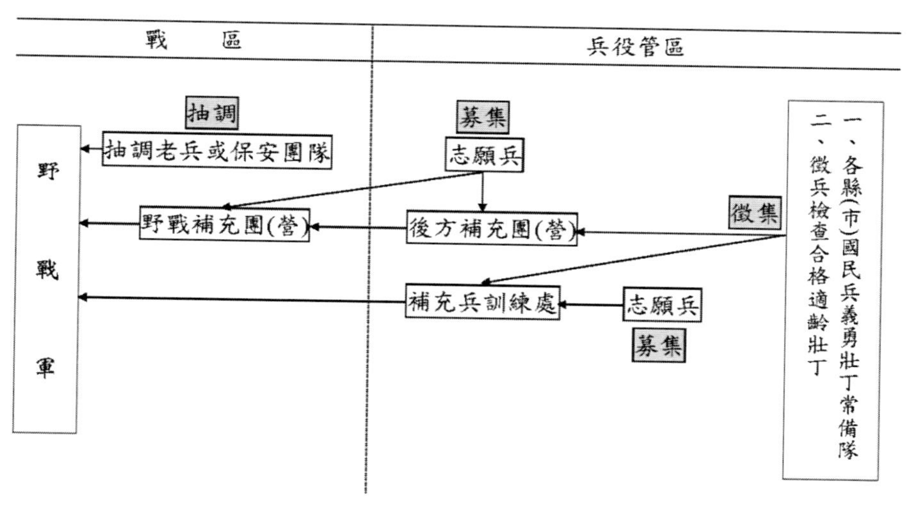

改繪自《軍事委員會檔案》，檔號：七六一-451，張燕萍，《抗戰時期國民政府經濟動員研究》，頁 121。

49 「國家總動員」（1939 年），〈石叟叢書－言論第十一集（民國二十八年四月至七月）〉，《陳誠副總統文物》，典藏號：008-010102-00011-026。「抗戰期間陸軍動員人數統計表」（1945 年 10 月），〈抗戰末期美援抗戰軍事損失及接收日本賠償資料〉，《陳誠副總統文物》，典藏號：008-010701-00015-046。

50 何應欽，〈對臨時全國代表大會軍事報告〉（1937 年 3 月至 1938 年 3 月），收入吳相湘主編，《何上將抗戰期間軍事報告》，上冊，頁 113。

戰爭初期的徵募兵以監督未周，產生流弊。乃自 1938 年 1 月份起，統一兵員徵募與補充，於各省成立軍管區，以省主席兼軍管區司令，將月需兵額，配賦各省軍管區及未設軍管區之省政府，再分配各師管區徵集國民軍。[51]至徐州會戰前，有 37 個師管區，並有 11 個省設有軍管區司令部。[52]總計自 1937 年 9 月至徐州會戰前後的 1938 年 6 月，兵員共計補充 1,215,812 人，其中徐州會戰主要負責的第五戰區，自 1938 年 3 月至 6 月，補充 288,827 人。[53]

兵役動員雖使作戰部隊獲得不少補充，但兵役問題始終存在，常出現以拉伕的方法，強迫百姓當兵。主事者用人不當，下級貪官汙吏，藉兵役為斂財工具，使人民對兵役反感，[54]又因為教育與訓練的落後，徵得的兵員素質頗有問題。[55]此一情態之根本，除中國戶口調查未清、社會組織未健全、國民教育沒有普及，[56]也因現代國家體制尚未建立、尚在摸索，[57]中國人力動員率因此僅 0.4%，遠不如戰時其他列強。[58]於此情態，國府八年抗戰動員數百萬部隊上戰場，補充戰時巨大

[51] 侯坤宏編，《役政史料》，上冊（臺北：國史館，1990 年），頁 141-153。

[52] 何應欽，〈對臨時全國代表大會軍事報告〉（1937 年 3 月至 1938 年 3 月），收入吳相湘主編，《何上將抗戰期間軍事報告》，上冊，頁 113。此次軍事報告內容，自 1937 年 3 月至 1938 年 3 月，剛巧在徐州會戰爆發直前，故本書引用該報告之數據，以徐州會戰前稱之。

[53] 「抗戰以來兵員補充總計表」（1939 年 1 月 6 日），收入吳相湘主編，《何上將抗戰期間軍事報告》，上冊，附表（十）。

[54] 「兵役動員的方法和前途」（1939 年 2 月 13 日），〈石叟叢書－言論第十集（民國二十八年一月至三月）〉，《陳誠副總統文物》，典藏號：008-010102-00010-023。何成濬著，沈雲龍校註，《何成濬將軍戰時日記》，上冊，1942 年 2 月 18 日，頁 56、64。

[55] 「保衛武漢概述」（1938 年 7 月 10 日），〈武漢衛戍軍作戰計畫〉，《陳誠副總統文物》，典藏號：008-010701-00025-001。

[56] 「革新兵役之根本精神與必循的途徑（上）」（1942 年 10 月 6 日），收入秦孝儀主編，《先總統蔣公思想言論總集》，卷 19，演講（臺北：中國國民黨中央委員會黨史委員會，1984 年），頁 325。

[57] 關於國府徵兵建國與現代國家關係的討論，參閱汪正晟，《以軍令興內政——徵兵制與國府建國的策略與實際（1928-1945）》（臺北：國立臺灣大學出版委員會，2007 年）。

[58] 日本為 1.3%，英國為 1.4%，美國為 2.4%，蘇聯為 3%，德國為 3.8%。動員率計算方式為軍事動員人數在全人口數中的比例。F. F. Liu, *A Military History of Modern China 1924-1949*, p. 136.

的兵源損失，可說中國社會歷來所未有。[59]

(二) 軍需動員

1. 軍費

軍政部軍需署掌理軍需行政事務，設總務處及財務司、儲備司、營造司。財務司掌管軍費經理、出納及軍人儲蓄；儲備司掌管被服、裝具、糧秣等軍需物品之給與及整備等事項；營造司掌管營房及軍事工程之設計、建築、管理等事項。[60]

推動軍需行政事務，最根本的是錢。北伐以後，政府軍費甚高，爾後內戰次第平息之後，略有下降，至戰前一年，軍費實支 4.5 億，占中央政府歲出總數 11.95 億約 37.6%。全面戰爭爆發後，國軍軍費高漲，1937 年度軍費實支 13.77 億，增至中央歲出 21 億的 65.4%。[61]（見次頁表 7-2）

軍費科目區分為供應軍事經常支出的軍務費，及戰爭爆發後應付臨時動支的戰務費。發款方法，係由會計機關按月將應發各費數目，編列支配表送軍需署。軍需署將自財政部領到之款，交存銀行，照原表數目，分期支付。臨時緊要之支出，為免貽誤戎機，或先行發給，再由主管會計機關補發支付通知單，以符法定手續。復以各戰區所屬部隊調動頻仍，駐地遠近亦不一致，且交通時被遮斷，至銀行匯兌輒感困難，故或採整撥總匯辦法，由附屬各路線區域之軍需局就近發給，其數目增減，仍由軍政部核定後，指示各該局辦理。[62]

2. 糧秣

軍費須支給官兵薪俸、糧秣、燃料、服裝、器材、槍彈、工事、衛生、卹賞、運輸、人馬補充、擴編部隊等諸多費用，以供動員所需。糧秣方面，為維持官兵體力、軍隊戰力，糧秣之需求不可或缺。戰爭所需軍糧之來源，一為國內自給，

---

[59] 黃仁宇，《大歷史不會萎縮》（臺北：聯經出版事業公司，2004 年），頁 75、294。

[60] 周美華編，《國民政府軍政組織史料—第三冊，軍政部（一）》，頁 135-137。

[61] 1937 年度自 1937 年 7 月計算至 1938 年 6 月。1938 年度以後會計年度改與普通年度一致。國防部史政編譯局編，《軍政十五年》，頁 140-141、143-144。

[62] 〈軍政部工作報告（二十七年）〉，《國防部史政編譯局》，檔號：B5018230601/0027/109.3/3750.4。

一為外國進口。中國雖為農業社會，由於生產不足、民食政策失當、運輸困難等因素，十分仰賴外國輸入。[63]為免戰爭爆發後遭日軍封鎖，政府力求自給，興修水利、開渠灌溉，以增進糧食之生產。至戰前，糧食輸入已大幅減少。隨著戰前剿共軍事的發展，軍政部在 1933 年，成立軍需署駐贛辦事處，釐訂糧秣日需種類數量及現品代金給與辦法，並修訂軍需法規及研究官督商辦糧秣各廠辦法。同時籌辦南京、洛陽及開封屯糧，採購贛、粵、閩邊區剿共部隊所需糧秣，接收豫鄂皖三省剿匪總司令部運輸處散置皖省各區之軍米。1933 年以後，政府研究糧食動員計畫，調查全國糧食產量及市場狀況，令飭各省以儲糧防荒名義，屯備必需之食糧，並由軍政部積極籌辦糧秣廠，撥前軍委會委員長南昌行營經理處為該廠籌備處。[64]

表 7-2：1928 至 1937 年度中央實際歲出總數及軍費實支數比較表

會計年度	中央歲出總數	軍費實支數	軍費比率
1928	4.34	2.1	48.4%
1929	5.39	2.45	45.5%
1930	7.14	3.12	43.7%
1931	6.83	3.04	44.5%
1932	6.45	3.21	49.8%
1933	7.69	3.73	48.5%
1934	10.55	3.68	34.9%
1935	10.57	3.66	34.6%
1936	11.95	4.5	37.7%
1937	21.03	13.77	65.5%

單位：億元
參考自：國防部史政編譯局編，《軍政十五年》，頁 140-141、143-144。

[63] 侯坤宏，《抗日戰爭時期糧食供求問題研究》，頁 6-13。

[64] 國防部史政編譯局編，《軍政十五年》，頁 221-223。

1936 年 3 月，軍政部組織全國軍糧倉庫網，計在南京、西安、蒙城、渦陽、亳州、歙州、徐州、歸德、蚌埠、鄭州、鞏縣、沁陽、新鄉、焦作、懷遠、臨淮關等地，成立軍政部軍需署臨時糧秣倉庫共 16 所，又設軍政部韓城臨時軍糧處，如此糧秣倉庫網設置計畫，係按 350 萬人所需軍糧為基準。軍政部另在南京附近，購屯 30 萬人 3 個月之糧食，復於戰略要地及交通便利之處，陸續設置臨時倉庫及儲備倉庫數十所，構成較嚴密的倉庫網，加強儲備。同年 5 月，成立軍政部南昌糧秣實驗場，製造戰時攜帶口糧。[65]

國民政府軍事委員會委員長南昌行營用箋

何部長

圖 7-1：蔣中正手令何應欽令軍需署屯積糧秣，1935 年 1 月 20 日（〈籌筆—統一時期（一二六）〉，《蔣中正總統文物》，典藏號：002-010200-00126-014）

1937 年 7 月戰爭爆發後，北平廠庫失陷，軍政部將上年所設及本年增設之臨時糧秣倉庫，及在戰區內其他軍需品倉庫，撥歸後方勤務部接管，同時軍政部委託各省政府，迅速採購足供前線部隊 3 個月需要之糧食，交由後方勤務部駐在各戰區之野戰糧服倉庫接收儲備。8 月，分別成立軍政部駐陝、豫、鄂、粵、贛、川 6 個軍需局，主管各地區金錢、糧、服之籌補。另為充實軍實，以支持長期戰

65 國防部史政編譯局編，《軍政十五年》，頁 223。

爭，軍政部除遵照軍委會令召集有關機關及專家，研究戰時副食品攜帶口糧品種暨管理購屯辦法外，同時整理擴充各地備荒儲糧，復加強糧秣廠之設備，計劃每月碾製白米 2 萬 700 大包，製造乾麵包 72 萬小袋等。[66]

1938 年 4 月，軍政部擬具、經軍委會核定的各戰區糧食管理大綱 32 條公布，6 月頒布非常時期糧食調節辦法，是為國府糧食管理法案之創始。在糧食管理辦法公布前，中央與各戰區採購軍糧，概依公開招標、指名比價等方式，向市面採購。自糧管辦法頒布後，各戰區均奉令設立戰時糧食管理處，依法負責戰區內所需糧食之徵購事宜，所需經費，由戰區軍需局撥支。[67]

戰前，軍政部曾於國防要地屯積相當糧食，迨戰事發生，需量浩大，倉儲所積，已感不敷，除上述向國內徵購管制，亦向國內外採購大宗米、麵，至徐州會戰前，已購大米約 200 萬包，麵粉約 250 萬袋。其他副食品等物，亦分別由各處購辦，依照作戰計畫，配置倉庫網，分別運儲，因此補給尚能無缺。[68]

3. 被服裝具

衣為人類四大需求食衣住行之一，被服之於軍旅，除維護身體健康，充實生命活力，兼具整飭軍容，提高士氣，遂行作戰任務之功能。因此一般國家對於被服裝具之籌製給與，均甚為重視。戰前軍政部籌辦服裝，已注意提倡國產、自給自足，主要材料之呢革，均由軍政部設廠製造，布匹限用國內民營各廠出品；國內民營各廠，產量亦漸增，足供軍用。

抗戰軍興，軍政部北平製呢廠及蘇浙各工廠區域相繼淪陷，呢革來源銳減，而需要激增，超過戰前 3 倍以上。為求應付，軍政部恢復甘肅久經停辦的蘭州製呢廠；利用武昌製呢廠一部分機器，改製軍毯；統制內地各紡織廠，予以扶植；接收廠商在漢之紡織廠，自行開工趕製。沿海如上海等地為工業中心，戰爭之初，有關部會即將重要工礦設備遷移後方，公營者由政府處理，民營者則給與運輸便

[66] 國防部史政編譯局編，《軍政十五年》，頁 223-224。

[67] 國防部史政編譯局編，《軍政十五年》，頁 226。

[68] 何應欽，〈對臨時全國代表大會軍事報告〉（1937 年 3 月至 1938 年 3 月），收入吳相湘主編，《何上將抗戰期間軍事報告》，上冊，頁 116-117。

利、拆遷補助，並撥給建廠用地。各廠主持人諸多響應，至 1938 年初，各地內遷設備器材，大都安抵武漢，立刻在當地裝配開工者，逾三分之一。軍政部下轄的軍需工廠，亦陸續遷至後方湖南、四川等地。

經過如此動員，徐州會戰前，已可大量製作、購置批服裝具。計製棉衣褲、軍帽、綁腿及襯衣褲各約 170 萬餘份，棉大衣 80 餘萬件，棉背心約 50 萬件，皮衣帽約 10 萬份，軍毯約 80 萬條，衛生衣褲約 30 萬套，水壺約 50 萬隻，防毒眼鏡約 30 萬具，其他如手套、毛襪、氈鞋、行軍鍋灶、零星裝具等，亦視需要籌措。[69]當中，軍政部所屬工廠所能生產者，約占服裝需要量的 60%，不足之數由各軍需局或駐軍自行招商承製。例如，第五戰區各部隊所需之服裝，由其軍需局蒐集民間土布，轉交特約工廠製作。[70]

(三)兵工動員

中國兵工建設，自清末自強運動始。1865 年，重臣李鴻章、曾國藩奏請設置江南製造局，越兩年即開工製造。1928 年北伐底定，國府為發展兵工建設，於軍政部內置兵工署，綜理全國兵工及一切有關兵工建設事宜，是為國府設立兵工事業最高管理機關之始。[71]

兵工署之組織，係參照各國，並斟酌中國國情而設。歷經改組擴充，戰爭初期的兵工署，掌兵工技術、軍火製造、軍械行政事務，設署本部及製造司、技術司、軍械司。製造司負責各廠及材料保管處、庫之各種組織，以及職員、勞工等會計、考工、核料相關事宜；技術司掌管理化研究、設計、教育及彈道、步兵器材、砲兵（要塞）器材、運輸器材、特種兵器、工兵器材等技術事宜；軍械司掌管軍械庫之建設、補充、庫儲、人事、訓練，以及械彈之補充、儲備、調度、支

[69] 何應欽，〈對臨時全國代表大會軍事報告〉（1937 年 3 月至 1938 年 3 月），收入吳相湘主編，《何上將抗戰期間軍事報告》，上冊，頁 115-116。

[70] 國防部史政編譯局編，《軍政十五年》，頁 240-249。

[71] 國防部史政編譯局編，《軍政十五年》，頁 173-174。

配、檢驗、修理、調查、統計等事項。[72]

兵工署管理之各兵工廠，除鞏縣兵工廠外，多建自晚清末年，機器式樣已舊，出品不精，且產量低少，又只限於步槍、機關槍兩種。經過整理，步槍仿德制 1924 式，大量製造中正式步槍，並定為制式兵器；輕機槍仿捷克式，適量製造；重機槍獲德國兵工署之助，金陵兵工廠已可製造，並能兼任高射。其他如迫擊砲、砲彈、飛機炸彈、各項信管等，均能自造，惟數量不多。國軍各部隊原有槍械口徑至為複雜，由於國內兵工已有進步，自造之武器遂分年逐次換發，以淘汰舊式武器，並按新編制，予以充實，增厚戰力。槍械統一之後，口徑也跟著統一，彈藥補充更為容易。[73]戰前，軍械優先大量補充 30 個調整師，計撥發步槍約 12 萬枝，輕機槍約 8,500 挺，重機槍約 1,650 挺，迫擊砲約 700 門。[74]

戰爭爆發後，部隊大規模動員，兵器就力所能及，酌予調補。戰前已於北正面及東正面交通線，設置彈藥庫存儲，並於預備區武昌、南昌設總庫，故初時械彈動員，頗有秩序，動作亦較為迅速。是時國內庫存及部隊現有彈藥，約敷 60 個師 3 至 4 個月作戰之用，分為 3 個基數分發各作戰部隊，原每基數補充 1 個月作戰之用，改為至少 2 個月，如此勉強供應部隊 6 個月作戰之用。惟如此調整，仍難支撐持久抗戰，亟需兵工廠出品補充。

政府所倚賴的國內各兵工廠，以產量有限，不能充分補充野戰部隊，如步槍彈僅能供給所需八分之一，且時受空襲，不得不分別擇地遷移，出品因之頓減。雖如此，兵工廠出品仍為戰爭亟需，尤其在移廠安頓之後，漸次復工，恢復產量。以鞏縣及漢陽兵工廠來說，二者初奉令遷至湖南株州建廠，廠方即成立駐漢辦事處，負責轉運，並設株州辦事處，負責接收與建廠事宜。由於株州無可用之廠房，兵工廠暫於長沙搭建臨時廠房，與利用工業學校實驗工廠復工。在長沙半年，計

---

72 周美華編，《國民政府軍政組織史料—第三冊，軍政部（一）》，頁 137-141。

73 何應欽，〈對五屆三中全會軍事報告〉（1936 年 7 月至 1937 年 2 月），收入吳相湘主編，《何上將抗戰期間軍事報告》，上冊，頁 41-44。國防部史政編譯局編，《軍政十五年》，頁 187-188。

74 「俞大維致蔣中正報告」（1938 年 3 月 13 日），〈陸軍後勤（三）〉，特交檔案，《蔣中正總統文物》，典藏號：002-080102-00078-003。

製造中正式步槍 9 千枝，木柄手榴彈 133 萬餘枚，山野砲彈 5 萬 2 千餘發，另修成各種砲彈 4 萬 4 千餘發。1938 年 1 月，復遷至湖南安化縣烟溪鎮建廠。以金陵兵工廠來說，其廠址在南京，1937 年 8 月 13 日淞滬會戰爆發後，籌劃疏散，10 月奉令將製彈廠及所屬鋼廠機器、員工運川，11 月中旬奉令全廠西遷重慶，並分別於漢口、宜昌、重慶設立臨時辦事處。1938 年 2 月，機料、人員陸續到達重慶，即安裝機器，3 月 1 日部分復工生產。[75]

國內兵工廠產量不足，戰時軍械補充，以海外輸入為主。軍政部部長何應欽、兵工署署長俞大維擬定「作戰械彈購備計畫」，通過行政院副院長兼財政部部長孔祥熙，及考察工業專使宋子良、譚伯羽，積極向歐洲訂購武器，以行械彈補充；同時，組織由海防經鎮南關達龍州之國際交通線，以利運輸。惟因財力、運輸困難，運到新品僅能勉供京滬及華北戰場精銳而損失特重之部隊，酌予分別補充。[76]至 1938 年，孔祥熙所訂購軍械分期交貨，計有步槍約 25 萬枝，輕機槍約 2 萬 4 千挺，重機槍約 3,500 挺，迫擊砲約 250 門，而該年國內兵工廠自行製造者，計有步槍約 7 萬枝，輕機槍約 3,400 挺，重機槍約 1,300 挺，迫擊砲約 500 門。[77]復可見軍械以海外輸入為主。

上述與歐洲之軍火貿易，大部分對象為德國。戰前中國與德國即進行密切的軍火交易，直至戰爭爆發，交易並未斷絕，希特勒聲明已簽約的武器運送必須繼續，但無法提供進一步武器供應。幾經折衝，德國對華軍火供應仍未中斷，成為 1938 年以前中國進口軍火的主要來源，約占 60%。爾後因德國外交政策轉變，1938 年 4 月，德國宣布禁止軍火運送中國；5 月，下令在華德國軍事顧問一律返國。雙方關係每況愈下，暗中仍進行以貨易貨貿易，惟貿易額迅速減少。至 1941 年 7

[75] 國防部史政編譯局編，《軍政十五年》，頁 190-191、195。

[76] 「俞大維關於械彈之儲備與補充事項報告」（1937 年 8 月 1 日）、「何應欽致蔣中正簽呈」（1937 年 8 月 28 日）、「蔣中正致何應欽電」（1937 年 10 月 20 日），〈陸軍後勤（一）〉，特交檔案，《蔣中正總統文物》，典藏號：002-080102-00076-007。何應欽，〈對臨時全國代表大會軍事報告〉（1937 年 3 月至 1938 年 3 月），收入吳相湘主編，《何上將抗戰期間軍事報告》，上冊，頁 117。

[77] 「俞大維致蔣中正報告」（1938 年 3 月 13 日），〈陸軍後勤（三）〉，特交檔案，《蔣中正總統文物》，典藏號：002-080102-00078-003。

月，中德斷交，雙方關係正式結束。[78]

除了從德國獲取軍事物資，蘇聯的軍援，在戰爭初期亦顯重要，緩解國軍軍械的不足。1937 年 8 月 21 日中蘇互不侵犯條約締結後，蘇聯提供 1 億法幣的貸款（爾後續有增加），用來購買蘇聯武器，裝備國軍。國府以參謀次長楊杰為蘇聯實業考察團團長，赴蘇辦理購買武器事宜。戰爭初期（1937 年 10 月至 1938 年 2 月）蘇聯所援助的軍械，有飛機、汽車、戰車、高射砲、戰車防禦砲、機關槍、野砲、槍彈、砲彈等，其中以飛機、大砲及機關槍為主要項目。[79]

(四) 軍醫動員

軍政部設置之初，於陸軍署下設有軍醫司，為管理全國之最高軍醫行政單位。爾後擴編為軍醫署，掌軍醫行政一切事務，設 3 個處及 1 個視察室，掌管：平時、戰時衛生勤務，各級醫務機關之籌設配置，軍醫建制及編制，保健、防疫、防毒、檢驗及衛生宣傳諸事宜。[80]該機關依其職掌，推動相關業務，如補充整理各陸軍醫院、增設後方醫院、配置衛生列車及衛生汽車、積儲衛生器材、訓練軍醫人才、創設陸軍衛生材料廠等。[81]

1937 年 7 月 7 日盧溝橋事變爆發後，軍醫署派相關單位開赴黃河以北及津浦、平漢兩路北段各地，設置應用，如千人容量後方醫院 5 所、500 人容量兵站醫院 15 所、衛生列車 2 列、衛生汽車組 2 組、衛生船舶 2 隊、傷病官兵收容所 1 所。8 月 13 日淞滬會戰起，於京滬路、滬杭路、浙贛路及其附近各地，分別配置

---

[78] 王正華，《抗戰時期外國對華軍事援助》（臺北：環球書局，1987 年），頁 67-78。張燕萍，《抗戰時期國民政府經濟動員研究》，頁 167。

[79] 王正華，《抗戰時期外國對華軍事援助》，頁 102-121。李君山，《蔣中正與中日開戰（1935-1938）：國民政府之外交準備與策略運用》，頁 190-200。「楊杰致蔣中正報告」（1938 年 3 月 29 日），〈革命文獻—對蘇外交：軍火貨物交換〉，《蔣中正總統文物》，典藏號： 002-020300-00043-035。

[80] 楊善堯，《抗戰時期的中國軍醫》（臺北：國史館，2015 年），頁 47-52。周美華編，《國民政府軍政組織史料—第三冊，軍政部（一）》，頁 37、141-143。

[81] 何應欽，〈對臨時全國代表大會軍事報告〉（1937 年 3 月至 1938 年 3 月），收入吳相湘主編，《何上將抗戰期間軍事報告》，上冊，頁 119。

各種醫院，並附衛生列車 3 列、衛生船舶 6 隊，而收容所衛生汽車組、衛生材料分庫等，亦陸續派設。爾後戰事擴大，傷兵日益增加，最高達 15 萬 8 千人，乃陸續增設後方醫院至 145 所、兵站醫院 113 所、重傷醫院 11 所、傷病官兵收容所 50 所、衛生列車 12 列、衛生船舶 18 隊、衛生汽車組 8 組、手術組 3 組、防疫大隊 2 隊。復於 10 月設置中央傷兵管理處，於必要地點組設分處，適當地區分設檢查所，檢收傷兵武器，並阻止傷兵後退。迨南京失陷，軍醫政策變更，所有浙、蘇、皖、魯、晉各省重傷官兵，均逐步轉送川、陝、湘、鄂各院收容，輕傷及殘廢者則送修養院；休養已癒者，責令歸隊或改編為榮譽大隊。因是傷兵總數，由 15 萬 8 千人，遞減至 8 萬 5 千人。各院所並積極整理歸併，派員赴海外購辦衛生材料。[82]

(五) 運輸動員

國府水陸交通工具，品質不良，數量又少，且機關組織、人員訓練，均不健全，在承平之際，交通運輸尚可勉資應付，遇有軍事，便頓顯困難。軍政部設有交通司主管其事，負責水陸軍運事項，及交通通信之調查、統計、聯繫、管制、徵用等事宜，並掌理軍用汽車之管理、檢驗、選擇、調查、補充、修理及燃料之保管、補給、統制等事項。[83]

軍事運輸必與民運結合，軍政部而外，戰時運輸機關甚雜，除交通部所屬機構，軍委會所屬有西南進出口物資運輸總經理處（簡稱西南運輸處，1937 年 10 月成立）、運輸總司令部（1939 年 8 月成立）、運輸總監部（1939 年 9 月成立）、運輸統制局（1940 年 4 月成立）、運輸會議（1943 年 1 月成立）、戰時運輸管理局（1945 年 1 月成立）等。[84]

參與作戰兵員達百萬以上，所有動員及部隊轉移陣地，與輜重輸送及傷兵難

---

[82] 何應欽，〈對臨時全國代表大會軍事報告〉（1937 年 3 月至 1938 年 3 月），收入吳相湘主編，《何上將抗戰期間軍事報告》，上冊，頁 119-120。

[83] 周美華編，《國民政府軍政組織史料—第三冊，軍政部（一）》，頁 134-135。

[84] 龔學遂，《中國戰時交通史》（上海：商務印書館，1947 年），頁 13-14。

民後送、政府西遷，所需交通工具為數甚巨。而民眾平時缺乏訓練，交通秩序更形紊亂，難以維持。軍運經先後設立鐵道運輸司令部、[85]船舶運輸司令部，分掌水、陸運輸，並將汽車兵團的汽車，及徵集各省公私汽車，分配各戰區使用。各戰區兵站總監部，於管區內徵集內河輪船、帆船，維持軍運。北戰場及晉綏方面，復於各省徵購大量騾馬大車；東戰場方面，因地形關係，配置手車運伕，協助運輸。[86]

初期主要運輸工具為鐵道、輪船，其次為汽車，前線部隊之輜重另賴人力或馱獸。[87]惟鐵路受日機轟炸，及部隊轉進後拆卸免資敵用，頗有損失。輪船方面，自淞滬會戰展開，大軍粵桂出師、川軍東下、湘鄂皖贛部隊等，均以船運南京轉赴前線，先後徵用大小輪船百餘艘，鐵駁民船為數尤夥，一時宜漢、京鎮間船隻相接，晝夜無間。旋政府西遷，各部院及各機關公務人員相繼運渝，京蘇人民亦紛紛後遷，公運、軍運、民運交迫擁擠，船隻復因配合阻塞江防，愈益減少。迨長江要塞馬當封鎖，其上游之漢宜、宜渝之間運輸驟繁，漢潯、漢湘間之軍運，亦同時遽增。時冬季水枯，行駛困難，能用之船輪無多，裝載量小，輸送力益趨薄弱。1938 年 1 月起，另設水道運輸管理處，以資疏通公運及商運。[88]

由於鐵路、輪船運輸減少，軍政部嘗試強化汽車運輸，藉以加強作戰部隊的

---

[85] 鐵道運輸司令部為統籌戰時鐵道運輸之總機關，區指揮部為劃定線區內之調度機關。所有軍運車輛由鐵道運輸司令部統一計畫，集中使用，各部隊不得干涉。大部隊伍或大宗軍用品，奉命由鐵道輸送時，需先提具輸送計畫，並填輸送請求表，向鐵道運輸司令接洽，運輸司令部依據該表，切實擬具運輸計畫施行。至於小部隊輸送，填具輸送請求表，向就近區指揮部接洽撥車。「戰時鐵道運輸條例」、「戰時鐵道運輸實施規則」，〈第九戰區司令長官任內資料（二）〉，《陳誠副總統文物》，典藏號：008-010701-00048-001。

[86] 何應欽，〈對臨時全國代表大會軍事報告〉（1937 年 3 月至 1938 年 3 月），收入吳相湘主編，《何上將抗戰期間軍事報告》，上冊，頁 125。

[87] 「國家總動員」（1939 年），〈石叟叢書－言論第十一集（民國二十八年四月至七月）〉，《陳誠副總統文物》，典藏號：008-010102-00011-026。

[88] 何應欽，〈對臨時全國代表大會軍事報告〉（1937 年 3 月至 1938 年 3 月），收入吳相湘主編，《何上將抗戰期間軍事報告》，上冊，頁 125-126。

機動性；同時，改善人力、獸力運輸工具。[89]惟中國各軍事機關、部隊及學校，載重車總數僅 2,789 輛，[90]軍用車輛生產量少，多仰賴外國，汽車工業限於財力及來源之供給，未能充分發展。為求自給，軍政部注意相關資源的開發，並重視重工業機械發展，如國營之中國汽車製造公司，擬即設法開工，其他小工廠亦設法集中力量，由政府扶植進行；既可供應軍事方面之採用，亦促進其他業務之發展。[91]

國際運輸在抗戰中的重要性不斷提升。蓋中國工業落後，有必要自外國輸入大量軍需物資，並輸出土產原料換取外匯。國外物資原恃海運，以天津、上海、香港為北、中、南三大埠，上海尤為重要。開戰首年，天津失陷，上海淪為戰場，陸路運輸價值益加提升。軍委會西南運輸處對外以興運公司、西南運輸公司名義，主持西南運輸，初期任務在鎮南關、桂林、衡陽的汽車運輸，組織汽車特別大隊進行。1938 年初擴展業務，統籌西南各省進出口物資運輸事宜。[92]

三、軍委會的後勤機關

軍事動員所獲之人力、物力，藉由後勤體系運輸到前線部隊，以支持作戰任務，此種後勤，屬軍事後勤及野戰後勤的範圍。軍事後勤為軍事高層從事於人員、物資、設施、勤務之需求、獲得、儲存、管理與分配運用，以支援建軍與用兵，藉以爭取戰爭目標。野戰後勤係由軍事後勤分出，又稱戰區後勤，乃直接支援野

[89] 何應欽，〈對臨時全國代表大會軍事報告〉（1937 年 3 月至 1938 年 3 月），收入吳相湘主編，《何上將抗戰期間軍事報告》，上冊，頁 125-126。

[90] 「各軍事機關部隊學校車輛種類數量統計表」（1937 年 9 月）（1937 年），〈陸軍後勤（三）〉，特交檔案，《蔣中正總統文物》，典藏號：002-080102-00078-002。

[91] 何應欽，〈對臨時全國代表大會軍事報告〉（1937 年 3 月至 1938 年 3 月），收入吳相湘主編，《何上將抗戰期間軍事報告》，上冊，頁 117-118。

[92] 李君山，〈抗戰時期西南運輸的發展與困境——以滇緬公路為中心的探討（1938-1942）〉，《國史館館刊》，第 33 期（2012 年 9 月），頁 69-70、83。龔學遂，《中國戰時交通史》，頁 84-85。

戰部隊作戰之後勤。[93]本節所述，大抵為國軍軍事後勤的範圍，而下節則述徐州會戰的野戰後勤。

(一) 後勤機關的初建

戰時的後勤機關，可追溯至黃埔陸軍軍官學校。1924 年 6 月，黃埔軍校建立，校本部設總理、校長、黨代表各一人，下設校長辦公廳，及政治、教練、教授、管理、軍需、軍醫各部及總教官室。此一組織之後勤部門為軍需部及軍醫部，前者主任為周駿彥、副主任俞飛鵬。是時規定校部由軍政部支援，而實際係由廣州市政廳籌措。由於此時為草創時期，後勤極為困難，武器彈藥不足，三餐難以為繼，學生服裝僅一套灰布衣衫、裸足草鞋。[94]

後勤組織及教育無中生有，在困難中成長，組織經不斷調整。1924 年 9 月，校長蔣中正派總教官何應欽籌備教導團，次年 1 月，黃埔教導團正式成軍，為黨軍發軔，新軍中的後勤組織與學校不分，籌措亦甚困難，惟在東征過程，後勤組織體系益臻健全。[95]至北伐初期，國軍已建立相當完整的獨立性後勤體制。[96]其最高層為軍事委員會，以軍需部管制兵工廠、修理廠、造船廠、醫院等。國民革命軍總司令部成立後，軍委會後勤組織，均納入總司令部之下。[97]

國民革命軍總司令部設有兵站總監部，負國民革命軍全部後勤總責，隨軍機

---

[93] 後勤階層之區分，大抵可分為國際後勤、國家後勤、軍事後勤、野戰後勤。除正文所述後二者，國際後勤又稱同盟後勤，為統合諸友邦之力量，整備、發展與運用國際人員、物資、設施以支援建軍與用兵，甚至支持戰爭，以爭取同盟目標之後勤。國家後勤乃是整建、發展、動員與運用全國人員、物資、設施、勤務，以準備並支持戰爭，達成國家目標之後勤。李啟明，《中國後勤體制》（臺北：中央文物供應社，1982 年），頁 5-6。

[94] 國防部史政編譯局編，《國軍後勤史》，第 1 冊（臺北：國防部史政編譯局，1987 年），頁 135-137、225-226。

[95] 國防部史政編譯局編，《國軍後勤史》，第 1 冊，頁 138-143。

[96] 獨立性後勤與從屬性後勤對稱，前者乃是由高層後勤機構逐級對下級後勤機構有指揮管制權，甚至有隸屬關係；從屬性後勤，係附屬於作戰指揮體系的後勤組織。國防部史政編譯局編，《國軍後勤史》，第 2 冊（臺北：國防部史政編譯局，1987 年），頁 17。國防大學軍事學院編修，《國軍軍語辭典（九十二年修訂本）》，頁 8-1。

[97] 國防部史政編譯局編，《國軍後勤史》，第 2 冊，頁 17。

動，支援各部作戰，並受軍委會所轄後勤組織的支援；各部隊對兵站，有管制督導關係。北伐時的兵站總監為俞飛鵬，副監為盧佐。所謂「兵站」，為支援師之後勤機構，通常設站長 1、押運員 30，及經理、文書等人員，負師之運輸補給業務。支援團級的補給，為兵站下的派出所，設所長 1、補給員數名。北伐範圍，含括大半個中國，這對國民革命軍的後勤可說是艱酷考驗，後勤體系也在實務中成長，漸趨現代後勤的支援方式。[98]

(二) 軍政部與後方勤務部

北伐後，軍事委員會、國民革命軍總司令部撤銷，軍政部成立，掌管全國陸海空軍行政，是軍委會所轄最大的機關，亦為後勤最高負責機關，[99]組織極其龐雜，與整建、發展、動員和運用全國人員、物資、設施、勤務以準備並支持戰爭有關，也就是管理所謂國家後勤。[100]該部戰前的變革，本書第一章已有所述。在軍政部支援之下，國軍對共軍發動圍剿，在第五次圍剿獲得成功，由於是役對共區發動大規模物資封鎖，也可說是後勤指導的成功。此外，軍政部在戰前對國防工業、各後勤機構與後勤教育積極整建，為即將發生的全面戰爭做準備。[101]

戰爭爆發之初，軍政部轄總務廳、軍務司、兵役司、馬政司、交通司、軍法司、軍需署、兵工署、軍醫署及會計處。與後勤有關者，有軍務司、兵役司、馬政司、交通司、軍需署、兵工署、軍醫署，[102]他們多同時負責動員工作，業已於上節提及。

[98] 國防部史政編譯局編，《國軍後勤史》，第 2 冊，頁 17-22、346。

[99] 國防部史政編譯局編，《國軍後勤史》，第 3 冊（臺北：國防部史政編譯局，1989 年），頁 42。

[100] 國防大學軍事學院編修，《國軍軍語辭典（九十二年修訂本）》，頁 8-1。

[101] 國防部史政編譯局編，《國軍後勤史》，第 3 冊，頁 391。

[102] 周美華編，《國民政府軍政組織史料—第三冊，軍政部（一）》，頁 129-130。

軍需署署長周駿彥　　兵工署署長俞大維　　軍醫署署長胡蘭生

軍務司司長王文宣　兵役司司長朱為鉁　馬政司司長余玉瓊　交通司司長王景錄

圖 7-2：軍政部與動員及後勤相關之首長[103]

軍政部籌措到的戰爭資源，即支援後方勤務部，再由後方勤務部所屬兵站，向前線支援。後方勤務部之前身，為 1935 年冬為準備抗戰而秘密成立的首都警衛執行部，該部內分三組，其第二組專掌國防交通與戰時之補給計畫。1937 年全面戰爭爆發後，局勢愈趨緊迫，當經軍委會召開後方勤務會議，準備並指示適應戰

103 〈周駿彥〉、〈胡蘭生〉、〈王文宣〉、〈朱為鉁〉、〈余玉瓊〉、〈王景錄〉，《軍事委員會委員長侍從室》，入藏登錄號依序為：129000001933A、129000001915A、129000001919A、129000001969A、129000001920A、129000001917A。俞大維先生逝世十週年紀念專輯編輯委員會編，《國士風範智者行誼：俞大維先生紀念專輯》（臺北：俞大維紀念專輯編委會，2003 年），頁 16。

時對後方勤務之一切措置，復電飭各部隊派定將來主持兵站領導人員，到南京面授機宜，決定抗日兵站設置大體辦法。旋於 8 月 10 日，以首都警衛執行部第二組為基礎，擴編為後方勤務部，直屬軍事委員會，綜理全作戰軍兵站攸關一切事宜，舉凡糧服彈藥以及其他軍品之運補屯儲，交通工具之徵集編組與運用，交通路線之改善與警備，傷患官兵之後送與醫療等，悉歸其管轄。[104]

8 月 20 日，軍事委員會頒布國軍作戰指導計畫，規定後方勤務部受第一部直接指導，完成交通通信設施與充實彈藥器材之儲備，至對集積運輸之要領，採分散配置，尤須顧慮對空遮蔽，避免敵機及砲兵之轟炸，並考慮充實爾後之作戰物資，以適應各戰區之作戰要求。該部當即遵照辦理，建立各級兵站制度。[105]

兵站在清朝為糧台，兵站線路即糧道。兵站為策源地至作戰軍後方各聯絡線上所設置之驛站，兵站線路即若干兵站連成一線，起點為留守處司令部／兵站基地，線路之末為分配輜重之處，即兵站末地。兵站之業務，包括由後方策源地至前方作戰軍之補充兵器、彈藥、被服、裝具、糧秣、薪炭、衛生等，以及各種材料、車輛之往前送，與俘虜、戰利品及不須用之軍需品之回送。人民、士兵往還之預備、宿營、飲食等，亦可利用兵站。[106]

如前所述，國民革命軍北伐時，便設有兵站總監部。戰時後方勤務部之後勤支援體系迭有變更，基本上，於每一戰區成立 1 個兵站總監部；以 1 個兵站分監部支援 1 個集團軍；1 個兵站支部支援 1 個軍或獨立軍；1 個兵站分站支援 1 個師或獨立師；1 個派出所支援 1 個獨立旅。[107]如此形成整然之戰區後勤體系，實施網狀補給、執行支援任務。[108]

---

[104] 國防部史政編譯局編，《抗日戰史——全戰爭經過概要（三）》（臺北：國防部史政編譯局，1982 年再版），頁 287。

[105] 國防部史政編譯局編，《抗日戰史——全戰爭經過概要（三）》，頁 287。

[106] 「魏益三講華北抗日戰役兵站實施概況」（1934 年 9 月 20 日），〈廬山受訓記（二）〉，《陳誠副總統文物》，典藏號：008-010703-00009-005。

[107] 國防部史政編譯局編，《國軍後勤史》，第 4 冊上（臺北：國防部史政編譯局，1990 年），頁 213。

[108] 國防部史政編譯局編，《國軍後勤史》，第 4 冊上，頁 202、213。

兵站總監部是兵站體系最重要的機關，隨著戰區的建立而設置，擔任該戰區戰鬥部隊補給及運輸事宜，在作戰行動上，受各戰區司令長官之指揮監督，在行政業務上，則受後方勤務部之指揮監督，而在支援任務上，亦受戰區司令長官之督導管制，以期與戰略相配合。戰爭初起時，設置第一、第二、第三、第四戰區兵站總監部，配以各級兵站機構，分別擔任各該戰區之補給事宜，惟第四戰區尚無戰事，情況較為和緩，故第四戰區兵站總監部僅有四分之一幹部人員，辦理籌備事宜。至各分監部、支部、站、所等，悉依各戰區之作戰單位先後成立，迨戰區重新劃分，建立第五、第六兩戰區，繼亦設置第五、第六兩兵站總監部，辦理各該戰區之兵站事宜。同時，後方勤務部擬定對日作戰兵站設施計畫，呈頒各戰區實施。10 月間，復依戰況之變化，一再予以修正，詳定兵站機構設置、兵站路線管區與補給有關之事項，藉以指導各級兵站業務之進行。嗣因第六戰區併入第一戰區，第六兵站總監部亦隨同撤銷。10 月 22 日，建立第七戰區，第七兵站總監部隨之成立，訂有第七戰區兵站設施綱要。11 月間，甘肅、寧夏情況緊張，遂劃該方面為第八戰區，惟以該戰區情形特殊，未設兵站總監部，僅於戰區司令長官部置一運輸處，統籌該戰區之運輸補給事宜。[109]

1937 年 9 月間，軍事作戰日漸趨重於津浦、平漢兩線之北端，後方勤務部為與各戰區密切聯繫，及便於指揮該方面之兵站業務，於濟南、徐州、保定、石家莊等地分設辦事處，並派員就近督導。後以第一戰區入晉部隊過多，又由第一兵站總監部與第十四兵站分監部，各以一部人員組設駐晉辦事處，辦理補給業務。[110]

11 月下旬，淞滬會戰失利，日軍威脅南京，國軍成立南京衛戍司令長官部負責指揮，同時設置運輸司令部，辦理衛戍部隊之補給事宜。部署既妥，12 月 1 日起，後方勤務部自南京陸續移設南昌，以便指揮各戰區兵站業務，並於武漢設辦事處。南京失陷後，為拱衛武漢核心，於武漢衛戍總司令部內設置兵站總監部，

[109] 國防部史政編譯局編，《抗日戰史——全戰爭經過概要（三）》，頁 288。

[110] 國防部史政編譯局編，《抗日戰史——全戰爭經過概要（三）》，頁 288。

擔任衛戍區域內部隊之補給。後方勤務部亦由南昌移駐長沙，同時派遣幹部至武昌駐辦。[111]

俞飛鵬　　端木傑

圖 7-3：後方勤務部正副首長（“Who's Who in China 4th ed,” *The China Weekly Review* [Shanghai, 1931], p. 479.〈端木傑〉，《軍事委員會委員長侍從室》，入藏登錄號：129000009010A）

1938 年 5 月 27 日，由於後方勤務部建立後，法制作業尚未完備、組織不斷調整，軍委會密令頒布組織條例，由參謀處、秘書處、副官處、運輸處、汽車管理處、經理處、軍械處、衛生處組成，設部長 1 員，副部長 2 員，參謀長 1 員，承軍委會委員長之命，並受正副參謀總長之指揮。[112]

[111] 何應欽，〈對臨時全國代表大會軍事報告〉（1937 年 3 月至 1938 年 3 月），收入吳相湘主編，《何上將抗戰期間軍事報告》，上冊，頁 123-124。國防部史政編譯局編，《國軍後勤史》，第 4 冊上，頁 213、221。國防部史政編譯局編，《抗日戰史——全戰爭經過概要（三）》，頁 289。

[112] 國防部史政編譯局編，《國軍後勤史》，第 4 冊上，頁 202、206、210。副部長依法可置 2 員，惟戰爭之初僅置 1 員，1942 年以後方置 2 員。

表 7-3：戰爭初期之後勤支援體系

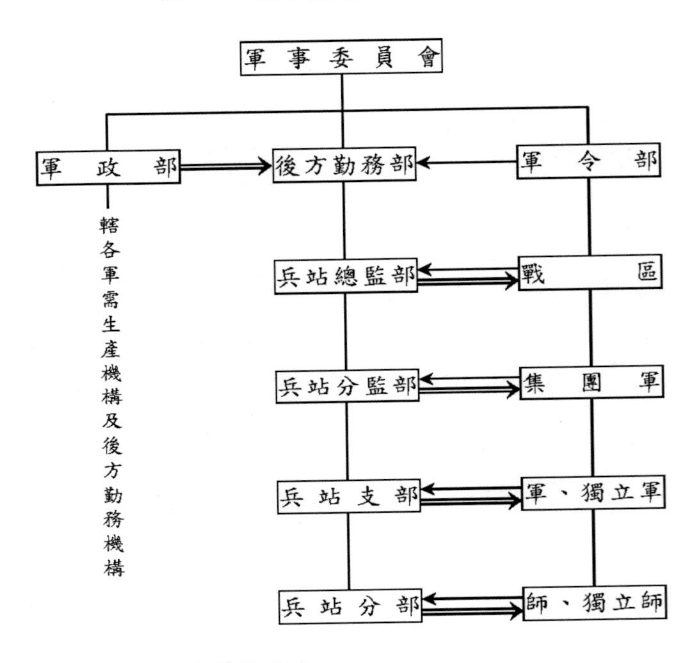

改繪自：國防部史政編譯局編，《國軍後勤史》，第 4 冊上，頁 214。

部長俞飛鵬，浙江奉化人，為蔣中正同鄉，北京軍需學校畢業。個性忠誠穩重、沉靜和厚，獲蔣中正之信任，長期擔任後勤、交通、財務工作，曾任國民革命軍總司令部兵站總監、江西省財務委員會委員長、江海關監督、軍政部軍需署署長、交通部部長等。[113]俞也是後方勤務部至 1945 年 1 月 9 日改組為後勤總司令

113 〈俞飛鵬〉，《軍事委員會委員長侍從室》，入藏登錄號：129000098226A。

部以前，唯一的部長。[114]

副部長端木傑，南京軍需學校畢業，學驗豐富，勤勞幹練，個性圓滑。亦長期負責後勤工作，曾任陸軍軍需學校教務主任、軍政部軍需署營造司司長、軍委會經理處軍事參議、軍委會警衛執行部第二組組長、軍委會後方勤務部辦公廳主任等。[115]

依據 1938 年初軍委會的改組狀況，除了軍政部、後方勤務部負責後勤業務，軍令部職掌亦有：「後方勤務之籌畫運用。」[116]三者之關係，就組織架構來說，屬平行關係，惟後方勤務部須接受軍政部的支援，再對各戰區負責野戰後勤支援。而在支援作戰方面，為期後勤與戰略密切配合，後方勤務部與軍令部須保持密切協調，受軍令部之管制督導。[117]

(三) 戰爭初期的後勤作為

後方勤務部及兵站既已設置，補給為其首要任務。補給品所涉甚廣，如糧食、被服、軍械、彈藥等。糧食為官兵基本需求，故此處主要考察糧食後勤補給狀況。

糧食購辦係由軍政部主辦，而糧食屯儲與補給，則由後方勤務部辦理。軍政部籌辦軍糧，取直接採購與委託採購兩種方法，購買之後，運屯補給諸事，則由後方勤務部辦理。戰事發動之初，軍政部飭後方勤務部於各地倉庫網運屯 1 百萬人、10 萬批馬、6 個月需用之糧秣，並飭戰區各省將積穀運集指定地點，碾米以備徵用。[118]

---

114 首任後勤總司令為陳誠。「軍事委員會令」（1945 年 1 月 9 日），〈整軍參考資料（五）〉，《陳誠副總統文物》，典藏號：008-010704-00011-102。劉壽林、萬仁元、王玉文、孔慶泰編，《民國職官年表》，頁 487-489。

115 〈端木傑〉，《軍事委員會委員長侍從室》，入藏登錄號：129000009010A。

116 「修正軍事委員會組織大綱」（1938 年 1 月 10 日），收入周美華編，《國民政府軍政組織史料—第一冊，軍事委員會（一）》，頁 79。

117 國防部史政編譯局編，《國軍後勤史》，第 4 冊上，頁 159-160。

118 何應欽，〈對臨時全國代表大會軍事報告〉（1937 年 3 月至 1938 年 3 月）、〈對五屆五中全會軍事報告〉（1938 年 4 月至 1938 年 12 月），收入吳相湘主編，《何上將抗戰期間軍事報告》，上冊，頁 124-125。

戰爭初期作戰部隊之給養，分為現品供給及發給代金兩種。現品即上述軍政部購辦，由後方勤務部屯儲，經後勤系統轉發者；代金由部隊直接發給，每人每月 2 元，並由各戰區組設軍糧處及軍糧代辦所，將應發各部隊之給養代金，就地採購穀麥，碾製米麵，供給部隊。戰事初起時，以利用現地物資為原則，故所有動員部隊，均由軍政部發給米津代金，各部隊再於地方採買。9 月 1 日起，以戰地採辦較難，不發代金，規定前線已參戰部隊發給現品，每人供給大米市斤 22 兩或麵 26 兩。北戰場自石家莊、濟南以南，及東戰場自蘇州以西、松江以北部隊，仍發米津代金，自行採辦。淞滬戰事劇烈，敵機肆意轟炸，前線不能舉火，陣地士兵給養至感困難，遂改發乾糧，大量製造餅乾、鍋塊、光餅以利接濟。至徐州會戰前，大軍轉戰，糧秣尚無匱乏。[119]

關於倉庫屯儲事宜，抗戰軍興，軍政部於後方勤務部成立初始，即將戰前所設之臨時糧秣庫及其他軍需品倉庫共 39 所，撥歸後方勤務部接管，後方勤務部亦增設野戰倉庫數十所，分駐各戰區重要地方。戰區內配屬之野戰糧服倉庫，負責接收指定之軍糧，妥為保管儲藏，並受後方勤務部命令及兵站總監之指揮執行任務。戰爭初期之糧秣補給，除作戰部隊外，其餘機關學校及待命機動部隊，均係自理，故糧秣倉庫的補給作業較簡，其所保管軍糧，得奉後方勤務部電令，直接補給作戰部隊使用，亦得受戰區兵站總監之指揮，撥交兵站分站或派出所接收運補。整體來說，戰時庫房設施為數有限，因此大都借用民間祠堂、寺廟、學校或大型民房之廳堂，以存儲糧食。[120]

補給品要從後方或倉庫提供前線部隊，需要運輸的支援，這部分負責者有戰區兵站總監部經理處設置之糧秣科，負責辦理轄區內軍糧調撥及運補任務。集團軍總司令部配屬之分監部，奉兵站總監之命，並受總司令之指揮，負責集團軍轄區內軍糧調撥、運補及保管任務。分監部又配設若干分站或派出所，負實際軍糧

[119] 何應欽，〈對臨時全國代表大會軍事報告〉（1937 年 3 月至 1938 年 3 月）、〈對五屆五中全會軍事報告〉（1938 年 4 月至 1938 年 12 月），收入吳相湘主編，《何上將抗戰期間軍事報告》，上冊，頁 124-125、200。國防部史政編譯局編，《軍政十五年》，頁 224。

[120] 國防部史政編譯局編，《軍政十五年》，頁 236-237。

運補責任。[121]

四、徐州會戰中的後勤及其限制

(一)兵站配置

1937 年 10 月 1 日，負責第五戰區後勤的第五兵站總監部於南京成立，旋移信陽展開工作，為適應軍事需要，一部由信陽向徐州推進。第五兵站總監部依據後方勤務部所訂對日作戰兵站設置計畫，集團軍、軍、師、獨立旅等，以兵站分監部、支部、分站、派出所分置之，並以津浦南段、隴海東段方面，北至兗州，東至徐州為兵站管區。兵站線路在江蘇省方面，以津浦南段、隴海東段，及鎮淮間（鎮江—淮河）之運河、淮海間（淮河—海州）之鹽河、通海間（南通—海州）之龍游河為主，以公路為輔；運輸工具，則應用火車、船舶、汽車、馱獸、手車及運伕等。警護由各該配屬部隊長官指派，線路維護則由各地方軍警擔任。[122]

台兒莊之役前、1938 年 2 月，第五兵站總監部先後設置分監部 5、支部 1、分站 13、派出所 10、糧服庫 6、軍械庫 2、油庫 7、堆積所 4、船舶所 1、汽車中隊 2、大車大隊 2（每大隊有中隊 4）、手車中隊 4、馱馬中隊 1、監護中隊 2。[123]

兵站對參戰部隊之給養，分現品、米津兩種，如前所述，現品係預就戰地各庫由兵站分別屯儲，隨時補給；米津則按核定人數發給代金，就地採購。補給部隊有 5 個集團軍、2 個軍團、1 個軍及砲兵指揮部所轄砲兵部隊。[124]

第五兵站總監部轄有衛生機構，計有兵站醫院 9、後方醫院 10、收容所 6（內

---

[121] 國防部史政編譯局編，《軍政十五年》，頁 237-238。

[122] 國防部史政編譯局編，《抗日戰史——徐州會戰（四）》，頁 252。

[123] 國防部史政編譯局編，《抗日戰史——徐州會戰（四）》，頁 252。

[124] 國防部史政編譯局編，《抗日戰史——徐州會戰（四）》，頁 252。

2個擔任船舶工作）、衛生列車2列、材料分庫1所，總收容量約1萬7千人。[125]

運輸關乎物資可否送達前線部隊，第五兵站總監部亦進行布置。1937年10月，第五兵站總監部接收湖南省汽車第一大隊第一中隊1個，11月26日接收江蘇省汽車中隊1個，同月又接收河南省汽車隊汽車10輛，並接收後方勤務部第五辦事處所轄各大車、手車中隊。[126]

(二)實施狀況

台兒莊之役後，國軍大軍雲集，補給日繁，後方勤務部將第五、第一兩戰區原有兵站機構預為調遣，以期適應戰況。將津浦線以東地區（含津浦線及徐州）之作戰軍，歸第五兵站總監部補給；津浦線以西地區（不含津浦線及徐州）沿隴海線鄭州以東之作戰軍，歸第一兵站總監部補給。其指揮系統亦予規定，凡在津浦線以東地區之兵站機構統歸第五兵站總監石化龍指揮，其作戰部隊之糧彈補給，亦歸該總監統籌辦理，並兼受第五戰區司令長官李宗仁之指揮。[127]

第一戰區作為第五戰區之後方，其第一兵站總監部（原設邢台，後遷洛陽）為與第五兵站總監部協調合作，派遣一部人員，赴徐州與第五兵站總監部同地辦公，嗣後第一兵站總監萬舞並兼受第五戰區司令長官李宗仁之指揮。[128]計先後設立直屬支部1、分站10、派出所3、糧服倉庫2、堆積所6，轄分監部2、支部4，爾後其兵站總監部移設鄭州，於商邱分駐一部人員，配以站、所及輸力，以便適應魯西金鄉、鉅野方面作戰部隊之補給。[129]

第五兵站總監部原駐信陽，1938年4月改設辦事處，大部由信陽向徐州推進，爾後又移設郾城，先後設立分監部6、支部2、分站21、派出所12、糧服庫11、

---

[125] 國防部史政編譯局編，《抗日戰史——徐州會戰（四）》，頁252。

[126] 國防部史政編譯局編，《抗日戰史——徐州會戰（四）》，頁252-253。

[127] 國防部史政編譯局編，《抗日戰史——徐州會戰（四）》，頁253-254。

[128] 國防部史政編譯局編，《抗日戰史——運河垣曲間黃河兩岸之作戰（二）》，頁140-141。

[129] 國防部史政編譯局編，《抗日戰史——徐州會戰（四）》，頁254。

船舶所 1、軍械庫 6、油庫 8、汽車修造廠 1、汽車中隊 7、分隊 5、膠輪及大車大隊 3、中隊 21，其餘手車運伕、監護中隊亦逐步成立。[130]

同時，後方勤務部對兵站路線進行調整。魯南方面，在嶧縣、棗莊之線，利用臨棗鐵路支線；台兒莊、臨沂間，利用台濰公路，並以台兒莊、四戶鎮間為輔線；臨沂附近，利用新安鎮、郯城、臨沂之公路；津浦北段正面利用鐵路。淮南方面，以信陽、潢川、固始、三河尖、正陽關之線補給之。皖北方面，以郾城、周家口、太和、渦陽為補給線，郾城、周家口、淮陽、鹿邑、亳州為輔線。[131]

後勤的重要工作，為糧秣、彈藥補給及軍醫業務。糧秣補給方面，第五戰區參戰部隊共約 46 萬 2 千餘人，日需大米約 9 萬 5 千包，除由各兵站、倉庫按照核定人數儘量供給，其餘悉由軍政部採購。同時，各根據地屯有米糧，以備應急，如銅山屯米 4 萬包、麵粉 4 萬袋，鄭州屯米 1 萬包，開封屯米 1 萬包，蘭封、歸德各屯米 5 千包，六安、霍邱、商城、固始等處，共屯米 9 萬包。[132]

彈藥補給方面，徐州會戰展開時，軍政部即將設於信陽之第六軍械總庫撥歸後方勤務部指揮，由後者擔任作戰各部隊之補給。第五兵站總監部復於鄭州、徐州兩處設置野戰軍械庫，車輻山、宿羊山、砲車、運河站等處設置彈藥堆積所，分別存儲彈藥。當前方需要彈藥時，由鄭州就近撥解，同時由信陽補充鄭州，其信陽所缺者，再由後方補給，故在會戰中，對徐州周邊之彈藥補充尚稱順暢。[133]

軍醫業務方面，初在臨沂、臨城及淮河沿岸，配置衛生機構 20 餘單位，迨台兒莊之役以後，日軍堅守嶧棗之線，戰鬥日趨激烈，每日由前線後運傷病官兵均在千人左右，國軍衛生列車行駛於津浦、隴海、台趙（台兒莊至趙墩）各線者，共有 18 列，每夜由徐州西開 1、2 列，更番運送，尚無阻滯。後方勤務部為求運輸傷亡便利，特派專員常川駐徐主持其事，復另撥專款，於徐州、歸德、開封、

---

[130] 國防部史政編譯局編，《抗日戰史——徐州會戰（四）》，頁 253-254。

[131] 國防部史政編譯局編，《抗日戰史——徐州會戰（四）》，頁 254-255。

[132] 國防部史政編譯局編，《抗日戰史——徐州會戰（四）》，頁 255。此處參戰人數據後勤數據。

[133] 國防部史政編譯局編，《抗日戰史——徐州會戰（四）》，頁 255-256。

鄭州、許昌、信陽等車站設立傷兵招待處，準備熟食擔架，以供過往傷患應用，並組織民眾團體，在各車站設立換藥站，以便換紮繃帶及急救，遇有重傷患則護送下車，轉入醫院。至 5 月中旬，由徐州轉送漢口傷患計約 5 萬餘人，衛生機構應戰事需要，亦增至 40 餘單位，其收容所設置於最前線，兵站醫院則沿鐵路開設，以資銜接。[134]

後勤諸端，仰賴運輸，鐵路運量大，係主要運輸方式。台兒莊之役前後、1938 年 3 月 15 日至 4 月 14 日，運輸部隊共 226 列車，迨嶧棗之線情勢緊張，奉命東調部隊，均以隴海西段為起點。5 月 6 日以後，大軍紛向商邱、蘭封、羅王各站集中，運出部隊共 351 列車，隨軍前進之糧秣 37 列車、彈藥 22 列車。傷患之輸送，除用衛生列車外，並利用回程空車或客運載運，計運出衛生列車 15 列。[135]

(三) 徐州撤退之損失

徐州部隊全面撤退時，戰地存儲糧秣，一面利用鐵路西運，一面利用水運向沿岸各縣疏散，並督飭各兵站搶救，及電請地方政府協助辦理，因而部分獲得搶救，但因部隊撤退倉促，存儲糧秣不能隨隊行動，計共損失米麵 13 萬袋。[136]

彈藥方面，因為數量龐大，許多搶救不及。後方勤務部原撥解步機槍彈 3 千萬粒、砲彈 10 萬顆、手榴彈 50 萬顆，撤退時損失步機槍彈 4 百萬粒，砲彈 8 千顆。緊急之時，第一兵站總監部經太康、扶溝運出步機槍彈 3 百萬粒，砲彈 1 萬顆，使損失減輕。[137]隴海線戰事，因作戰各軍要求過多，彈藥向前屯積甚多，其後受黃口迄蘭封鐵道交通阻絕之影響，無法搶運，損失極重。[138]

徐州會戰時開往隴海東段列車共 577 列，戰事後期，隴海路黃口、李莊間橋

---

134 國防部史政編譯局編，《抗日戰史——徐州會戰（四）》，頁 256。

135 國防部史政編譯局編，《抗日戰史——徐州會戰（四）》，頁 256。

136 國防部史政編譯局編，《抗日戰史——徐州會戰（四）》，頁 255。

137 國防部史政編譯局編，《抗日戰史——徐州會戰（四）》，頁 256。

138 國防部史政編譯局編，《抗日戰史——運河垣曲間黃河兩岸之作戰（二）》，頁 151。

樑為日軍破壞，致黃口以東 40 列車、機車 77 輛等待西返之空車，悉遭截留，國軍不得不於撤退時，將機車 40 餘輛爆炸燒毀，列車 20 餘輛互撞損壞，使日軍無法利用。蘭封、內黃戰事發生時，李莊、蘭封間正在行駛之 36 列車、機車 44 輛，均遭截留，作戰部隊其後奪回蘭封、羅王兩車站，並經各站員工日夜搶修，方救回機車 41 輛，客貨車 4 百餘輛。[139]

6 月初，豫東作戰軍主力西撤，散在豫東各輸送部隊，因行動遲緩，未能與作戰部隊一同行動，以致所受損失甚大，計損失大車 764 輛，駄馬 794 匹，手車 260 輛，逃亡運伕 894 名。[140]汽車方面，會戰中使用的車輛，除汽車兵團一部外，均為自湘、蘇、魯徵用，撤退時損失亦重，若遇敵軍，多自動焚毀。計第五戰區所屬運輸力量，於會戰中喪失殆盡，而協同作戰之第一兵站總監部，運輸力損失相對較輕。[141]

(四) 後勤缺陷

以上就機構設置及職掌，以後勤實施之大方向言之，已可見相關後勤機構對抗戰的確發揮一定作用，也可見徐州撤退之相當損失。惟若就細部觀察，實際戰鬥之中，國軍後勤並未如預想設計的井然有序，反而缺陷甚多。

軍事委員會雖設置後方勤務部、兵站等後勤設施，相關後勤計畫也已頒布，但實際運作時，發生諸多問題。各級幕僚以及補給機構，對於每一次會戰所需之糧秣、彈藥之種類數量，事先並未妥善估計，會戰之初，應各部隊長要求，隨便給以數量，及至會戰終了，部隊無力搬運，遂致毀棄。國軍退出徐州，彈藥毀棄，便至百萬以上。

前述係各級指揮所附近之狀況，軍、師以下的中間補給機構，能力有限，到了最前線，由於後方聯絡斷絕，或任務迫促，部隊移轉過快，又或運輸工具、伕

[139] 國防部史政編譯局編，《抗日戰史——徐州會戰（四）》，頁 256-257。

[140] 國防部史政編譯局編，《抗日戰史——運河垣曲間黃河兩岸之作戰（二）》，頁 150-151。

[141] 國防部史政編譯局編，《抗日戰史——徐州會戰（四）》，頁 257。

役缺乏，補給恆感困難，甚而徵發戰地附近之民食，造成與民爭食之現象。第六十八軍於瓦子口戰鬥，因補給不及，戰鬥兵兩日未得飯食，傷兵亦不能完全運輸至安全之處休養。[142]即便獲得補給，食物亦可能酸壞，便有士兵手持之麥麵饅頭，非但外皮發霉，饅頭內亦酸臭不堪。[143]如此後勤跟不上的狀況，騎兵第二軍軍長何柱國云：

> 本軍作戰，關於人馬給養，及彈藥之補充，既無輜重及輸送部隊之組織，又無友軍及兵站之供給，又因時常移動，無固定之後方連絡線，故彈藥僅士兵之攜帶者，經過幾次戰鬥，即感缺乏，無法補充，至於人馬給養，時有終日不得一飽之事，每為就食之際，不能集結使用兵力，而影響作戰上之價值。[144]

第六十八軍地二十七團第六七九營的檢討報告云：

> 給養之運輸，時感困難，往往第一線血戰弟兄，竟日不食者有之，兼日不食者有之，原因兵站無定所，主官及軍需人員，恆不知兵站設在何處，往返索尋，煞費時間，又兼無輸送隊之設置，軍需人員俱跟在前方，領取給養，尚須由戰場上抽調士兵，來去担馱，既費時間，又減少戰鬥力。[145]

在後勤支援不足的狀況下，部隊花費最多精力在維持自身的基本需求，如致力獲取食糧、衣著、武器和運輸，由於戰鬥花費太多精力，因此若非絕對必要，不與敵軍接戰。[146]第二十七集團軍檢討國軍後勤乃謂：「後方勤務之編組與人員均不健

[142] 軍事委員會軍令部編，《徐州會戰國軍作戰經驗》，頁 149-150、156。

[143] 〈軍令部第一廳參謀程槐視察魯南戰區報告〉，《國防部史政局及戰史編纂委員會》，檔號：七八七-6498。

[144] 軍事委員會軍令部編，《徐州會戰國軍作戰經驗》，頁 150。

[145] 軍事委員會軍令部編，《徐州會戰國軍作戰經驗》，頁 150-151。

[146] Hsi-sheng Ch'i, "The Military Dimension, 1942-1945," in *China's Bitter Victory : The War with Japan, 1937-1945*, edited by James C. Hsiung & Steven I. Levine, p. 171.

全，各部隊對於後方勤務，缺乏研究，在關係複雜的現代戰爭之下，一切補給運輸，均不能圓滿自如，陷軍隊困苦之境地者實多。」[147]

醫療衛生亦發生很多問題。各部隊之軍醫，因限於編制，人員缺乏。手術低劣、藥品不良，尤為普遍現象。至於擔架兵，皆以雜兵看待，選擇不嚴，訓練不實，體質孱弱，不能運送受傷官兵。擔架兵缺乏，改以民伕擔任，然戰時民眾逃避一空，一有傷亡，無法運送。又，醫務設備不周，擔架缺乏，致使傷兵無可歸之處，傷兵若遇敵軍，往往犧牲，若逃後方，則三五成群，騷擾平民，致百姓驚惶不安。更有甚者，戰場中傷兵無人過問，重傷者遺棄遍地，呻吟之聲，不絕於耳，自恨不死，如是情狀，久了有兵不怕死，只懼受傷之說法。死亡者更不用想望獲妥善掩埋，往往暴屍田野，一任鷹犬之吞食，使死者不能瞑目，生者見而寒心。部分後方醫院，人員腐敗，企圖以軍隊衛生工作為升官發財的工具，而有扣剋傷病員兵餉糈等舞弊，並對傷兵漠不關心，有傷兵包紮腿部未及 10 分鐘，繃帶已經脫落，傷兵要求重紮，醫務人員視若無睹。而士兵飲食均係冷飯，服務團欲加入服務，多遭謝絕。如此不講求戰場之掃除、傷兵之處理，引起士兵厭戰心理，士兵有潛逃者，國軍戰鬥力為之衰退。[148]

國府當局雖建立後方勤務體制，但組織管理落後，[149]在大敵當前、資源有限的情況下，動員作戰應付前方緊急已經不暇，遂較為忽略後方的重要，後勤缺陷難以解決，即陳誠說的「只注意前方打仗，而不注意後方的補充接濟」。前方和後方由是難以有效配合，組織也難期充分。此外，國軍兵站長期被安插私人，在危急困難之際，不免中飽私囊，一般將領對兵站，因此都存有一種歧視和不信任的

---

[147] 軍事委員會軍令部編，《徐州會戰國軍作戰經驗》，頁 150。

[148] 〈軍令部第一廳參謀程槐視察魯南戰區報告〉，《國防部史政局及戰史編纂委員會》，檔號：七八七-6498。軍事委員會軍令部編，《徐州會戰國軍作戰經驗》，頁 161-164、167。「後方勤務會議之意義與改進業務之要點」（1938 年 7 月 8 日），〈陳誠言論集—民國二十七年（五）〉，《陳誠副總統文物》，典藏號：008-010301-00019-011。

[149] 張瑞德，〈一九三七年的國軍〉，收入黃自進主編，《蔣中正與近代中日關係》，第 1 冊（臺北：稻鄉出版社，2006 年），頁 231。

心理。[150]

後勤的缺陷，使前方時有不濟，部隊不得不取用自民間，軍紀不良者，任取雞畜以充飢。零星散兵與傷兵過境，缺乏收容機構，以致散兵因無給養，向百姓強索食物，或強索騾馬代步。一般百姓，自給尚且不贍，又被軍隊臨時取用，遂生嗟怨。又，部隊後勤伕役不足，臨時僱用民伕甚為困難，遂有拉伕之事，致百姓一見軍隊，輒即畏懼逃逸，不但不能收軍民合作之效，且影響軍紀軍譽甚大。[151]

若地方當局與民間密切結合，或能補後勤機制的不健全，惟戰地行政力量，並未深入民間，國府藉由縣級官長徵發民力及糧草，該級官長又常濫施權威，強迫民眾負擔。於短時間內，民眾或許擔負得起，但時間一長便影響生計，使其不堪重負，如是又進一步影響民眾對國軍之觀感。[152]

綜合本章所論，軍委會建立動員、後勤體制，的確相當程度支撐國軍的持久抗戰。過去研究探討國家總動員之時，關注課題多在總動員法的制定、國民精神總動員的推行、國家總動員會議的成立等，這些總動員在戰爭初期，已在醞釀、漸進推動。惟戰爭之初主要施行者，實為軍委會主導的軍事動員。動員工作，固然需要政府各個部門的配合，在大敵當前、軍事優先的狀況下，諸多工作實際上由軍委會下的軍政部主導，如人力的大規模動員、糧秣彈藥的購買存儲、衣服裝具的製作、運輸工具的徵用等。

動員後的人力、物力資源，經由後勤體系運輸至第一線，以應會戰所需。相關後勤工作，仍以軍政部主導，另置後方勤務部及各級兵站，與戰區、軍令部相互協調。如此後勤體制，有效支撐國軍抗戰，使國軍獲人力、彈藥等與日軍相抗。

[150] 「後方勤務會議之意義與改進業務之要點」(1938 年 7 月 8 日)，〈陳誠言論集—民國二十七年(五)〉，《陳誠副總統文物》，典藏號：008-010301-00019-011。

[151] 〈軍令部第一廳參謀程槐視察魯南戰區報告〉，《國防部史政局及戰史編纂委員會》，檔號：七八七-6498。軍事委員會軍令部編，《徐州會戰國軍作戰經驗》，頁 151-152、156。

[152] 戚厚杰，〈略論抗戰中國民黨軍隊與民眾的關係〉，《民國檔案》，2010 年第 1 期，頁 103-104。〈軍令部第一廳參謀程槐視察魯南戰區報告〉，《國防部史政局及戰史編纂委員會》，檔號：七八七-6498。

惟由於相關條件的不足，無可避免產生種種後勤缺陷，計畫與實施，形同截然兩事，[153]國軍便在持久消耗戰中，一方面維持己身戰力，節節抵禦日軍，一方面也不斷耗損自身資源。如此相持愈久，的確消耗了日軍，爭取到國際局勢變化的時間，卻也不斷削弱國軍的抗戰力量。至戰爭末期，國軍經商吃空、走私違紀層出不窮，可說是此情態長期積累的結果。珍珠港事變後，中美同盟，美軍大量與國軍接觸，對國軍有尖銳的批判。這樣的論述，深刻影響當時及戰後西方對國府的評價。

現今西方學界，已對過去的批判有所修正，正視國軍遭遇的困難，方德萬以為，從中國傳統軍事動員策略著眼，來審視他們所做出的努力，較以現代觀念為準繩對國府評價為有益；[154]曾遭美軍強力批判的軍政部部長何應欽，現今西方學人對其也有較為正面的評價。[155]若從微觀或實際運作的層面來看軍委會或相關機構的措施，的確可以發現諸多問題或人謀不臧之處，[156]但就如本章所展示的，作為最高軍事機關，軍委會將其觸角廣泛延伸至軍事各個層面，予以或強或弱的控制。其軍事動員或後勤工作問題百出，作戰屢戰屢敗，卻仍能維持全軍一定戰力而不分崩離析或全面崩潰；軍委會在戰爭中發揮的價值，即在於此。

---

[153] 「中央訓練團黨政訓練班學員工作報告書提要」，〈王景錄〉，《軍事委員會委員長侍從室》，入藏登錄號：129000001917A。

[154] Hans van de Ven, “The Sino-Japanese War in History,” in Peattie, Mark, Edward Drea, and Hans van de Ven, eds., *The Battle for China: Essays on the Military History of the Sino-Japanese War of 1937-1945*, pp. 452-459.

[155] Peter Worthing, *General He Yingqin: The Rise and Fall of Nationalist China* (Cambridge: Cambridge University Press, 2016). 吳彼得（Peter Worthing），〈何應欽和國民革命軍的發展〉，收入呂芳上主編，《國軍與現代中國》（臺北：國立中正紀念堂管理處，2015 年），頁 167-192。

[156] 張燕萍，《抗戰時期國民政府經濟動員研究》，頁 468-471。

結 論

一

西方著名軍事學家克勞塞維茨指出，戰爭是政治的延伸，戰爭為手段而政治係目的。究極而言，戰爭是以暴力手段，使對方屈服於己；擊潰軍隊、占領國土及瓦解意志，使敵軍無力抵抗，將使戰爭結束，實現政治目的。[1]在中日戰爭之初，日軍亟思給予國軍強力一擊而擊潰之，進而使國府屈服，展開政治談判。這個目的沒有達成。國軍雖遭受慘重損失，失地千里，但軍事中樞始終可以調動各地部隊，或強或弱動員各地資源，抗戰到底。國軍軍事中樞的存在，維繫全體國軍，支持國府生存，也使外交運作有一主體足資倚恃；集結於軍事中樞之下的龐大國軍，牽制相當數量的日軍，可說是國府與盟國外交談判，最大的籌碼。

這個軍事中樞，就是軍事委員會。首建於 1924 年，是仿蘇聯革命軍事委員會建立的制度，作為最高軍事機關，其性質係以黨制軍。爾後，漸漸偏離其創立精神，軍權高漲，歷經多次改組。北伐後，軍委會取消，1932 年一二八事變爆發後復設，除遺留部分舊制，基本上採用普魯士制度，獨立於政府之外運作。時各地軍系割據，國府中央對地方控制力有限，軍委會以各軍系領袖擔任軍委會委員，同時具有統合各軍系的象徵性意義。

軍事委員會運行過程，除承續蘇聯、普魯士軍制，並汲取黃埔建軍以來國民

[1] 克勞塞維茨著，中國人民解放軍軍事科學院譯，《戰爭論》，第 1 卷，頁 7-8、26、30-31。

革命軍總司令部、陸海空軍總司令部等高層軍事組織經驗。其首要工作一為對日備戰，一為剿共，二者皆使軍委會組織不斷擴充，其下轄之軍政部、參謀本部組織不斷增長。委員長行營的建立，擴張中央軍事力量到地方。在第五次圍剿共軍時，軍委會委員長南昌行營動員高達 50 萬人的部隊，深入地方，築碉堡，修公路，嚴密封鎖，終使共軍被迫撤出贛南根據地，發動遠距離轉移（「長征」）。[2]

1937 年中日全面戰爭爆發，軍委會轉為戰時統帥部，初期一度改組為統包黨、政、軍的大本營，惟考慮外交等因素，最後保留軍委會名稱，將組織大幅擴增。1938 年復進行改組，專責軍事，奠定戰時軍委會組織之基本樣貌。爾後隨著戰爭持續，組織大幅擴增。戰爭末期（1944 年），光所屬軍政部及其附屬機構，幹部即達 12 萬人，預算 300 億法幣。[3]

作為戰時軍事中樞的軍事委員會，即是類似西方總參謀部的機關。西方總參謀部，是現代戰爭的核心，其歷史可追溯至 18 世紀末的法國大革命，時法國始行全民皆兵，戰爭規模擴大。拿破崙戰爭時，普魯士敗於法國，展開軍制改革，建立總參謀部，以此統籌軍事，經過數年運作，終使普魯士於幾次重大戰役獲得勝利。以是列強競相仿效，作為強兵之根本。二戰時列強皆以總參謀部的制度面對戰爭，在日本有陸軍的參謀本部、海軍的軍令部，及統合二者的大本營；美國陸軍有參謀部，其上為統合陸海空軍的參謀長聯席會議（Joint Chiefs of Staff）；蘇聯、德國、英國亦有相似組織。[4]此制係各國軍事運行中樞，掌握軍事成敗，而中國的軍委會，正是扮演著相同角色。

軍委會的重要性可知，惟相關研究，並未與其重要性成正比。中日戰爭軍事史研究，自戰時以迄於今，不下 70 年。各種課題，研究者皆有所及，其中最豐富

[2] 謝藻生，〈我所知道的南昌行營〉，《世紀行》，1995 年 2 月號，頁 40-42。

[3] 林秋敏、葉惠芬、蘇聖雄編輯校訂，《陳誠先生日記》，第 1 冊，1943 年 12 月 20 日、1944 年 7 月 12 日，頁 482、593。1944 年政府總支出為法幣 1512.8 億元。國防部史政編譯局編，《軍政十五年》，頁 144。

[4] 張海麟、韓高潤、吳廣權，《第二次世界大戰經驗與教訓》（北京：世界知識出版社，1987 年），頁 334-342、344-348、350-352。

者，為各作戰之經過，尤其戰略意義重大之會戰或振奮民心之「大捷」，更為研究焦點。是以，我們對於最高統帥蔣中正的戰略及所下的指示，以及前線的戰爭動態，已經有相當認識；其他層面的研究，如戰爭動員、兵役、情報等，近幾年研究漸增，尤其兵役的研究，數量豐碩。如此趨勢之中，軍事委員會的整體研究，卻仍屬冷門。

本書因以軍委會為題，展開研究。過去關於軍委會的述論，偏重靜態的組織架構，述其法條，組織變遷。本書補其不足，而有所擴增，除分析軍委會的組織結構，亦著重人的作為，以徐州會戰為中心，來看機關整體運行實態。探究軍委會命令的形成過程為何？命令是否皆為蔣中正自己所構思？軍委會核心成員，扮演著什麼角色？命令從軍委會發出到前線的過程為何？前線如何執行軍委會的命令？軍委會的軍事動員機制為何？動員的人力、物力，經過怎樣的後勤體系運輸到前線，支應戰爭？這些問題，學界仍欠缺整體理解，為本書核心課題。

二

軍事委員會重要職務及機關，除最重要的委員長，有參謀總長、副參謀總長及軍令、軍政、軍訓、政治四部。其中，參謀總長兼軍政部部長何應欽、副參謀總長兼軍訓部部長白崇禧、軍令部部長徐永昌、政治部部長陳誠、軍令部次長兼侍從室第一處主任林蔚、軍令部次長熊斌、軍令部第一廳成員和外籍軍事總顧問等人，對軍事作戰影響很大，他們同委員長蔣中正本人，是軍委會核心成員，也是蔣最重要的高級軍事參謀。

民國初年以來，各地始終軍系分立，軍委會作為最高軍事機關，除委員涵蓋各重要軍系，其核心成員亦兼顧各個軍事系統。如以中央、地方區分的中央軍、桂軍、晉綏軍、西北軍，及以軍事教育區分的保定系、士官系、黃埔系，皆包羅在內。核心成員涵蓋各方，不但提升軍委會權威，亦有助於調動各系統的部隊。

軍委會決策場域，係委員長官邸會報。會報由軍委會核心成員組成，進行時首先由劉斐或軍令部第一廳參謀報告戰情，蔣中正即席裁示部署，軍令部參謀再擬定命令，以蔣名義發布前線。當官邸會報未召開時，軍令部承蔣大方向的指示，代蔣作出裁決，自動發出細部命令，以蔣名義指揮前線。

前線指揮官的電文，許多直接呈報最高統帥蔣中正。這些戰情電文，經過軍委會辦公廳或侍從室的過濾，大多轉發軍令部辦理，軍令部再透過會報、報表等方式，呈報蔣當前戰情及軍令部部署情形。經過軍令部的運作，蔣不會為大量戰情文電所淹沒，也不用鉅細靡遺親擬作戰令稿。中國第二歷史檔案館出版的《抗日戰爭正面戰場》或《中華民國史檔案資料匯編》，收錄許多蔣中正與前線的往來電文史料，乍看之下，蔣似精力過人，每日親發大量電文指令前線；其實，這些大多是軍令部代蔣發出的命令，非蔣的直接意志。我們若將軍令部的運作，置入對這些戰爭文電史料的理解之中，可以對戰爭的運行，有完全不同的感受，即整個戰爭過程，蔣中正固然為最高統帥，有關鍵影響，但軍令部承奉其意旨，代其做出大多部署。該部在軍事作戰扮演著相當重要的角色，過去研究似有輕忽。同樣的，軍委會核心成員在中日戰爭中的角色，過去亦未受充分重視。

在台兒莊之役及徐州會戰之中，可以清楚看到蔣中正與其他核心成員的互動。身為最高統帥，蔣中正無疑是最重要的軍委會核心成員，他時而接受其他核心成員的建議，時而乾綱獨斷，整體來說，有十分主見，未特別信賴或採納某一核心成員的建議，即便德籍總顧問法肯豪森的意見亦然。他無疑主導整個戰局。

蔣中正固然扮演關鍵角色，不過軍委會組織運作及其他核心成員，也各負其責，他們的確能充分協助蔣的指揮。軍委會以核心成員組織參謀團，代蔣親臨前線指揮，不時回報第一手戰況。軍令部同時代蔣發出大量作戰指揮文電，並接收大量指名呈蔣的戰地情報。透過軍委會的組織運作，台兒莊熱戰之時，蔣尚可赴洛陽巡視，並與夫人同遊龍門。

除了軍委會核心成員及軍令部，軍委會所屬情報機關，也對蔣的指揮戰局，發揮一定作用。中統局和軍統局在情報史上赫赫有名，其行動蒙上一層神秘面紗。近年來由於史料公開，軍統局研究成果漸豐，似可見其在情報史上的代表性。然而事實上，在一場會戰之中，軍統局只是各情報機關的一個，甚至不是最重要的部分。本書全面考察徐州會戰時軍委會的情報，依照上呈委員長系統的不同，區分為辦公廳機要室體系及侍從室體系。

辦公廳機要室體系，由毛慶祥主持，彙整溫毓慶的密電檢譯所、黃季弼的電務組及中統局的密探情報，以密電截收破譯，及前線密探回傳的情報為主，每日上呈委員長個人參考。侍從室體系，過濾彙整戴笠主持的軍統局、王芃生主持的國研所、軍令部第二廳及其他情報，加上侍從參謀的擬辦意見，呈報委員長。此外，軍令部另於官邸會報，直接向委員長報告戰情。如此互不隸屬的情報體系，提供大量軍事情報，中間固然錯誤者不少，但也有精確且重要者，如截獲日軍發動徐州總攻的日期。

一場會戰，情報是屬先知在先，作戰進行中，需要源源不絕的戰爭資源，有道是「三軍未發，糧草先行」，即指另一在先的後勤與戰爭動員。中日戰爭是為持久戰，後勤與動員更顯重要。自第一次世界大戰以來，國家總動員蔚為潮流，戰爭初期國府亦欲發動總動員，惟相關條件不足，最後主要是軍委會主導的軍事動員在進行。諸多工作，由軍委會下的軍政部負責，如兵役動員、軍需動員、兵工動員、軍醫動員、運輸動員等。至於後勤，軍委會的軍政部、後方勤務部，以及各級兵站體系，執行後勤業務，有效支撐國軍作戰，使部隊獲人力、物力與日軍相抗，委員長也以此為指揮調動部隊之基礎。

因此，從軍委會組織人事、情報、作戰、後勤與動員等方面來考察，可以看到軍委會的確相當程度協助委員長蔣中正的指揮作戰。軍委會擁有一套足資應付戰爭的組織，統合紛雜的各軍系、一盤散沙的社會。在資源不足的情況下，進行軍事動員，調動資源，以應急需，經數次會戰失敗，仍能屢敗屢戰，持久抗戰下去。

三

任何制度，不會絕對有利而無弊，軍委會的運作，也呈現其問題。以情報機關來說，相關體系雖已建立，情報數量也多，間有十分重要者，惟量多質平，尤其戰地情報，往往扭曲前線實況。軍委會所獲有價值的情報，常埋沒於無用情報之中，相關情報機關又未能建立良好的情報過濾分析機制，紛雜的情報湧向最高統帥或指揮官，使之難做適切判斷。

軍委會的指揮作戰，亦有未妥之處。如越級指揮或瑣細指示，已為諸多論者指出為蔣中正指揮的弊病。本書也呈現蔣此一指揮方式，尤其在隴海線作戰時，以情勢緊急及中央軍麇集，蔣多次越級指揮，親撰作戰計畫。不過，經本書論證，除可見此情態在各級指揮之普遍，軍令部代蔣擬定的令稿，其實也是指揮瑣細或越級部署。因此，關於蔣中正的越級指揮，可以再細緻區分是蔣中正透過侍從室的越級指揮，抑或通過軍令部的運作發出之越級指揮命令；前者可以明確看出蔣的指揮作為，後者則很大程度上是軍委會參謀作業的展現。

至於軍委會在兵力配置、戰力估計、游擊戰的作用等方面，也有不當判斷。由於情報所限、敵我戰力估計不當，軍委會部署時與戰況脫節，戰術指示也難期落實。如徐州會戰時，軍委會以為國軍兵力四倍於日軍，當可有效與日軍持久消耗下去。實則日軍戰力固然未若開戰之時，國軍殘破程度卻遠過之，各部器械、兵力皆十分不足。軍委會估計未能精當，因此沒有布置足夠預備軍於魯西，加以對淮河游擊期待過高，日軍發動總攻之後，軍委會沒有及早下令撤退。論者常強調徐州撤退的成功。其實，戰區司令長官李宗仁下令徐州撤退時機過遲，軍委會則根本沒有下令撤退。會戰之中，全軍實際遭受嚴重損失。

軍委會的命令層層下達，到了基層，也發生很多問題。由於指揮系統紊亂、通訊不良，加以部隊戰力不足、地圖不精、運輸不力等問題，軍委會的許多指示，難以落實。至於後勤支援，軍委會雖建立後勤體系，成立兵站等機構，對整體戰局有所幫助，但實際運作起來，仍有運輸工具缺乏、人員不足、貪污舞弊等缺失。

如上軍委會的諸多狀況，似可結論軍委會與西方總參謀部相比，現代化程度不足，因此指揮其前現代部隊，產生種種問題。這樣的論斷的確無誤，不過即便是「現代的」日軍或美、英、蘇、德、法的部隊，在實際戰爭中，都難免出現諸多缺陷。如日軍在 1937 年 11 月建立大本營，其內的陸軍部與海軍部扞格不入，深刻影響其作戰；又如，受制現地軍的獨斷行動，日本大本營對其戰略，時常難以堅持。因此，我們固然可以批判軍委會指揮不當，以現代的觀點批判其不足，但這對加深我們的歷史認識意義不大。相反的，我們若過度強調國軍的偉大成就，可歌可泣的抗戰事跡，並歸諸於軍委會的卓越指導，似亦脫離史實。

放大視野來看，國軍中央軍自 1924 年黃埔建軍至 1937 年七七事變，僅 13 年；而軍委會自 1932 年復設至全面戰爭爆發，僅僅 5 年。在此之前，中國軍隊系統雜亂，參謀本部於民國初年建立，並未發揮作用，其他諸多軍隊組織人事，斷裂大於傳承。相較之下，陸軍強權德國的總參謀部，自 1806 年建立類似組織，至 1937 年中日戰爭或 1939 年第二次世界大戰，已有百餘年，中間並經過普奧戰爭（1866 年）、普法戰爭（1870 年）、第一次世界大戰（1914-1918 年）等重要戰事，於實際戰爭經驗中成長。至於國軍交戰對手日本，其陸軍參謀本部建立於 1878 年，歷經甲午戰爭（1894-1895 年）、日俄戰爭（1904-1905 年）等重大軍事行動，組織屢經調整，至中日全面戰爭爆發，也已有 60 年。

自清末開始，中國軍隊現代化歷程屢經波折，著名思想家胡適曾稱中國為「一個中世紀的國家」，[5]蔣中正也沉痛地表示，就軍事的觀點看來，中國「不配稱為現代國家」。[6]就此脈絡而言，軍委會統合、指揮前現代國軍抵抗日軍，在重重問題下軍事動員，籌措戰爭資源，從中國軍事史長期來看，實可見高層軍事參謀機關的長足發展，並可見其難脫之種種限制。

四

戰爭編織起歐洲民族國家之網，而準備戰爭則創造出國家內部結構。自 1760

[5] 黃仁宇，《從大歷史的角度讀蔣介石日記》（臺北：時報文化，1994 年），頁 195。

[6] 蔣中正，「抵禦外侮與復興民族（上）」（1934 年 7 月 13 日），收入秦孝儀主編，《先總統蔣公思想言論總集》，卷 12，演講（臺北：中國國民黨中央委員會黨史委員會，1984 年），頁 303。

年至1910年之間，軍事活動左右著歐洲國家的職能，並且消耗國家一半的資源，預算、債務和稅收隨著戰爭的節奏而上升，戰爭驅動著整個國家。[7]以一度成為世界最強大的「日不落國」的英國來說，在1688至1815年這一重要時期，至少有52%的時間處於戰爭狀態，而其國防費用更是驚人，甚至超過發生兩次世界大戰的1914至1980年期間的軍費；英國建立資本市場，發起「金融革命」，很大程度上，也是基於軍事目的。[8]此皆顯示戰爭或軍事，在現代國家建構過程的重要作用。

國民政府自創建以來，戰爭不斷，軍費往往超過政府支出4成以上，中日戰爭爆發後，更高達6成以上，國府軍事職能，無疑為國家最重要的部分；戰爭與中國現代國家（state-building）的建構，息息相關。[9]軍事委員會，為國府軍事重中之重，所屬軍政部、資源委員會、各地行營等機關，各以其職掌，擴充權力至國家各個層面。

軍委會等機關具相當重要性，其相關制度之研究，卻未豐碩。所以如此，或與研究者的興趣及傾向有關。制度史研究，牽涉法條、組織架構，普遍生硬，讀來乏趣，研究者縱花相當時間精力整理，其成果也難引人入勝。此外，國軍制度未上軌道，組織條文、架構這種表面上的制度，許多並未真正執行，且傳統中國社會賴以維繫的，其實是「關係」而非制度。[10]因此，制度史的研究，時與實際相差甚遠，可能也因此不被那麼重視。

其實，即便中國傳統重視人事（關係），制度史研究仍有其意義。中國傳統制度史方家錢穆，肯定要講一代的制度，必先精熟一代的人事，若離開人事單來看制度，則制度只是一條條的條文，枯燥乏味；制度雖像勒定為成文，其實還是跟

[7] Michael Mann, *The Sources of Social Power* (New York: Cambridge University Press, 2012), p. 402. Charles Tilly, *Coercion, Capital, and European States, AD 990-1992* (Cambridge, MA: Blackwell, 1992), pp. 67-95.

[8] John M. Hobson, *The Eastern Origins of Western Civilisation* (Cambridge, UK; New York: Cambridge University Press, 2004), pp. 243-257.

[9] 楊維真，〈戰爭與國家塑造——以戰時中國（1931-1945）為中心的探討〉，《漢學研究通訊》，28：2（2009年5月），頁5-14。

[10] 張瑞德，《抗戰時期的國軍人事》，頁41-56、127。

著人事隨時變動。但他也指出，人事比較變動，制度由人創立亦由人改訂，亦屬人事而比較穩定，也可以規定人事、限制人事。[11]由是則制度史研究，仍有其意義，惟應擴展其討論範圍於人的作為，深入了解制度動態運作過程，甚至擴大視野於整個時代。

就此而論，軍事委員會等軍事制度的研究，仍值得重視。過去的中日戰爭軍事史研究，較為關注統帥或指揮官的作為，對於這些將領得以展演的舞臺軟體設備——軍事制度，關注較為不足。中國傳統社會，固然人治傾向極深，制度由人所定，握權力者，隨時可以將之改易或不按章行事。惟軍事組織，重視階序、名分，倚賴制度甚深，制度建立之後，人們大抵還是為之所限，進而影響歷史進展。其中的關係，可說是人建立制度，又受制度影響；人與制度相互作用，共同展現歷史面貌。

我們若肯定上述研究取向，則本書若干課題，實仍可拓展。在範圍上，本書的軍委會研究，是以台兒莊之役、徐州會戰的軍事作戰為中心，著重於戰場，因此特別強調軍令部、軍政部的作用，而軍委會的政治部、軍訓部等機關，在戰爭中也進行諸多工作，本書尚未開展，學界研究也非充裕，當是可以發展的方向。

在時間上，本書聚焦於徐州會戰，研究或可向前、向後延伸。以向前而言。20 年代軍委會成立，制度淵源、軍政關係（Civil-Military Relations）、統帥權等問題，尚可深究。30 年代的軍委會，蔣中正一度親自坐鎮軍委會委員長南昌行營，調集大量資源發動剿共軍事行動，並於此發起新生活運動，南昌行營成為全國最大的軍事組織。爾後行營制度向全國擴張，為中央軍事權力擴展到地方的重要機關。這個制度，研究仍少，尚待開展。另外，如既述，西方的國家建構過程，軍事扮演著重要角色，因此軍委會的研究，可以由現代國家的建構來考察，拓展其研究意涵。

就向後而言。1938 年初軍委會的改組，奠定戰時整體組織基礎，之後軍委會組織仍屢有變遷，珍珠港事變後國軍與美軍合作，軍委會的組織開始受美制影響。

[11] 錢穆，《中國歷代政治得失》（臺北：東大圖書公司，1977 年），頁 1-2。

因此，尚可延展討論整個中日戰爭時期的軍委會，探究其制度變遷、人員組成、運作動態，以及對戰爭走向的影響。

戰後，軍委會等軍事制度，持續發揮影響，一直到政府遷臺初期。國共內戰期間（1945-1949），國防部建立，便是改組自軍委會。[12]而內戰期間原軍委會核心成員，仍在中央軍事機關扮演重要角色。如中日戰爭時任軍令部要職的劉斐（作戰廳廳長、次長），於徐蚌會戰時（1948 年 11 月至 1949 年 1 月）任參謀次長，與聞機宜，有論者以為，他在徐蚌會戰時與共軍通謀，故意引導蔣中正部署錯誤，使國軍慘敗共軍。究竟國共內戰時中央軍事機關如何組織？核心成員為何？他們扮演甚麼角色？這些課題，仍有待進一步分析。[13]國共內戰的結果，深刻影響兩岸歷史發展，而內戰勝敗，與軍事作戰直接相關。本書提到的軍委會諸多課題，在內戰時仍深刻影響著國軍。

時間再向後。遷臺初期軍事制度，許多延續自軍委會及後來改組的國防部，如總統府軍事會談，諸要員於會中決定臺灣軍事部署及軍政機宜，可以說是官邸會報的沿續。臺灣的動員制度，也多少延續自軍委會中日戰爭期間推動的軍事動員制度。要之，由本書的研究向後探討國共內戰或政府遷臺後軍事制度相關議題，當有其意義與價值。

回到本書所論，我們以徐州會戰結束未久抵達中國的蘇聯軍事總顧問切列潘諾夫的觀察作結：

> 軍事委員會的組織結構，粗具規模，面臨抵抗日本這個強大的敵人，更是任務繁重，像身為軍政部長的何應欽將軍，已夠繁忙，但還要兼參謀總長，中國戰時物質缺乏，大軍補給，極費周章，何將軍經常焦慮的是部隊的補給問題。……軍事委員會當時內部組織結構，雖有若干尚待改

---

12 關於國防部的建立及時論，目前已有紮實的論著，參見陳佑慎，〈國防部的籌建與早期運作（1946-1950）〉（臺北：國立政治大學歷史學系研究部博士論文，2017 年 6 月）。

13 如國共內戰時的軍事指揮，官邸會報仍有重要功能。參見杜聿明，〈淮海戰役始末〉，《文史資料選輯》，第 21 輯（1961 年），頁 113。

> 進之處，但對外指揮體系上，已建立領導中心，這是抗日戰爭艱苦奮鬥中間能集中力量，發揮軍事潛力的重大原因。[14]

誠如其所言，抗日戰爭作為國家的生死對抗，亟須統一軍事權力、統合國家資源，集中力量，指揮全軍，一致對外。軍委會的建立與作用，因之十分重要，其重要性不亞於其他層面，無疑為戰爭成敗關鍵因素之一。

[14] 亞·伊·趙列潘諾夫等著，王啟中譯，《蘇俄在華軍事顧問回憶錄——第七部：蘇俄來華自願軍的回憶（1925-1945）》，第8篇，武漢戰役總結，頁143-144。

徵引書目

中文部分

(一) 檔案

《國防部史政局及戰史編纂委員會》。南京：中國第二歷史檔案館藏。
〈1936 年初步動員計劃草案（附戰鬥序列及戰場區分表）〉
〈二十集團軍參謀長魏汝霖呈報黃河決口經過〉
〈五戰區淮北兵團廖磊部戰鬥詳報〉
〈五戰區第七十七軍馮治安部在宿縣澮河一帶戰鬥詳報〉
〈軍令部向各戰區通報逐日戰況的電稿〉
〈軍令部向蔣介石報告各戰區敵情與戰況的週報表〉
〈軍令部第一至五十次部務會議紀錄（油印件）〉（1939 年）
〈軍令部第一廳參謀程槐視察魯南戰區的報告〉
〈軍令部第一廳廳務會議紀錄〉（1940 年）
〈軍令部第第（原文如此）一廳陣中日記〉
〈軍令部匯編的每日戰況情報（1938 年 4 月）〉
〈軍令部編印的「特字情報彙篇」（1945 年 6 月 8 日起至 8 月 31 日）〉
〈軍令部編制敵軍兵力判斷及運輸狀況調查表〉
〈軍令部編制敵軍兵力配備部署等項圖表〉

〈軍令部戰史編纂委員會沿革規範要錄〉
〈軍委會為指導黃河兩岸作戰與程潛來往文電〉
〈軍政部防毒處之編組訓練補給及日軍用毒史略〉
〈徐州會戰史稿（台兒莊之作戰）〉
〈徐州會戰經過概況節略〉
〈參謀本部業務大綱〉
〈參謀本部經費移交結餘各項表冊〉
〈國防部戰史編纂委員會沿革史〉
〈第一三九師黃光華部參加台兒莊徐州蕭縣附近戰鬥詳報〉
〈第一戰區魯西豫東作戰經過及經驗教訓〉
〈第七十一軍及八十七、八十八師蘭封之役戰鬥詳報〉
〈第七軍張淦部在淮北會戰戰鬥詳報〉
〈第二十二集團軍孫震部在滕縣戰役戰鬥詳報〉
〈第二十五師在魯南諸役戰鬥詳報〉
〈第二十軍團湯恩伯部參加台兒莊徐州會戰各戰役戰鬥詳報及附圖〉
〈第二軍李延年部魯南蘇北皖北各役戰鬥詳報〉
〈第二集團軍孫連仲部在台兒莊戰鬥詳報〉
〈第八十五軍王中〔仲〕廉部在滕縣、嶧縣棗莊一帶陣中日記〉
〈第三十一集團軍湯恩伯在運河等地關於徐州會戰的文電〉
〈第三十一集團軍鄂南各戰役戰鬥詳報〉
〈第三十六師京滬抗日戰鬥詳報〉
〈第五十九軍張自忠部在淮河北岸戰鬥詳報及徐州突圍詳報〉
〈第五戰區司令長官李宗仁在六安等地發出關於徐州會戰的文電〉
〈第五戰區司令長官李宗仁等在銅山等地發出關於徐州會戰的文電〉
〈第五戰區陳貫群、賀國光等關於徐州會戰的文電〉
〈第六十八軍劉汝明部在淮北戰鬥詳報及陣中日記〉
〈第六十軍盧漢部參與魯南會戰戰鬥詳報〉

〈第四十一軍一二二師王志遠部在滕縣戰役徐州轉進戰鬥詳報〉

〈第四十軍龐炳勳部在魯南戰役戰鬥詳報〉

〈傅作義、林蔚、劉斐等在徐州會戰中之文電〉

〈蔣介石與五戰區司令長官李宗仁等來往軍事文電（附圖）〉

〈戰史會編寫「中日戰史」編制的各次會戰一覽表、統計表、資料表等〉

〈總顧問法肯豪森關於應付時局對策之建議（抄件）〉

〈總顧問講演紀要（附今後作戰指導之建議具申意見）〉

〈關於徐州會戰的文電〉

〈關於徐州會戰的各項部署計畫行動的文電〉

《國防部史政編譯局》。臺北：國家發展委員會檔案管理局藏。

〈軍令部工作報告（二十七年）〉

〈軍事委員會所屬機構組織職掌編制表〉

〈軍事委員會最高幕僚會議案〉

〈徐州抗日會戰史稿（五戰區編）〉

〈特字情報彙篇（軍令部編印）〉

《蔣中正總統文物》。臺北：國史館藏。

〈籌筆—抗戰時期（一）〉

〈籌筆—抗戰時期（二）〉

〈籌筆—抗戰時期（三）〉

〈籌筆—抗戰時期（十二）〉

〈籌筆—統一時期（一二六）

〈籌筆—統一時期（一六六）〉

〈革命文獻—盧溝橋事變〉

〈革命文獻—華北戰役〉

〈革命文獻—徐州會戰〉

〈革命文獻—武漢會戰與廣州淪陷〉

〈革命文獻—對蘇外交：軍火貨物交換〉

〈革命文獻－敵偽各情：敵情概況〉
〈蔣中正致宋美齡函（五）〉，家書
〈作戰計畫及設防（一）〉，特交檔案
〈國防設施報告及建議（四）〉，特交檔案
〈陸軍後勤（一）〉，特交檔案
〈陸軍後勤（三）〉，特交檔案
〈一般資料－民國二十七年（一）〉，特交檔案
〈一般資料－民國二十七年（二）〉，特交檔案
〈一般資料－呈表彙集（六十一）〉，特交檔案
〈一般資料－呈表彙集（七十八）〉，特交檔案
〈一般資料－呈表彙集（七十九）〉，特交檔案
〈一般資料－呈表彙集（八十）〉，特交檔案
〈一般資料－呈表彙集（八十三）〉，特交檔案
〈一般資料－呈表彙集（一一三）〉，特交檔案
〈八年血債（十二）〉，特交檔案
〈全面抗戰（二十）〉，特交檔案
〈全面抗戰（二十一）〉，特交檔案
〈各黨派動態（第〇五三卷）〉，特交檔案（黨務）
〈盧溝禦侮（二）〉，特交文電
《陳誠副總統文物》。臺北：國史館藏。
〈石叟叢書－言論第八集（民國二十七年一月至六月）〉
〈石叟叢書－言論第九集（民國二十七年七月至十二月）〉
〈石叟叢書－言論第十集（民國二十八年一月至三月）〉
〈石叟叢書－言論第十一集（民國二十八年四月至七月）〉
〈石叟叢書－言論第十七集（民國三十一年一月至六月）〉
〈武漢衛戍軍作戰計畫〉
〈軍政部長任內軍政部組織〉

〈第九戰區司令長官任內資料（二）〉

〈陳誠言論集—民國二十七年（五）〉

〈陳誠詳歷影本〉

〈整軍參考資料（五）〉

〈廬山受訓記（二）〉

《國民政府》。臺北：國史館藏。

〈軍事委員會組織法令案（二）〉

〈軍事委員會組織法令案（三）〉

〈軍事會議〉

〈軍制（一）〉

〈參謀本部組織法令案〉

〈國民總動員法令（一）〉

〈國防最高委員會組織法令案〉

〈陸海空軍官佐任官法令案（三）〉

〈陸海空軍軍事單位組織法令案（四）〉

〈總動員法案〉

《行政院》。臺北：國史館藏。

〈軍政部組織法〉

《軍事委員會委員長侍從室》。臺北：國史館藏。

〈徐永昌〉、〈熊斌〉、〈劉斐〉、〈林蔚〉、〈毛慶祥〉、〈溫毓慶〉、〈徐恩曾〉、〈王芃生（王大楨）〉、〈徐培根〉、〈楊宣誠〉、〈鄭介民〉、〈吳石〉、〈周駿彥〉、〈胡蘭生〉、〈王文宣〉、〈朱為鈞〉、〈余玉瓊〉、〈王景錄〉、〈俞飛鵬〉、〈端木傑〉

《戴笠史料》。臺北：國史館藏。

〈戴公遺墨－軍事類（第 3 卷）〉

《個人史料》。臺北：國史館藏。

〈徐培根先生資料（影本）〉

〈國民政府軍事委員會議決案〉

(二) 日記

《張公權日記》，史丹佛大學胡佛研究所檔案館藏。

《張發奎日記》，哥倫比亞大學珍本與手稿圖書館藏。

《蔣中正日記》，史丹佛大學胡佛研究所檔案館藏。

《嚴立三日記》，史丹佛大學胡佛研究所檔案館藏。

中央研究院近代史研究所編，《丁治磐日記（手稿本）》，第 3 冊。臺北：中央研究院近代史研究所，1995 年。

中央研究院近代史研究所編，《王世杰日記（手稿本）》，第 1 冊。臺北：中央研究院近代史研究所，1990 年。

中央研究院近代史研究所編，《徐永昌日記》，第 4、7 冊。臺北：中央研究院近代史研究所，1991 年。

朱振聲編纂，《李漢魂將軍日記》，上集第一冊。香港：編者自印，1975 年。

何成濬著，沈雲龍校註，《何成濬將軍戰時日記》，上、下冊。臺北：傳記文學出版社，1986 年。

林秋敏、葉惠芬、蘇聖雄編輯校訂，《陳誠先生日記》，第 1 冊。臺北：國史館，2015 年。

唐　縱，《唐縱失落在大陸的日記》。臺北：傳記文學出版社，1998 年。

孫元良，《地球人孫元良日常事流水記（第一部分）》。出版地不詳：作者自印，1981 年。

黃　杰，《淞滬及豫東作戰日記》，臺北：國防部史政編譯局，1984 年。

錢世澤編，《千鈞重負——錢大鈞將軍民國日記摘要》，第 1、2 冊。美國：中華出版公司，2015 年。

(三) 史料彙編、年譜

《台兒莊戰役資料選編》編輯組、中國第二歷史檔案館史料編輯部合編，《台兒莊戰役資料選編》。北京：中華書局，1987 年。

中國人民政治協商會議河南省鄭州市委員會文史資料研究委員會，《鄭州文史資料（黃河花園口掘堵專輯）》，第 2 輯。鄭州：編者自刊，1986 年。

中國國民黨中央委員會秘書處編，《中國國民黨第五屆中央執行委員會常務委員會會議紀錄彙編》，上冊。臺北：中國國民黨中央委員會秘書處，出版時間不詳。

中國國民黨中央委員會黨史史料編纂委員會編，《革命文獻》，第 17 輯。臺北：編者自刊，1957 年。

中國國民黨中央委員會黨史史料編纂委員會編，《革命文獻》，第 20 輯。臺北：編者自刊，1959 年。

中國國民黨中央委員會黨史史料編纂委員會編，《革命文獻》，第 36 輯。臺北：編者自刊，1965 年。

中國國民黨中央委員會黨史史料編纂委員會編，《革命文獻》，第 49 輯。臺北：編者自刊，1969 年。

中國國民黨中央委員會黨史史料編纂委員會編，《革命文獻》，第 70 輯。臺北：編者自刊，1969 年。

中國國民黨中央委員會黨史史料編纂委員會編，《革命文獻》，第 79 輯。臺北：編者自刊，1979 年。

中國第二歷史檔案館編，《中華民國史檔案資料匯編》，第 5 輯第 2 編，軍事一、二。南京：鳳凰出版社，1998 年。

中國第二歷史檔案館編，《抗日戰爭正面戰場》，上卷。南京：鳳凰出版社，2005 年。

吳相湘主編，《何上將抗戰期間軍事報告》，上冊。臺北：文星書店，1962 年。

呂芳上主編，《蔣中正先生年譜長編》，第 5 冊。臺北：國史館，2014 年。

李雲漢，《抗戰前華北政局史料》。臺北：正中書局，1982 年。

周美華編，《國民政府軍政組織史料——第一冊，軍事委員會（一）》。臺北：國史館，1996 年。

周美華編，《國民政府軍政組織史料——第二冊，軍事委員會（二）》。臺北：國史館，1996 年。

周美華編，《國民政府軍政組織史料——第三冊，軍政部（一）》。臺北：國史館，1998 年。

侯坤宏編，《役政史料》，上冊。臺北：國史館，1990 年。

軍事委員會軍令部第一廳第四處編，《高等司令部之參謀業務：總顧問法肯豪森將軍講演錄》。出版地不詳：編者自刊，1938 年。

軍事委員會軍令部編，《徐州會戰國軍作戰經驗》。出版地不詳：軍事委員會軍令部，1940 年再版。

軍事委員會軍令部編，《武漢會戰期間國軍作戰之經驗教訓》。出版地不詳：軍事委員會軍令部，1940 年。

國防部情報局編，《國防部情報局史要彙編》，上冊。臺北：國防部情報局，1962 年。

趙正楷、陳存恭編，《徐永昌先生函電言論集》。臺北：中央研究院近代史研究所，1996 年。

蕭李居編，《蔣中正總統檔案：事略稿本》，第 42 冊。臺北：國史館，2010 年。

(四) 工具書

施宣岑、趙銘忠主編，《中國第二歷史檔案館簡明指南》。北京：檔案出版社，1987 年。

胡平生編著，《中國現代史書籍論文資料舉要》，第 4 冊。臺北：臺灣學生書局，2005 年。

徐百齊編，《中華民國法規大全》，第 1 冊。上海：商務印書館，1937 年。

國防大學軍事學院編修，《國軍軍語辭典（九十二年修訂本）》。臺北：國防部，2004 年。

陳清鎮、曾曉雯、邱惟芬編輯，《國防部史政編譯室出版叢書目錄》。臺北：國防部史政編譯室，2004 年。

曾曉雯主編，《軍事史籍出版品簡介》。臺北：國防部史政編譯室，2005 年。

劉壽林、萬仁元、王玉文、孔慶泰編，《民國職官年表》。北京：中華書局，1995 年。

(五) 文集、回憶錄、訪談錄

王維鈞，〈同仇敵愾、抗日救亡——回憶參加研究日本密電碼的前前後後〉，收入中國人民政治協商會議全國委員會文史資料研究委員會編，《文史資料選輯（合訂本）》，第 126 輯。北京：中國文史出版社，2000 年。

安占海，〈徐州突圍片斷〉，收入《正面戰場：徐州會戰——原國民黨將領抗日戰爭親歷記》。北京：中國文史出版社，2013 年。

朱浤源、張瑞德訪問，蔡說麗、潘光哲紀錄，《羅友倫先生訪問紀錄》。臺北：中央研究院近代史研究所，1994 年。

何廉著，朱佑慈、楊大寧、胡隆昶、王文鈞、俞振基譯，《何廉回憶錄》。北京：中國文史出版社，1988 年。

吳延環編，《孫連仲回憶錄》。臺北：孫仿魯先生古稀華誕籌備委員會，1962 年再版。

吳延環編，《孫仿魯先生述集》。臺北：孫仿魯先生九秩華誕籌備委員會，1981 年。

宋希濂，〈蘭封戰役的回憶〉，《文史資料選輯》，第 54 輯，1962 年 6 月。

李宗仁口述，唐德剛撰寫，《李宗仁回憶錄》，上、下冊。臺北：李敖出版社，1988 年。

李雲漢校閱，胡春惠、林泉訪問，林泉紀錄，《尹呈輔先生訪問紀錄》。臺北：近代中國出版社，1992 年。

杜聿明，〈淮海戰役始末〉，《文史資料選輯》，第 21 輯，1961 年。

沈　定，〈軍委會參謀團與滇緬抗戰〉，收入中國人民政治協商會議全國委員會文史資料研究委員會《遠征印緬抗戰》編審組編，《遠征印緬抗戰》。北京：中國文史出版社，1990 年。

沈　醉，《軍統內幕》。北京：中國文史出版社，1985 年。

沈雲龍、謝文孫訪問，謝文孫紀錄，〈征戰西北：陝西省主席熊斌將軍訪問紀錄〉，《口述歷史》，第 2 期，1991 年 2 月。

亞・伊・趙列潘諾夫著，王啟中譯，《蘇俄在華軍事顧問回憶錄——第一部：中國國民革命初期戰史回憶（1924-1927）》。臺北：國防部情報局，1975 年。

亞・伊・趙列潘諾夫等著，王啟中譯，《蘇俄在華軍事顧問回憶錄——第七部：蘇俄來華自願軍的回憶（1925-1945）》。臺北：國防部情報局，1978 年。

居亦橋口述，江元舟整理，〈跟隨蔣介石十二年〉，收入汪日章等著，《在蔣介石宋美齡身邊的日子：侍衛官回憶錄》。北京：團結出版社，2005 年。

秋宗鼎，〈蔣介石的侍從室紀實〉，《文史資料選輯》，第 81 輯，1982 年 7 月。

秋宗鼎，〈蔣介石的侍從室紀實〉，收入全國政協文史資料委員會編，《中華文史資料文庫》，第 8 卷。北京：中國文史出版社，1996 年。

孫　震，《八十年國事川事見聞錄》。臺北：四川文獻雜誌社，1979 年。

孫　震，《楙園隨筆》。臺北：川康渝文物館，1983 年。

晏勛甫，〈記豫東戰役及黃河決堤〉，《文史資料選輯》，第 54 輯，1962 年 6 月。

秦孝儀主編，《先總統蔣公思想言論總集》，卷 12、14、15、19，演講。臺北：中國國民黨中央委員會黨史委員會，1984 年。

張朋園、林泉、張俊宏訪問，張俊宏紀錄，《於達先生訪問紀錄》。臺北：中央研究院近代史研究所，1989 年。

張朋園、林泉、張俊宏訪問，張俊宏紀錄，《盛文先生訪問紀錄》。臺北：中央研究院近代史研究所，1989 年。
張治中，《張治中回憶錄》。北京：華文出版社，2014 年第 2 版。
張振國，〈對軍事情報工作的回憶〉，收入中華學術院編，《戰史論集》。臺北：中國文化大學出版部，1983 年再版。
張國寬，〈我所知道的軍令部〉，《鍾山風雨》，2001 年第 3 期。
張發奎口述，夏蓮瑛訪談紀錄，鄭義翻譯校註，《蔣介石與我：張發奎上將回憶錄》。香港：香港文化藝術出版社，2008 年。
符昭騫，〈我所知道的楊杰〉，收入中國人民政治協商會議全國委員會文史資料委員會編，《文史資料存稿選編——軍政人物（上）》。北京：中國文史出版社，2002 年。
許承璽，《幃幄長才許朗軒》。臺北：黎明文化事業公司，2007 年。
郭汝瑰，《郭汝瑰回憶錄》。成都：四川人民出版社，1987 年。
郭廷以、張朋園校閱，張朋園、林泉、張俊宏訪問，張俊宏紀錄，《王微先生訪問紀錄》。臺北：中央研究院近代史研究所，1996 年。
郭廷以校閱，李毓澍訪問，陳存恭紀錄，〈晉閻的司庫：李鴻文先生訪問紀錄〉，《口述歷史》，第 2 期，1991 年 2 月。
郭廷以校閱，沈雲龍訪問，陳三井、馬天綱紀錄，〈劉士毅先生訪問紀錄〉，《口述歷史》，第 8 期，1996 年 12 月。
郭廷以校閱，賈廷詩、馬天綱、陳三井、陳存恭訪問紀錄，《白崇禧先生訪問紀錄》，上冊。臺北：中央研究院近代史研究所，1989 年第 3 版。
陳三井訪問，李郁青紀錄，《熊丸先生訪問紀錄》。臺北：中央研究院近代史研究所，1998 年。
陳布雷，《陳布雷回憶錄》。北京：東方出版社，2009 年。
陳立夫，《陳立夫回憶錄》。臺北：正中書局，1994 年。
陳存恭、張力訪問，張力紀錄，《石覺先生訪問紀錄》。臺北：中央研究院近代史研究所，1986 年。
陳廷縝，〈在何應欽的參謀總長辦公室三年〉，《貴陽文史資料》，第 3 輯，1982 年 4 月。
陳鵬仁譯，《昭和天皇回憶錄》。臺北：臺灣新生報出版部，1991 年。
黃自進、潘光哲編，《蔣中正總統五記：遊記》。臺北：國史館，2011 年。

楊伯濤，〈黃維第十二兵團被殲記〉，《文史資料選輯》，第 21 輯，1961 年。

葉鍾驊，〈密碼電報研究機構內幕〉，收入中國人民政治協商會議全國委員會文史資料委員會編，《文史資料存稿選編・特工組織（下）》。北京：中國文史出版社，2002 年。

熊式輝著，洪朝輝編校，《海桑集——熊式輝回憶錄（1907-1949）》。香港：明鏡出版社，2008 年。

劉　斐，〈抗戰初期的南京保衛戰〉，收入中國人民政治協商會議全國委員會文史資料研究委員會《南京保衛戰》編審組編，《南京保衛戰》。北京：中國文史出版社，1987 年。

劉　斐，〈徐州會戰概述〉，收入《正面戰場：徐州會戰——原國民黨將領抗日戰爭親歷記》。北京：中國文史出版社，2013 年。

劉詠堯，〈我對王芃生先生的一點追思〉，收入《王芃生先生紀念集》。出版地、出版者不詳，1966 年。

劉鳳翰、張力訪問，毛金陵紀錄，《丁治磐先生訪問紀錄》。臺北：中央研究院近代史研究所，1991 年。

廣西文史研究館編，《黃紹竑回憶錄》。南寧：廣西人民出版社，1991 年。

廣東省社會科學院歷史研究所、中國社會科學院近代史研究所中華民國史研究室、中山大學歷史系孫中山研究室合編，《孫中山全集》，第 6 卷。北京：中華書局，1981 年。

盧　漢，〈第六十軍赴徐州作戰記〉，收入《正面戰場：徐州會戰——原國民黨將領抗日戰爭親歷記》。北京：中國文史出版社，2013 年。

霍實子、丁緒曾，〈國民政府軍事委員會密電檢譯所〉，收入中國人民政治協商會議全國委員會文史資料委員會編，《文史資料存稿選編・特工組織（下）》。北京：中國文史出版社，2002 年。

魏大銘，〈魏大銘自傳序〉，《傳記文學》，第 71 卷第 2 期，1997 年 8 月。

羅澤闓，《台兒莊殲滅戰》，收入軍事委員會軍令部編，《抗戰參考叢書合訂本》，第 1 集（第 1 種至第 7 種）。出版地不詳：軍事委員會軍令部，1940 年。

(六) 專書

Waltschen Gorlitz 著，張鍾秀譯，《德國參謀本部》。臺北：黎明文化事業公司，1980 年。

王正華，《國民政府之建立與初期成就》。臺北：臺灣商務印書館，1986 年。

王正華，《抗戰時期外國對華軍事援助》。臺北：環球書局，1987 年。

王逸之，《徐州會戰——台兒莊大捷作戰始末》。臺北：知兵堂，2011 年。

白先勇編著，《白崇禧將軍身影集》，上卷：父親與民國 1983-1949。桂林：廣西師範大學出版社，2012 年。

何應欽，《八年抗戰》。臺北：國防部史政編譯局，1982 年第 3 版。

何應欽，《日軍侵華八年抗戰史》。臺北：國防部史政編譯局，1985 年第 4 版。

何應欽上將九五壽誕叢書編輯委員會編，《北平軍分會三年》。臺北：編者，1984 年。

克勞塞維茨著，中國人民解放軍軍事科學院譯，《戰爭論》，第 1 卷。北京：解放軍出版社，2005 年第 2 版。

克勞塞維茨著，鈕先鍾譯，《戰爭論》。桂林：廣西師範大學出版社，2003 年。

吳相湘，《第二次中日戰爭史》，上冊。臺北：綜合月刊社，1973 年。

吳淑鳳、張世瑛、蕭李居編，《不可忽視的戰場——抗戰時期的軍統局》。臺北：國史館，2012 年。

李玉貞，《孫中山與共產國際》。臺北：中央研究院近代史研究所，1996 年。

李仲明，《何應欽大傳》。北京：團結出版社，2008 年。

李君山，《為政略殉——論抗戰初期京滬地區作戰》。臺北：國立臺灣大學出版委員會，1992 年。

李君山，《全面抗戰前的中日關係（1931~1936）》。臺北：文津出版社，2010 年。

李君山，《蔣中正與中日開戰（1935-1938）：國民政府之外交準備與策略運用》。臺北：政大出版社，2017 年。

李啟明，《中國後勤體制》。臺北：中央文物供應社，1982 年。

李　惠、李昌華、岳思平編，《侵華日軍序列沿革》。北京：解放軍出版社，1987 年。

李雲漢，《中國國民黨史述》，第 2 編：民國初年的奮鬥。臺北：中國國民黨中央委員會黨史委員會，1994 年。

李雲漢，《中國國民黨史述》，第 3 編：訓政建設與安內攘外。臺北：中國國民黨中央委員會黨史委員會，1994 年。

李雲漢，《盧溝橋事變》。臺北：東大圖書公司，1987 年。

李新總主編，朱宗震、陶文釗著，《中華民國史》，第 12 卷：1947-1949。北京：中華書局，2011 年。

李鎧揚編著，《役氣昂揚：民國百年役政沿革》。臺北：內政部，2011 年。

杜　派（T. N. Dupuy）著，國防部史政編譯局譯，《認識戰爭：戰鬥的歷史與理論》。臺北：國防部史政編譯局，1993 年。

步　平、榮維木主編，《中華民族抗日戰爭全史》。北京：中國青年出版社，2010 年。

汪正晟，《以軍令興內政——徵兵制與國府建國的策略與實際（1928-1945）》。臺北：國立臺灣大學出版委員會，2007 年。

周林根編著，《國防與參謀本部》。臺北：正中書局，1967 年。

林之英編，《魯南大會戰》，收入孫研、孫燕京主編，《民國史料叢刊》，第 264 輯。鄭州：大象出版社，2009 年。

林秀欒，《各國總動員制度》。臺北：正中書局，1969 年。

祁長松、吳一非主編，《軍事參謀學》。太原：山西人民出版社，1993 年。

侯坤宏，《抗日戰爭時期糧食供求問題研究》。北京：團結出版社，2015 年。

俞大維先生逝世十週年紀念專輯編輯委員會編，《國士風範智者行誼：俞大維先生紀念專輯》。臺北：俞大維紀念專輯編委會，2003 年。

孫宅巍、吳天威，《南京大屠殺：事實及紀錄》。北京：中國文史出版社，1997 年。

孫建中，《國民革命軍陸軍第一軍軍史》，上冊。臺北：國防部政務辦公室，2016 年。

庫　特・馮・蒂佩爾斯基希著，賴銘傳譯，《第二次世界大戰史》，上冊。北京：解放軍出版社，2014 年。

徐　勇，《征服之夢——日本侵華戰略》。桂林：廣西師範大學出版社，1993 年。

徐州突圍編輯委員會編，《徐州突圍》。漢口：生活書店，1938 年。

袁績熙編譯，《參謀業務》。南京：軍用圖書社，1933 年。

馬振犢，《慘勝：抗戰正面戰場大寫意》。北京：九州出版社，2012 年。

國防部史政編譯局編，《抗日戰史》，第 4 冊：華東地區作戰。臺北：國防部史政編譯局，1987 年。

國防部史政編譯局編，《抗日戰史——全戰爭經過概要（一）》。臺北：國防部史政編譯局，1982 年再版。

國防部史政編譯局編，《抗日戰史——全戰爭經過概要（三）》。臺北：國防部史政編譯局，1982 年再版。

國防部史政編譯局編，《抗日戰史——徐州會戰（一）》。臺北：國防部史政編譯局，1981 年再版。

國防部史政編譯局編，《抗日戰史——徐州會戰（三）》。臺北：國防部史政編譯局，1981 年再版。

國防部史政編譯局編，《抗日戰史——徐州會戰（四）》。臺北：國防部史政編譯局，1981 年再版。

國防部史政編譯局編，《抗日戰史——運河垣曲間黃河兩岸之作戰（一）》。臺北：國防部史政編譯局，1982 年再版。

國防部史政編譯局編，《抗日戰史——運河垣曲間黃河兩岸之作戰（二）》。臺北：國防部史政編譯局，1982 年再版。

國防部史政編譯局編，《軍政十五年》。臺北：國防部史政編譯局，1981 年。

國防部史政編譯局編，《國軍後勤史》，第 1 冊。臺北：國防部史政編譯局，1987 年。

國防部史政編譯局編，《國軍後勤史》，第 2 冊。臺北：國防部史政編譯局，1987 年。

國防部史政編譯局編，《國軍後勤史》，第 3 冊。臺北：國防部史政編譯局，1989 年。

國防部史政編譯局編，《國軍後勤史》，第 4 冊上。臺北：國防部史政編譯局，1990 年。

張　羽，《戰爭動員發展史》。北京：軍事科學出版社，2004 年。

張明金、劉立勤主編，《侵華日軍歷史上的 105 個師團》。北京：解放軍出版社，2010 年。

張秉均，《中國現代歷次重要戰役之研究——抗日戰役述評》。臺北：國防部史政編譯局，1978 年。

張海麟、韓高潤、吳廣權，《第二次世界大戰經驗與教訓》。北京：世界知識出版社，1987 年。

張國奎、雷聲宏主編，《國民革命軍戰役史第四部——抗日》，第 2 冊初期戰役下。臺北：國防部史政編譯局，1995 年。

張瑞德，《抗戰時期的國軍人事》。臺北：中央研究院近代史研究所，1993 年。

張瑞德，《山河動：抗戰時期國民政府的軍隊戰力》。北京：社會科學文獻出版社，2015 年。

張霈芝，《戴笠與抗戰》。臺北：國史館，1999 年。

張憲文主編，《中國抗日戰爭史（1931-1945）》。南京：南京大學出版社，2001 年。

張燕萍，《抗戰時期國民政府經濟動員研究》。福州：福建人民出版社，2008 年。

戚厚杰、劉順發、王楠編著，《國民革命軍沿革實錄》。石家莊：河北人民出版社，2001 年。

畢春富，《抗戰江河掘口祕史》。臺北：文海學術思想研究發展文教基金會，1995 年。

郭汝瑰、黃玉章主編，《中國抗日戰爭正面戰場作戰記》，上冊。南京：江蘇人民出版社，2002 年。

郭廷以，《近代中國史綱》，下冊。臺北：曉園出版社，1994 年。

郭岱君主編，《重探抗戰史一：從抗日大戰略的形成到武漢會戰，1931-1938》。臺北：聯經出版事業公司，2015 年。

陳之邁，《中國政府》，第 1 冊。上海：商務印書館，1946 年。

陳之邁，《中國政府》，第 2 冊。上海：商務印書館，1945 年。

陳永發，《中國共產革命七十年》，上冊。臺北：聯經出版事業公司，2001 年第 2 版。

陸軍部編，《陸軍行政紀要（民國 5 年 6 月）》。臺北：文海出版社，1971 年。

喬家才，《鐵血精忠傳》。臺北：中外圖書出版社，1985 年增訂再版。

程思遠，《白崇禧傳》。臺北：曉園出版社，1989 年。

黃仁宇，《從大歷史的角度讀蔣介石日記》。臺北：時報文化，1994 年。

黃仁宇，《大歷史不會萎縮》。臺北：聯經出版事業公司，2004 年。

黃自進，《蔣介石與日本：一部近代中日關係史的縮影》。臺北：中央研究院近代史研究所，2012 年。

傳記文學雜誌社編，《細說中統軍統》。臺北：傳記文學出版社，1992 年。

楊善堯，《抗戰時期的中國軍醫》。臺北：國史館，2015 年。

齊錫生，《劍拔弩張的盟友：太平洋戰爭期間的中美軍事合作關係（1941-1945）》。臺北：聯經出版事業公司，2012 年修訂版。

齊錫生，《從舞臺邊緣走向中央：美國在中國抗戰初期外交視野中的轉變 1937-1941》。臺北：聯經出版事業公司，2017 年。

劉　馥著，梅寅生譯，《中國現代軍事史》。臺北：東大圖書公司，1986 年。

劉支藩，《我國總動員情況檢討》。臺北：國防研究院，1961 年。

劉沈剛、王序平，《劉斐將軍傳略》。北京：團結出版社，1998 年。

劉庭華，《中國抗日戰爭與第二次世界大戰統計》。北京：解放軍出版社，2012 年。

德　瑞著，顧全譯，《日本陸軍興亡史：1853~1945》。北京：新華出版社，2015 年。

蔣緯國，《蔣委員長如何戰勝日本》。臺北：黎明文化事業公司，1977 年。

蔣緯國總編著，《國民革命戰史第三部：抗日禦侮》，第 5 卷。臺北：黎明文化事業公司，1978 年。

蔣緯國，《蔣委員長中正先生抗日全程戰爭指導》。臺北：中華戰略學會，1995 年。

錢端升等著，《民國政制史》，第 1 編。上海：上海書店，1989 年。

薛　毅，《國民政府資源委員會研究》。北京：社會科學文獻出版社，2005 年。

魏汝霖編纂，《抗日戰史》。臺北：國防研究院、中華大典編印會，1966 年。

藤原彰著，陳鵬仁譯，《解讀中日全面戰爭》。臺北：水牛出版社，1996 年。

鐘朗華、孫琪華、陳紅濤主編，《大將風標》。出版地不詳：編者自印，1992 年。

龔學遂，《中國戰時交通史》。上海：商務印書館，1947 年。

(七) 論文、專文、學位論文

戸部良一著，趙星花譯，〈華中日軍：1938~1941—以第 11 軍的作戰為中心〉，收入楊天石、臧運祜編，《戰略與歷次戰役》。北京：社會科學文獻出版社，2009 年。

王正華，〈國防委員會的成立與運作（1933-1937）〉，《國史館學術集刊》，第 8 期，2006 年 6 月。

王奇生，〈抗戰初期的「和」聲〉，收入呂芳上主編，《戰爭的歷史與記憶》。臺北：國史館，2015 年。

王建強，〈南京國民政府軍事委員會始末〉，《民國春秋》，1999 年第 5 期。

古順銘，〈國民政府軍事委員會的研究（1917-1928）〉。桃園：國立中央大學歷史研究所碩士論文，2010 年 1 月。

皮國立，〈中日戰爭前後蔣介石對化學戰的準備與應對〉，《國史館館刊》，第 43 期，2015 年 3 月。

何世同，〈國軍「平型關之戰」與共軍「平型關大捷」〉，收入張鑄勳主編，《抗日戰爭是怎麼打贏的：紀念黃埔建校建軍 90 週年論文集》。桃園：國防大學，2015 年。

何智霖、蘇聖雄，〈初期重要戰役〉、〈中期重要戰役〉、〈後期重要戰役〉，收入呂芳上主編，

《中國抗日戰爭史新編》，第 2 編：軍事作戰。臺北：國史館，2015 年。

余子道，〈蔣介石與淞滬會戰〉，《軍事歷史研究》，2014 年第 3 期。

吳彼得（Peter Worthing），〈何應欽和國民革命軍的發展〉，收入呂芳上主編，《國軍與現代中國》。臺北：國立中正紀念堂管理處，2015 年。

呂芳上，〈近代中國軍事歷史研究的回顧與思考〉，收入呂芳上主編，《國軍與現代中國》。臺北：國立中正紀念堂管理處，2015 年。

呂偉俊，〈台兒莊大戰 55 周年國際學術研討會綜述〉，《山東社會科學》，1993 年第 3 期。

李玉貞，〈共產國際、蘇聯與黃埔軍校關係的幾個問題〉，收入呂芳上主編，《國軍與現代中國》。臺北：國立中正紀念堂管理處，2015 年。

李君山，〈抗戰時期西南運輸的發展與困境——以滇緬公路為中心的探討（1938-1942）〉，《國史館館刊》，第 33 期，2012 年 9 月。

李君山，〈抗戰前期國民政府軍火採購之研究（1937-1939）：以楊杰在俄法之工作為主線〉，《國立政治大學歷史學報》，第 42 期，2014 年 11 月。

李雲漢，〈對日抗戰的史料和論著〉，收入中央研究院近代史研究所、六十年來的中國近代史研究編輯委員會合編，《六十年來的中國近代史研究》，上冊。臺北：中央研究院近代史研究所，1996 年。

辛達謨，〈法爾根豪森將軍回憶中的蔣委員長與中國（1934-1938）〉，《傳記文學》，第 19 卷第 5 期，1971 年 11 月。

岩谷將，〈蔣介石、共產黨、日本軍——二十世紀前半葉中國國民黨情報組織的成立與發展〉，收入黃自進、潘光哲編，《蔣介石與現代中國的形塑》，第 2 冊：變局與肆應。臺北：中央研究院近代史研究所，2013 年。

林治波，〈台兒莊大捷後盲目決戰誰擔其咎〉，《軍事歷史》，1994 年第 4 期。

林美莉，〈中共政協「文史資料」工作的推展，1959－1966——以上海經驗為中心〉，《新史學》，第 26 卷第 3 期，2015 年 9 月。

林桶法，〈武漢會戰期間蔣介石的決策與指揮權之問題〉，收入呂芳上主編，《戰爭的歷史與記憶 1：和與戰》。臺北：國史館，2015 年。

侯坤宏，〈抗戰時期的徵兵〉，收入氏著，《抗日戰爭時期糧食供求問題研究》。北京：團結出版社，2015 年。

姜克實，〈台兒莊戰役日軍死傷者數考〉，《歷史學家茶座》，2014 年第 3 輯，總第 34 輯，

2014 年 12 月。

段瑞聰，〈抗戰、建國與動員——以重慶市動員委員會為例〉，收入陳紅民主編，《中外學者論蔣介石》。杭州：浙江大學出版社，2013 年。

段瑞聰，〈日本有關中日戰爭研究之主要動向及其成果（2007-2012 年）〉，《國史研究通訊》，第 5 期，2013 年 12 月。

段瑞聰，〈蔣介石與抗戰時期總動員體制之構建〉，《抗日戰爭研究》，2014 年第 1 期。

秋　浦，〈抗戰時期蔣介石手令制度評析〉，《南京大學學報（哲學・人文科學・社會科學）》，2010 年第 3 期。

徐乃力，〈好男應當兵：對日抗戰時期中國的軍事人力動員〉，收入孫中山先生與近代中國學術討論集編輯委員會編，《孫中山先生與近代中國學術討論集——抗戰勝利與臺灣光復史》。臺北：編者自刊，1985 年。

徐永昌先生治喪委員會編，〈徐永昌先生事略〉，《徐永昌先生紀念集》。臺北：徐永昌先生治喪委員會，1962 年。

徐有禮，〈廣州國民政府軍事委員會溯源〉，《近代史研究》，1989 年第 1 期。

馬仲廉，〈評馬振犢《慘勝——抗戰正面戰場大寫意》〉，《抗日戰爭研究》，1994 年第 4 期。

馬仲廉，〈關於徐州會戰時間之我見〉，《抗日戰爭研究》，1998 年第 1 期。

馬仲廉，〈台兒莊戰役的幾個問題〉，《抗日戰爭研究》，1998 年第 4 期。

馬振犢，〈德國軍事總顧問與中國抗日戰爭〉，《檔案與史學》，1995 年第 3 期。

張　力，〈足食與足兵：戰時陝西省的軍事動員〉，收入慶祝抗戰勝利五十週年兩岸學術研討會籌備委員編，《慶祝抗戰勝利五十週年兩岸學術研討會論文集》，上冊。臺北：中國近代史學會、聯合報系文化基金會，1996 年。

張　皓，〈從漢中行營到北平行營：蔣介石、李宗仁對戰後全局的角逐〉，《歷史教學問題》，2011 年第 1 期。

張之淦，〈徐永昌傳〉，收入國史館編，《國史擬傳》，第 4 輯。臺北：國史館，1993 年。

張玉法，〈兩岸學者關於台兒莊戰役的研究〉，《文史哲》，1994 年第 1 期。

張立華，〈試論台兒莊戰役後國民黨最高當局增兵徐州地區的戰略意圖〉，《山東大學學報（社會科學版）》，1995 年第 2 期。

張注洪，〈國外中國抗日戰爭史研究述評〉，收入楊青、王暘編，《近十年來抗日戰爭史研究述評選編》（1995-2004）。北京：中共黨史出版社，2005 年。

張建基，〈國民政府軍事委員會演變述略〉，《軍事歷史研究》，1988 年第 1 期。

張瑞德，〈抗戰時期國軍的參謀人員〉，《中央研究院近代史研究所集刊》，第 24 期下冊，1995 年 6 月。

張瑞德，〈無聲的要角——侍從室的幕僚人員（1936-1945）〉，《近代中國》，第 156 期，2004 年 3 月。

張瑞德，〈遙制——蔣介石的手令研究〉，《近代史研究》，2005 年第 5 期。

張瑞德，〈一九三七年的國軍〉，收入黃自進主編，《蔣中正與近代中日關係》，第 1 冊。臺北：稻鄉出版社，2006 年。

張瑞德，〈侍從室與國民政府的情報工作〉，《民國研究》，2015 年春季號，總第 27 輯。

張瑞德，〈軍事體制〉，收入張瑞德、齊春風、劉維開、楊維真，《抗日戰爭與戰時體制》。南京：南京大學出版社，2015 年。

張瑞德，〈國軍成員素質與戰力分析〉，收入呂芳上主編，《中國抗日戰爭史新編》，第 2 編：軍事作戰。臺北：國史館，2015 年。

張鑄勳，〈析論蔣中正在中國抗日戰爭初期的戰略指導〉，《國史館館刊》，第 50 期，2016 年 12 月。

戚厚杰，〈國民黨政府時期的軍事委員會〉，《民國檔案》，1989 年第 2 期。

戚厚杰，〈抗戰爆發後南京國民政府國防聯席會議記錄〉，《民國檔案》，1996 年第 1 期。

戚厚杰，〈林蔚（1889-1955）〉，收入《民國高級將領列傳》，第 5 集。北京：解放軍出版社，1999 年第 2 版。

戚厚杰，〈略論抗戰中國民黨軍隊與民眾的關係〉，《民國檔案》，2010 年第 1 期。

笹川裕史，〈中國的總力戰與基層社會——以中日戰爭．國共內戰．朝鮮戰爭為中心〉，《抗日戰爭研究》，2014 年第 1 期。

郭　驥，〈陳誠〉，收入秦孝儀主編，《中華民國名人傳》，第 1 冊。臺北：近代中國出版社，1984 年。

陳永發，〈關鍵的一年——蔣中正與豫湘桂大潰敗〉，收入劉翠溶主編，《中國歷史的再思考》。臺北：聯經出版事業公司，2015 年。

陳佑慎，〈國防部的籌建與早期運作（1946-1950）〉。臺北：國立政治大學歷史學系研究部博士論文，2017 年 6 月。

陳長河，〈抗戰時期的國民黨政府軍令部〉，《民國檔案》，1987 年第 3 期。

陳長河，〈國民黨政府參謀本部組織沿革概述〉，《歷史檔案》，1988 年第 1 期。

陳長河，〈抗戰時期的後方勤務部〉，《軍事歷史研究》，1991 年第 4 期。

陳長河，〈1926-1945 年國民政府的兵站組織〉，《軍事歷史研究》，1993 年第 2 期。

陳長河，〈抗戰期間國民黨政府的兵站組織〉，《歷史檔案》，1993 年第 3 期。

陳長河，〈抗戰時期的第二戰區兵站總監部〉，《軍事歷史研究》，1994 年第 3 期。

陳紅民，〈抗戰時期國共兩黨動員能力之比較〉，《二十一世紀雙月刊》，1996 年 2 月號。

傅寶真，〈抗戰前及初期之德國駐華軍事顧問（十一）〉，《近代中國》，第 78 期，1990 年 8 月。

傅寶真，〈抗戰前及初期之德國駐華軍事顧問（十二）〉，《近代中國》，第 80 期，1990 年 12 月。

傅寶真譯，〈德國赴華軍事顧問關於「八・一三」戰役呈德國陸軍總司令部報告（續完）〉，《民國檔案》，1999 年第 3 期。

曾景忠，〈蔣介石與徐州會戰〉，《近代史研究》，1994 年第 6 期。

黃道炫，〈蔣介石與中國傳統兵書〉，收入呂芳上主編，《蔣介石的日常生活》。臺北：政大出版社，2012 年。

黃肇珩、胡有瑞，〈七七抗戰四十週年紀念座談會紀實〉，《近代中國》，第 2 期，1977 年 6 月。

楊晨光，〈徐州會戰之研究〉，《軍事史評論》，第 20 期，2013 年 6 月。

楊維真，〈戰爭與國家塑造——以戰時中國（1931-1945）為中心的探討〉，《漢學研究通訊》，28：2，2009 年 5 月。

萬建強，〈國民黨南昌行營秘錄〉，《黨史文苑》，2004 年第 3 期。

葉　銘，〈從日本軍方資料看南京保衛戰中國軍隊損失〉，《軍事歷史研究》，2009 年第 3 期。

葉　銘，〈抗戰時期國民政府軍令部研究（1938-1945）〉。南京：南京大學中國近現代史專業博士論文，2013 年 9 月。

葉　銘，〈軍令部與戰時參謀人事〉，《抗日戰爭研究》，2015 年第 4 期。

葉　銘，〈抗戰時期國民黨軍參謀教育體系初探〉，《抗日戰爭研究》，2016 年第 2 期。

葉　銘，〈抗戰時期軍令部作戰指導業務初探〉，《抗日戰爭研究》，2017 年第 2 期。

齊福林，〈日本學者對中國抗日戰爭史研究述評〉，《中共黨史研究》，1989 年第 2 期。

劉中權，〈抗戰中的軍令部第二廳〉，《紅巖春秋》，1995 年第 5 期。

劉培平，〈台兒莊大戰 55 周年國際學術研討會綜述〉，《抗日戰爭研究》，1993 年第 3 期。

劉熙明，〈國民政府軍在豫中會戰前期的情報判斷〉，《近代史研究》，2010 年第 3 期。

劉維開，〈戰時黨政軍統一指揮機構的設置與發展〉，收入中華民國史專題第三屆討論會秘書處編，《中華民國史專題論文集：第三屆討論會》。臺北：國史館，1996 年。

劉維開，〈國防最高委員會的組織與運作〉，《國立政治大學歷史學系學報》，第 21 期，2004 年 5 月。

劉維開，〈國防會議與國防聯席會議之召開與影響〉，《近代中國》，第 163 期，2005 年 12 月。

劉維開，〈劉鳳翰——中國近代軍事史拓荒者〉，收入劉鳳翰，《中國近代軍事史叢書》，第 5 輯：抗戰（下）。臺北：黃慶中，2008 年。

劉維開，〈蔣中正在軍事方面的人際關係網絡〉，收入汪朝光主編，《蔣介石的人際網絡》。北京：社會科學文獻出版社，2011 年。

劉維開，〈《蔣中正與民國軍事》導讀〉，收入劉維開主編，《蔣中正與民國軍事》。臺北：國立中正紀念堂管理處，2013 年。

劉鳳翰，〈蔣中正學習陸軍的經過〉，收入氏著，《中國近代軍事史叢書》，第 2 輯：民國初年。臺北：黃慶中，2008 年。

劉曉鵬，〈敵前養士：「國際關係研究中心」前傳，1937-1975〉，《中央研究院近代史研究所集刊》，第 82 期，2013 年 12 月。

蔣緯國，〈八年抗戰是怎樣打勝的〉，《中央月刊》，第 7 卷第 9 期，1975 年 7 月。

蔣緯國，〈抗戰史話：八年抗戰是怎樣打勝的〉，《中央月刊》，第 8 卷第 6 期，1976 年 4 月。

蔣緯國，〈抗戰史話：八年抗戰是怎樣打勝的〉，《中央月刊》，第 8 卷第 11 期，1976 年 9 月。

蔣緯國，〈中日戰爭之戰略評析〉，收入中華民國建國史討論集編輯委員會編輯，《中華民國建國史討論集》，第 4 冊。臺北：編者自刊，1981 年。

鄧宜紅，〈蔣介石與第五戰區—兼論《李宗仁回憶錄》中的幾處失實〉，《民國檔案》，1996 年第 2 期。

鄭鐘明，〈徐州會戰中中國軍隊自身存在的缺陷〉，《首都師範大學學報（社會科學版）》，2009 年增刊。

鄭鐘明，〈徐州會戰中國軍隊失利的原因〉。北京：首都師範大學中國近現代史碩士論文，2009 年 5 月。

賴煒曾，〈從地方到中央：論徐永昌與民國〉。嘉義：國立中正大學歷史學系碩士論文，2012 年 6 月。

謝藻生，〈我所知道的南昌行營〉，《世紀行》，1995 年 2 月號。

韓信夫，〈台兒莊戰役及其在抗戰中的歷史地位〉，《近代史研究》，1994 年第 2 期。

蘇聖雄，〈論蔣委員長於武漢會戰之決策〉，收入王文燮等著，《國防大學慶祝建國 100 年「抗日戰史」學術研討會論文集》。臺北：國防大學，2011 年。

蘇聖雄，〈國史館數位檔案檢索系統之運用——以「行營」研究為例〉，《國史研究通訊》，第 2 期，2012 年 6 月。

蘇聖雄，〈蔣中正建立「現代國家」之思想及實踐初探〉，《史原》，復刊第 4 期，2013 年 9 月。

蘇聖雄，〈1939 年的軍統局與抗日戰爭〉，《抗戰史料研究》，2014 年第 1 期。

蘇聖雄，〈國史館藏《蔣中正總統文物》之其他系列介紹〉，《檔案季刊》，第 14 卷第 1 期，2015 年 3 月。

蘇聖雄，〈國軍於徐州會戰撤退過程再探〉，收入呂芳上主編，《戰爭的歷史與記憶》。臺北：國史館，2015 年。

蘇聖雄，〈蔣中正對淞滬會戰之戰略再探〉，《國史館館刊》，第 46 期，2015 年 12 月。

日文部分

(一) 檔案

アジア歷史資料センター

《防衛省防衛研究所・陸軍一般史料・中央・全般・概史・昭和 13 年度支那事変陸戦概史》

《防衛省防衛研究所・陸軍一般史料・支那・支那事変・北支・歩兵第 21 連隊戦闘詳報 5／6・昭和 13 年 3 月 2 日～昭和 13 年 3 月 19 日》

《防衛省防衛研究所・陸軍一般史料・支那・支那事変・北支・歩兵第 63 連隊　台児庄

攻略戦闘詳報・昭和 13 年 3 月 2 日～昭和 13 年 4 月 6 日（2 分冊の 1）》
《防衛省防衛研究所・陸軍一般史料・支那・支那事変・北支・歩兵第 63 連隊第 2 中隊陣中日誌（昭和 13 年 1 月 1 日～昭和 13 年 5 月 31 日）》
《防衛省防衛研究所・陸軍一般史料・支那・支那事変・北支・第 2 軍の作戦関係資料　昭和 12 年 8 月～13 年 12 月（2 分冊の 1）》
《防衛省防衛研究所・陸軍一般史料・支那・支那事変・全般・支那方面作戦記録　第 1 巻　昭和 21 年 12 月調》
《防衛省防衛研究所・陸軍一般史料・支那・支那事変・全般・徐州作戦の段階　昭和 13 年 3 月～昭和 5 月中旬　高嶋少将史料》
《防衛省防衛研究所・陸軍省大日記・陸支機密・密・普大日記・陸支密大日記・陸支密大日記・昭和 13 年・昭和 13 年「陸支密大日記第 41 号」》

(二) 日記、回憶録、訪談録

〈橋本群中将回想応答録（参謀本部作成）〉，收入臼井勝美、稲葉正夫編，《現代史資料（9）：日中戦争（二）》。東京：みすず書房，1964 年。
田中正明，《松井石根大将の陣中日誌》。東京：芙蓉書房，1985 年。
田中新一著，松下芳男編，《田中作戦部長の証言：大戦突入の真相》。東京：芙蓉書房，1978 年。
伊藤隆、照沼康孝解說，《陸軍：畑俊六日誌》。東京：みすず書房，1983 年。
沢田茂著，森松俊夫編，《参謀次長 沢田茂回想録》。東京：芙蓉書房，1982 年。
岡部直三郎，《岡部直三郎大將の日記》。東京：芙蓉書房，1982 年。
武藤章著，上法快男編，《軍務局長 武藤章回想録》。東京：芙蓉書房，1981 年。

(三) 專書

蔣緯國著，藤井彰治訳，《抗日戦争八年：われわれは如何にして日本に勝つたか》。東京：早稲田，1988 年。
安井三吉，《盧溝橋事件》。東京：研文，1993 年。
井本熊男，《作戦日誌で綴る支那事変》。東京：芙蓉書房，1978 年。

井本熊男，《作戦日誌で綴る大東亞戦争》。東京：芙蓉書房，1979 年。

稲葉正夫解說，《大本営》。東京：みすず書房，1967 年。

外山操編，《陸海軍将官人事総覧 陸軍篇》。東京：芙蓉書房，1981 年。

菊池一隆，《中国抗日軍事史：1937-1945》。東京：有志舍，2009 年。

原剛、安岡昭男編，《日本陸海軍事典》，下冊。東京：新人物往来社，2003 年。

戸部良一等著，《失敗の本質：日本軍の組織論的研究》。東京：中央公論新社，1991 年。

高山信武，《参謀本部作戦課：作戦論争の实相と反省》。東京：芙蓉書房，1978 年。

黒野耐，《参謀本部と陸軍大学校》。東京：講談社，2004 年。

笹川裕史、奧村哲，《銃後の中國社會：日中戰爭下の總動員と農村》。東京：岩波書店，2007 年。

山田朗，《昭和天皇の軍事思想と戦略》。東京：校倉書房，2002 年。

種村佐孝，《大本営機密日誌》。東京：ダイヤモンド社，1979 年。

上法快男編，《元帥 寺内寿一》。東京：芙蓉書房，1978 年。

森松俊夫，《大本営》。東京：教育社，1980 年。

秦郁彥，《日中戦争史》。東京：河出書房新社，1961 年。

秦郁彥，《日中戦争史》。東京：河出書房新社，1977 年增補改訂 3 版。

秦郁彥編，《日本陸海軍総合事典》。東京：東京大学出版会，2005 年第 2 版。

石島紀之，《中国抗日戰爭史》。東京：青木書店，1985 年。

川田稔，《昭和陸軍の軌跡：永田鉄山の構想とその分岐》。東京：中央公論新社，2012 年。

大江志乃夫，《統帥権》。東京：日本評論社，1983 年。

大江志乃夫監修、解說，《支那事變大東亞戰爭間 動員概史》。東京：不二，1988 年。

大江志乃夫，《御前会議：昭和天皇十五回の聖断》。東京：中央公論社，1991 年。

大江志乃夫，《日本の参謀本部》。東京：中央公論新社，2008 年 20 版。

姫田光義編，《日中戦争史研究・第一卷：中国の地域政権と日本統治》。東京：慶応大学出版部，2006 年。

服部卓四郎，《大東亜戦争全史》，4 冊。東京：鱒書房，1953 年。

服部卓四郎，《大東亜戦争全史》。東京：原書房，1981 年。

福川秀樹，《日本陸軍将官辞典》。東京：芙蓉書房，2001 年。

防衛庁防衛研修所戦史室，《大本營陸軍部〈1〉：昭和十五年五月まで》。東京：朝雲新聞社，1967 年。

防衛庁防衛研修所戦史室，《支那事変陸軍作戦〈2〉：昭和十四年九月まで》。東京：朝雲新聞社，1976 年。

防衛庁防衛研修所戦史室，《中國方面陸軍航空作戦》。東京：朝雲新聞社，1974 年。

堀栄三，《大本営参謀の情報戦記：情報なき国家の悲劇》。東京：文藝春秋，1996 年。

堀場一雄，《支那事变戦争指導史》。東京：時事通信社出版局，1973 年。

堀場一雄，《支那事変戦争指導史》。東京：原書房，1981 年。

(四) 論文

笠原十九司，〈国民政府軍の構造と作戦——上海・南京戦を中心に〉，收入中央大学人文科学研究所編，《民国後期中国国民党政権の研究》。東京：中央大学出版部，2005 年。

久保亨，〈東アジアの総動員体制〉，收入和田春樹ほか編，《岩波講座 東アジア近現代通史》，第 6 巻。東京：岩波書店，2011 年。

戸部良一，〈日中戦争をめぐる研究動向〉，《軍事史学》，第 46 巻第 1 号，2010 年 6 月。

波多野澄雄，〈日本陸軍における戦略決定、1937-1945〉，收入波多野澄雄、戸部良一編，《日中戦争の軍事的展開》。東京：慶應義塾大学出版会，2006 年。

姫田光義，〈「国民精神総動員体制下における国民月会〉，收入石島紀之、久保亨編，《重慶国民政府史の研究》。東京：東京大学出版会，2004 年。

姫田光義，〈「抗日戦争における中国の国家総動員体制——『国家総動員法』と国家総動員会議をめぐって」，收入中央大学人文科学研究所編，《民国後期中国国民党政権の研究》。東京：中央大学出版部，2005 年。

姫田光義，〈中華民国軍事史研究序説〉，收入中央大学人文科学研究所編，《民国前期中国と東アジアの変動》。東京：中央大学出版部，1999 年。

服部聡，〈日中戦争における短期決戦方針の挫折〉，收入軍事史学会編，《日中戦争再論》。東京：錦正社，2008 年。

望月敏弘，〈第二次上海事変をめぐる研究動向－過去二十年来の日本・台湾・中国の成果を中心に〉，《現代史研究》，第6号，2010年3月。

姜克實，〈日本軍の史料から見る滕県作戦の実記録——1938年3月16~18日、中国・山東——〉，《文化共生学研究》，第14号，2015年3月。

姜克實，〈滕県作戦における日本軍の虐殺記録——日本軍史料の盲点を突く〉，《年報日本現代史》，第20号，2015年5月。

姜克實，〈日本軍の戦史記録と台児庄敗北論〉，《岡山大学文学部紀要》，第63巻，2015年7月。

姜克實，〈坂本、瀬谷支隊の台児庄撤退の経緯——1938年4月〉，《岡山大学文学部紀要》，第64巻，2015年12月。

姜克實，〈坂本、瀬谷支隊の台児庄撤退の経緯（二）——台児莊反転関係電報綴を通して〉，《岡山大学社会文化科学研究科紀要》，第41号，2016年3月。

姜克實，〈台児庄の戦場における日本軍の装甲部隊〉，《文化共生学研究》，第15号，2016年3月。

姜克實，〈坂本、瀬谷支隊の台児庄撤退の経緯（三）——1938年4月〉，《岡山大学文学部紀要》，第64巻，2016年7月。

姜克實，〈台児庄戦役における日本軍の死傷者数考証〉，《軍事史学》，第52巻第3号，2016年12月。

姜克實，〈台児庄派遣部隊の初戦〉，《岡山大学文学部紀要》，第66巻，2016年12月。

姜克實，〈台児庄作戦の概観〉，《岡山大学社会文化科学研究科紀要》，第43号，2017年3月。

姜克實，〈台児庄派遣部隊の再戦：第二回攻城〉，《岡山大学文学部紀要》，第67巻，2017年7月。

英文部分

(一) 專書

Ch'i, Hsi-sheng. *Nationalist China at War: Military Defeats and Political Collapse, 1937-45.*

Ann Arbor: University of Michigan Press, 1982.

Chiang, Wego. *How Generalissimo Chiang Kai-shek Won the Eight-year Sino-Japanese War-1937-1945*. Taipei: Li Ming Culture, 1979.

Dorn, Frank. *The Sino-Japanese War, 1937-41: from Marco Polo Bridge to Pearl Harbor*. New York: Macmillan, 1974.

Eastman, Lloyd E.. *Seeds of Destruction: Nationalist China in War and Revolution, 1937-1949*. Stanford, Calif.: Stanford University Press, 1984.

Hobson, John M.. *The Eastern Origins of Western Civilisation*. Cambridge, UK; New York: Cambridge University Press, 2004.

Holmes, Richard, ed.. *The Oxford Companion to Military History*. Oxford; New York: Oxford University Press, 2001.

Liu, F. F.. *A Military History of Modern China 1924-1949*. Princeton, New Jersey: Princeton University Press, 1956.

Mackinnon, Stephen R.. Diana Lary, and Ezra Vogel, eds.. *China at War: Regions of China, 1937-1945*. Stanford: Stanford University Press, 2007.

MacKinnon, Stephen R.. *Wuhan, 1938: War, Refugees, and the Making of Modern China*. Berkeley: University of California Press, c2008.

Mann, Michael. *The Sources of Social Power*. New York: Cambridge University Press, 2012.

Mitter, Rana. *Forgotten Ally: China's World War II, 1937-1945*. Boston: Houghton Mifflin Harcourt, 2013.

Parker, Geoffrey, ed.. *The Cambridge History of Warfare*. New York: Cambridge University Press, 2005.

Peattie, Mark, Edward Drea, and Hans van de Ven, eds.. *The Battle for China: Essays on the Military History of the Sino-Japanese War of 1937-1945*. Stanford, Calif.: Stanford University Press, 2011.

Romanus, Charles F. and Riley Sunderland. *Stilwell's Mission to China*. Washington: Office of the Chief of Military History, Dept. of the Army, 1953.

Romanus, Charles F. and Riley Sunderland. *Stilwell's Command Problems*. Washington: Office of the Chief of Military History, Dept. of the Army, 1956.

Romanus, Charles F. and Riley Sunderland. *Time Runs Out in CBI*. Washington: Office of the Chief of Military History, Dept. of the Army, 1959.

Stilwell, Joseph W. *The Stilwell Papers*. Arranged and edited by Theodore H. White. New York: W. Sloane Associates, 1948.

Tilly, Charles. *Coercion, Capital, and European States, AD 990-1992*. Cambridge, MA: Blackwell, 1992.

Tuchman, Barbara W. *Stilwell and the American Experience in China, 1911-1945*. New York: Macmillan, c1971.

Van de Ven, Hans. *War and Nationalism in China, 1925-1945*. London; New York, N.Y.: RoutledgeCurzon, 2003.

Wakeman, Frederic. *Spymaster: Dai Li and the Chinese Secret Service*. Berkeley, Calif.: University of California Press, c2003.

Worthing, Peter. *General He Yingqin: The Rise and Fall of Nationalist China*. Cambridge: Cambridge University Press, 2016.

(二) 論文

Ch'i, Hsi-sheng. "The Military Dimension, 1942-1945." In *China's Bitter Victory: the War with Japan, 1937-1945*. Edited by James C. Hsiung & Steven I. Levine. Armonk, N.Y.: M.E. Sharpe, 1992.

Lary, Diana. "Defending China: the Battles of the Xuzhou Campaign." In *Warfare in Chinese History*. Edited by Hans van de Ven. Leiden; Boston: Brill, 2000.

Van de Ven, Hans. "The Sino-Japanese War in History." In *The Battle for China: Essays on the Military History of the Sino-Japanese War of 1937-1945*. Edited by Mark Peattie, Edward Drea, and Hans van de Ven. Stanford, Calif.: Stanford University Press, 2011.

國家圖書館出版品預行編目(CIP) 資料

戰爭中的軍事委員會——蔣中正的參謀組織與中日徐州會戰 / 蘇聖雄著. -- 初版. -- 臺北市 : 元華文創, 民107.02
面； 公分

ISBN 978-986-393-967-2(平裝)

1.軍事參謀 2.中日戰爭

591.45 107000418

戰爭中的軍事委員會——蔣中正的參謀組織與中日徐州會戰

蘇聖雄 著

發 行 人：陳文鋒
出 版 者：元華文創股份有限公司
聯絡地址：100 臺北市中正區重慶南路二段 51 號 5 樓
電　　話：(02) 2351-1607
傳　　真：(02) 2351-1549
網　　址：www.eculture.com.tw
E-mail：service@eculture.com.tw
出版年月：2018（民 107）年 02 月 初版
定　　價：新臺幣 490 元

ISBN：978-986-393-967-2(平裝)

總 經 銷：易可數位行銷股份有限公司
地　　址：231 新北市新店區寶橋路 235 巷 6 弄 3 號 5 樓
電　　話：(02) 8911-0825　　傳　　真：(02) 8911-0801